著作权合同登记号：图字：01－2017－4689 号

图书在版编目（CIP）数据

美国航天服／（美）肯内斯·托马斯，（美）哈罗德·麦克曼著；舒承东译. --北京：中国宇航出版社，2017.7
书名原文：US spacesuits
ISBN 978-7-5159-1364-3

Ⅰ.①美… Ⅱ.①肯… ②哈… ③舒… Ⅲ.①宇宙服－基本知识 Ⅳ.①V445.3

中国版本图书馆 CIP 数据核字（2017）第 178636 号

责任编辑 侯丽平 **封面设计** 宇星文化

出版发行	中国宇航出版社		
社址	北京市阜成路 8 号	**邮编**	100830
	(010)60286808		(010)68768548
网址	www.caphbook.com		
经销	新华书店		
发行部	(010)60286888		(010)68371900
	(010)60286887		(010)60286804(传真)
零售店	读者服务部		
	(010)68371105		
承印	北京画中画印刷有限公司		
版次	2017 年 7 月第 1 版		2017 年 7 月第 1 次印刷
规格	880×1230	**开本**	1/32
印张	18	**字数**	492 千字
书号	ISBN 978-7-5159-1364-3		
定价	128.00 元		

本书如有印装质量问题，可与发行部联系调换

《载人航天出版工程》总序

中国载人航天工程自1992年立项以来，已经走过了20多年的发展历程。经过载人航天工程全体研制人员的锐意创新、刻苦攻关、顽强拼搏，共发射了10艘神舟飞船和1个目标飞行器，完成了从无人飞行到载人飞行、从一人一天到多人多天、从舱内实验到出舱活动、从自动交会对接到人控交会对接、从单船飞行到组合体飞行等一系列技术跨越，拥有了可靠的载人天地往返运输的能力，实现了中华民族的千年飞天梦想，使中国成为世界上第三个独立掌握载人航天技术的国家。我国载人航天工程作为高科技领域最具代表性的科技实践活动之一，承载了中国人民期盼国家富强、民族复兴的伟大梦想，彰显了中华民族探索未知世界、发现科学真理的不懈追求，体现了不畏艰辛、大力协同的精神风貌。航天梦是中国梦的重要组成部分，载人航天事业的成就，充分展示了伟大的中国道路、中国精神、中国力量，坚定了全国各族人民实现中华民族伟大复兴中国梦的决心和信心。

载人航天工程是十分复杂的大系统工程，既有赖于国家的整体科学技术发展水平，也起到了影响、促进和推动着科学技术进步的重要作用。载人航天技术的发展，涉及系统工程管理，自动控制技术，计算机技术，动力技术，材料和结构技术，环控生保技术，通信、遥感及测控技术，以及天文学、物理学、化学、生命科学、力学、地球科学和空间科学等诸多科学技术领域。在我国综合国力不断增强的今天，载人航天工程对促进中国科学技术的发展起到了积极的推动作用，是中国建设创新型国家的标志性工程之一。

我国航天事业已经进入了承前启后、继往开来、加速发展的关键时期。我国载人航天工程已经完成了三步走战略的第一步和第二步第一阶段的研制和飞行任务，突破了载人天地往返、空间出舱和空间交会对接技术，建立了比较完善的载人航天研发技术体系，形成了完整配套的研制、生产、试验能力。现在，我们正在进行空间站工程的研制工作。2020 年前后，我国将建造由 20 吨级舱段为基本模块构成的空间站，这将使我国载人航天工程进入一个新的发展阶段。建造具有中国特色和时代特征的中国空间站，和平开发和利用太空，为人类文明发展和进步做出新的贡献，是我们航天人肩负的责任和历史使命。要实现这一宏伟目标，无论是在科学技术方面，还是在工程组织方面，都对我们提出了新的挑战。

以图书为代表的文献资料既是载人航天工程的经验总结，也是后续任务研发的重要支撑。为了顺利实施这项国家重大科技工程，实现我国载人航天三步走的战略目标，我们必须充分总结实践成果，并充分借鉴国际同行的经验，形成具有系统性、前瞻性和实用性的，具有中国特色的理论与实践相结合的载人航天工程知识文献体系。

《载人航天出版工程》的编辑和出版就是要致力于建设这样的知识文献体系。书目的选择是在广泛听取参与我国载人航天工程的各专业领域的专家意见和建议的基础上确定的，其中专著内容涉及我国载人航天科研生产的最新技术成果，译著源于世界著名的出版机构，力图反映载人航天工程相关技术领域的当前水平和发展方向。

《载人航天出版工程》凝结了国内外载人航天专家学者的智慧和成果，具有较强的工程实用性和技术前瞻性，既可作为从事载人航天工程科研、生产、试验工作的参考用书，亦可供相关专业领域人员学习借鉴。期望这套丛书有助于载人航天工程的顺利实施，有利于中国航天事业的进一步发展，有益于航天科技领域的人才培养，为促进航天科技发展、建设创新型国家做出贡献。

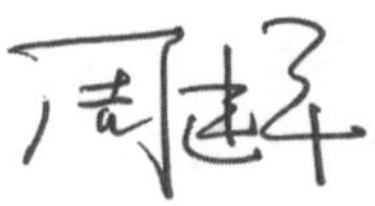

2013 年 10 月

撰稿人

比尔·艾里[1,2]是ILC多佛公司（位于美国特拉华州弗雷德里卡）的实验室经理兼公司历史学家/博物馆馆长。

丹·巴里[1,2]是大卫·克拉克公司的副总裁兼研发总监。

杰克·巴兹克[1,2]是大卫·克拉克公司的执行副总裁，自1961年以来一直支持压力服的开发、生产及现场操作活动。

大卫·克拉克公司[1,2]位于美国马萨诸塞州伍斯特，是X-1到X-15火箭飞机、双子星计划以及所有航天飞机乘员逃生服的压力服供应商。

比尔·埃尔金斯[1]在先后成为Aerotherm公司和生命保障系统公司的创始人之前，曾先后担任利顿公司和艾雷赛奇（AiResearch）公司的航天服工程师。

帕布罗·德莱昂[2]是一名航空工程师，同时也是德莱昂技术公司的创始人兼所有者。此外他还在北达科他大学（UND）太空研究系担任主要研究员，负责研究载人航天飞行组件。

丹尼斯·吉列姆[1,2]是一名航空工程师、压力服历史学家兼顾问。

克里斯·吉尔曼[2]是全球特效公司（Global Effects）的共同创立者兼首席执行官，同时也是轨道旅行用品公司（Orbital Outfitters）的长期航天服爱好者/发明家兼首席设计师。

汉胜公司[1,2]位于美国康涅狄格州温莎洛克斯，是阿波罗和航天飞机舱外活动装置便携式生命保障系统的承包商。

加里·哈里斯[1,2]是一名作家兼高空航天服历史学家及航天服压力服设计师，有35年的生命保障工程从业经验。

安迪·霍夫曼[1]在阿波罗航天计划之初是一名工程师，退休之前一直担任汉胜公司的执行副总裁，如今是一名工程师顾问。

霍尼韦尔公司位于美国加利福尼亚州托伦斯的分部[1]，连同艾雷赛奇公司和联合信号公司，为双子星和天空实验室航天服系统舱外生命保障系统的供应商。

伊伯拉尔家族[1]，早期压力服的先驱。

ILC 多佛公司[1,2]，位于美国特拉华州弗雷德里卡，该公司是阿波罗、天空实验室和航天飞机舱外活动装置的压力服供应商。

约瑟夫·科文博士[1]是一位受人尊敬的医生，具有22年美国航空航天局航天员职业生涯，作家，退役海军上校，怀尔实验室生命科学部总裁。

道格·朗崔[1]是一名来自位于美国俄亥俄州赖特-帕特森空军基地的美国空军博物馆的历史学家/研究员。

凯思琳·路易斯博士[2]是美国国家航空航天博物馆航天历史部的专家，负责阿波罗计划和俄罗斯航天文物。

尼古拉·莫伊谢耶夫[2]是俄罗斯星辰科学研究所的前首席设计师和项目经理、俄罗斯航天服供应商、航天服企业家，还是终极前沿设计公司的联合创始人。

斯托里·马斯格雷夫博士[1]是一位受人尊敬的资深航天员，具有30年美国航空航天局航天员职业生涯，并获得数学、商业、化学、医学、生理学和文学学位。

英格玛·斯库格博士[1,2]是一名职业航空工程师，历史学家，前道尼尔公司/欧洲航天局欧洲航天服系统负责人，《俄罗斯航天服》的合作作者，国际宇航科学院成员。

史密森学会国家航空航天博物馆[1,2]，航天历史部，位于美国华盛顿。

泰德·萨瑟恩[2]与莫伊谢耶夫组队在美国航空航天局2009年航天员手套竞赛中获得了第二名（贡献了美国材料和工艺知识），后来联合创立了终极前沿设计公司。

威廉·斯派克尼[1]是舱外活动装置子系统负责人，在美国航空航天局有26年的工程师生涯。

美国空军博物馆[1]，研究部，美国俄亥俄州赖特–帕特森空军基地。

保罗·韦伯博士[1]是美国俄亥俄州韦伯联合公司的创始人，还是(机械反压服)航天服的制作者。

迪克·怀尔德[1]是一名职业工程师，支持阿波罗登月舱和航天飞机舱外活动装置。

阿曼达·杨[1]退休前一直是美国国家航空航天博物馆航天历史部的阿波罗航天服专家。

注：1—第一版撰稿人，2—第二版撰稿人。

序

肯·托马斯和乔·麦克曼合作完成了这部关于航天服、太空行走、生命保障系统以及逃生系统的巨著。《美国航天服》以史为轴，内容丰富，系统准确，图文并茂，并且具有很强的可读性。

作为一名航天员，在过去30年时间里我一直投身于航天飞行以及航天服的研发工作，我的生活被航天飞行相关的一切所占据。我曾参加阿波罗和天空实验室系统的训练；我也曾帮助设计过天空实验室的舱外活动（EVA）程序，并在6次天空实验室舱外行走任务中担任太空舱通讯员（capcom）；我还曾和两位作者一起开发并测试过航天飞机航天服、逃生系统，以及所有的太空行走设备。在与唐纳德·彼得森一起完成的舱外活动中，我成为首位在太空测试材料的航天员，并作为太空行走领导者完成了哈勃太空望远镜的初期维修工作。借助本书，我得以重新体验过去30年在航天飞行中的多种经历，并获得新的见解和认识。

本书是对历史准确而详细的再现。它是一部全面的编年史，但又不仅限于此。它不仅向我们描述了事件，还让我们了解到事件的经过和缘由。它讲述了硬件以及实现的过程，更为重要的是，它还指出了本可以发生却未能实现的选择。它让我们认识到历史是一个渐进的过程，并阐述了这一过程中发挥作用的选择和研发体系。虽然本书是对过去的回顾，但也能将读者带入未来，读者可以沿着本书铺筑的历史轨迹发现未来的发展趋势。

作者以航天服的工作环境作为开篇——太空环境是什么样的，硬件在太空中运行必须具备的相关条件是什么。这是一个明智之举，亦合乎逻辑，对于读者来说不会还有更为合适的选择。于是，环境成为了其他所有相关事物的参考基准，就研发过程而言更是如此。除了硬件之外，作者还讨论了生理学以及不同的设计规范导致的生理学结果。

本书的主题无疑是硬件，更确切地说，它讲述了美国太空行走活动的历史。它以年表的方式描述并分析了美国的所有舱外活动，以及在此过程中硬件的目的与作用。

本书将文字、图片、表格及索引有机地组织在一起，流畅的语言、清晰的照片、简明扼要的图表、准确的索引以及丰富的参考文献，这些都有助于读者消化、理解书中的大量材料。

本书只可能由这些作者创作——他们日复一日地专注于航天服的开发和操作细节，他们将身心和灵魂都投入到了业务和硬件之中。我与乔·麦克曼共事30年，我们曾经一起工作、挥洒汗水，一起庆祝胜利，一起承受失败和灾难。本书是对那些付出所有、全力以赴的人们的纪念。

斯托里·马斯格雷夫

前　言

20世纪60年代初，作为一名年轻的海军飞行员，最让我激动的事情莫过于穿着全压服驾驶F-4H鬼怪战斗机在天空飞行，那时它是海军最新型、最棒的2马赫战斗机。我们升空后，爬升到35 000英尺（1英尺=0.304 8 m）的高空，启动加力燃烧室，加速到两倍的声速，然后使机头形成大约60°的角，继续向上拉升。在升至大约65 000英尺的高空时，加力燃烧室静了下来（没有足够的氧气），飞到80 000英尺时，我们已经到达想要达到的高度，战斗机从勉强超声速状态降到了200英里/小时，因此我们调转机头以避免发动机停机。在一个晴朗的日子，我们飞到距弗吉尼亚州诺福克东岸数英里处，向北我可以看到纽约，向南我可以看到佛罗里达，那真是令人心惊的时刻。

此时，我们故意地释放了座舱压力。古德里奇公司制造的Mark Ⅳ全压服立刻充气膨胀起来（谢天谢地！），当时我就坐在前弹射座椅内。压力服的活动性还行，我可以用手指来控制操纵杆，保持鬼怪战斗机的机翼平衡，直到我们再次降到35 000英尺以下，稠密的空气涌入座舱内，压力服上的夹具逐渐松开。由于我们的燃料已经不多，于是立刻返回奥希安纳海军航空基地。

我觉得这次的压力服还不错。它发挥了自己的作用，保障了我们的生命，并且直到飞机降落之前都在持续运行。不过就是活动性和可视性不是太好，穿衣服的时候也有些痛苦，虽然温暖，但在座舱内仍显得庞大笨重。尽管如此，我们仍然珍视它提供的保护作用，确认这种飞行服采用了尖端的压力服技术。为了开发一种足以将人类送上月球的航天服，NASA的工程师和各家航空航天公司必须经历这一阶段。航天服是实现航天飞行的惊人创造之一。

载人航天器是一个小世界，这个小世界必须包含地球上人类赖以维持生存和工作的所有东西，例如适宜温度和压力下不含污染物的空气、水、食物，以及工作、睡眠和通信需要的全套配置。航天服也是一个小世界，虽然相对较小，但是几近完整。航天服必须能在数小时内起到保护和维持航天员的作用，同时允许航天员在太空的真空和极端温度环境里观察、行走以及活动。航天服必须非常可靠，能应对几乎每一次可能的故障情况。航天服还必须轻便紧凑，便于月球旅行中携带。此外，航天服甚至还要能携带少量的食物和水。对某些任务而言，这一点几乎是无法实现的；而对很多任务来说，这样做甚至还是危险的。我仍清楚地记得，NASA 的一些管理者是不愿意让乘员穿上航天服进行舱外活动的，除非绝对必要。20 世纪 60 年代初，因开发这些航天服而遭到责难的人们当然无法预料航天服会遇到什么问题，以及他们是否能获得成功。

本书描述了航天服和开发航天服的人们所取得的巨大成功。有关航天服的历史是本书最棒的部分之一，其中回顾了最早时期为了保护在高空飞行的飞机和热气球内的飞行员所付出的努力，唤起了人们对威利·波斯特和斯科特·克罗兹菲尔德这样一些旧日的名字的记忆和敬意。接着，本书以生动的细节描述了飞机压力服发展成为登月航天服，以及航天飞机航天服的艰难历程。

部分读者会和我一样从头到尾通读本书。另一些读者则会将本书当作教科书，参考其中的工程突破和经验教训，并会因此成为更棒的工程师。读者能从书中了解到材料磨损和破坏的速度有多快，还能知道航天服在肩部宽度（能保证 3 名乘员并排坐在阿波罗指令舱内）与活动性之间的优化权衡，如何冷却身穿航天服的人员体温，以及如果风扇发生故障或者航天服的压力层因微陨石体而破有小洞（不用考虑大洞），需要多少额外的氧气才能使航天员返回载人飞船等问题。读者还可以从书中知晓解决所有这些问题并最终制造出从未在工作时发生故障的航天服的工程师姓名（未提及的人当然还有很多）。

当我 1965 年加入 NASA 时，很幸运地被任命为一名监控航天服开发过程的航天员。我不仅因此获得了与 NASA、汉密尔顿标准公司、国际橡胶公司、大卫·克拉克公司以及其他公司年轻有为的工程师相识的机会，还能看着他们工作，并能依次在实验室、高空模拟室以及最终在太空中测试他们的研发成果。在我一生中从未如此开心过。我还结识了那些才能、奉献精神以及研发成果至今都让我敬佩的人物。我希望我们能重新聚到一起，为开发出可漫游火星丘陵和山谷的航天服而共同奋斗。

约瑟夫·科文

致 谢

我们发现，汇编美国航天服的历史是一项艰巨任务。在过去的几十年里，超过一打的政府和工业组织中有数以千计的人员参与其中。尽管有人可能认为，讲述美国航天服的开发历程只需要相对简单地审阅组织文档即可，实际情况却正好相反。一项计划结束后，官方文档一般不会保存超过 7 年，而参与各个项目的人员的个人记录也往往支离破碎，很难获得。有关阿波罗航天服的大部分早期文档都被加密，而解密、保留和储存这些文档的成本很高，并且也很难为此找到合理的理由。此外，航天工业领域的业务重组、组织合并以及转型也都导致了记录的遗失。而死亡造成关键人物不可避免的损失，也使我们失去了重要的信息来源。

然而，多亏许多在过去和现在从事航天服研发的成员们的奉献精神和组织纪律性，才得以存留大量的官方和个人信息供我们使用。通过借鉴上述供稿人和参考文献来源，我们试图尽可能准确、公正地论述美国航天服历史。

作者希望向过去和现在从事航天服系统研发的所有人员表示感谢，感谢他们所作出的贡献和献身精神。正是他们的自我牺牲，才成就了当今的航天服。

这里还需要感谢两位航天服专著的先驱者。20 世纪 60 年代后期，劳埃德·马伦著有一本书，这是关于这一主题的首个很出色的尝试。而莉连·科兹洛斯基在美国国家航空航天博物馆工作期间，意识到航天服的历史正在流失，因此试图通过撰写一本有意义的书来记住历史。这两位先驱者都对前述多名供稿人以及本书的一名作者产生了影响。

本书参考了以前的大量文献，作者在此希望感谢 Bill Ayrey[2,3]、Earl Bahl[2]、Bob Balinskas[2]、Dan Barry[2]、Jack Bassick[2]、Jim

Cloughcrty[2]、Charlie Flugel[2]、Dennis Gilliam、John Granahan[2]、Dave Graziosi[2]、Gary Harris[3]、Bob Herman[2]、Andy Hoffman、Arthur Iberall 家族[2]、Tom lles[2]、Jack Kelly[2]、Joseph Kerwin 医学博士[1]、Joe Kosmo[1]、Lillian Kozloski[3]、Doug Lantry[3]、Bill Maas[2]、Michael Marroni[2]、Jim McBarron Ⅱ[1]、Dan McFarlin[2]、Stroy Musgrave 博士[1]、Bill Rademakers[2]、Mike Reddig[2]、Kevin Rusnak[3]、Tom Sanzone[2]、Ray Shuey[2]、Dave Slack[2]、A. Ingemar Skoog 博士[2]、Hubert C. Vykukal[1]、Paul Webb 医学博士[2]、Walter Wiechetek 医学博士[2]、Dick Wilde[2] 以及Amanda Young[3]。

作者还希望向来自史学、技术和组织等领域的评审人员（按英文字母顺序排列）表示感谢：Bill Ayrey[2,3]、Jack Bassick[2]、大卫·克拉克公司[4]、William Elkins[2]、Dennis Gilliam[3]、古德里奇公司[4]、Walt Grin[2]、汉胜公司[4]、Gary Harris[2,3]、Andy Hoffman[2]、霍尼韦尔公司[4]、ILC 公司[4]、Joseph Kosmo[1]、Pascal Lee 博士[2]、James W. McBarron Ⅱ[1]、美国航空航天局、美国国家航空航天博物馆（Cathleen Lewis 博士[3]、Valeric Neal 博士[3] 以及 Amanda Young[3]）、Louis Parker[1]、Mike Rouen[1]、Joe Schmitt[1]、A. Ingemar Skoog 博士[2,3]、Dave Slack[2]、Hubert C. Vykukal[1]、Bruce Webbon[1] 以及 Dick Wilde[2]。没有他们的支持，书稿的质量无疑会逊色不少。

作者在此还想向所有以任何方式为本书中插图作过贡献的人员表示感谢。作者尤其感谢下述各位（按英文字母顺序排列）给予的帮助：大卫·克拉克公司、William Elkins、Brand Griffin、汉胜公司、Gary Harris、霍尼韦尔公司、Iberall 家族、ILC 公司、Pascal Lee 博士、美国航空航天局、A. Ingemar Skoog、史密森学会国家航空航天博物馆、美国马里兰大学、美国空军博物馆以及 Paul Webb 博士。

最后，作者要感谢上述所有人的家人，没有他们的理解和宽容，就不会有本书的诞生。

注：1—NASA 航天服系统人员；2—承包商航天服系统人员；3—历史学家或博物馆专家；4—航天服系统组织。

编者注

和那些无数次试图向公众解释这一主题的人们一样，我们（本书作者）也承认这一过程确实存在困难。本书的创作目的，就在于引导读者进入航天服的世界。

航天服属于一种系统，能保障航天员的生命，并允许他们有效地执行任务。此系统包括一套压力服组件，能在保持一定气压的同时实现个人活动性；一套生命保障系统，能使航天员在封闭的大气环境中得以生存。凭借支持发射、返回以及降落后营救活动的舱内航天服，载人飞船可提供基本的生命保障。此类航天服系统通常还带有备份生命保障装备，以应对独立于飞船的活动，提高航天员的生存能力。舱外航天服则可以允许人类在飞船之外工作或探索。此类航天服可通过脐带从飞船获得生命保障，或者通过航天服的自带系统自主满足生命保障需求，由此可以脱离束缚，获得更大的活动范围和自由度。

在过去的四分之一世纪，美国太空行走式航天服在右肩处缝有一个非常特别的臂章。臂章为蓝底，上有一名像达·芬奇的人物穿着航天服。现今蓝底上又多了五颗星，这五颗星分别代表美国舱外活动的里程碑事件。它们是：

• 双子星 4 号—爱德华·怀特，美国首次舱外活动。

• 阿波罗 11 号—尼尔·阿姆斯特朗和巴兹·奥尔德林，首次月球舱外活动。

• 天空实验室 2 号—约瑟夫·科文和皮特·康拉德，挽救了天空实验室的维修舱外活动。

• STS－6 任务（第六次航天飞机任务）—斯托里·马斯格雷夫

和唐纳德·彼得森，首次航天飞机舱外活动。

·STS－104/ISS 7A 任务—迈克·格恩哈特和吉姆·雷利，国际空间站发起的首次舱外活动

本书的序和前言分别由斯托里·马斯格雷夫博士和约瑟夫·科文医学博士撰写。上文的美国舱外活动之星名单中提到了这两位先生，因而我们很荣幸能获得他们的支持。

本书中大部分插图都由 NASA 原创或美国空军资助的活动提供。很多照片现在已不能再用，只有存留原底片的照片还可以使用。致谢部分提到了向我们提供所用副本的人员或组织。未给出说明部分的插图都是由托马斯·雷迪制作，他向我们详细描述了航天服模型，展示了航天服系统层层的设计演变，以及不同航天服特征之间的对比。如果没有他的艺术创造，我们就只能借助粗糙的设计草图或者单调、毫无生机、不完整或幸存的破旧人工制品照片来了解一些模型。

航天服的世界有其特有的语言，包括与其他学科共享的技术术语以及下一部分会提到的航天服特定缩写。首字母缩略词是指出于书写方便及避免乏味或单调地重复谈论主题而对较长术语进行的缩写形式。大多数首字母缩略词都是按照一连串字母发音。例如，舱外生命保障系统（ELSS）、舱外活动装置（EMU）、舱外活动（EVA）、舱内活动（IVA）、生命保障系统（LSS）以及压力服组件（PSA）。然而，还有一些首字母缩略词是按单词发音。本书用到的此类缩略词有 BLSS（be－les）、ESA（e－sa）、EWA（e－va）、FIDOE（fidoe）、HUT（hut）、IMLSS（im－les）、JAXA（jax－a）、LEVA（le－va）、MAG（mag）、MOL（mol）、NASA（nasa）、NASDA（nasda）、PLSS（pliss）、PRE（pre）、SAFER（safer）、SUT（sut）、WETF（wet－ef）以及 WIF（wiff）。

本书采用美式英语书写。尽管对于美国读者来说，这个声明可能会略显怪异，但实际上本书是由通常出版标准英式英语书籍的英国图书分部出版发行的。这两种英语在拼写和传统方面都存在差异，

反映了两个多世纪的时间里政治与文化的分离。这是由作者与出版社双方协定之后的特意行为，因为本书将讲述一个美国故事。作者认为，英国出版社对待作者的这种平易近人的友好文化对作者而言是一种积极的体验。我们喜欢与我们的英国合作伙伴相互交流。此外，我们还试图在大量技术细节之外加入一些趣闻轶事，希望本书同时具有趣味性和实用性。本书的第一版出版之后，作者了解到了 1964 年到 1965 年间更多的阿波罗航天服的研发信息，并从中受益，因而诞生了本书的第二版。第二版中还包括了第一版发行之后开展的新一代航天服研发活动。

缩略语

AATE	阿根廷航天技术协会
ACES	先进乘员逃生航天服
AEMU	先进舱外活动装置
AES	先进舱外航天服——一个阿波罗应用计划项目
A-L	气闸公司。1951年，大卫·克拉克先生在康涅狄格州米尔福德同时创立了气闸公司，专门为大卫·克拉克公司设计并制造压力服和抗荷服硬件。气闸公司现在是大卫·克拉克公司的全资子公司。
ALSA	航天员生命保障组件，天空实验室 LSS 系统
AMU	航天员机动装置，计划用于双子星任务的美国空军系统
ARG	拟人化救生服
ASEM	采用 EVA 方法的空间站组装
ASMU	自稳定机动装置，属于天空实验室系统
ASTP	阿波罗-联盟号测试项目
atm	标准大气压，相当于14.7psi
BFG	古德里奇公司，水星号航天服的制造商

BLSS	伙伴生命保障系统，阿波罗 15～17 号 EMU 系统的一部分
btu	英制热量单位
CCA	头戴通信组件
CCC	污染物控制盒
CEE	乘员逃生装备——航天飞机舱内服系统
CEI	合同尾部项目
CES	乘组逃生系统
CEV	乘员探索运载器
CFM	立方英尺/每分钟
CMP	（阿波罗计划）指令舱驾驶员
COTS	美国航空航天局的商业化轨道运输服务
CSD	乘员系统部——马歇尔航天中心的航天服系统技术部门
CSM	指令和服务舱
CSSS	星座航天服系统
DCC	大卫·克拉克公司，位于马萨诸塞州伍斯特
DCM	显示和控制模块——航天飞机 EMU 子系统
DCS	减压病
DL/H－1	德莱昂和哈里斯 1 号样机
ELSS	舱外生命保障系统——双子星计划时所用名称，供氧系统

EM-ACES	增强活动性-先进乘员逃生服——星座航天服系统研究合同原型
EMU	航天飞机舱外活动装置
EOS	紧急供氧系统
ESA	欧洲航天局
EST	探索系统和技术——汉胜公司和ILC公司为竞争星座航天服系统结成的财团
EV	舱外
EVA	舱外活动
EVVA	舱外面窗组件——航天飞机EMU子系统
FCS	排泄物容纳系统
FFD	终极前沿设计公司
FIDOE	完全独立式运行消耗品运输车——1998年月球-火星航天服样机的机器人保障运载器
FSA	俄罗斯联邦航天局，2004年4月，俄罗斯航天局重新被命名为俄罗斯联邦航天局（Roscosmos）
g	地球引力加速度，9.8m/s^2
GAO	政府审计署
GFE	政府供应设备
HHMU	手持机动装置
HMD	头盔显示器

HMP	霍顿火星计划
HS	1970年前，联合飞机公司的汉密尔顿标准分公司；1970—1999年，联合技术公司的汉密尔顿标准分公司；1999—，联合技术公司的汉胜分公司
HSSSI	汉密尔顿标准空间系统国际公司
HST	哈勃太空望远镜
HTS	硬式躯干外壳
HUT	硬式上躯干——航天飞机EMU子系统
IEVA	1）舱内/舱外活动航天服——一种通用型航天服；2）综合舱外活动航天服——1967年到1968年设计的一种HS专用先进航天服
ILC	1）1969年前的国际橡胶有限公司；2）1969年至今，ILC工业公司ILC多佛子公司，早先位于多佛，后来位于弗雷德里卡
IMLSS	集成机动生命保障系统——1968年至1969年设计和制造的一种专用HS航天服
IS3	工业化亚轨道航天服——一种OO航天服模型
ISS	国际空间站
IVA	舱内活动
JAXA	日本宇宙航空研究开发机构——前身为NASDA
JSC	约翰逊航天中心——前身为马歇尔航天中心，位于得克萨斯州休斯敦

km	公里
kPa	千帕
kph	公里/小时
LCG	液冷服
LCVG	液冷通风服——航天飞机 EMU 子系统
LES	发射和返回航天服
LEVA	月球舱外面窗组件
LMS	月球-火星航天服
LRV	月球漫游车
LSS	生命保障系统
LSSI	生命保障系统公司
LSU	生命保障脐带
LTA	航天服下肢组件——航天飞机 EMU 子系统
MAG	最大吸收服
MCP	机械反压——传统航天压力服的一种替代方法
MEEP	和平号环境效应有效载荷
METOX	金属氧化物——CO_2 吸附剂
MIT	麻省理工学院
MMU	载人机动装置
MOL	载人轨道实验室——天空实验室前的美国空间站，USAF 计划

MSC	载人航天器中心，位于休斯敦，现为约翰逊航天中心
MWC	多路水接头
MX-1	马里兰1号试验样机（马里兰大学航天系统实验室）
NACA	国家航空咨询委员会
NAM	用创始人尼古拉·亚历山德罗维奇·莫伊谢耶夫的名字命名的航天服样机
NASA	美国航空航天局
NASDA	日本的国家空间机构（直到2004年），这个机构现在是日本宇宙航空研究开发机构
NBL	中性浮力实验室
NBS	美国标准局
NDX-1	北达科他试验1号样机
OES	轨道舱外服
OO	轨道旅行用品公司
OPS	氧净化系统
ORU	轨道更换设备
OSS	海洋工程空间系统公司
OSS	供氧系统
OWS	轨道工作室
PCU	压力控制单元——天空实验室LSS组件
PCV	压力控制阀——阿波罗LSS组件

PECS	便携式环境控制系统
PGA	压力服组件
PLSS	1）阿波罗的便携式生命保障系统； 2）航天飞机的主生命保障系统
PMA	压力配合适配器——ISS 组件
POS	便携式供氧子系统
PPA	飞行员保护组件
PRE	人员救援附件
PSA	压力服组件
PSC	压力密封口——航天飞机 CEE 的特征
psi	每平方英寸的压力磅数
psia	每平方英寸的压力磅数（绝对真空），这对于航天服外面有一定大气压力的情况具有重要意义。压力单位 psia 反映穿航天服的人的生理气压，压力服组件承受的压力负荷是一个较小的增量压力
R&D	研究和开发
RCU	遥控单元
RFP	征求建议书
RMS	遥控操纵系统—— ISS 组件
RSA	俄罗斯航天局（RKA）。2004 年 4 月，该组织更名为俄罗斯联邦航天局（FSA）
RTV	室温硫化——一种硅橡胶化合物

SAC	太空时代控制公司
SAFER	简易舱外活动辅助救援装置
SCU	服务与冷却脐带
SEVA	站立式舱外活动，航天员部分地离开飞船
SOP	第二氧气包
SPCA	一种灵长类航天服（在美国虐待动物预防协会的监控下研发）
SSA	航天服组件
SSER	空间对空间的 EMU 无线电设备
SSF	自由号空间站
SUT	软式上躯干
TCV	温度控制阀
TEES	得克萨斯农工大学的得克萨斯工程实验站
TMG	1）阿波罗的热/微陨石体服； 2）航天飞机的热/微陨石体服
UCTA	尿收集和传输组件
UND	北达科他大学
USA	联合太空联盟
USAF	美国空军
VCM	通风控制模块

WETF	失重环境试验设施——最初被命名为浸水设施（WIF），这个 JSC 设施最终更名为失重试验设施（WETF）
WIF	浸水设施
WLVTA	水路通风管组件
WWⅠ	第一次世界大战
WWⅡ	第二次世界大战
ZPS	零预呼吸服

目　录

第1章　引　言

野外探险人员如遇寒冷天气环境，通常会穿戴外套、手套和帽子，这与航天员的情形有相似之处。航天员会在进入恶劣的太空环境前穿上航天服。冬季旅行者和太空漫步者认识到，大自然存在险恶的一面，因此他们会穿着防护服以保护自己的生命安全。防护服系统可以提供舒适性、尺寸可变性、生命保障、活动性、灵活性和安全性。

选择防寒服时需要作出权衡。防寒服的层数可以适当增减，以便在不同冬季环境和活动条件下提供舒适感，然而，这种方法在服装重量、体积与极限热防护方面存在弊端。比如，给派克大衣加上外套和帽子会增加保暖性，但却会限制视野；棒球手套比普通手套更暖和，但限制了手部的活动。

对于生化防护服，如遇寒冷天气环境，就不可能在密闭防护服内增加衣物。对于在炎热气候或阳光直射条件下工作的情形，必须提供降温措施，保证作业人员具有适度的活动能力。密闭防护服需要配备生命保障系统，在注入氧气的同时除去防护服内的二氧化碳和湿气。

大高度探险活动也会面临与地面生化防护服一样的问题，并且还需要增加压力层。地球上，人类头顶上方数英里（1 英里＝1.609 km）的空气重量对周围环境和人体产生了大气压力，海拔越高，大气压力就越小。如果除去身体周围的大气压力，我们就会死亡。压力服提供了必要的大气压力，却产生了另外一个问题：活动性。由于压力服内的压力会向外推挤，这种外推力使压力服动弹不得，于是早期的压力服中研发了活动组件。然而，活动组件的复杂度必须基于需要，并且会影响舒适度、体积和成本。

对于在太空保障航天员生命安全的技术挑战来说，航天服可能又增加了一个维度。航天压力服需要充分考虑加压后的合身性与使用。其发展是非常动态化的，很小的改变就可能带来意想不到的结果。压力载荷会像“魔法”一样使结构织物产生复杂的形状和效应。不同于其他工程实践，此项工作无法根据教科书的经验表格选择材料、系统架构及体积/质量来实现有效的航天服系统设计、认证和生产。因此，航天服的设计和研发是一个迭代性很强的过程。

不能在舱外使用的舱内活动（IVA）航天服（发射/返回/应急航天服），非常类似于航空用高空压力服，但还是有差别。对于太空中的载人航天器，要保障乘员的生命安全则更具挑战性。目前，已达到飞行服务标准的IVA航天服是源于已有的航空高空压力服研发的。这一点未来可能会有所改变。

使人类进入太空并进行活动得以实现的航天服必须应对更具挑战性的环境。这些挑战包括极力实现低作用力的活动性、极限热环境、高强度辐射、阳光直射致盲保护以及抵抗有限水平的微陨石体和空间碎片的撞击。应对这些挑战的方法有多种，结果也各不相同。本书试图深入地阐述这些挑战及其技术应对方法。

第 2 章　挺进太空

人类总是试图穿过大气层到达更高的地方，一系列的生理挑战由此显现。首先，随着人体向上飞行，熟悉的海平面气压逐渐降低。实际上，每升高 5.5 km，大气压下降约一半。这意味着如果人体到达更高高度，尽管氧气、氮气和痕量气体的百分比含量保持不变，人体肺部可吸收氧气的实际含量却大幅度降低。例如，美国科罗拉多州多佛市的海拔为 5 300 英尺（1.6 km）。与海平面大气压相比，多佛地区的大气压降低了 28 kPa 以上，维持人体生命体征的氧分压或氧含量也就相应降低，海平面处的氧分压略高于 21 kPa，而多佛地区的氧分压略高于 14 kPa。在高海拔地区（如多佛）工作过的人可能知道，这时要深呼吸，如果这样还无法提供足量的氧气，血液中的氧含量降低，就会导致缺氧症的发生。

缺氧是一种很危险的情况，它不像窒息，人在窒息时还会为了吸气而拼命挣扎。缺氧症状因人而异，但还是存在一些共性，比如视线模糊、轻微气短、眩晕，还可能出现虚弱的症状。有时候，这些症状很轻微，以致不易察觉，这可能就是缺氧的另一个潜在症状：判断力减弱。

高度增加会导致氧气含量降低，这是航空飞行要考虑的一个重要问题。如未配备供氧装置，美国飞行员在白天一般不会飞到超过 10 000 英尺（3.1 km）的高空，夜晚一般不会飞到超过 8 000 英尺（2.4 km）的高空。其实，这种对氧气和高度的关系的理解并不算新的发现，在早期的航空飞行中就有所认识。到了第一次世界大战时，人们发现给飞机提供动力的内燃机会随着飞机的升高而发生动力损失问题，是这一点而非受损的人体功能限制了飞机所能到达的高度。

1914—1918 年的第一次世界大战带来了一系列航空发明，其中就包括增压器。增压器压缩空气进入发动机，以补充随高度增加而变得稀薄的空气。这让飞行员变成了飞机实现更大飞行高度的限制因素。一战的另一项发明是带鼻夹的“氧气管”（图 2－1），经证明这是一种很有效的解决方法，但还是存在不足，比如，鼻夹时间长了让人不舒服，降低了效用，限制了其高度方面的优势。高度增加又产生了一个问题：温度下降。高度每增加 10 000 英尺（3.1 km），温度会降低大约 16 ℃。一战时也发生过这样的情况，当时给飞行员提供了适量衣服，问题很容易就解决了。因此，有效供氧的能力是能否到达更大高度的主要制约因素。

图 2－1　大约 1918 年的德国帝国飞行公司导管式输氧系统（汉胜公司提供）

一战时期，美国本来把自己设想为世界航空业领导者，欧洲航空技术的曝光却给美国人提了个醒。当时美国还必须购买法国飞机用于本国空战部队，这加深了美国的反思。其结果是，威尔逊总统于 1918 年成立了美国国家航空咨询委员会（NACA），以缩小与其他国家在航空技术领域的差距。

20 世纪 20 年代带来了飞行服的发展（图 2－2），其配备紧身氧气罩和有效热防护服，可以向飞行高度纪录发起冲击。然而，氧气罩只在大约不超过 35 000 英尺（10.7 km）的高度才有效，在这一高度肺部的氧气量不足以维持人体正常的生理功能。

图 2－2　20 世纪 20 年代 NACA/美国陆军航空队氧气罩和防热服（汉胜公司提供）

为了维持人体在高空条件下的正常生理功能，压力服被认为是一种潜在的解决方案。世界上首个高空压力服的概念是源于弗雷德·桑普尔的设想。弗雷德·桑普尔设想了一种可以给密封飞行服供应压缩空气的“飞行员专用服”，允许飞机“在高空飞行……或在稀薄大气中穿行”（美国专利 1272537，1917 年 3 月 20 日申请）。没人知道伴随这项专利诞生了哪些装备，如果有的话。已知最早的航空全压服原型产生于1931年的俄罗斯，是一个名叫切托夫斯基的工程师的作品，Ch－1压力服加压后基本上不能活动，但这是第一套全压服，用于创造俄罗斯的气球飞行纪录，之后便列入了军用航空服项目。

与桑普尔和切托夫斯基同期，英国教授约翰·霍尔丹也在探索高海拔问题，并认为压力服确是一种可行方案。霍尔丹曾经为深海潜水员研发了阶段式减压装置来预防减压病，他前往美国派克峰，对高海拔、低气压环境对人类的生理影响进行了大量研究。霍尔丹在1920年出版的研究报告中就谈到了一种由织物制成的高海拔全压服。1931年，美国冒险家马克·里奇对打破世界最大飞行高度纪录达到了痴迷的程度，他将乘坐一个携带开放式吊篮的热气球，穿着由织物制成的压力服。里奇认识到这需要挑战缺氧和－51～－57℃的环境。为此，他于1933年夏天来到英国，拜访了霍尔丹博士。霍尔丹很支持里奇对于研发压力服的热情，并寻求了罗伯特·戴维斯博士的帮助，后者也是西伯·戈曼公司（领先的深海潜水服制造商）的成员。霍尔丹联手戴维斯成功打造了一套压力服样机。1933年11月16日，里奇利用简易低压舱模拟50 000英尺的高度，对压力服样机进行了测试。然而由于后续活动没有得到英国方面的支持，他未能创造自己的纪录。1936年9月28日，皇家空军中队长斯旺穿着类似的霍尔丹-戴维斯压力服创造了新的飞行高度纪录——15.4 km，但这还不是世界上第一套可实际使用的压力服。

在美国，飞行员威利·波斯特认识到了自西向东的高海拔气流的速度优势，以及利用压力服系统来保障高空载人飞行的必要性。1933年，他设想了一套压力服系统，即采用由织物制成的压力服，将发动机增压器的多余压力、发动机尾气的多余热量以及补充的氧气相结合，提供一个轻量/紧凑型高空生命保障系统。1934年3月，波斯特找到了B·F·古德里奇公司（BFG，今名为古德里奇公司）生产这套压力服。拉塞尔·柯利对该项目提供了支持，他也是之后几十年中古德里奇压力服研发项目的关键人物。在取得成功之前，古德里奇公司打造了三套压力服样机。1934 年 9 月 5 日，第三套压力服（图 2-3）成功实现了 42 000 英尺（12.8 km）高空的飞行，其工作压力为 21 kPa，之后由于记录仪器故障，飞到 50 000 英尺（约 15 km）及更高的高度都没有获得官方认可。1934—1935 年间，为了创造新的横穿美国大陆的飞行纪录，波斯特利用高空急流（Jet-stream）进行了五次尝试，都因机械故障失败了。不过，机械故障都发生在飞机方面，与压力服系统无关。

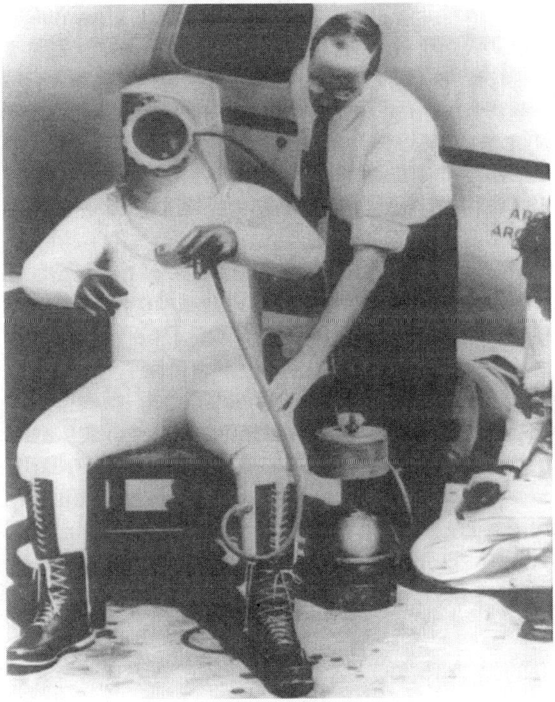

图 2-3　1934 年波斯特/B·F·古德里奇公司的第三套压力服（哈里斯提供）

二战期间，人们在高海拔压力服研发方面投入了大量精力，许多美国公司和组织角逐其中。古德里奇公司（图 2-4）处于美国的最前沿，其他参与者还包括箭头橡胶公司、固特异轮胎公司、美国橡胶公司、联合了贝尔飞机公司的明尼苏达大学，以及美国国家标准局。国家标准局和加利福尼亚大学充当了信息交换中心的角色，负责将信息传递给当时的压力服公司。二战期间的压力服并没有实现有效的活动性，但为此后压力服的研发奠定了基础。

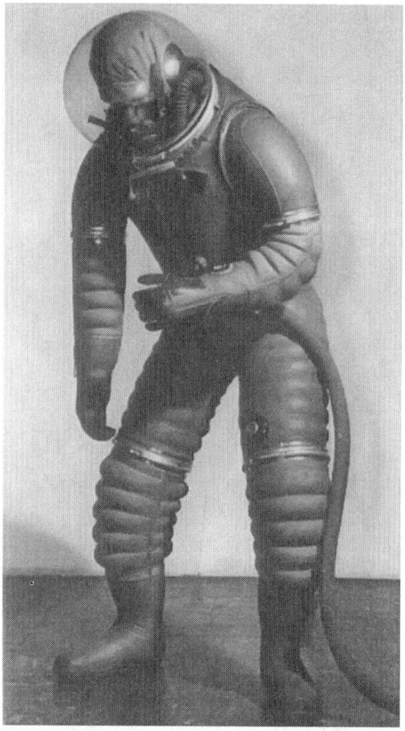

图 2－4　1943 年古德里奇公司 XH－5 压力服样机（哈里斯提供）

随着战争的结束，美苏之间的“冷战”给航空事业发展提供了持续的资金来源，其中就包括高空高速飞行应用，例如在 NACA 的支持下研发的 X－1 火箭飞机，NACA 后来并入了 NASA。在压力服领域，大卫·克拉克公司（DCC）凭借其研发的高空飞机部分压力服（机械反压力）系统开始崭露头角。这项研发工作由南加州大学的詹姆斯·亨利博士和大卫·克拉克公司创始人克拉克合作完成，后者彼时正在研究二战期间的加速度/抗荷服。亨利博士设想了一套系统，其中利用防毒面具给面部和肺提供加压氧气。气体压力还使“绞盘管（capstan tubes）”膨胀，压向躯干、手臂和腿，收紧了压力服并提供外部反压力。DCC 给亨利博士提供了资源和技术支持，最终样机（图 2－5）于 1946 年在俄亥俄州莱特机场接受了相当于 90 000 英尺（约 27 km）高度的高空试验。随后，DCC 将亨利博士的设计发展成了 S－1 飞行服，支持 X－1 火箭飞机创造了 15 km 以上的飞行高度纪录。1989 年之前，基于 DCC 模型的亨利/DCC 绞盘部分压力服设计都是用于常规高空活动，但机械反压力服的基本原理为未来航天服技术的发展奠定了基础。

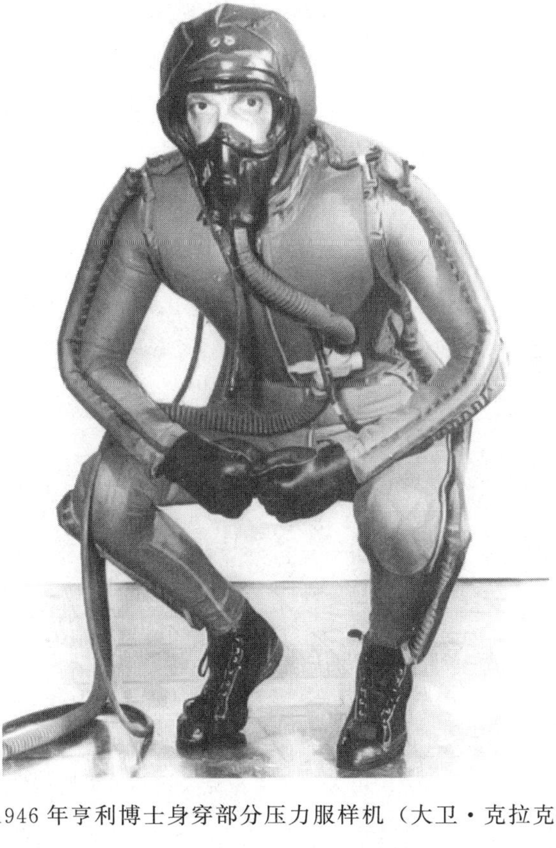

图 2－5　1946 年亨利博士身穿部分压力服样机（大卫・克拉克公司提供）

X－1 飞机之后便是 D－558－Ⅱ计划——NACA 的另一个火箭飞机计划，目标是突破 2 马赫，因此寻求研发性能更加优良的压力服系统。1951 年，DCC 获得了首套实用型全压服的研发合同。最终设计的特点在于（肩部）袖孔轴承和蜂窝组织织物限制层，结合束带和弦线限制件，形成高效活动组件（图 2－6）。全压服更容易伸展和操作，飞行员自身的保护装置不再是逐渐挺进太空的障碍。

冷战期间其他显而易见的需求包括美国侦察机，比如 U－2 侦察机可以在极高高空飞行以躲避导弹，还有美国战斗机，需要拦截高空飞行的苏联轰炸机。20 世纪 50 年代，美国海军负责研发全压服。为此，美国海军通过古德里奇公司和箭头橡胶公司研发压力服，生产了各种不同的模型，在 20 世纪 50 年代末打造出 Goodrich Mark Ⅲ、Ⅳ（图 2－7）。这些压力服专门用于航空领域，NASA 之后稍作修改，利用 Goodrich Mark Ⅳ来支持其首个载人航天计划——“水星”计划（见 4.2 节）。

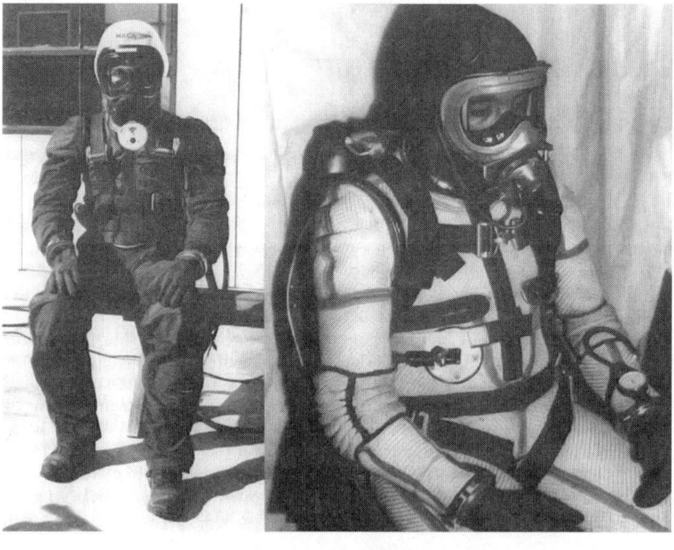

图 2－6　1951 年大卫·克拉克公司配备“链网”的 D－558－Ⅱ全压服

（左图和右图分别由大卫·克拉克公司和哈里斯提供）

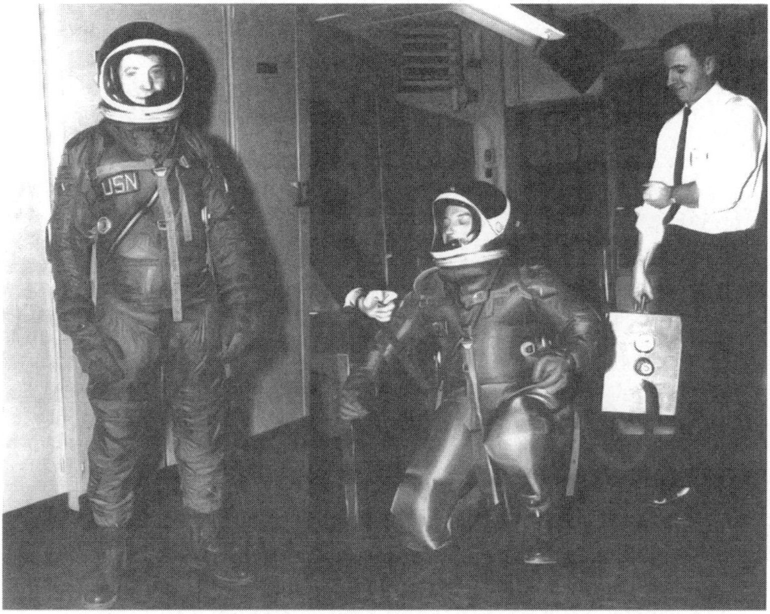

图 2-7　1959 年 BFG Mark Ⅲ/Ⅳ型全压服（汉胜公司提供）

1954 年，美国国家航空咨询委员会带头研发了 X-15 验证机，这架飞机不断地突破速度和高度纪录，最终达到 6.72 倍的声速和 108 km 的高空。X-15 飞机需要全压服不仅提供低气压环境保护，还要提供高速弹射情形下的气流吹袭保护，结果就是与美国海军同期开始研发压力服系统。大卫·克拉克公司获得了 X-15 飞机用压力服的设计、研发和制造合同（见 4.1 节）。当火箭动力的 X-15 飞机试图创造飞行高度纪录进入亚轨道空间时，这些 X-15 压力服也就成为首批的美国航天服。

第 3 章　航天服基础知识

对飞行高度的追求，最终导致人类进入了太空。然而月球、行星和其他开放空间将给人类提出更大的挑战。太空有类似于高空飞行的需求，比如适当的含氧量、CO_2 去除和湿度控制，此外还需要极限热、辐射和阳光直射防护。另外，太空作业增加了通信、活动性/合身以及手动操作方面的挑战。为了适应这些更加严格的要求，多年来人们研究了各种方法，成功率也各不相同。在积累经验的同时，新工艺和新技术也随之问世。

本章介绍了航天服的基础知识，有助于我们领会并了解航天服以及设计师所面临的挑战。另外，本章还对航天服整套装备进行了简要说明。

3.1　航天服种类

目前一共有三种航天服（图 3.1－1）：舱内航天服（IVA spacesuit）、舱外航天服（EVA spacesuit）和舱内/舱外兼用航天服（IEVA spacesuit）。

乘员逃生/救援/发射/返回舱内航天服

舱内航天服的功能包括在飞船内部压力损失的情形下保障航天员的生命安全、在舱内环境被污染的情形下提供安全避难所、支持应急逃生并在成功脱离飞船后给乘员提供生存必需品。

俄罗斯、美国和中国的第一套航天服都是舱内航天服，因为探索太空的第一步是到达太空并返回，并不需要走出舱外。舱内航天服装备是整个飞船系统的组成部分，可以提高乘员的生存能力。这

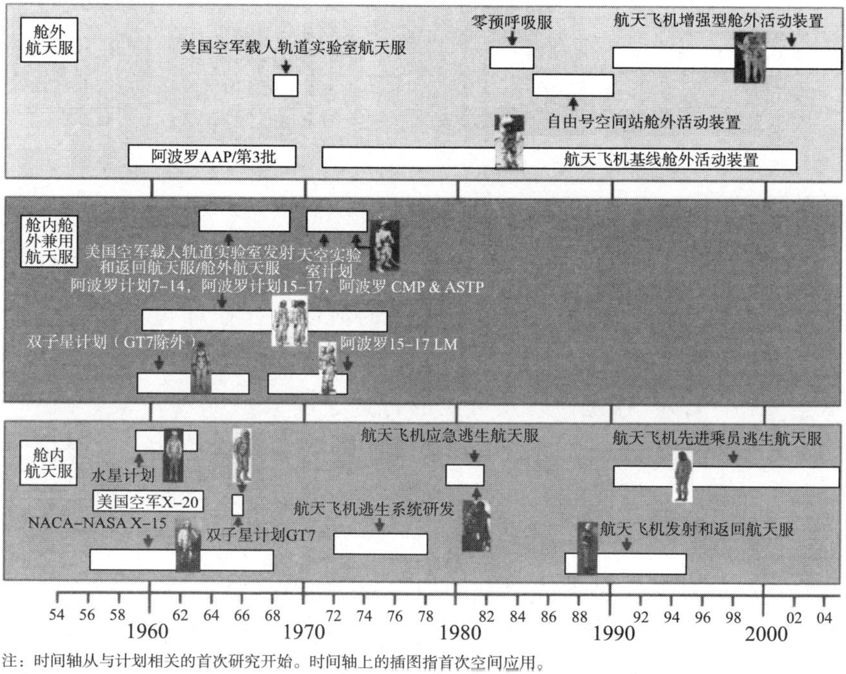

图 3.1-1　美国航天计划用到的航天服种类（时间轴）

一点在飞船发射和返回过程中尤为重要。在航天飞行的各个阶段，乘员和飞船将承受数个 g 的载荷和剧烈的振动。在这些情况下，航天服要以最低重量和最小体积为约束条件，并要确保无硬物接触航天服部件，这些对于保障人体正常功能是非常重要的。发射前，航天员可能需要在发射工位上静候数小时的时间，所以上述因素对于发射前的准备期也很重要。因此，避免航天服接触硬的或不利形状的物体，这一点至关重要。如果发射台发生事故，最小的重量和体积特征也是非常重要的，可确保航天服不会阻碍航天员迅速逃离飞船和发射区。

俄罗斯和美国的舱内航天服配备基本救生装备，包括紧急情况下用于生命保障的应急供氧系统、水上着陆用浮力保持系统、舒适衬垫、液冷服、通信和生物医学系统、废物处理系统、饮用水、信号弹/手电筒/荧光棒、无线电、刀/吊伞索切割器以及曝光服。根据这些安全特征，俄罗斯人传统上将舱内航天服称为“救生服”。美国的舱内航天服另备有降落伞系统，航天员可以利用降落伞系统在发射后或着陆前脱离飞船。

舱外航天服

舱外航天服系统让航天员可以到舱外的太空真空环境中进行活动，也可以用于轨道、月球或行星上的活动。操作环境不同，要求也会有所不同。舱外航天服系统需要对辐射、高低温（高至 121 ℃，低至－157 ℃）、强光，以及可能的行进速度大于 17 500 英里/小时（28 158 km/h）的微粒进行防护。舱外航天服系统通常也会提供照明和工具附件，以便航天员在任何条件下开展工作，同时确保航天员可低作用力（Low - effort）移动，从而有效工作数小时。对于太空操作环境，舱外航天服系统的研发遵循两种方式，一种是优化用于太空操作的专用舱外航天服系统，但不支持发射和返回阶段；另一种是舱内/舱外活动兼用航天服，既可用作发射/返回航天服，连接生命保障系统后，又可用作舱外航天服系统。

目前，美国和俄罗斯的航天机构都是专门使用舱外航天服系统。这些舱外航天服采用了坚硬的“外壳”结构（上躯干部分）、轴承，并配备了活动关节，以利于航天员低作用力移动，但这些特征部件带来了质量和可能接触点方面的问题，不适用于舱内活动。如果没有 IVA 需求的约束，EVA 航天服系统还可以在工具附件和控制（加上用于零作用力位置保持的系绳装置）方面作出优化。这种航天服系统在地球上可能非常重，但在零重力条件下，其重量就微不足道了。在月球或行星环境下，舱外航天服系统可能需要针对行走、乘坐/驾驶车辆或到达渴望的探索地点进行优化。考虑到在太空进行作业的成本，若要尽可能地提升航天员的太空作业效能，更倾向于（专用）舱外航天服方案。

第一套探索太空应用的专用舱外航天服系统是 1977 年 12 月 20

日使用的俄罗斯海鹰 D 系统，这套 EVA 系统用于对苏联礼炮 6 号空间站进行外部检查。美国具有里程碑意义的舱外航天服系统则诞生于 1983 年 4 月 7 日，航天飞机舱外活动装置（EMU）在航天飞机 STS－6 任务中进行了首次舱外活动，以测试舱外活动设备和系统。

舱内/舱外兼用航天服

俄罗斯和美国第一套舱外用航天服均当舱内/舱外兼用航天服，可同时用作发射/返回航天服和舱外活动系统。由于早期的飞船系统的体积和发射重量限制，与专用舱内活动和舱外活动系统相比，早期航天服系统作出了功能妥协。在多个 g 过载的发射过程中，EVA 防热服增加了胸部的承受重量，会让航天员感觉不适而分心，防热服的体积也给紧急出舱增添了累赘。另外，可以提供最佳舱外活动性的系统具有坚硬的部件和表面，在发射和返回过程中会产生不适的接触。最优化 EVA 活动性的系统会增大质量和体积，比如防热服，就会阻碍紧急出舱。太空作业的效率需要由工具控制/存放以及定位附件来保证，但这样做会相应增加重量，还可能形成阻碍，限制很多应急活动的实施。因此，当载人飞船一具备在重量和体积方面允许研发相互独立的系统的运载能力，美国（图 3.1－1）和俄罗斯航天机构便都采用了单独的舱内航天服系统和舱外航天服系统。

然而，舱内/舱外活动航天服方案可以节省体积和发射重量，这让首次走出飞船的冒险成为可能。这种航天服创造了优异的服役纪录，参与了上升号计划、双子星计划、阿波罗计划、早期的联盟号计划以及天空实验室计划。随着人类把目光投向月球和火星，发射重量和体积又成为重要的考虑因素，人们可能又要回归到舱内/舱外兼用航天服，但这必定会牺牲发射舒适度、紧急出舱效率、重量和舱外活动效能。在太阳系探索中，行星的重力成为了日益重要的考虑因素。月球的重力是地球的六分之一，火星的重力是地球的八分之三。美国和俄罗斯当前的舱外航天服在地球上的重量为 112～125 kg（在运行轨道中重量几乎为零），因而，这些全天候舱外运行系统在月球上重 18～21 kg，在火星上重 44～48 kg。

3.2 航天服研发面临的挑战

太空是深不可测的。太空是不含可呼吸气体的真空环境，具有高度的危险性。没有了地球大气层的过滤作用，强烈的阳光可导致眼睛永久性失明；没有隔热防护，人将在一面炙烤一面冷冻之中煎熬；没有保护性压力层，人体内的水基体液会蒸发沸腾或冻结。为了让读者了解航天服的功能以及航天服系统的技术演变历程，下文讨论了以下项目：

- 太空真空环境 vs 人类对气压的需求；
- 压力层的动力学特征及其对关节活动性的影响；
- 压力选择和减压；
- 友好的航天服环境；
- 热与辐射防护及控制；
- 太空阳光直射防护；
- 空间碎片；
- 太空硬件费用。

太空真空环境 vs 人类对气压的需求

在地球海平面位置，人体在 1 个标准大气压的环境中保持正常的生理功能，人体内部和外部存在着均匀压力。美国航天飞机和国际空间站的工作压力为 1 个标准大气压。如果飞船座舱发生故障，导致舱内迅速减压成真空，人体肺部的全部气体都会耗尽，身体膨胀，血管破裂，血液最终将会沸腾。

然而，人类可以在较低压力条件下工作。数以百万计的人生活在高海拔地区，其中空气压力只有海平面压力值的 2/3 甚至更低。如果减压速度足够缓慢，人可以在压力降低至接近海平面压力值的五分之一的纯氧环境下工作，也不会产生损害。对于压力较大的航天服，航天员需要花费更大的力气而使疲劳感增强，这样看来航天服的设计目标在于尽可能地降低其工作压力。然而，这样通过减压方式使用低压航天服的需求又会增加危害。因此，气压是必要的，但也带来了相互矛盾的挑战。

压力层的动力学特征及其对关节活动性的影响

与机器人相比，人在太空的优势在于能够去看、触摸并迅速适应实时环境，其前提是航天员能够有效地使用手、臂、脚、眼睛和大脑。要维持生命，压力至少需要 21 kPa。一件平均尺寸的压力服的内表面积超过 1.9 m^2。因此，即使是最小压力也会使织物制成的压力服摸上去很硬且不易活动。理想的压力服活动系统可以让压力服使用者轻易地向任意方向移动，不存在移动障碍，不会导致受伤，也不会增加安全风险，但这一点尚未实现。到目前为止，最常用的方法是对恒定或近恒定容量活动关节进行关键定位。恒定容量是理想状态，因为手指、手臂或双脚要弯曲，就会用力压缩航天服的内部容量。然而，在弯曲过程中近似保持恒定容量的活动系统很可能会伴随重量、体积以及坚硬部件数量的增加，而这常常与航天服系统的其他要求相冲突。较高的工作压力不仅增加了移动难度，还提高了结构要求，增加的体积会削弱活动能力。

之前提到的美国高空压力服的一个通用属性在于其能够将压力提高至周围大气压之上，达到 24 kPa。航天服活动技术的进步使得（航天服采用）更高的工作压力成为可能。在美国航天服保持较低工作压力的过程中，一个 8 小时的典型工作日所产生的人体疲劳感成为了关键因素。较低工作压力的弊端在于，在减压至航天服工作压力之前，需要除去人体血液和组织中的溶解氮。压力的降低增加了减压病（DCS）的可能性。航天飞机舱外活动装置（EMU）的工作压力为 30 kPa，乘员逃生/发射/返回航天服的最大工作压力为 24 kPa。与之对应的是，所有的俄罗斯航天服的工作压力均为 40 kPa，以最大程度地减轻或防止减压病或其他风险。

压力层的动力学特征是最值得注意的，最大的技术挑战仍在于手的灵活性、触感（接触反馈）和舒适度。手套带来了一些独特的问题，例如迁就小手、大量的接缝、热损失（较大的表面面积）、个体手形的差异（长时间的接触压力会导致受伤），以及穿戴/磨损保护与触感的兼顾。对于压力更高的压力服系统来说，其好处是无须提前吸氧，但手的有效使用和人体疲劳感是限制因素。采用较低的工作压力意味着人体的疲劳感较小，技术挑战减弱，成本降低。然而，较低的工作压力将面临更多的挑战。

压力选择和减压

美国航天飞机与国际空间站采用类似于地球的氮/氧大气，加压至 1 个标准大气压。当前美国的舱外航天服的额定工作压力为 30kPa，这要求控制空间站或航天飞机座舱压力的减压速度，防止减压病。19 世纪的深井开采和水下施工应用中最先认识到控制减压速度的重要性，因为作业中发现一种叫做“减压病”的奇怪疾病，会令工人感到恶心、致残甚至死亡。

减压病源于从高压到低压的过渡速度过快。大气中的氮易溶于人体的某些组织，比如脂肪、瘢痕组织和软骨组织。当人体压力迅速降低，氮会竭力脱离这些组织。氮气气泡在血管化水平较低的软骨组织和关节周围的瘢痕组织内发生膨胀，轻则产生轻微不适，重则导致肢体残疾。血液中形成的氮气气泡也大大抑制了肺部脱去血液中气体的能力。如发生这种情形，轻则导致呼吸困难，重则导致致命栓塞，这取决于气泡是否停留在给主要器官（如大脑、肺部或心脏）供血的血管中。

安全的减压速度可最大程度地降低患上减压病的可能性。在减压前脱去人体组织和血液中的氮气，这是防范减压病的另一种方法。在美国航天飞机内，舱外活动之前座舱压力会降低至 70kPa，并持续 24 小时。在把气闸压力降低至航天飞机舱外活动装置工作压力（30 kPa）之前，已穿好航天服的航天员在气闸中预吸 45 分钟的纯氧。在国际空间站中，操作规程不包括降低气闸压力，这样航天员就必须在气闸减压前提前吸氧约 4 个小时。

美国的研究表明，人类可以以最低风险承受从 1 个标准大气压迅速降低至 55 kPa 的转变，俄罗斯的同类研究对于减压病风险的观点则稍有不同。俄罗斯航天服压力为 40 kPa，吸了半个小时纯氧后，该压力值足以防止减压病，出舱活动前的航天服检查也大概要花半个小时的时间。其结果是，俄罗斯的所有航天服的工作压力都为 40 kPa。

友好的航天服环境

人类要获得舒适感并有效进行工作，必须将环境参数控制在相应的范围内。氧浓度是重要参数之一。海平面压强为 1 个标准大气压（14.7 psia），其中氧分压为 21.2 kPa，肺泡氧分压为 13.7 kPa。NASA 选择此值作为人类正常空间操作时肺泡压的下限值。为了最大化航天服的关节活动性并将压力服的泄漏和荷载降至最低，航天服被设计成运行在与其他要求一致的最低工作压力值上。因此，航天服系统都要提供纯氧呼吸气（不考虑少量的二氧化碳和水蒸气）。然而，由于呼吸效率随着压力的减小而降低，20 世纪 60 年代以及 70 年代初美国航天服的正常工作压力确定为 25.5 kPa。

人类可以在氧分压等于或稍高于 17.7 psi（1.2 个标准大气压）的环境下生存几周的时间，才会发生氧中毒。早期的太空计划就是利用这一点。如果在发射前将航天员置于 14.7 psi 的纯氧环境中待上几个小时，氮气会从人体组织中排出，乘员就可以在发射时安全地快速减压。这一点也让载人飞船可以采用简单的单一气体（纯氧）生命保障系统，座舱压力为 5 psi（34.5 kPa）（美国）和 5.8 psi（40 kPa）（苏联）。在这种座舱压力条件下，航天员不用提前吸氧就可以避免减压病，进行舱外活动。较低的压力还可以降低结构要求，从而减小飞船的重量。然而，该方法又带来了一系列其他危害，比如增强了可燃性和毒性。

以航天员邦达仁科的死亡为代价，苏联于1961年3月23日首次认识到了这一点。邦达仁科当时是在一个充满纯氧的压力舱内进行一项长时间试验，舱内压力为1个标准大气压。一个医用酒精棉擦意外地碰到了加热板，立刻就着火了，还点燃了压力舱内的其他物品，包括衣物。邦达仁科被人从压力舱中解救了出来，但不久还是不治身亡。这次悲剧让苏联太空计划意识到了危险性，于是修改了座舱环境和规程，以防进一步遭受损失。遗憾的是，苏联决定不公布这次事故，导致美国后来也重蹈覆辙。

1967年1月27日，密封舱在一次试验过程中起火，夺去了本该成为第一个阿波罗乘组人员的生命，包括航天员查菲、怀特和格里索姆。通过这次事故了解到，纯氧高压环境中材料的可燃性更强，而且燃烧的材料可产生有毒化学物质。由此提出了更严苛的新要求，让后来者的太空之旅更加安全。然而，氧气的安全引入只是航天服系统众多关注因素中的一个而已。

在未配备生命保障系统的密闭环境中，CO_2 在缺氧之前就会使人员丧失能力或导致生命损失。很多化学吸附剂都可以去除环境中的 CO_2，但是重量和体积是空间应用的首要问题。由于 LiOH 吸收 CO_2 可以变成 Li_2CO_3，从载人航天飞行的一开始，LiOH 就受到航天计划的青睐，但它是不可再生的材料。如果挥发到空气中，LiOH 还是一种强烈的刺激剂。LiOH 一旦用尽自身的吸收能力就必须丢弃。空间站则引入了对能有效工作数月甚至数年时间的 CO_2 去除系统的需求。这就促进了其他化学系统的发展和应用，这些化学系统执行相同功能，但却是可再生的。最新的三种美国舱外航天服系统中的 CO_2 去除过滤罐被命名为污染物控制过滤罐，因为其中除了 CO_2 去除用化学物质，还有带颗粒和木炭的气味过滤器（图3.2-1）。用于航天飞机舱外活动的那一版航天服一直采用 LiOH。国际空间站上使用了金属氧化物晶格吸附剂，利用烤炉加热气流分离捕获的二氧化碳，实现吸附剂的再生。

20世纪60年代，载人飞船内的气味控制问题（自然也会涉及到

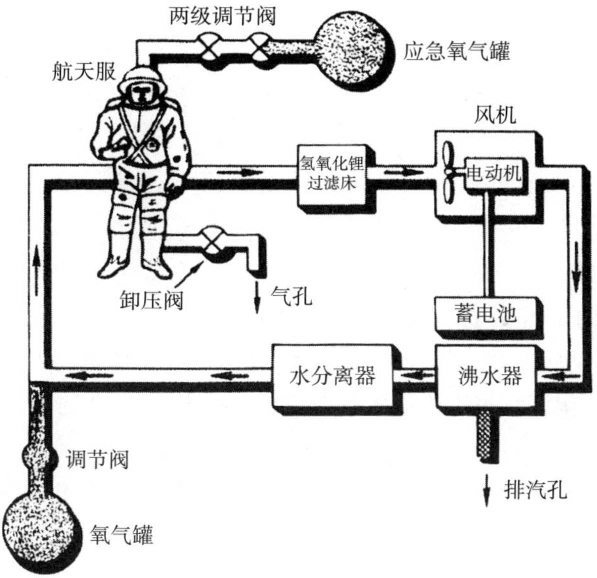

图 3.2-1　1962—1963 年阿波罗号“基础系统”示意图（汉胜公司提供）

航天服）引起了美国航天计划的重点关注。系统的设计没有采用天然材料（如皮革和天然橡胶），而是偏向于合成材料。阿波罗号密封舱火灾引起的变革在于，美国规范了载人航天领域材料验收程序中的气味评估程序。其结果是，与俄罗斯航天服相比，美国航天服没有明显的气味，后者还是一直采用天然材料（没有令人反感的气味），自成一格。

湿度也是很重要的一个方面。人会出汗或呼出水分子，在诸如航天服之类的密闭环境中，这会迅速造成非常潮湿的环境，不仅会让人感到不适，还会对航天服内的系统功能产生不利影响。因此，航天服系统必须具备除湿功能。但是在通风气流中除湿又会引起其他问题。如果环境过于干燥，对人的眼睛和鼻子都有不利影响，长达 8 小时的时间再加上反复的使用，这会影响任务的完成及航天员的状态。过于干燥的环境还会带来静电放电的危险。即使执行了材料选择和氧气安全程序，设计上还是要有意地针对航天服的纯氧环境来考虑着火源。航天服内产生的静电电压可达上万伏，但电流只有几微安，会使人有电击感，但不会对人体造成伤害。然而，这种静电放电会损坏敏感电子元件，航天服系统必须在去除多余水分的同时维持一定的湿度，以保证人体的舒适和安全。

有关航天服的另外一个问题是通风问题。航天服内的气流必须足以去除二氧化碳，防止面窗结雾，并除去使用者的气味。早期的航天服还靠通风给航天员降温。因此，速度尽可能快的通风气流是比较理想的，但是通风气流需要能量，而扩大电池容量或添加其他装置又会增加重量与体积。早期大流速航天服系统也会面临通风噪声的问题，因此，确定通风气流的流量是众多的航天服设计项目之一。

有关航天服的另外一个问题是航天员的营养需求和废物处理需求。从航天员穿上航天服到脱下航天服的过程一般会持续 9 个小时或以上，规程中没有途中让航天员脱下航天服进食或者去洗手间的选项。美国阿波罗号上的食物供给是通过头盔孔注入浆状混合物，航天员还能通过头盔孔饮用液体。如今，航天员的航天服头盔内装备了一个食物棒。另外，航天服内的饮水袋装在躯干上部，在嘴巴附近配有饮水阀。虽然这些现代系统存在不足之处，但是此类装置可以让航天员在工作的时候有东西吃，有水喝。

在阿波罗号上，全部航天员都是男性。飞船上配备了尿液收集和转移组件，用于控制并清除液体废物，仅适用于男性乘员。阿波罗航天服还有一个粪便隔离系统——本质上就是一块成人用尿布——用于处理可能出现的固体废物。航天飞机舱外航天服系统使用的是最大吸收服（MAG），可处理液体和固体废物，男性和女性太空漫步者通用。MAG 的作用就像成年人“拉拉裤”。乘员在舱外活动前通常都会使用航天飞机或空间站设施，并根据航天服内水的消耗量来控制作业时间，因此这些系统很少使用，其主要的功能是平静乘员的心态，出现情况可以应急。

热与辐射防护及控制

实际上太空没有温度，然而在太空中，热和冷的感受超出了地球人的感觉范围。在85 km的高空，温度降低至大约−85 ℃。在640 km的高度，温度实际上有所增加，但不明显。在这一层空间，少量的残余氧气吸收高能太阳辐射，轨道“向阳面”的氧气分子的温度可达到4 500 ℉（2 482 ℃）。然而，这些温度基本上不会产生任何影响。地球周围大气的稠密程度不仅足以支持生命所需，还允许热能传递并达致均衡。这也就是我们在炎炎夏日从空调房来到室外会感觉热的原因，周围的空气试图将你加热。该层空间（640 km高度）内的氧气实际上可以忽略不计。在75km的高空，压力小于0.007 kPa。因此，稀少或密度很小的气体所形成的对流对温度影响不大。

太空中，热量以直射或反射太阳光的形式通过辐射能进行传递。暴露在太阳辐射以及周围表面反射作用下的空间物体（包括航天员）的温度可超过121 ℃。如果没有太阳的辐射能，完全阴暗的环境（比如冰冷空旷的空间）的温度大概在−233℃。其结果是，空间物体可吸收太阳辐射，吸收面变热，阴暗面却在散热。吸收或损失的热量的准确数量，取决于物体的表面特性和绝热技术的使用。设计人员利用这一点进行航天服各层材料的选择。

月球上，辐射也是一种热传递方式。向阳面的月坑温度可达121℃，而面向深空的区域的温度可达−157℃。火星上存在稀薄的大气，风和尘埃带来了一系列不一样的挑战。火星上的极限温度弱于太空或月球上的温度，大概在−84℃到−10℃之间。由于风力作用，压力大约为0.1 kPa的稀薄大气会产生热损失或热增益。因此，火星上采用的绝热技术有别于太空或月球。

载人航天计划最早开始的时候，太空真空环境的高效绝热技术已经研发出来了，这就是镀铝聚酯薄膜。十几层（或更少）相互隔开的镀铝聚酯薄膜在太空中可有效发挥隔绝作用。但这种方法又带来了一个问题，就是需要散除人体和电子部件的热量。这个问题涉及两个方面：一是航天服内的热量去除或收集；二是将收集的热能释放到太空。

如果没有冷却系统，航天服的内部环境温度将稳定在高于航天员体温（标称是 37℃）的某一数值，这种环境不适宜进行活动。航天员工作的时候，会产生很多的热量。当人体出汗降温时，会使环境湿度变大，再出汗就于事无补了，很快便会发生过热或脱水现象。针对航天服穿着者周围的小型密闭环境，航天服设计人员很快了解到，通风冷却和除湿操作并不能有效保证航天员的舒适感，让其能够有效执行工作，于是液冷服应运而生。液冷服内遍布水管，可除去人体代谢产生的热量。水回路也被用于冷却电子设备，并通过冷却气流和冷凝水蒸气的方式来调节通风回路。

然后，收集的热能要排放到太空中。由于太空是真空环境，没有空气来做热传递，所以地球式“散热器”——像用在汽车上那样的——就不管用了。因此，在低压条件下通过沸腾或升华的方式来实现蒸发冷却成为了首选方案。将水蒸发至太空，冷却水回路温度可降低至 4℃。每磅蒸发水可从航天服中除去超过 1 000 Btu (252 kcal)的热量。蒸发通过细管或细孔滤网来实现，可以提供有效的冷却，适用于有限持续时间的任务（如航天服使用），但这需要把水运送到太空。未来，随着人类实现在太空工作的常规化，或者飞往太阳系的地外行星或卫星，必须研发新型可再生、小质量的紧凑型散热装置，但这不是人类在探索太阳系过程中遇到的有关能量的唯一挑战。

太空中存在各种不同形式的有害辐射。地球大气层就像一个过滤器，保护人类免受太阳辐射中最有害部分的伤害。太空中密排分布着高能量的 H、He、C、N、Si、Ca、Fe 和 O 原子，还存在太阳紫外线、可见光辐射、太阳耀斑 X 射线、宇宙射线、电子和质子辐射。如果人离开地球轨道进入深空，这些辐射会产生不同程度的危害。危险级的辐射（“电离”辐射）可破坏人体正常的化学和物理过程，对航天员造成损伤。地球大气层会提供一些保护，地球磁场吸收范·艾伦辐射带的部分高能粒子。当太阳在太阳耀斑期间释放出高能粒子时，航天服和飞船必须提供足够的屏蔽能力，防止累积的辐射剂量给航天员造成伤害。限制暴露时间也是减少辐射剂量的途径之一。例如，太空行走可把时间安排在太阳耀斑活动之外。月球和火星上没有明显的大气层，不能提供辐射保护，航天服系统在提供相应的防护能力的同时保持其所需的活动性和视野是设计人员面临的重大挑战。

在热能方面还面临其他挑战：手脚温度过低。轨道上，基本上一半轨道是受阳光直射，一半轨道处于地球阴影下。在阴影区，空间物体温度可达到－157℃（－250 ℉），而在光照区，设备温度高达 121 ℃（＋250 ℉）的情况也很常见。脚限制器和抓握的物体提供了一条手脚部位的热传导途径（传出或传入）。在这两种热条件下，低温表面防护已经被证实是一个更加棘手的难题。在靴子中提供较厚的隔热材料相对容易实现，但是手必须能够执行操作，手套中隔热层的体积就成了累赘。为了进行国际空间站的组装工作，美国舱外航天服配备了电热手套，作为一个解决方案。

太空阳光直射防护

如前文所述，地球大气层会过滤太阳光。太空中的阳光比地球上要强烈得多，可瞬间造成人眼永久性失明，还会在数秒内“灼伤”皮肤，而在地球上则需要几十分钟或数小时的时间才会造成同样的伤害。载人航天计划最初就认识到了这一点，于是选择面窗来解决这一问题。就像太阳镜，头盔上的面窗允许光线通过，只是降低了光照强度，并过滤了太空中阳光的有害部分。

如果你观察一位身着航天服正在进行太空作业的航天员，你经常会看到航天员面部有一块下拉金色反光面窗。金色源自沉积在面窗上的镀金薄膜，厚度大约 0.3 μm。在早期试验尝试的所有涂层中，非常薄的镀金薄层被证实是一种可以适量阻止有害光而不影响人的颜色感知能力的理想材料。只是最近几年才研发出了替代的合金面窗涂层，并已用于美国载人航天飞行。

空间碎片

太空中存在大量的行星、恒星、彗星、流星和颗粒，但对于广袤的太空而言，这些都不算什么，太空中大部分空间还是真空区。由于太空中存在自然生成的微小陨石，以往运载器留下的轨道碎片和抛掉的废弃物也在不断增加，所以地球轨道上的航天员遇到冲击损伤的可能性越来越大。地球及其他天体的引力作用使得这些颗粒和碎片具有巨大的能量。

放眼月球，人们可以看到由陨石撞击形成的月坑，火星表面也存在类似的“疤痕”。陨石撞击是正在进行的太阳系演化史的一部分。这些撞击发生时，一些表面物质克服了重力的束缚，被巨大的力量扔到太空中，在太阳系中形成了无数的漂浮碎片，直到其受到其他引力场（比如地球引力）的束缚。这是一种自然形式的轨道空间碎片。彗星相互撞击和陨石相互撞击属于另外的自然来源。这些碎片被地球吸引，进入地球大气层时摩擦生热，就产生了“流星”和常见的房屋尘埃。然而，这种方式不会烧毁所有的碎片，有些陨石成功穿过了大气层坠落到地球上，就形成了我们在地球上发现的月岩和火星岩。

除了飞船和卫星活动产生的人造碎片，自然生成的微小陨石与轨道上的人造物体相撞也会产生碎片。采用接近跟踪和规避措施可以最大程度地降低碎片对航天员的安全所造成的风险。利用在轨航天器（专门设计用于收集微小陨石和轨道碎片撞击数据）的测量数据，航天服工程师可以针对这些危害来进行防护。这是巨大的挑战。即使空间颗粒不怎么移动，带着太空行走航天员的载人飞船可是在以 17 500 英里/小时（28 158 km/h）或以上的速度绕地球飞行或者以更快的速度做行星际旅行。重要的是颗粒和太空行走者的相对速度，通常的做法是将飞船沿轨道置于太空行走者的前方，但是对空间站来说则不可行。随着人类探索太空的脚步不断深入，需要研发颗粒碰撞问题的其他解决方案。

太空硬件费用

在商业领域，通常会在预生产开发阶段制造并评估 50 或更多套的产品，几年内的生产数量可能以千计甚至以百万计。这样庞大的数量为产品寿命的预测提供了统计依据，并给故障率计算提供了数据支持。在空间探索中，20 年内制造出 50 套装置就代表实现了大规模“生产”。基于有限的经验，为了获得安全性和可靠性数据，NASA 一般按照其技术规范的要求执行设计和制造流程。这一流程包括前期设计评审、关键设计评审、设计验证测试，以及对一件或多件初期产品的认证（通常涉及多项测试），在产品用于太空项目之前要严格识别和消除（如果可能）设计缺陷和危险因素。

一套针对航天产品各个细节的严格的文档编制和记录保存制度由此形成，目的是跟踪制造过程的各个方面，并识别不符合规范的情形和故障原因，以便落实纠正措施，从中总结经验教训。NASA 把这一点纳入到其技术规范中，防止在以后的航天计划中重复犯错。这样做保证了 NASA 产品的高质量，同时也使得这些产品非常特殊（基于有限的制造数量）。将产品送入太空的成本非常昂贵，每磅产品要花费数千美元，因此航天产品一般趋向于设计成具有难于制造的公差，以实现最小重量和体积。这些因素都会涉及到成本问题。

高成本势必会阻碍新系统的研发。按照给定的时间表和预算交付运载器或空间站的计划，通常没有资金用于那些不被认为是重要的研发项目。引进新系统所产生的设计和运行费用，还有新技术不可避免的“学习过程”，以及有限的计划预算，都是限制美国航天服研发的重要因素。

第4章　发射/返回航天服：过去、现在和将来

1957年10月4日，苏联成功发射了世界上第一颗人造卫星Sputnik-1，世界从此改变。作为反应，美国根据1958年10月1日的空间法案设立了NASA，该机构继承了美国国家航空咨询委员会(NACA)和其他政府机构。NASA在其成立的第一周，就发起了美国首个载人探索计划——水星计划。水星计划并不是美国的第一个研发太空压力服的计划。X-15火箭飞机和美国空军X-20航天飞机（见第8章）计划之前就进行过压力服的研制活动。这些最初的压力服是为了在飞船座舱发生压力损失的情形下保障航天员或飞行员的生命。水星计划还引入了集成的漂浮系统。

双子星计划、阿波罗计划和航天飞机计划的特点在于专用的发射和返回航天服系统。双子星计划和航天飞机计划包括降落伞系统和救生装备。到20世纪60年代末，美国提供应用型发射和返回航天服的机构的数量快速减少到两个，20世纪余下的几十年都是如此。

新千年带来了变革。2001年4月，美国普通公民丹尼斯·蒂托成为了首位太空游客。随着这一里程碑事件的发生，近地轨道(LEO)竟然变成了旅游胜地。2004年，第一艘私营载人飞船“太空船一号”在两周内两次进入太空，获得了1 000万美元的奖励。太空船一号只有一个薄的石墨复合材料加压外壳，机上并没有为飞行员提供航天服或备用生命保障系统，这标志着商业性载人航天时代的到来，商业性太空旅行需要提供备用生命保障系统。2010年3月，奥巴马政府取消了星座计划，以支持私营企业的飞船将货物和人员运送到国际空间站。近地轨道现在成了一个通过私营企业就能把人送上去工作或旅游的地方，非常需要发射和返回航天服来保证安全性。这种认识让一些新的财团加入到了航天服领域。

4.1　美国国家航空咨询委员会（NACA）/美国国家航空航天局（NASA）X-15 计划（1954—1968 年）

美国从 1954 年就有了发射和返回航天服的需求。NACA 联手美国空军（USAF）和海军研发了实验性飞机/航天器 X-15。X-15 计划的任务是有效拓展航空航天研究的范围。X-15 作为一架飞机运行时，最终达到了 6.72 *Ma*。并且，X-15 还被设计成可以耐受进入大气层时产生的热量和摩擦。由于采用了不依赖于空气的火箭发动机提供动力，X-15 还用作亚轨道太空飞机。因此，X-15 压力服也是舱内活动航天服。

美国空军邀请了几家公司提供压力服设计方案，从此就开始了 X-15 航天服的研发和选型工作。国际橡胶公司（现为 ILC 工业公司）、兰德公司和大卫·克拉克公司的航天服样机都在资助之列，并于 1957 年在赖特-帕特森空军基地（位于美国俄亥俄州）进行了评估。

本次评估揭开了国际橡胶公司作为压力服设计和制造机构的序幕，该公司整合了内部资源，并招聘了 B·F·古德里奇公司的员工。国际橡胶公司采用了一种古德里奇公司首创的模制回旋关节技术（图 2-4），并将其发展成为一个更为有效的活动系统。国际橡胶公司的压力服样机（图 4.1-1）的独特之处在于其并未配备压力手套，因为 X-15 评估针对的是活动性原理，没有要求压力服样机配备压力手套。

也许 X-15 评估在技术上最有意思的地方就在于活动性最好的两个竞赛样机可能源自同一个技术概念。第一种压力服样机的发展轨迹是清晰的。美国国家标准局（NBS）会对商业和国防部门提供技术支持，其中就包括压力服技术。从 1947 年开始，美国国家标准局资助了亚瑟·伊伯拉尔领头的研究项目，最后产生了“网状”气

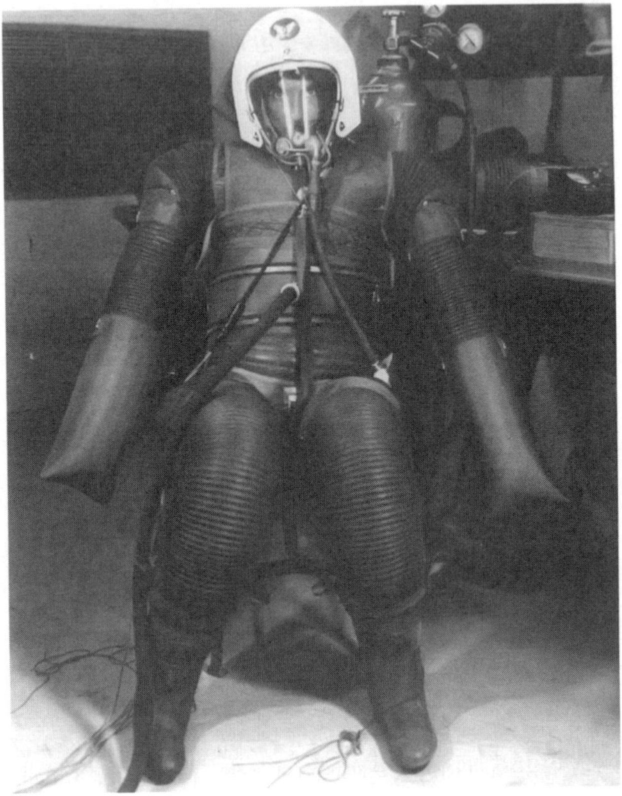

图 4.1-1　1957 年国际橡胶公司的 XMC-2-ILC X-15 压力服样机
（ILC 多佛公司提供）

囊限制概念。伊伯拉尔通过其所谓的“非扩展线”理论来解释该系统。该理论认为，如果用线条标示人体的解剖结构，有些区域的皮肤会随着关节的运动而伸展，有些区域的皮肤就不会（非扩展线）。现在，这些区域被称为航天服的“弹性”和“非弹性”区域，但是这些名词是后来才有的。美国国家标准局资助了基于这一概念的两种压力服样机。第二种压力服样机于 1951 年完成，具备 14 kPa 的加压能力。1954 年，伊伯拉尔离开美国国家标准局，在兰德公司获得了一个职位。在兰德公司，伊伯拉尔重新开始进行压力服的研发，做出了一个很复杂的多限制层全压服设计，成为了 X-15 压力服竞赛的新加入者。伊伯拉尔/兰德公司压力服样机（图 4.1-2）展现了优越的活动性，美国空军却认为它太重，穿着过程又过于复杂，设计也与美国空军的头盔不配套。这次竞赛结束之后，兰德公司资助了一项后续设计和样机项目，针对评估结论作出了修正。伊伯拉尔的最后一种压力服设计在 1958 年末完成，但从未应用于航天计划。

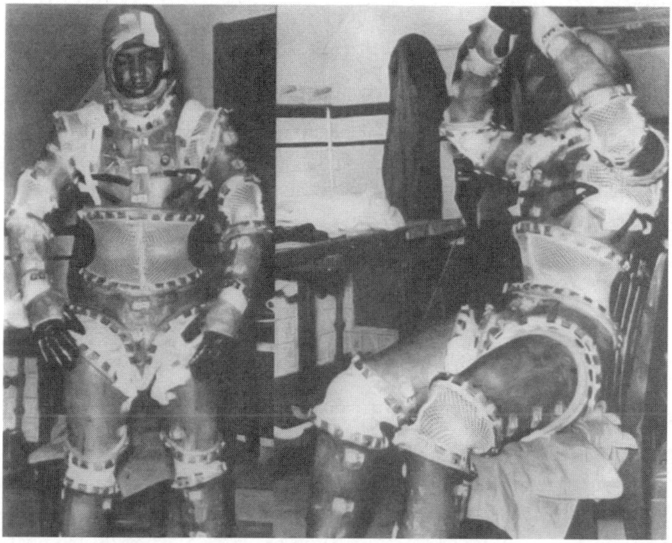

图 4.1-2　1957 年兰德公司/伊伯拉尔 X-15 压力服样机（伊伯拉尔家族提供）

关于伊伯拉尔对大卫·克拉克公司（DCC）的参加竞赛者的影响，则不是那么明确。伊伯拉尔博士与克拉克先生留下的回忆录与证明文件中，都谈到了 DDC 公司链网（Link-net）压力服限制系统的概念问题。然而，这些回忆文件却存在分歧。克拉克先生称，Link-net 的概念源自于克拉克大学的尼古拉斯·沃泽森博士在第二次世界大战中试制的压力服，其时还获得了 DDC 公司一名叫罗斯·阿罗卡丝的天才女裁缝的帮助。这次尝试先于伊伯拉尔在美国国家标准局（NBS）的压力服研究工作。克拉克先生称，沃泽森-阿罗卡丝“渔网”限制织物概念是滑移网格限制技术（后被称为 Link-net）

的起源。据克拉克先生描述，这种产生于第二次世界大战中的活动系统未投入使用，沃泽森和阿罗卡丝都没有意识到他们的工作与后来的 Link - net 设计之间存在的相似性。在克拉克先生漫长的叙述中，他经常提到参与其中的人们，并大方地承认其他人作出的贡献，然而却没有提到伊伯拉尔。

在伊伯拉尔博士的回忆录中，伊伯拉尔先生初次遇到克拉克先生时，伊伯拉尔正在为 DDC 公司部分压力服（先于美国国家标准局制造的压力服）的阀门系统提供技术支持。据伊伯拉尔所述，美国国家标准局的第二个（1950—1951 年）样机是由 DDC 公司制作的。从存留的克拉克寄给伊伯拉尔的信件来看，他们彼此认识，并且在 1954 年以前的项目中还一起合作过。因此，看来 DDC 公司确实制作过 NBS 的第二个样机，并且十分熟悉 NBS 的技术详情。根据 NBS 的许可，任何美国制造商都能免费享有使用 1947—1951 年伊伯拉尔领导的全压服研究结果的权利。作为 NSB 的付费研究员，伊伯拉尔不能就此概念或系统申请专利。因此，即使伊伯拉尔影响到了 DDC 公司 X - 15 压力服的设计，克拉克也没有义务答谢伊伯拉尔。克拉克与伊伯拉尔在 1954 年间的信件还显示克拉克先生曾帮助伊伯拉尔获得兰德公司的职位。伊伯拉尔随后带领兰德公司在压力服方面与 DDC 公司竞争，这可能引发了历史分歧。令人遗憾的是，伊伯拉尔与克拉克都已不在人世，无法帮我们解决这一争端。然而，1957 年，兰德公司与 DDC 公司的 X - 15 压力服样机似乎都采用编织限制系统来提高活动性，其尺寸与编织走向均与 1951 年 NBS 最终报告中规定的一样。

尽管伊伯拉尔与克拉克之间存在分歧，在某个历史问题上他们的意见却达成了一致，即 DDC 公司吸纳了斯科特·克罗兹菲尔德在 X - 15 压力服上的经验与主动参与。克罗兹菲尔德是一名富有经验的试飞员，并且将会成为 X - 15 的首名飞行员。他很可能对 DDC 公司 X - 15 压力服设计作出过很大的贡献。

DDC 公司的 XMC - 2 - DC 压力服最终通过了 X - 15 压力服评估

并赢得后续合同。XMC－2－DC 压力服在许多方面不同于以往的 NBS 设计，其中 NBS 第二个样机在压力服的伸缩（关节）部位采用了滑移网格。DDC 公司发明了一种极为简化的设计，约束系统是一层 Link－net，覆盖在整个躯干上面（专利号：3081459，发明者：大卫·克拉克）。由于基于这项基础活动技术制成的简易压力服没有坚硬部件（可能在发射和返回期间导致航天员极度不适或受伤），故该技术被继续应用于 X－20、双子星、阿波罗（第一批次，未飞行）以及航天飞机（乘员逃生航天服）计划。此外，该技术还提供了一种具有多方向活动能力的元件，虽然需要花费一定的作用力。由此，DDC 公司将开发承载织带，集成到限制系统中，以减小在特定方向上的作用力。

X－15 计划开始飞行时采用了 DDC 公司的 MC－2 全压服（图 4.1－3），它是 XMC－2－DC 样机的生产型。每位飞行员都拥有一套定制的 MC－2 压力服。X－15 与 MC－2 于 1959 年 3 月进行了首次飞行，当时克罗兹菲尔德是驾驶员。在 35 000 英尺（10.7 km）高度（飞机仍附着于 B－52 母船上），克罗兹菲尔德排除了 X－15 座舱的压力，以便测试压力服系统。克罗兹菲尔德发现“活动受到轻微限制并且有点费劲”，但是他仍然可以够着并操作所有控制装置。在此后的 X－15 飞行试验中，一直将压力服测试作为标准程序执行。虽然 MC－2 压力服还比较合适，但在飞行员中不太受欢迎。许多飞行员觉得 MC－2 压力服笨重、很难穿上并且不太舒服。这种压力服系统包含紧急供氧附件装置和与降落伞包配套的安全带系统，通常 30 分钟的穿衣时间大部分都花在组装压力服上。要想穿上压力服，需要小心合拢上下躯干橡胶气囊，形成压力密封，最后拉上约束拉链（图 4.1－3，左图）。然后压力服开始加压，检验气囊是否已形成适当密封。这一过程十分缓慢。这些完成后，飞行员才能依次穿戴上防热服、降落伞背带、应急生命保障组件（图 4.1－3，右图）。MC－2 的这些特征促使了第二种 X－15 压力服的早期开发。

第二种 X－15 压力服的设计类似于标准的空军 A/P 22S－2 全压

图 4.1-3　身穿大卫·克拉克公司 MC-2 X-15 压力服的克罗兹菲尔德
（大卫·克拉克公司提供）

服，但是额外增加了抗荷服。此压力服在外表上与 MC-2 类似，也是根据每名飞行员定制的。这种新的压力服和头盔解决了 MC-2 的问题，并且提高了耐用性以及飞行员的可见度。通过将头部与躯干腔体的隔挡部位从颈环区域移到头盔内部靠近脸部边缘的位置，从而改善了视野。脸部密封隔挡的使用消除了颈部的阻碍，使飞行员的头部能紧贴在头盔里。A/P 22S-2 头盔采用带双轮廓脸部密封的头部悬挂系统，使飞行员能将脸部舒适地搁置在头盔前面。压力服在 Link-net 上面有一层覆盖物，以防止磨损（图 4.1-4，左图）。除了外部限制层的拉链外又增加了一个压力密封拉链，解决了笨重且穿着缓慢的问题。通过对肩部区域的重新设计，也成功提高了舒适度。A/P 22S－2 的另一个新特征在于手套部位可以断开连接，有助于辅助穿衣并提高舒适度，因为手套只需在必要的时候戴上，这样有助于通风，因而提高了舒适度。X－15 A/P 22S－2（图 4.1－4，右图）压力服于 1961 年 3 月投入使用。在为 SR－71“黑鸟”高空战略侦察机而开发的 S－901J 压力服模型上作进一步改进，于 20 世纪 60 年代中期开发了 USAF A/P 22S－6 压力服。后期的 X－15 飞行中用到了 A/P 22S－6 压力服。

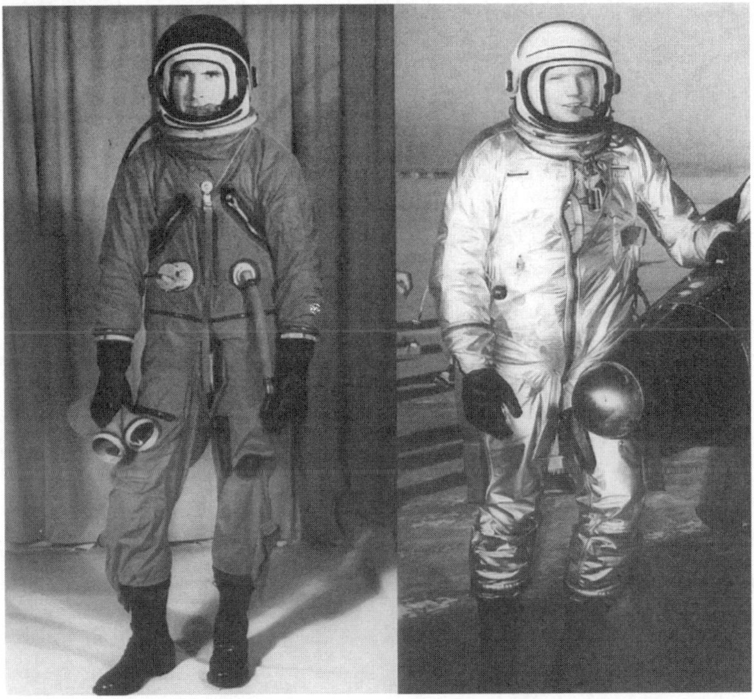

图 4.1－4　大卫·克拉克公司 A/P 22S－2 改进的 X－15 航空/航天服（右图是飞行员尼尔·阿姆斯特朗）（大卫·克拉克公司提供）

X－15 计划的任务是极大地扩展航空航天研究的范围。自 1962 年起，8 名 X－15 飞行员驾驶 13 架次 X－15 突破了 80km 的高度限制，实现了太空飞行。因此，这些后来的 X-15 压力服也属于航天服（附录 A 给出了 X-15 压力服汇总表）。在 1968 年计划结束之前，X-15 还实现了 188 次的“航空高度”飞行。

4.2 水星计划（1959—1963 年）

从舱门关上的那一刻起直到太空舱溅落在大洋中，水星计划中的航天服就成为舱内航天员生命保障系统的一部分。该飞船并未提供类似弹射座椅这样的紧急出舱装置。一旦发射台起火或发射之后出现故障，太空舱可凭借前端的火箭系统脱离运载火箭实现亚轨道水上降落。俄罗斯的联盟号飞船使用了类似的系统，只是采用了陆地着陆而非水上着陆。1983 年 9 月 26 日，发射前的一场火灾摧毁了运载火箭和发射台，然而，应急逃逸火箭却将航天员弗拉基米尔·季托夫和杰纳迪·斯特雷卡洛夫带离了险境，使其安全着落。

在水星计划中，仅在飞行任务执行过程中太空舱失去压力时才会用到压力服。这种情况会导致许多电子设备过热并失效，水星的太空舱配备了飞行员观察窗和能够在真空环境下发挥作用的手动控制装置。在水星计划的研发过程中，关于是否需要提供飞行员观察窗、手动飞行控制装置以及压力服曾一度遭到质疑，此疑问是基于这样一种期待，即系统的可靠性应使得这些装备成为多余的东西。这种观点并未占得优势，因而设计时还是纳入了前述几项安全系统。虽然水星计划中从未遇到座舱减压的情况，但在水星系列的最后一次飞行（MA-7）中却出现了制导系统的电子设备失灵的情况。航天员戈登·库珀采用视觉着陆瞄准并使用手表设定返回火箭的点火时间。与以往任何一次飞行相比，Faith 7 号在最靠近回收舰的位置溅落，证明了人类驾驶作为后备系统的有效性与价值。

1959 年，水星计划在赖特-帕特森空军基地对现有压力服技术进行了评估。该评估囊括了古德里奇公司（B. F. Goodrich）、大卫·克拉克公司以及国际橡胶公司的压力服。由于时间的限制以及缺乏先前的经验，该评估并不是根据后来的 NASA 标准进行的正式竞争。大卫·克拉克公司与国际橡胶公司的样机是非常有力的竞争者，并展示了随后分别赢得双子星与阿波罗计划合同的基础技术。1959 年 7 月，古德里奇公司的设计［在古德里奇公司的美国海军 Mark Ⅳ 压力服（图 2－7）基础上稍作修改］被选为水星航天服。古德里奇公司的水星航天服可以提供合理的不加压舒适度，并在座舱减压的情况下应急保持大气压力，同时尽量减少大气的消耗量。航天服（图 4.2－1）采用整体斜纹叠层结构（类似汽车制动线的绞合结构）的涂胶气囊，无复杂的活动关节。航天服上无坚硬部件或不利形状，不会造成不适的接触。航天服外层上镀铝，提供气囊保护和结构限制。航天服为贴身定制设计，以便尽量减小活动时需要克服的受压体积，并且更好地适应水星号的狭小座舱。为方便穿脱航天服，增加了更多的拉链。航天员施奇拉（图 4.2－1 中前排左侧第一个）身穿的航天服在右肩处还配有经改进的活动元件，显示了计划期间航天服的一些演变。

通过允许上下活动以提高视野的限制器，头部能与头盔一起运动。然而，此系统没有压力密封的颈环轴承，因而一旦加压，头部不能左右摆动。头盔的压力面窗是活动的，在放下面窗时使用小型氧气瓶实现加压密封。

通过与密封舱的环境控制系统相连的入口和出口通风脐带，可向这种舱内航天服系统提供生命保障。第 4 次与第 5 次“水星”飞行中遇到的热不适和头盔结雾问题都被归咎为飞船生命保障系统受到污染，而其他的生命保障系统未被认为是必要的。

水星航天服不属于“救生服”，未携带生存装备（附录 A 给出了水星航天服汇总表）。最初的水星航天服并未提供任何漂浮装置，仅仅配备了一个颈套以防止航天员落水时航天服进水。第二次的水星飞船水上着陆后，一个故障导致舱门过早弹开，密封舱开始下沉。航天员格里索姆被迫逃离飞船，他的航天服部分进水，因此他艰难地保持漂浮状态。当格里索姆获救时，他的飞船已经沉没了（后来

图 4.2-1　身穿古德里奇航天服的水星航天员
前排从左到右依次为施奇拉、斯莱顿、格伦以及卡彭特；
后排从左到右依次为谢泼德、格里索姆以及库珀（NASA 提供）

于 1999 年 7 月找回）。因此，为获得额外的浮力，随后的水星航天服都配备有一个小型漂浮装置。双子星与阿波罗航天服系统设计时将会纳入漂浮装置以及更多的水上救援适应措施。

水星航天服的发展不只限于漂浮性。第三次水星飞行时，约翰·格伦的手套上就带有指尖灯。经实证，此指尖灯在昏暗的光照条件下能发挥极大的作用，因此双子星与阿波罗航天服计划中将会采用或至少试着采用类似的指尖照明系统。在库珀的最后一次水星飞行（环绕地球 22 圈）中，为提高舒适度同样对航天服作出了改进。具体来说，库珀的航天服配有靴子、手套和提高了舒适度的肩部，同时还在头盔上安装有温度计，经改进的头盔麦克风以及压力面窗密封，确保性能更好、更可靠。

4.3　双子星、阿波罗以及美国空军的两用航天服

NASA 的双子星与阿波罗计划都有舱内活动（IVA）的专用航天服模型（双子星 G5C；阿波罗 A1C）。双子星 7 号采用的是双子星 G5C 航天服，而阿波罗 A1C 从来没有投入使用。从本质上来看，双子星、阿波罗以及天空实验室计划都采用了双任务的舱内/舱外兼用航天服（IEVA），此航天服可在保证乘员生存的同时支持舱外活动。为了更加清楚明了，第 5、6、9 章分别对这些计划中的航天服进行了说明。出于类似原因，美国空军载人轨道实验室（MOL）计划最初的航天服采用了类似的设计。载人轨道实验室航天服的内容参见第 8 章。对于航天飞机计划，NASA 将使用单独的舱内与舱外活动航天服来支持美国的航天需求。

4.4　航天飞机乘员逃生系统研究与开发（1971—1979 年）

1971 年，NASA 完成了航天飞机航天服系统的需求研究。当时，NASA 内部有很多人非常想要设计一种航天服系统，可以跟阿波罗使用的 ILC A7L 与 A7LB 一样同时实现舱内与舱外活动（IEVA）。汉密尔顿标准公司（Hamilton Standard）在 1973 年开展的“航天飞机航天服需求研究”竞赛中获胜。该研究提出了两种工作压力都为 55 kPa 的航天服系统，55 kPa 的工作压力是根据美国针

对避免减压病（DCS）的研究成果得出的。美国的研究结果不同于苏联的研究结果。苏联当时得出的工作压力是 40 kPa。两国研究结果之所以不同，是因为两种试验开展的方式存在差异，并且预示减压病发作的早期症状的主观属性也有所不同。

同一时期或稍早些时候，美国航天服领域的其他人士认识到舱内/舱外兼用航天服（IEVA）存在局限性，因此希望设计两种独立的系统。1970 年到 1971 年间，NASA 投资开发了一些 26 kPa 的舱内活动航天服专用样机，以便摸索这样一种航天服可以达到何种程度的轻便紧凑。该系列中的第一个样机是由 ILC 公司开发的航天服，采用了阿波罗的现有活动系统。因其带有“软头盔”，此样机可以装载在非常有限的空间内。然而，对后来的样机而言，该样机并非是最佳设计，而是可以提供参考的基线设计。下一种航天服研究了褶皱织物与平板型活动系统，以便减少装载体积、降低成本并且提高活动性。为此目的，NASA 资助 ILC（图 4.4－1，中间居左）和太空时代控制公司（图 4.4－1，中间居右和最右侧）开展了第二轮样机研究。ILC 航天服最能体现平板型关节的优势。至此，舱内航天服的探索又向前迈进了一步。

1972 年，NASA 资助 ILC 开展了另一种应急舱内活动航天服样机研究，旨在实现更安全、更可靠、更快闭合及更低泄漏量的进入/闭合系统，并且能够支持从 1 个标准大气压的座舱压力合理地快速减压而不引起减压病。为实现此目的，NASA 又资助 ILC 开展了下一种舱内活动航天服样机（图 4.4－2）的研究，该研究利用凯夫拉（Kevlar）作为约束织物，并且采用坚硬的环状躯干密封闭合装置。此样机设计在 55 kPa 的压力下运行。因为在低工作压力方面经验丰富，并且考虑到预算、重量以及体积方面的限制，NASA 决定采用 27.6 kPa（4 psi）的舱外航天服系统，并且一旦航天飞机全面运行后，机上没有发射/返回/逃生系统。

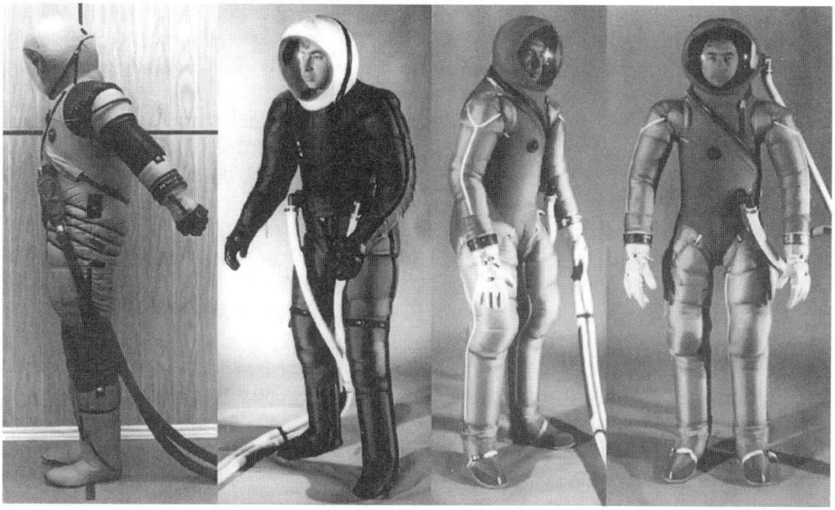

图 4.4-1　1971 年航天飞机舱内航天服样机（左侧以及左中为 ILC 公司制造；右侧为 SAC 公司制造）（ILC 多佛公司、汉胜公司及哈里斯提供）

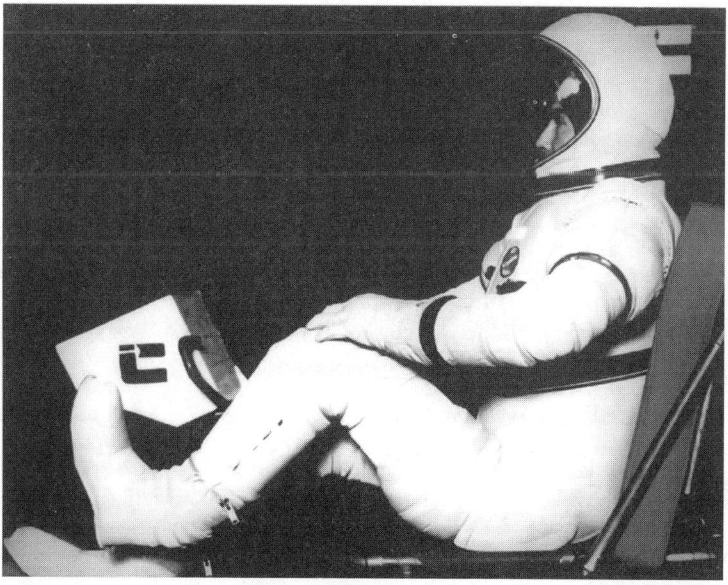

图 4.4-2　1972 年 ILC 55kPa 的舱内航天服样机（汉胜公司提供）

1977 年间，企业号航天飞机进行了 8 次行进着陆载人飞行。8 次飞行中，两名乘员都未穿压力服，仅仅使用了头盔和氧气罩。通过天空实验室舱外活动紧急供氧系统剩余的氧气瓶供应氧气，压力服通风则由一个采用天空实验室风扇的系统实现。

从 20 世纪 70 年代早期到中期，人们对投资于航天飞机舱外活动航天服系统的问题存在质疑，因为许多人认为航天服只是一个选项而不是一项要求。真正让舱外航天服成为必需品的原因是人们担忧货舱舱门可能会出现故障，如果不能通过舱外活动开展调查并手动关上舱门，航天飞机可能无法返回。因此，航天服不仅使舱外活动成为可能，还能在航天飞机座舱环境失效或受污染时为两名乘员提供避难所。作为舱外活动系统的组成部分，还将备有两个便携式供氧子系统（POS），能保证乘员在为舱外活动做准备期间提前吸入纯氧。这样的话，航天飞机上就有两个紧凑型自主生命保障系统。

20 世纪 70 年代晚期，NASA 开始在计划中的、已经完成了设计和认证的预呼吸器的基础上建立乘组生存系统，外加了一个简单紧凑的织物结构［称为人员救援罩（PRE）或“救生球”（图 4.4－3 和 4.4－4）］。人员救援罩是一个直径 0.86 m 的织物球，上面带一个窗口。进入人员救援罩的步骤是，非舱外活动成员拉开拉链，穿戴上便携式供氧系统，另一名乘员将人员救援罩的拉链拉上。人员救援罩有可供选择的接口，在需要使用便携式供氧系统之前，可由航天飞机对其进行压力与氧气供应。通过携带 5 个高度紧凑的人员救援罩，外加 3 个便携式供氧系统，以及 2 套舱外航天服，所有乘组成员均能应对紧急情况。如果遇到航天飞机被困在太空里的情况，可以发射第二架航天飞机，由舱外活动乘员将待在人员救援罩里的同事运至救援飞行器上，返回地球。

1976 年到 1977 年间，还对人员救援罩的另一种替代选择［拟人化救生服（ARG）］进行了简短的探索。配有便携式供氧系统的乘员可以穿上拟人化救生服，在紧急情况、救援或转移操作过程中还能执行一定程度的自救任务。NASA 对大卫·克拉克公司（图 4.4－5，左

图 4.4 - 3　人员救援罩转移概念（汉胜公司提供）

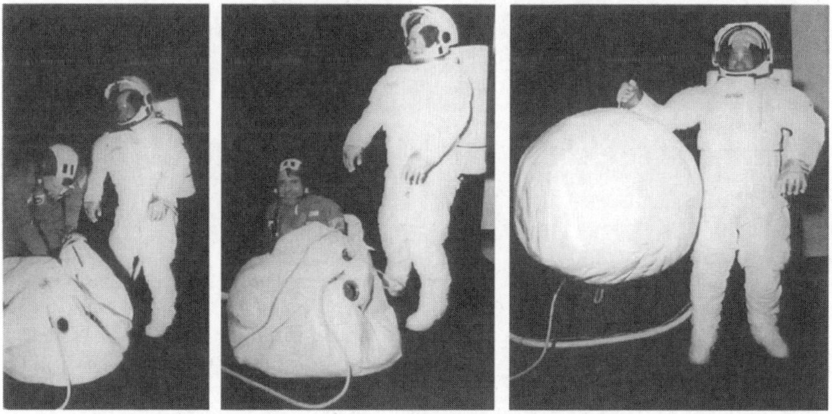

图 4.4 - 4　国际橡胶公司的人员救援罩进行穿/用演示（NASA 提供）

侧和中间）和 ILC（图 4.4－5，右侧）的拟人化救生服样机提供了资金支持，并且还对两种概念进行了评估。然而，在航天飞机投入使用之前，发现整个的救援概念都不具可操作性。从发射台上取下轨道器，将其送回垂直装配大楼安装救援装置，再返回发射台进行发射，这一连串操作的前置时间使得整个轨道救援方案显得不切实际。同样，为开展救援行动，让一架轨道器严格待命的想法在程序操作上也是无法接受的。因此，人员救援罩的想法从来没有飞行过。但是，在航天员候选者的选拔过程中，人员救援罩仍作为航天员能力的一个评估项目。

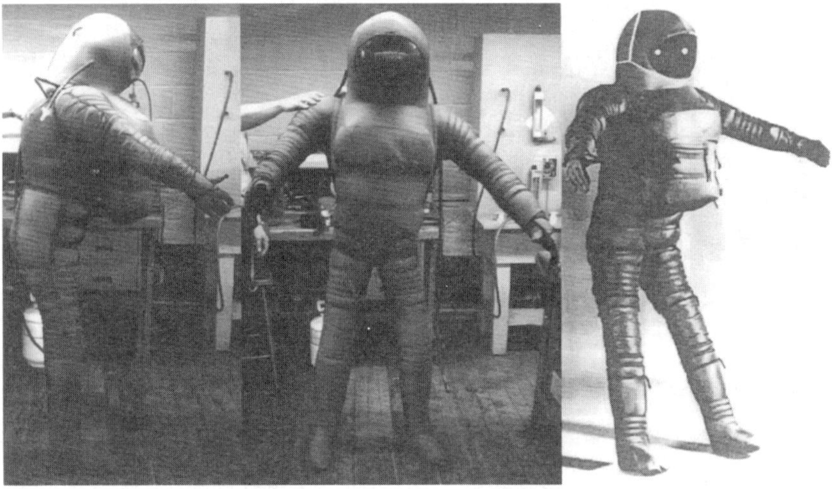

图 4.4－5　大卫·克拉克公司（左侧和中间）和 ILC（右侧）的拟人化救生服（大卫·克拉克公司和哈里斯提供）

4.5　航天飞机弹射逃生服（1981—1982 年）

1981 年 4 月到 1982 年 7 月间，航天飞机的前四次发射均由哥伦比亚号进行试飞。这些飞行中，轨道器内只有两名乘员。为了让乘员在遇到险情时有机会逃生，哥伦比亚号航天飞机配备有弹射座椅。

乘员身着大卫·克拉克公司的 S1030A 型弹射逃生服（EES，图 4.5－1）。该弹射逃生服为 18.6 kPa 的全压服，是从当时 SR－71 高空侦察机机组穿着的美国空军 S1030 型飞行服演变而来。

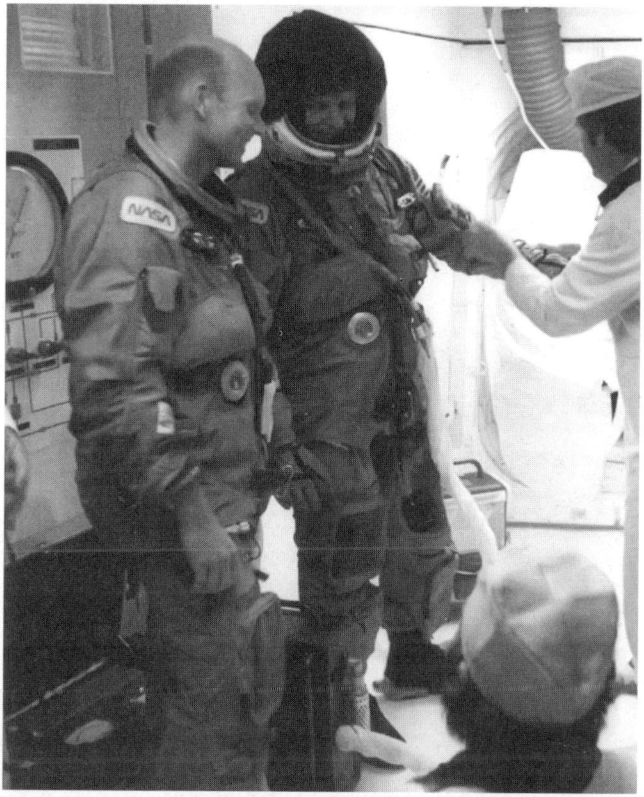

图 4.5－1　STS－1～STS－4 任务中用到大卫·克拉克公司的弹射逃生服（大卫·克拉克公司提供）

弹射逃生服允许航天飞机乘员在 24 384 m（80 000 英尺）的高空以高达 2.7 马赫的速度完成紧急弹射（弹射逃生服汇总表参见附录 A）。该弹射系统适用于上层甲板的乘员。在哥伦比亚号成功完成 STS－1 到 STS－4 飞行后，航天飞机系统经验证完全可以投入使用，因而从这种运载系统上移除了弹射座椅和压力服。

从 STS-5 任务到 1986 年挑战者号航天飞机失事，航天飞机上都没有提供可在飞行途中帮助逃生的系统。乘员只能通过发射前的程序或紧急中止并提前着陆的方法逃生。结合时代背景来看待这个事件，你就会发现商用客机同样没有提供飞行逃逸系统。尽管可能发生空难，但搭乘客机出行的旅客已接受了日常航空旅行存在的风险。而航天飞机被视为一种可重复使用并能将人和货物送入太空的常规运载器。因此，1982 年到 1986 年间的航天飞机系统遵循了当时那个时代的范例。

1982 年到 1986 年间，从发射、轨道运行再到返回地球的整个过程中，乘员都身着连身衣或普通服装。大卫·克拉克公司为航天飞机乘员提供了发射/返回头盔（图 4.5-2），以代替压力服使用。这种“蛤壳状”头盔系统配备有紧急供氧系统，可在座舱受污染或座舱内压力逐渐减小的情况下创造一个封闭的氧气补充环境。

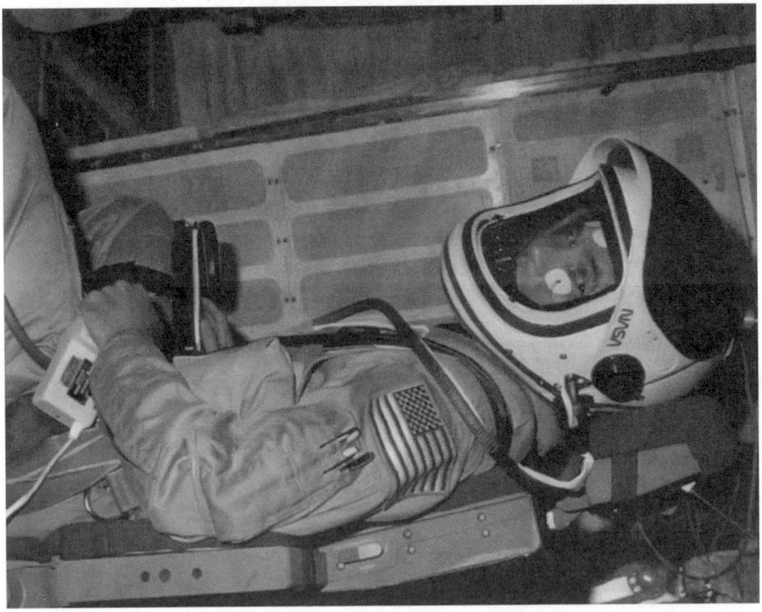

图 4.5-2　大卫·克拉克公司 1982—1986 年的发射/返回头盔
（NASA 提供）

4.6 航天飞机发射/返回航天服（1987—1995 年）

1986 年 1 月发生的挑战者号航天飞机事故，促使 NASA 审查所有安全相关的程序。1988 年重新投入飞行时，航天飞机乘员每人都配有一套乘员逃生系统，由应急压力服、个人降落伞组件以及各种救生物品构成。其中在 1994 年以前持续使用的压力服采用大卫·克拉克公司的 S1032 型发射/返回航天服（图 4.6-1 和 4.6-2）。当航天飞机不能到达跑道时，压力服作为一个完整系统的组成部分成为乘员逃生的另一种选择。如果真的出现危急情况，乘员可通过航天飞机的减压阀平衡舱内与舱外的气压，并通过火工装置抛弃乘员入舱/出舱的侧舱门。然后乘员可以手动展开一根逃生杆，由此避开航天飞机的左侧机翼。乘员可一个接一个地将航天服系统的系索钩挂在逃生杆上，从舱门撤出。

S1032 型发射/返回航天服（LES）是航天飞机乘员逃生系统（CES）的关键组成部分。发射/返回航天服是一种 19 kPa 的部分压力服，基于此前为美国空军开发的飞行服系统，其主要的设计挑战在于与轨道器和其他乘员逃生设备的集成。这是一个快车道（fast-track）研制计划，以期实现既能在飞行的发射与返回阶段为乘员提供低气压环境，也能在需要水上跳伞时防止浸水。发射/返回航天服（躯干组件）的限制层采用 Gore-Tex 防水布料（以 Nomex 织带作关键结合），以提高活动性。

人员降落伞组件由两个单独的子系统构成，分别为降落伞包和背带组件。降落伞包配“D”形环，可用于连接航天飞机出舱杆、降落伞、搜索营救信标以及救生筏。

背带组件由躯干背带、紧急供氧系统、增强救生装置、淡水袋组件、安全扣以及应急救援包构成。躯干背带是一种多尺寸系统，可使降落伞包的全部工作载荷传递到乘员身上，而不会损伤乘员或妨碍乘员的行动。紧急供氧系统是两瓶压力为 194 个标准大气压的

图 4.6-1 STS-2 任务——配备乘员逃生设备的首次飞行
前排是乘组，左起依次为飞行员科威和指令长霍克；
后排为任务专家，左起依次为朗奇、希尔墨斯以及尼尔森（NASA 提供）

空气净化系统，能维持 10 min 的生命。增强救生装置是一种自行漂浮系统。淡水袋组件能在乘员被救援之前一直为乘员提供饮用水。此外，还有一个控制降落装置，在紧急情况下乘员可用来控制离开轨道器后到达地面的降落速度。两个应急救援包则为乘员提供了所需的生存设备，包括照明弹、小刀和其他物件。

在超过 45 次任务和数百名航天员的预备和飞行中，都用到过人所熟知的橙色发射/返回航天服。然而，并非所有的发射/返回航天服都是橙色（图 4.6-3）的。最初一批（序号为 001～008）航天服采用蓝色 Nomex 织物制造，因为人们预计发射/返回航天服会替代航天员所使用的标准配置的蓝色飞行服。但是，随后人们意识到，

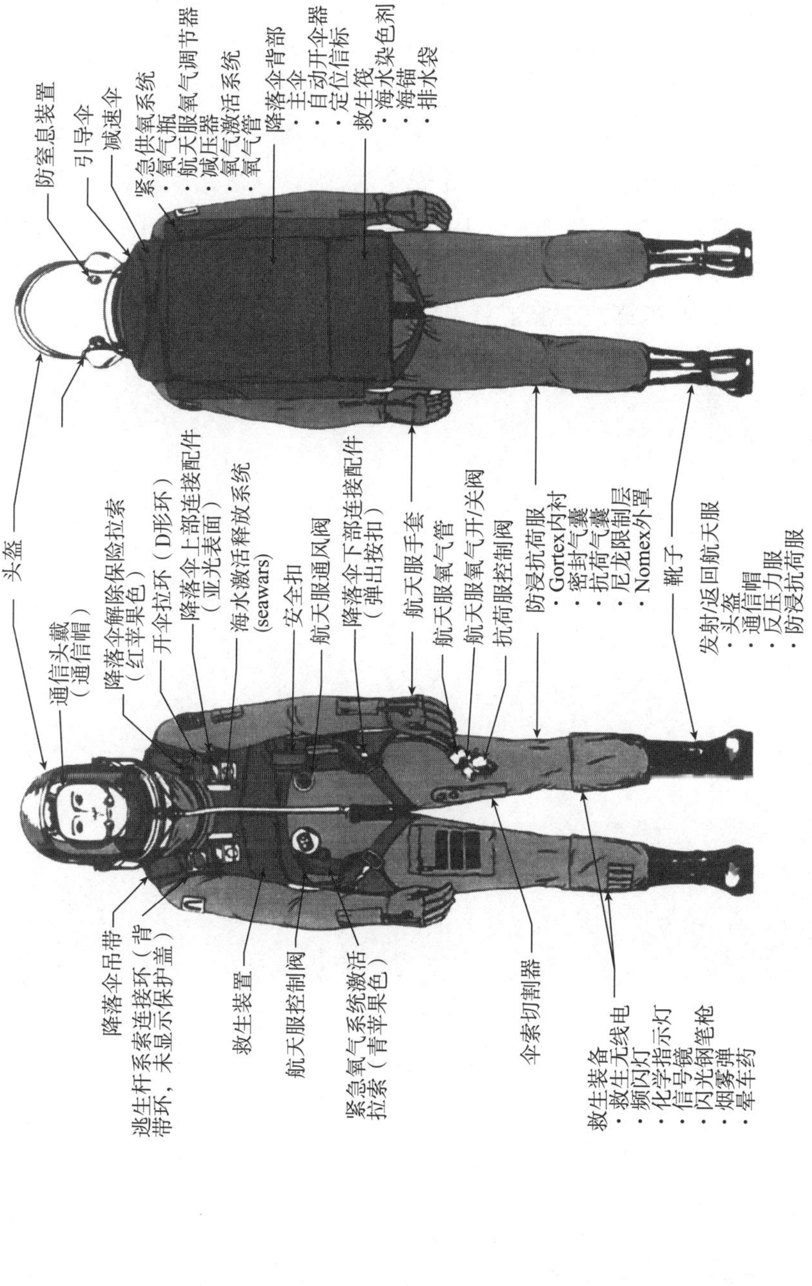

图 4.6-2　1986—1995 年大卫·克拉克公司的乘员逃生设备系统（大卫·克拉克公司提供）

一旦遇到紧急跳伞的情况，高可见性的颜色（如国际通用的橙色）会有助于搜索与营救。因此，后来所有的发射/返回航天服都采用橙色 Nomex 制造。最初的蓝色发射/返回航天服被降格用于培训，这些航天服的服役期持续了很久，即便是在飞行中发射/返回航天服被先进乘员逃生航天服（ACES）替代之后。ACES 全压服系统继承了发射/返回航天服的最佳属性（如安全功能），以简化乘员面对紧急情况时的应对措施。ACES 于 1994 年加入到飞行货单中，S1032 型发射/返回航天服于 1995 年底被淘汰，已达到了设计寿命（附录 A 中给出了发射/返回航天服汇总表）。

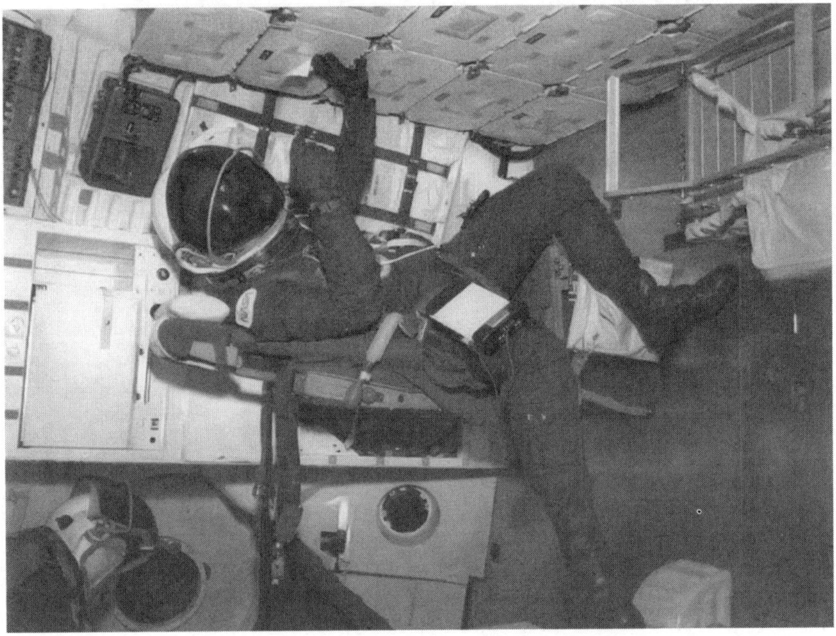

图 4.6-3　大卫·克拉克公司 CEE 发射/返回航天服进行 STS-26 训练（NASA 提供）

4.7　航天飞机先进乘员逃生航天服（1990 年至今）

当前航天飞机采用的乘员逃生航天服是大卫·克拉克公司的 S1035 型先进乘员逃生航天服（ACES）。S1035 型先进乘员逃生航天服（图 4.7-1）为全压服，为实现简易、轻便以及膨胀度低的目的而设计。其设计使自主穿衣/脱衣变得容易，同时提高了乘员舒适度并改善了整体性能，有助于缓解乘员的压力和疲劳。S1035 型先进乘员逃生航天服于 1994 年正式投入使用，与 S1032 型发射/返回航天服 19.3 kPa 的工作压力不同，S1035 型先进乘员逃生航天服是在 24kPa 的压力下运行。

图 4.7-1　STS-112 任务航天员塞勒斯正在接受紧急跳伞训练

（NASA 提供）

1990 年开始的先进乘员逃生航天服设计在原有制造方法（图 4.7－2）上作出了一些改进，包括在建造气体容器时使用透气材料，以便尽量减小体积，以及减少湿气和体热的滞留。这一改进提高了乘员的整体舒适度，尤其是从乘员固定在航天飞机上准备发射到真正发射这一段时间内。

图 4.7－2　航天飞机先进乘员逃生航天服的制造过程

（大卫·克拉克公司提供）

这种工作服的下半身进行了全新设计，彻底改变了先前全压服设计中限制层和外罩层分离的特征。此外，还通过引入双重压力密封闭合装置，重新设计了手套的分离方式，改善了穿/脱体验，操作更简便，增加了可靠性，并且重新设计了手套织物以减少热负载、提升舒适度并改善触感和灵敏度。下文和附录 A 都对 S1035 型先进乘员逃生航天服的这些特征进行了论述。

头盔组件

S1035 型先进乘员逃生航天服继续采用 S1032 型发射/返回航天服的全压头盔，因为这种全压头盔能满足先进乘员逃生航天服的高压要求，并且因为其视野宽、舒适以及头部无需承受任何重量等特征受到使用者的推崇。该头盔于 20 世纪 70 年代晚期在美国空军的赞助下开始研发并用于飞行，样机系统在高空飞机上已累计使用超过 1 600 个小时。为适应 NASA 的专门应用需求，对此种头盔作出了两处小的改动。首先是在头盔接口处增加了一个可调节的成形钢丝支座，以便在不同重力载荷下支撑并稳定头盔；第二是将氧气输送系统上的自动开关与通信电路整合，以便在吸气时使麦克风静音，这样能消除通信网络中因乘员呼吸产生的噪声。S1030A 型弹射逃生航天服就曾用过这种麦克风断流系统，在 STS－1～STS－4 任务中，为航天飞机轨道飞行试验提供了支持。

先进乘员逃生航天服的头盔提供了完全的头部与颈部包围，这样肩部以上不会有任何直接的身体接触。这种设计能为乘员提供舒适度，并可以减小乘员承受的压力（因头盔产生的压力）。大型压力面窗为乘员提供了极佳的前方和周边视野。通过手动转动头盔，还能获得侧面和后方视野。之所以可以这样，是因为套装组件在颈部有一个压力密封轴承，允许头盔和航天服一侧的头盔断接器旋转。

头盔还具有其他功能。头盔带有一个完整的遮光罩，可与压力面窗分开工作。作为生命保障系统的组成部分，防窒息活门能在紧急供氧耗尽的情况下允许无法行动的乘员将周围空气引入呼吸区。此外，头盔外壳上还贴有高可见性窄带，以帮助搜索和营救。

头戴通信组件（CCA）

头戴通信组件是一个头盔内乘员戴在头上的轻质系统。它包括内含电子设备的模制耳机以及一个用于将系统固定在乘员头上的织物组件（“史努比帽”）。该系统具有两个耳机接收器和两个柔性悬臂式麦克风，在操作上获得了冗余度，因此损失一个麦克风或耳机并不会影响任务执行。头戴通信组件还包括头部冲击防护衬垫（头盔顶部和后面的一大块网格区域），起到尽量减少热量积聚以及提高乘员舒适度的作用。头盔内还有水分吸收衬垫，能防止汗水进入眼睛。

套装组件

从部分压力 S1032 型发射/返回航天服到 S1035 型先进乘员逃生全压服，这种总体配置的改变使制造、组装、测试以及现场可用性方法都变得更为简化。S1032 型发射/返回航天服在穿戴者身体与航天服的外层之间有充气双层气囊，以便在充气膨胀后向乘员身体直接施加机械性反压力。先进乘员逃生航天服为全压服，将穿戴者包裹在一个密闭的拟人化压力包内，以便向穿戴者身体均匀施加气动压力。这种改变使套装整整减少了一层。

先进乘员逃生航天服对发射/返回航天服的另一大改进是完全重新设计了套装的臂部和腿部。全压服通常由三层构成。最靠近穿戴者身体的一层为不透气层或气囊。外面一层是限制服，可防止气囊一经充气就膨胀起来。S1032 型发射/返回航天服中的限制层由 Link - net约束系统提供，该系统还继续为 S1035 型先进乘员逃生航天服（图 4.7 - 3）的上身和手臂提供支撑。限制层还能使服装紧贴穿戴者的身体。最外面一层为覆盖层。覆盖层主要是起防火耐磨作用。在 S1035 型先进乘员逃生航天服的腿部设计中，限制层和外部覆盖层的功能融合在一层耐高温机织织物中。这种一体化设计方法能减少一整层，进一步简化了套装的设计。

通过在气体容器层的制作中使用 Gore - Tex“透气”材料，套装设计还获得了其他的改进。术语“透气”是指材料能够使汗水（以蒸汽的形式）从内部排到外部，同时保持内部气压不变。在遇到漫长的发射前准备时，能极大地提高舒适度。这种材料属性还能实现标准通风系统的极大简化和缩短，同时不会显著改变穿戴者的舒

图 4.7－3　先进乘员逃生航天服上身的 Link－net 限制系统
（大卫·克拉克公司提供）

适度。

最后，大卫·克拉克公司还在设计时加入了压力密封闭合装置，能同时起到压力密封和限制闭合的作用，因而不再需要两个独立操作的拉链系统，进一步简化了套装设计。此外，该设计还提高了航天服系统的穿脱速度和舒适度。

先进乘员逃生航天服还通过锁定机构改善了航天服一侧的手套断接器设计，提高了可靠性，并改善了乘员的自行穿脱体验。

对先进乘员逃生航天服套装或躯干组件的改进减少了整体重量和阻碍物，由此也强化了先进乘员逃生航天服作为乘员逃生系统组成部分的功能。在航天服未加压的情况下，也便于乘员逃生。

手套组件

为提高手套舒适度、活动性并减小重量，重新设计了 S1035 型的手套组件。通过改善手套的外层设计，即结合平面与褶皱构型，实现了这一目的。此外，采用透气材料制作手套的手腕部分、手掌部分以及手背部分，减少了热负载，进而提高了舒适度，缓解了压力和疲劳。

抗荷服（AGS）组件

S1035 型先进乘员逃生航天服的抗荷服以重量小、膨胀度低和舒适度高的材料制成，和 S1032 型套装的制作材料相同，但是构型与美国空军标准的“五个气囊”抗荷服类似。通过套装穿口和软管互连装置，实现了与标准抗荷服加压和控制组件的连接。套装软管互连装置包含一个自密封的连接器，因而可在没有抗荷服的情况下使用套装。此外，在紧急情况下，通过加压和控制组件直接与抗荷服整合，无需套装就能使用 S1035 型先进乘员逃生航天服的抗荷服。

自动安全功能

与之前 S1032 型的发射/返回航天服一样，先进乘员逃生航天服具有许多自动安全功能，能简化乘员在面对紧急状况时需要采取的应对措施，并且能在乘员无法行动时，提高乘员的生存几率。图 4.7－4中是一名乘员在接受水上降落（触水之前）训练。一旦乘员落水，降落伞背带会立刻释放，航天服的漂浮装置（Mae West）会自动充气，无需手动启动。Mae West 专门用于确保即使乘员失去意识后仍能保持仰面朝上的姿势。救生筏也能在接触到水的一刻自动膨胀，简化了乘员爬上救生筏等待救援的过程（图 4.7－4）。

图 4.7-4　STS-101 任务航天员玛丽·韦伯进行水上降落训练
（NASA 提供）

先进乘员逃生航天服的压力控制是全自动化的，采用冗余故障保护系统，不论周围压力/高度如何，都能使航天服内压力至少控制在 24.1kPa。

4.8　航天飞机乘员逃生系统概述

在主要因运载系统造成的限制条件下，航天飞机乘员逃生系统极大地提高了航天员的生存几率（图 4.8-1）。发射台出现紧急状况时，最小质量的航天服系统允许乘员快速从运载器和危险区域撤离，同时为乘员创造了安全的大气环境。

如果发射后出现任务中止的情况，或者换句话说，一旦航天飞

图 4.8－1　STS－113 任务航天员穿着航天服，准备返回地球。国际空间站第 5 考察队乘员：从右往左依次为航天员佩奇·威特森（NASA 科学家）、俄罗斯航天员瓦列里·柯金（指令长）以及谢尔盖·特雷斯切夫（飞行工程师）（NASA 提供）

机重返地球大气层，轨道器就会变为“滑翔机”。如果轨道器无法到达一条合适的跑道，乘员的生存几率就十分渺茫。因此，从 1987 年起，航天飞机就开始为乘员提供在飞行途中从运载器内脱离的能力。为应对前述情况以及其他紧急情况，乘员接受了大量训练。为了在飞行中从轨道器脱离，首先必须使轨道器的压力减小到与外部气压相同。然后乘员从侧面舱门逃逸，准备跳伞着陆。如果是在水面上跳伞，航天飞机乘员逃生航天服配备有自动漂浮系统（图 4.7－4），此外航天服上还装有救生筏。

航天飞机着陆后，其外部温度仍然相当高。因此，乘员通常需要先呆在航天飞机上，直到温度降低并且剩余燃料的危害也完全排除。对于航天飞机乘员而言，这段时间充满风险，因此如果需要紧急疏散的话，航天飞机还需要配备紧急出舱滑梯。出现这些状况时，乘员逃生航天服在提供安全环境的同时，还能保证从危险区域撤离时具有活动性。

航天飞机乘员逃生系统也有其局限性。航天飞机乘员在飞行中实现出舱的前提是，航天飞机要在低于 80 000 英尺（24.4 km）的高空中保持某个滑翔角度，以最低或接近最低空速水平稳定飞行。航天飞机控制装置和电子系统是借助空气对流来实现冷却的，如果乘员座舱压力降低到真空或接近真空状态，控制装置和电子系统就会失灵。飞行器和航天服系统只能在泄漏非常缓慢的情况下应对座舱的压力损失问题。航天飞机舱内航天服的工作压力为 24.1 kPa（3.5 psi）。只有当周围气压降到舱内航天服的最大工作压力以下时，航天服才会膨胀。如果座舱压力突然消失，会引起缺氧，进而导致乘员死亡。然而，如果乘员有时间穿上发射逃生航天服，就可以避免缺氧情况的发生，但是此时会出现严重的减压病症状。这些症状可能包括呼吸困难、头晕、关节衰弱、失去知觉、潜在性失明、麻痹、永久性伤害，以及死亡。虽然听起来十分严重，但这种运载系统没有在乘员座舱减压的情况下运行的设计，因而减弱了需要提升舱内航天服压力的想法。

航天飞机将于 2011 年退役。从弹射逃生航天服、发射/返回航天服一直到先进乘员逃生航天服，乘员逃生航天服至少令 113 次航天飞机飞行和 689 次人类太空之行变得更为安全。2009 年，奥巴马政府改变了太空探索的方向（参见 11.4 节）。尽管“星座”计划的大部分都将被取消，但“猎户座”飞船还将凭借其低成本模式继续支持国际空间站。为了削减开支，可以考虑继续使用现存大卫・克拉克公司制造的先进乘员逃生航天服。因此，这种乘员逃生航天服的故事还未结束。

4.9 满足未来舱内活动安全的要求

1994 年，韦弗航空航天公司获得了位于加利福尼亚州莫哈韦沙漠的旋翼火箭公司的紧急逃生舱研究合同，并且作为该合同的组成部分，还研发出了分离舱的模型。旋翼火箭公司将采用首个民用运载火箭（Roton）将乘员和货物送上近地轨道。在履行逃生舱合同的同时，在内部资金的支持下，韦弗航空航天公司还开始了航天服研究，试图使公司赢得任何可能签订的太空压力服和备份生命保障系统的合同。为了支持这些活动，韦弗航空航天公司重新任命了一直从事低温压力容器结构研究的加里·哈里斯担任首席工程师/设计师。哈里斯先生在航空航天与深海生命保障系统方面有 30 年的经验，同时也从事过刚性和软压结构设计。在获任 Roton 项目之前，基于为一本书所做的准备，哈里斯先生还于 20 世纪 90 年代创建了一个试验台（图 11.3－3），从而对不同舱外航天服轴承和实验性织物活动关节结构进行评估和比较。哈里斯-韦弗的舱外航天服验证机具有一个带脊状线、后入的硬式上躯干，更像太空行走会用上的东西，设计和建造它的目的则是为了起到研究工具（多样化试验）的作用，以便支持全织物发射/返回航天服的设计。源于此计划，产生了不同的压力服关节、结构和头盔配置，以及一套专用的航天服系统。Roton 运载火箭完成了几次空中试验后，旋翼火箭公司停业了，随后所有研发民用压力服的机会也逐渐消失。几年之后，李·韦弗在一场车祸中丧生。哈里斯先生则仍然坚持完成了他的著作，并继续参与研究。这为以后的合作做好了准备。

阿根廷空间技术协会（AATE）是一个私人的、非政府的非营利性组织，位于布宜诺斯艾利斯。它是由积极推动阿根廷参与和平空间探索与发展的学术界（学生和教师）、个人和企业于 1987 年联合建立的。阿根廷空间技术协会在 20 世纪 90 年代的首席设计师、项目经理是航空航天工程师帕布罗·德莱昂，他或许也是 AATE 资助的航天服的主要研究者。德莱昂负责太空相关的事项，包括设计和制造一个中性浮力实验室（NBL）（等同于航天服），以探索舱外活动航天服的制造过程并了解舱外活动。2002 年，德莱昂移居美国，在佛罗里达州卡纳维拉尔角创办了德莱昂技术有限公司（De Leon Technologies LLC）。不久之后，德莱昂遇到了哈里斯，并决定先在生物/化学防护系统方面进行合作，以后再考虑航天服。后来，名为德莱昂和哈里斯 1 号样机（DL/H－1）的航天服项目于 2004 年启动。

在开始为北达科他州大学（UND）研发舱外航天服（参见第 11 章）之前，德莱昂和哈里斯就开始了发射和返回航天服的设计开发。由于此样机只是一长串项目中的一个，到 2008 年 DL/H－1 才在北达科他州大学得到了测试。DL/H－1 是在德莱昂技术有限公司的主持下研发的全压服，主要用于满足私人太空飞行在遇到减压或从飞船上跳伞时对全压服的需求（图 4.9－1）。2008 年 2 月，在北达科他州大学的高空模拟室内开展了首次无人测试，另外同月还在北达科他州大学的空间飞行器模拟器中开展了有人测试。测试是在航天服通风模式下进行，因为这种模式被视为正常的入舱/出舱模式。2008 年秋天进行了全压力测试。DL/H－1 的配置后来被DL/H－1B 取代。

1986 年，有两兄弟在好莱坞山的一个小型车库里创办了一家电影道具和特效公司。两兄弟中，克里斯·吉尔曼坚持了下来。他对航天服的兴趣使其将业务发展成电影和电视中航天服复制品的主要供应商。因不满足于仅仅收藏和复制航天服，吉尔曼开始寻找机会参与到真正的航天服研发中。而 NASA 正在重新考虑研发一种小尺寸增强型（航天飞机）舱外活动装置（EMU），这给吉尔曼提供了一个机会。

1998 年，NASA 决定资助吉尔曼的公司（全球特效公司）研发出一种“跳出固定思维模式的”小型 EMU 硬式上躯干（HUT）样机。为了避免在结构设计、物理结构以及用户安全认证方面花费太大，这种硬式上躯干将采用“通风压力”（即只够支持通风流量的内

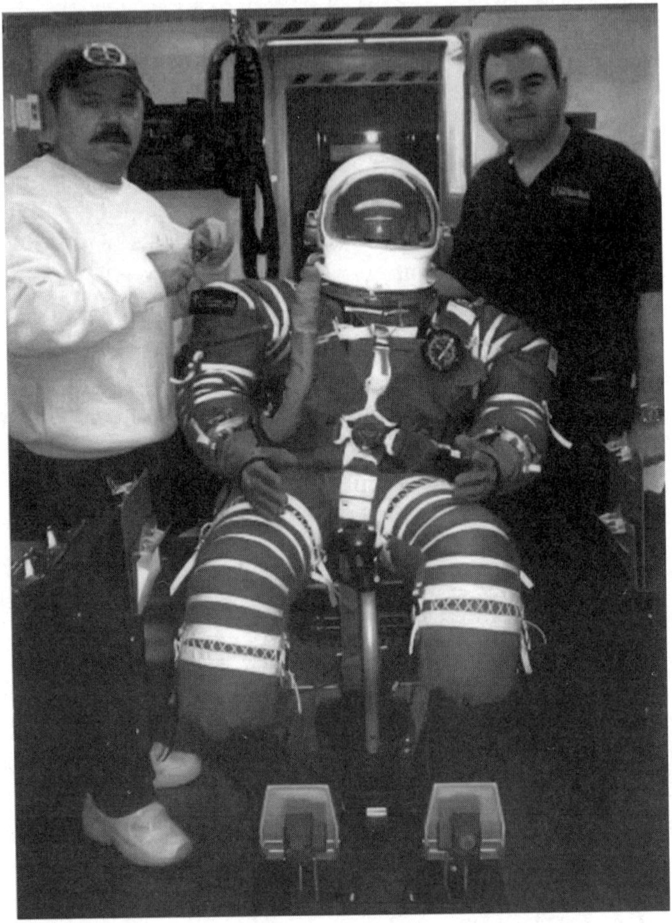

图 4.9-1　哈里斯（右侧）、德莱昂（左侧）以及 DL/H-I
（德莱昂技术有限公司提供）

部压力——1 psi 的几分之一，图 10.3-9）。

为开展此小型 EMU 项目，吉尔曼寻求与丹尼斯·吉列姆的合作机会。吉列姆的航天服背景是从作为一名研究员和航天服修补员开始的，而他作为一名航空航天工程师/管理者获得的经验又增加了此项目的技术深度。在 8 周的时间内，吉尔曼/吉列姆团队设计并制造出了一个硬式上躯干样机，探索了可供选择的乘员/生命保障界面以及头盔与硬式上躯干间的关系。由于资金的限制，全球特效公司最后借给 NASA 电影中用到的袖子、手套和下肢组件以制作概念样机，从而进行样机评估。1999 年 1 月，这套合成的航天服样机被交付接受评估。虽然因此 NASA 后续的研发业务降至最低，吉尔曼和吉列姆在航天服研发方面的兴趣却没有丝毫减弱。

2006 年，吉尔曼帮助创立了轨道旅行用品公司（OO），并成为该公司的首席设计师。据称，OO 公司的愿景是向私人太空游客提供航天服。2007 年量产型亚轨道乘员航天服（IS3C）初次登台（图 4.9-2），这是 OO 公司实现其愿景的关键一步。该航天服的名称后来变为量产型亚轨道航天服（IS3），当时吉列姆加入 OO 公司，成为该公司的量产型亚轨道航天服计划经理。

2008 年，得克萨斯州农工大学的得克萨斯工程实验站（TEES）选择与轨道旅行用品公司联合，为 NASA 的星座航天服计划做名为“软肩”的概念研究，轨道旅行用品公司的声誉得到了进一步增强。

美国商业舱内航天服领域的第三个新加入者反映了经济的全球化趋势，比较特别的是，俄罗斯人的经验开始登陆美国。尼克·莫伊谢耶夫担任星辰科学研究所（Zvezda）的航天服工程师长达 20 年，拥有丰富的经验，该机构制造了俄罗斯发射第一颗人造地球卫星以来至今所有的航天服。莫伊谢耶夫在星辰科学研究所的最后六年中担任首席设计师及项目经理。作为美国航天服界的“新人”，尼古拉·莫伊谢耶夫（尼克）具备了能够确保航天服及组件满足所有航天相关应用需求的技术优势。作为经济萧条时期的受害者，尼克 2006 年发现他不再是一名航天服工程师了。然而，他对该领域的热情驱动他去全球航天服界的其他部分寻找机会。来到美国之后，尼克组队参加了 NASA 年度航天员手套挑战赛。

秉承传统的企业家精神，尼克个人也投入资金开发他的舱内航天服，至今已成功制造了两种样机并在国际上展示。这种样机被命名为 NAM 航天服，因为尼克的全名是尼古拉·亚历山德罗维奇·

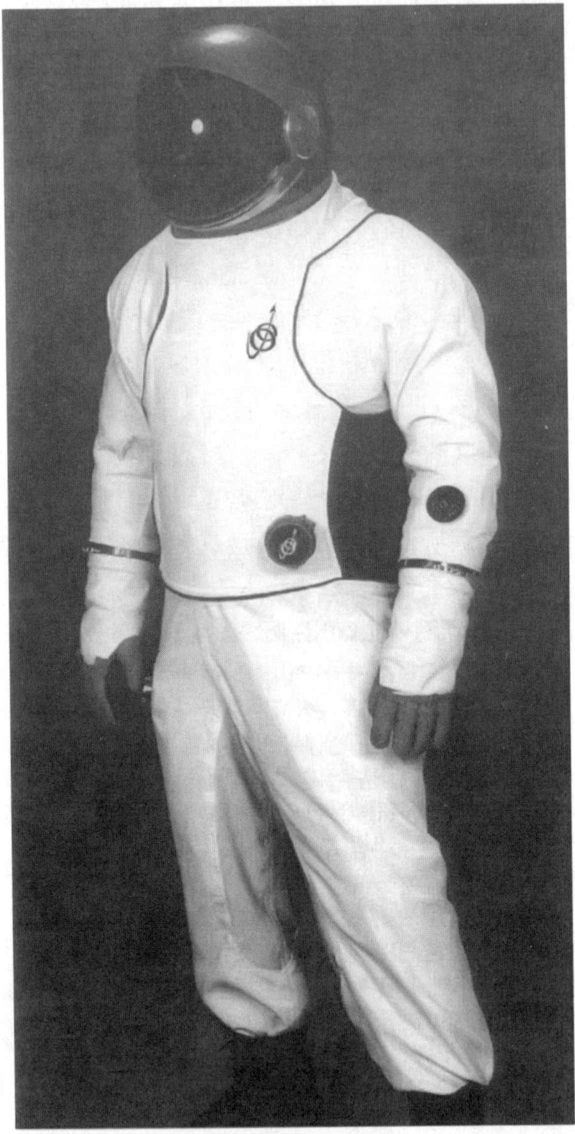

图 4.9-2　OO公司的量产型亚轨道航天服
（全球特效公司提供）

莫伊谢耶夫（Nikolay Alexandrovich Moiseev）（图 4.9-3）。这种航天服采用低成本、小质量的设计（15 lb），主要用于亚轨道及轨道太空旅游、NASA 的商业化轨道运输服务（COTS），以及“太空跳跃”（特别是破纪录的高空跳伞运动）。NAM 航天服的最大工作压力为 6 psi（41.4 kPa），能够在载人航天器座舱失压时确保飞行员、乘员或游客的生命安全。

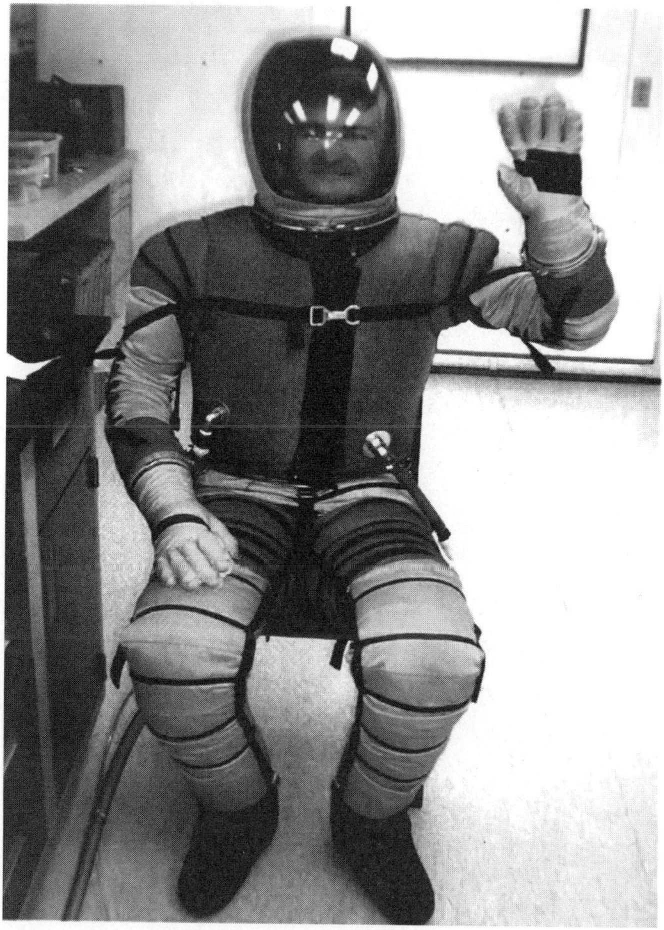

图 4.9-3　测试中的 NAM 航天服（尼古拉·莫伊谢耶夫提供）

从2009年到2010年期间，加里·哈里斯和帕布罗·德莱昂在德莱昂技术有限公司的资助下继续进行他们的商业化舱内航天服活动，对他们的舱内航天服样机进行了改进，之后该样机被重新定名为DL/H-1B。DL/H-1B（图4.9-4）采用卵形气泡式头盔，配备了更低的铝制底座、增强型航天服密封闭合装置以及在航天器内穿的软靴。这种新型的闭合装置提高了穿着的舒适性和耐久性。其软靴比为跳伞设计的DL/H1硬质靴更加舒适和轻便。

图4.9-4 DL/H-1B配置
（德莱昂技术有限公司提供）

2009 年，尼克·莫伊谢耶夫联手泰德·萨瑟恩参加了 NASA 航天员手套挑战赛，该组合赢得了大赛第二名，之后成立了终极前沿设计（FFD）公司，从事商业化载人太空飞行的航天服硬件开发。2010 年 6 月 16 日，FFD 公司首次推出他们的第一套完整的太空压力服“Frontier Prime”（图 4.9－5）。Frontier Prime 重 13.4 磅（6.5 kg），工作压力为 4 psi（27.6 kPa），并可以调整高度以适用于

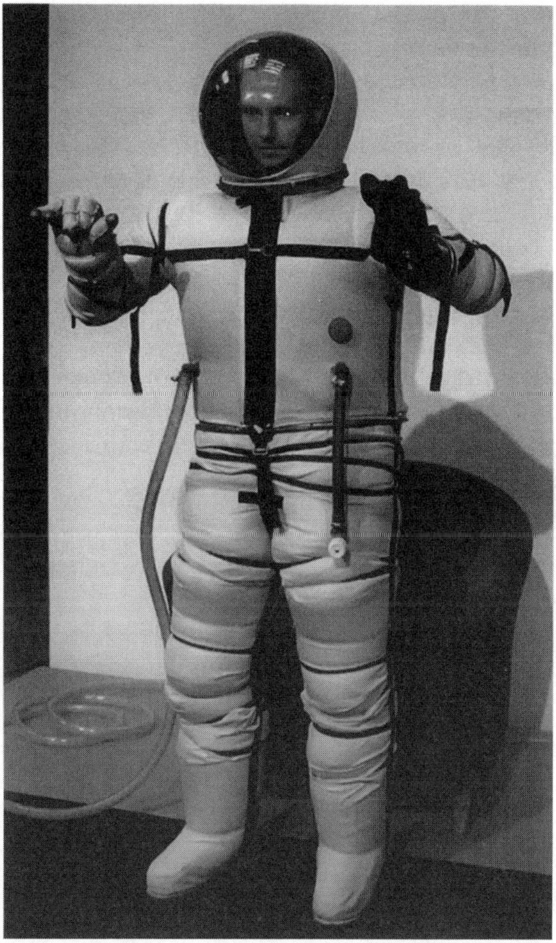

图 4.9－5　“Frontier Prime”航天服（终极前沿设计公司提供）

身高在5英尺5英寸～6英尺1英寸（1 651～1 854 mm)之间的航天员。它是一种前入式航天服，配有腕部和颈部断接器，在很多方面较NAM航天服有所改进，譬如易操作的新型腕部断接器，视野更佳的新头盔面窗，更鲁棒的气囊设计，以及能更轻松地实现大范围的活动。

总之，在舱内航天服领域，这些新秀比之前的一些航天服供应商更具优势，如国际橡胶公司（ILC Industries）和大卫·克拉克公司（David Clark Company)。NASA通常会要求合同商们严格遵守各项规程，确保不让潜在的出口敏感的技术信息公之于众，从而导致发布的最新活动信息有所延迟，同时也有所保留。从2008年到2010年期间，国际橡胶公司（ILC）在休斯敦建立了一处压力服制造厂，以支持NASA约翰逊航天中心（NASA-JSC）的研发项目，同时制造出了一种与IS3C和Frontier Prime类似的商业航天服。国际橡胶公司和大卫·克拉克公司已为NASA生产了多种航天压力服模型，但都不为公众所知。相比之下，新兴的独立机构反而能够即时确定一项消息的发布是否存在潜在的技术出口问题。

在奥巴马政府的管理下，这种信息的流动又通过两种方式被进一步延迟，尤其是在航天服受制于《国际武器贸易条例》（ITAR）和《出口管理条例》（EAR）的约束之后。一直以来，《国际武器贸易条例》都适用于航天技术（例如火箭)。火箭能够携带核弹头，或者为和平的太空探索提供支持。不过将《国际武器贸易条例》延伸到航天服方面还是第一次。《出口管理条例》归属于美国商务部工业和安全局管辖，该条例旨在控制国家战略技术的出口，最近也被应用到航天服信息的管理。根据《国际武器贸易条例》和《出口管理条例》的规定，如果一家企业涉及到公开发布信息是否符合《国际武器贸易条例》或《出口管理条例》之规定的事宜，则要求该企业在发布信息之前向美国国防部或商务部申请并获得批准。如果企业有意办理正式审批手续，相关的航天服信息将可能会搁置数个月，也有可能是数年甚至是数十年之久。

2010 年，新政府取消了 2011 年预算中星座计划的经费，从而彻底改变了人类太空探索计划的方向（见 11.4 节）。新政府更支持将 NASA 的经费投放于商业化轨道运输系统。然而，这一决策将在国会上进行讨论，可能会激发出更多的需要舱内航天服的航天运载器供应商。近期各种事件频发，也造就了更多潜在的供应商。然而谁将能够赢得航天服合同并将最终产品应用到太空或公共领域，我们将拭目以待。

猎户座飞船成为了星座计划的幸存者。为了能够以更低的预算继续太空舱的研发，这算是在成本方面作出的最小妥协。降低成本的需求似乎已导致舱外航天服应急系统的能力降低，由此“猎户座航天服”将专门用于舱内活动。由于预算限制，猎户座计划将可能继续使用现有的航天飞机发射和返回航天服、大卫·克拉克公司/NASA 的先进乘员逃生航天服（ACES），或是一套成本更低、工作压力更高的舱内航天服。

美国从未经历过座舱失压的情况，然而俄罗斯在进行联盟号（Soyuz）与和平号（Mir）计划时遭遇过这种情况。希望美国将这些经验教训铭记于心，确保乘员不会在猎户座出现座舱失压时受到任何伤害，并能够应对这种紧急情况。

第5章　双子星计划：空间探索和太空作业的第一步

“双子星”计划的启动实际上受到了阿波罗计划的影响。登月的第一个方案是采用直接上升技术，利用Nova巨型火箭将装配好的登月飞行器发射到月球并着陆，然后返回地球。而采用月球轨道交会则可以使用小型登月飞行器在月球着陆，这种具有竞争性的方案意味着能够大大减小重量，缩短研发时间并降低风险——如果能够快速安全地实现交会对接技术的话。正如《站在巨人的肩膀上：双子星计划史》（On the Shoulders of Titans：A History of Project Gemini）一书的前言所述，“双子星是研发并验证交会设备和技术的第一个也是最主要的一个计划”。

倘若没有作出放弃水星计划中已使用的以及阿波罗计划采用的逃逸塔方案的决定，如何在双子星飞船上进行舱外活动就会是不确定的。逃逸塔是一种外部安装的火箭发动机，如果发生灾难性故障，它会使乘员舱脱离运载火箭。在正常的发射程序中，最大危险期过后将抛弃逃逸塔。抛弃逃逸塔可以减小数百磅的重量，也能消除多种棘手的失效模式。

运载火箭发生故障时弹射座椅是帮助乘员逃生的一种方式。弹射座椅技术要求出舱口更大，这为EVA辅平了道路，因为它提供了一个进入太空的“自由”门。然而，直到1961年7月，飞船才从单人飞行器发展为双人飞行器，即水星-2号（Mercury Mark Ⅱ）。1962年1月，该计划正式更名为“双子星计划”。两个乘员在执行长时间任务时具备多种优势，也为舱外活动创造了条件。

尽管从1962年起就已进入计划阶段，但舱外活动并不是双子星计划的优先目标。载人航天飞行中心（MSC）乘员系统部（CSD）

的双子星支援办公室于 1964 年成立，正式实施双子星舱外活动的硬件开发，实际上在该办公室成立之前初步计划即已开始，以便启动航天服及附属生命保障系统的研发。1964 年 4 月，双子星舱外活动计划要求在双子星 4 号上执行舱外活动。舱外活动计划是分阶段进行，第一阶段包括双子星 4 号和 5 号的舱外活动；第二阶段包括双子星 6 号、7 号及 8 号的舱外活动；第三阶段包括双子星 9 号及之后的任务。机动装置被设想为一种高级生命支援背包，也称为便携式环境控制系统（PECS），初期由 AiResearch 公司（现为霍尼韦尔公司）开发。该系统将应用于 NASA/美国空军共同资助的 Gemini 14C 任务。此外，PECS 将会演示阿波罗计划中利用流体循环释放代谢热的构想（将在 6.5 节中加以论述）——该设计最终应用于美国所有的航天服。

双子星舱外活动计划有三项要求：1）开发在自由空间中执行舱外活动的能力；2）利用舱外活动增强双子星飞船的基本能力；3）开发可实际运行的技术并对先进的设备给予评估，从而为未来计划中的舱外活动提供支持。

5.1　早期的安全警告

早期的航天员安全问题主要集中在极为关键且存在潜在危险的发射程序上。早期飞行中使用的液氧和煤油推进剂已被大力神火箭使用的肼/四氧化二氮组合所代替，这两者混合时会燃烧。双子星计划主要关心的是从发射台爆炸产生的火球中弹射的问题。一般情况下，舱外活动时航天服的压力保持和温度控制问题是航天服设计师和制造商考虑的首要因素。之后的事件暴露出了那时正在设计的所有飞船存在的另一个更隐蔽的危险：轨道运行使用 5 psia（34.5 kPa）的纯氧环境。

尽管水星号飞船在 5 psia（34.5 kPa）的环境中运行并未出现明显的问题，但对于长时间暴露在高氧压环境下的乘员而言，这种环境会对他们的身体造成危害。直到 1962 年 7 月初，阿波罗计划才在 7 psia（48.2 kPa）混合物［即 3.5 psia（24.1 kPa）的氧气/3.5 psia（24.1 kPa）的氮气］和 5 psia（34.5 kPa）的纯氧环境之间作出选择。阿波罗计划选择使用 5 psia 的纯氧环境。双子星计划却从未谨慎考虑使用其他的压力环境。

为了调查 5 psia 的纯氧环境对人体产生的影响，美国航空航天局组织进行了长达 14 天的研究，由于生理机能之外的因素，其中两项研究几乎遭受了灾难性的后果。

1962 年 8 月底，在 NASA 联合美国空军航空航天医学院在得克萨斯州圣安东尼奥市布鲁克斯空军基地进行的合作测试中，两名空军军官穿上了配有可拆卸的手臂和腿部部件的压力服以及可打开的头盔面板。其中一套航天服是由箭头橡胶公司（Arrowhead）制造，另一套是由古德里奇公司制造。受试者进入高空模拟室后，通过入口和出口软管将航天服连接到环境控制系统上，该系统可提供凉爽的空气流，并排出二氧化碳和水蒸气。该环境控制系统由乘员系统部（CSD）提供了所需的冷却器和冷凝器以及排风扇，并采用了水星计划中的通风压缩机，以及大乔伊（Big Joe）助推器计划中多余的冷却器。

在 5 psia（34.5 kPa）纯氧环境中进行为期 14 天的测试，其目的是为了评价双子星航天服的局部穿着构想，以及验证阿波罗计划和双子星计划中采用的 5 psia 纯氧环境。从理论上讲，脱去部分航天服有助于乘员在穿着条件下耐受两周之久。9 月 9 日，即在测试的第 13 天，飞船模拟舱中失火了。其中一名空军军官因吸入大量烟尘而严重受伤。起火原因是由于一台称为“心理运动监测仪”的电路存在缺陷，该仪器是用来监测受试者在测试过程中的表现。闪火点燃了冷却管路上的泡沫绝缘层，进而产生有毒气体，致使敞开头盔面窗进行操作的乘员受伤。另一名乘员全身装备，但随后发生的供电故障导致他无法换气。一个手提式氧气瓶的隔膜破裂导致向燃烧的火焰提供了更多的氧气。

另一项研究对 3.5 psia（24.1 kPa）、5 psia（34.5 kPa）以及 7 psia（48.2 kPa）纯氧环境下的未穿着航天服的受试者与在气压为 14.7 psia（101 kPa）［氧分压为 3.1 psia（21.4kPa）］环境下的对照组进行了测试。1962 年 11 月，由共和航空公司（Republic Aviation）在宾夕法尼亚州费城美国海军航空兵装备实验室为美国航空航天局进行的 14 天测试中，在测试结束之际，电火花使高空模拟室中发生了火灾，导致四名海军军官受伤。

在这两次火灾中，航天服材料的易燃性并没有加剧火灾的发生；然而，在富氧环境中物质的易燃性及其惊人的传播速度无疑作出了明晰的警告。

由此得出的经验似乎是加强对火源的控制，而不是对选用的材料作出实质性的改变。直到 1967 年 1 月阿波罗 1 号（Apollo 1）发生重大火灾后，美国才对环境材料的选用作出了全面改变，由此也对航天服以及载人航天器的其他系统产生了影响。

5.2　双子星压力服的演变和发展

出人意料的是，马萨诸塞州的大卫·克拉克公司于 1962 年成功获得了双子星航天服合同。如前所述，美国航空航天局最初评估了古德里奇公司（GX1G）和箭头橡胶公司（GX1A）的局部穿着航天服（即具有可拆卸的手臂和腿部组件的航天服）的设计水平，以确定在拟定的 14 天双子星任务期间增加舒适性的潜力。这次评估导致了第二种设计水平的古德里奇 GX2G 和 G2G 航天服，其中可能包括与箭头橡胶公司的模型等效的设计。然而在最终决策之前，大卫·克拉克公司斜刺里杀了过来，利用公司经费制造出一套后入式航天服样机。这套航天服设计（图 5.2-1）采用了大卫·克拉克公司专为 USAF X-15（美国空军的 X-15 试验飞行器）计划开发的 Link-net 压力服技术（图 5.2-2）。

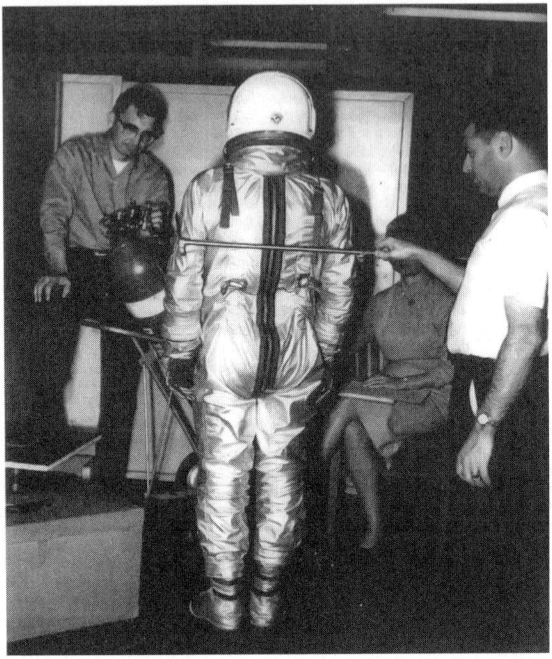

图 5.2-1　大卫·克拉克公司（DCC）的双子星后入式航天服
（哈里斯提供）

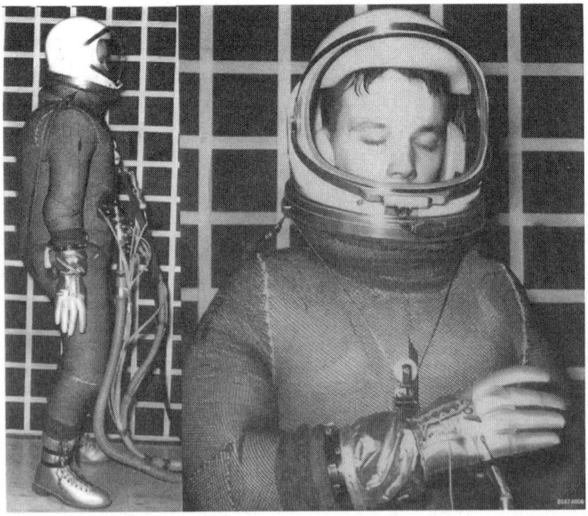

图 5.2-2　大卫·克拉克公司（DCC）的 Link-net 压力服视图（汉胜公司提供）

大卫·克拉克公司的航天服被认为比其他航天服更胜一筹，因此后来被用于双子星计划。大卫·克拉克公司的 G1C 航天服成品迅速代替 GX1C 样机作为评估对象。G1C 航天服能够支持早期的座舱接口评估，这对于飞船制造是非常关键的。随后研发的是 G2C 训练航天服（图 5.2－3），融合了 G1C 中累积的经验。G2C 及更早的航天服最引人注目的特点是根据太空中真空环境下的热特性选择的镀铝外层织物（图 5.2－4A）。

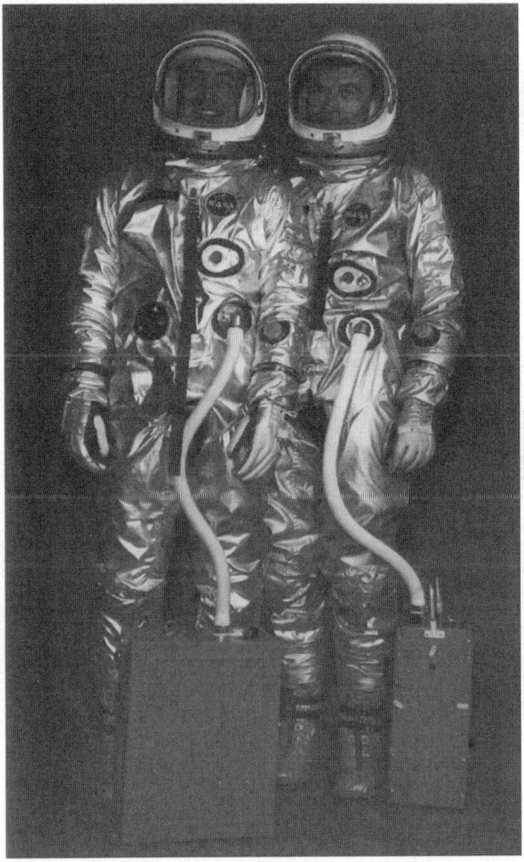

图 5.2－3　身着 GT3 的格里索姆（左）和身着大卫·克拉克公司 G2C 训练航天服的约翰·杨（NASA 提供）

(A) GX1C/G1C/G2C航天服

(B) G3C航天服

(C) 带有通风控制模块（VCM）和手持机动装置（HHMU）的G4C航天服

(D) G5C航天服

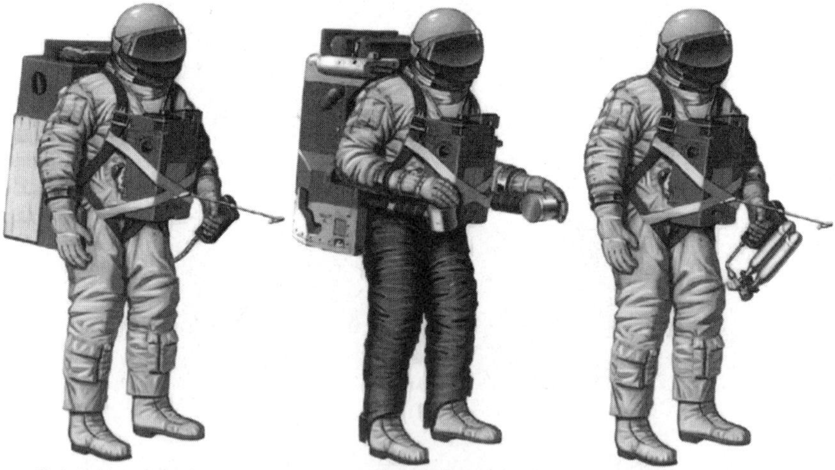

(E) 带有舱外生命保障系统(ELSS)、舱外支持包(ESP)和手持机动装置的G4C航天服

(F) 带有舱外生命保障系统和航天员机动装置(AMU)的G4C航天服

(G) 带有舱外生命保障系统和手持机动装置的G4C航天服

图 5.2－4　双子星航天服系统的演变

在太空探索需求带来新的设计演变之前，双子星 G2C 航天服手套可能代表了压力手套的技术发展水平。第一双压力手套——为早期大高度飞行而制造的——最大程度实现了无压时的舒适性和灵活度。在无压的条件下，它们的形状符合仿真的人体特征，然而在受压时则会发生改变，从而限制了人体的活动性。这些设计在作出最少的改变之后，成为了早期太空计划的舱内活动（IVA）手套。早期的双子星航天服手套在手背上安装了一个系带式限制装置。后期的双子星手套（包括舱外活动配置）采用了可调节的皮带及可调节的手掌约束带，以保持加压手套的形状。

双子星 3 号是双子星计划中的第一次载人飞行任务，航天员格里索姆和约翰·杨使用的 G3C 航天服设计获得了成功。先前的双子星航天服采用了镀铝外罩防护层，而 G3C 使用的是原色（白色）诺梅克斯（Nomex）外罩防护层（图 5.2-4B）。

5.3　双子星 4 号舱外系统的发展

1965 年 3 月 18 日，苏联航天员阿列克谢·列昂诺夫（Aleksey Leonov）成功进行了舱外活动，刺激了在舱外活动方面还是个菜鸟的 NASA。尽管阿波罗航天服和生命保障系统的研发活动正在按计划进行中，但列昂诺夫的舱外活动激励乘员系统部（CSD）双子星支援办公室去探索实现双子星乘员走出在轨飞船的可能性。

双子星 4 号原计划使用的航天服本质上属于舱内航天服，但早在 1964 年 7 月就提出了“站立”式舱外活动的计划（即让乘员打开舱门，站立于舱口处，此时航天服仍连接在飞船环境控制系统上）。

双子星 4 号乘员“在执行任务期间打开舱门并将头部伸出舱外”的这种可能性不是没考虑过。实现这种操作需要对航天服进行改造，要求载人舱的内部系统能够在暴露于太空真空和热环境下之前和之后正常运行。1964 年 11 月，在双子星 3 号发射前，约翰·杨在飞船高空模拟室试验中对站立式 EVA 程序进行了测试。该测试是为了完善飞船系统，为之后的舱外活动任务做准备。

大卫·克拉克公司的 G3C 航天服被作为双子星 4 号任务的基线，但如果执行站立式 EVA 则需要作一些更改，由此诞生了第一种 G4C 配置。G3C 航天服的单层外罩防护层原本只是为了保障乘员在座舱失压时的安全，现在取而代之的是一层微陨石尼龙防护层、七层镀铝迈拉（Mylar）超绝热层以及一层耐高温 HT－1 织物（图 5.3－1）。双子星 4 号的 G4C 防护服还配有一件套头夹克，能够在发射、返回以及轨道运行时减小身体的体积。

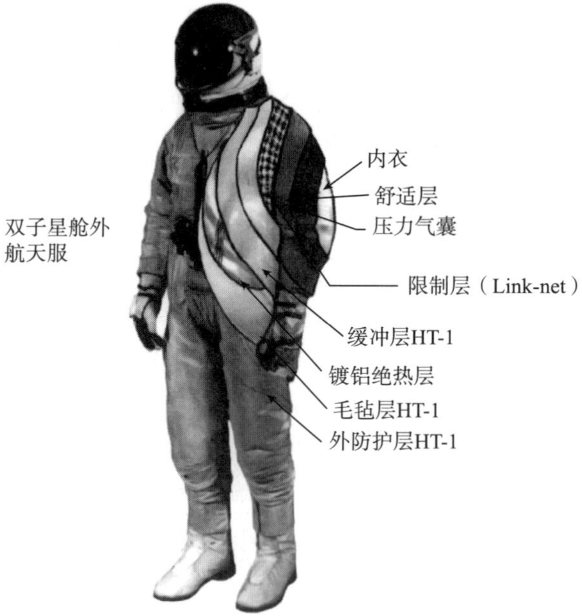

图 5.3－1　大卫·克拉克公司的双子星 4 号航天服材料

（NASA 提供）

经改进的头盔采用了双层透镜面窗：外层镀金透镜可以减弱可见光和红外线能量，内层透镜则能够提供冲击保护和热控制。绝热外层手套（overglove）可防止热传导。

双子星 EVA 手套设有模制的氯丁橡胶气囊和一层 Nomex 限制

层。手套的指头部分具有有限的弯线（关节弯曲时外侧有多余的材料），这是对先前的压力手套作出的改进，加压时必须控制体积以允许手指弯曲，能够抓住物体。几十年来，这一挑战在不断的改进中逐渐减弱，但它仍是航天服设计和制造中的一大难题。

1965 年 3 月 26 日，此时压力服的研发还在进行之中，距离发射已不足 3 个月的时间，乘员系统部（CSD）双子星计划支援办公室的负责人詹姆斯·柯瑞尔召集了一个航天服和生命保障系统工程师小组，调查双子星 4 号支持一名航天员执行全面舱外活动的生命保障系统所需的一切准备。

该项工作将在定义和研发双子星 EVA 生命保障系统（计划首次在双子星 6 号使用）的同时展开。柯瑞尔指派拉里·贝尔带领一个 NASA 团队设计、研发、检验和提供与 G4C 航天服配套的生命保障系统，以及利用载人航天器中心（MSC）的哈罗德·约翰逊独自构想出的手持式机动“枪”，使舱外活动乘员能够控制其在太空中的移动。相比于此前苏联的成就，这一举措将给美国舱外活动带来前所未有的成功。

该团队的首要任务是落实开环净化系统的初步设计，该系统将通过 AiResearch 的 25 英尺（7.6 m）镀金隔热脐带输送双子星飞船中的氧气。氧气流将被输送到航天服，通过一个与双子星舱的生命保障系统中类似的流量调节器进行调节。使用 Y 形连接器使舱外活动乘员同时与座舱的环境控制系统（ECS）和 EVA 系统连接。与座舱的环境控制系统断开时，Y 形连接器的端口将自动密封（图 5.3－2）。

如遇脐带供氧意外中断，胸前的装备包中有一小瓶氧气，可以向流量调节器持续供氧 9 分钟，以自动补给或手动调节流量的方式通过供氧口向头盔口鼻区供氧。出于国家安全的考虑，该系统起初被命名室内通风系统（CVS），后来为了后续的发展而被重新命名为通风控制模块（VCM）（图 5.3－3）。1965 年 6 月初，NASA 中仅有为数不多的几名人员知悉在双子星 4 号上使用该系统的计划。

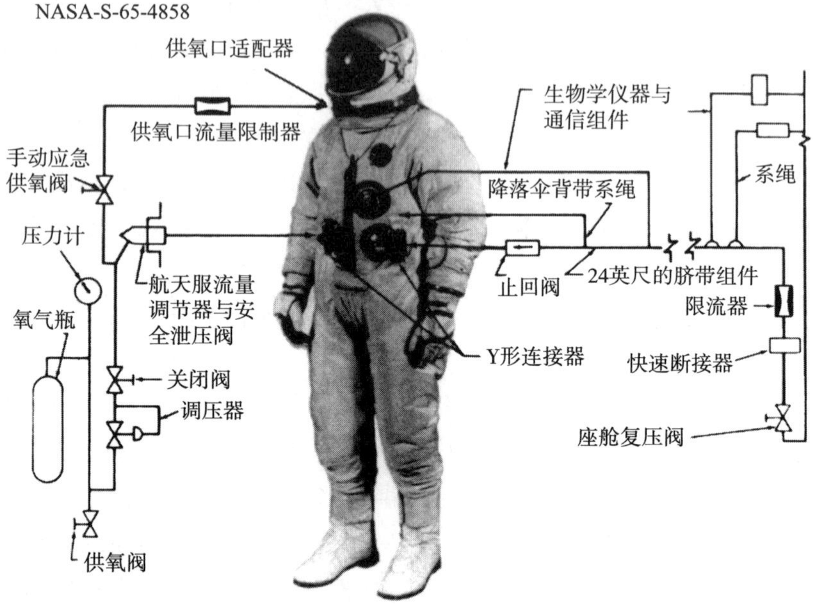

图 5.3-2　双子星 4 号舱外航天服系统示意图（NASA 提供）

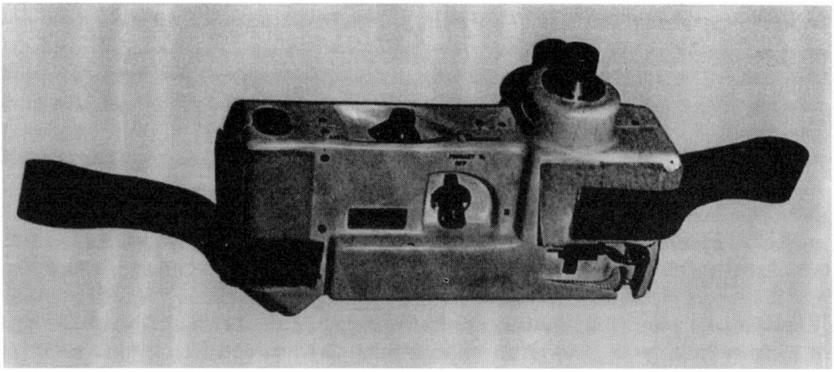

图 5.3-3　NASA/AiResearch 的通风控制模块（NASA 提供）

这个极端压缩的时间表需要载人航天飞行中心管理层快速批准。在一个关于双子星 4 号 EVA 硬件的飞行前情况说明会上，拉里·贝尔向 MSC 的主任罗伯特·吉尔鲁斯博士及其高级职员作了陈述，并将代表性的硬件物品分发给会议出席者。会议中，吉尔鲁斯博士试图用一根折起来的纸梗火柴撬动 Y 形连接器的一个提升阀，但没有成功，这对气闸公司的设计而言是一个好事。如果吉尔鲁斯博士能将该阀门打开，无疑暴露了一种潜在的失效模式，即如果在真空环境下出现这种情况，将会给乘员带来致命性的灾难。贝尔没有察觉到这一举动，这对他的演讲而言实属幸运。不过，历史是最好的证明者，贝尔最终获得了所需的批准。

美国航空航天局还为双子星 4 号研发了手持机动装置(HHMU),见图 5.3-4。双子星 4 号配置中的一些装备是该次任务专用的（图 5.2-4C)，该紧凑型折叠式手持推进系统的后续版本也将应用于双子星 8 号、双子星 10 号及双子星 11 号。双子星 4 号的手持机动装置属于一种独立系统，两个 4 000 psia（272 atm）

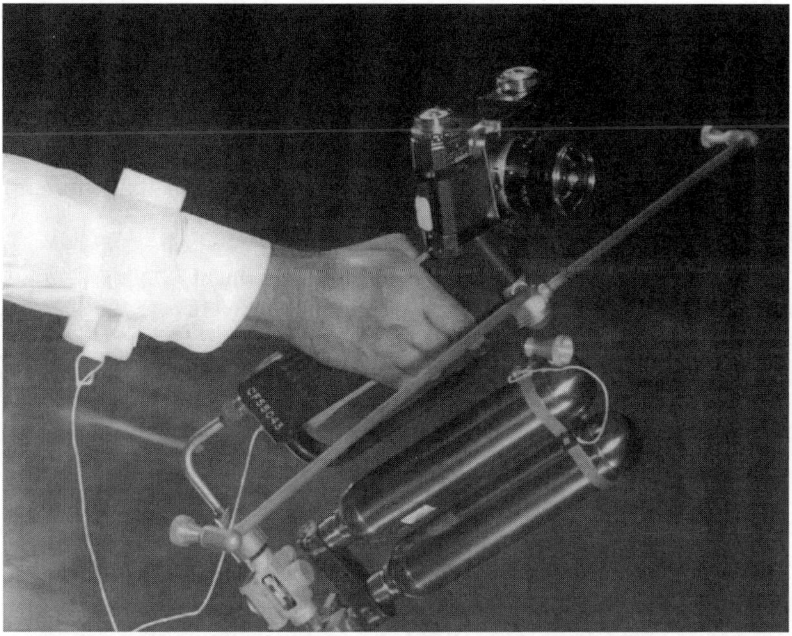

图 5.3-4　世界第一套人工操纵机动装置（NASA 提供）

氧气瓶能够提供 40 lb · s 的推进能力。由于双子星 8 号飞船的推力器存在问题，双子星 11 号的乘员身体疲乏，仅有双子星 4 号和 10 号任务进行了手持机动装置的评估。

5.4 双子星 4 号：美国第一次太空漫步

1965 年 6 月 3 日，双子星 4 号航天员爱德华 · 怀特（Ed White）执行了具有历史意义的舱外活动（图 5.4 - 1），通过脐带供给，总的活动时间达 36 min，其中 20 min 在飞船外面活动。当他演示了手持机动装置的效用之后，起初对他可能会在太空中迷失方向的担心很快烟消云散。25 英尺（7.6 m）长的脐带引导他朝着双子星飞船的方向往回退，不过并不能帮助身体定位或稳定。

图 5.4 - 1　美国第一次舱外活动：爱德华 · 怀特及其双子星 4 号航天服系统（NASA 提供）

事实证明，再进入飞船和关闭舱门比预想的要困难得多。这导致航天员怀特的代谢率上升，不久就超出了脐带气流的排热能力。他的面窗蒙上雾了，复压后航天器环境控制系统需要数小时才能使他重新恢复热平衡。在舱外活动期间，怀特耗尽了手持机动装置中所有的推进剂；在关闭舱门之前，他丢弃了外层绝热手套和头盔外层面窗。

这一次任务证明了舱外活动的可行性，但其结果也表明舱外活动还需要更多的时间做准备，同时必须改进生命保障设备以应对所产生的代谢热负荷。该任务还暴露了一个问题：必须投入更多的精力研发 EVA 乘员稳定身体的方法。

5.5　双子星 5 号～双子星 7 号的目标和航天服系统（1965—1966 年）

双子星 5 号～双子星 7 号任务的目标不包括舱外活动。双子星 5 号和 6 号的 G4C 航天服主要用于舱内活动，因此用单层的 IVA 防护层代替 EVA 的多层外罩，此处还去掉了镀金的 EVA 面窗。双子星 7 号也采用了单一任务的压力服配置。

双子星 5 号任务

双子星 5 号的首要目标是证明人类能够在太空环境中持续活动 8 天之久，以及双子星的座舱系统能够在该时间内正常地运行。在双子星 5 号上再做 EVA 没有现实的需求，其任务目标是实现为期 8 天的轨道运行，为了增加舒适性，乘员们建议只戴氧气面罩、护目镜及头盔而不是穿着全套的航天服。然而，他们的建议被驳回了，1965 年 8 月 21 日，他们穿上了此前购买的 G4C 型航天服升空。该次任务的成功充分预示了人类登月和返回地球的能力。

双子星 7 号/6A 号任务：目标和结果

该次联合任务的首要目标是实现交会对接，此前拟执行舱外活动的计划被取消了。

1965 年 10 月 25 日，Agena 交会目标飞行器的失败实际上否决了计划中的双子星 6 号与该飞行器交会的任务目标。对如何在轨道上同时运行两艘载人飞船这个问题进行了创新性思考以及深入研究之后，美国航空航天局对双子星 6 号和 7 号任务进行了修订，计划运行 14 天的双子星 7 号将比更名了的双子星 6A 号提前几天发射。进入轨道之后，双子星 7 号飞船将作为双子星 6A 号飞船的交会目标。双子星 6A 号航天员施奇拉和斯塔福德希望在该次联合任务的清单中加入舱外活动，可能的话甚至做一个乘员交换以演示乘组救援。然而，双子星 7 号的航天员博尔曼极力反对在他的飞船上执行任何 EVA。在 Agena 出问题之前，双子星 6 号曾计划采用 AiResearch 设计的舱外生命保障系统（ELSS）胸包（见 5.6 节）来执行一次舱外活动，但当时施奇拉持反对意见，并设法将飞行任务中的舱外活动取消了。不过，他之后为恢复该任务所作的努力却未成功。

然而，航天员能否不穿航天服执行像双子星 7 号这样的长期任务的问题再一次提出来了。此前，麦克唐纳曾让航天员埃里奥特·希和戈登·库珀穿着配有医疗监控仪器、头盔及氧气面罩的标准空军飞行服在高空模拟室中进行测试，试验非常成功。然而，乘员对较高的座舱温度的耐受能力以及发生火灾时无法减压至真空的问题都是令人担忧的。乘员系统部的詹姆斯·柯瑞尔建议使用轻量型 G3C 舱内航天服，大卫·克拉克公司接受了这项挑战，通过除去 G3C 航天服许多的较重部件，使之尽可能简化。新诞生的是一套 16 lb（7.3 kg）的软式航天服，带有柔软的头罩和活动式面窗，不带颈圈。软头罩可以打开，整个航天服可以脱下来随意放在一边，无需专门放置，在紧急情况下也能快速穿上。这套被柯瑞尔及其他人称为“get - me - down”的航天服，被正式命名为 G5C 航天服

（图 5.5－1、图 5.5－2 及图 5.2－4D）。

图 5.5－1　穿着大卫·克拉克公司的双子星 7 号 G5C 航天服
（NASA 提供）

图 5.5－2　双子星 7 号航天员吉姆·洛弗尔领头前往发射场
（NASA 提供）

双子星 7 号于 1965 年 12 月 4 日升空，任务持续不到两天的时间洛弗尔就脱去了航天服，但在狭小的座舱内耗费了他一个多小时的时间。博尔曼抱怨有点热，不过很快便发现，仅仅一人不穿航天服便改善了座舱的舒适性。乘组原本计划两人均脱去航天服，但管理人员反对这种做法，希望其中的一员能够在整个任务期间都穿着航天服。有一阵子，两名乘员掉换了一下，洛弗尔穿上了航天服，博尔曼则脱下了航天服。最后，两名乘员均获得了不穿航天服执行任务的批准。

与此同时，在 1965 年 12 月 12 日遭遇一次任务中止之后，双子星 6A 号航天员施奇拉和斯塔福德最终于 12 月 15 日穿着 G4C 航天服升空。

双子星 7 号/6A 号联合任务成功实现了交会技术，在某一时间点两艘飞船之间的距离仅为 1 英尺（0.3 m）。双子星 7 号任务是唯一采用 G5C 航天服的飞行任务。

5.6　双子星 8 号～双子星 12 号的航天服系统及其经验（1966 年）

双子星 8 号～双子星 12 号任务均设定了舱外活动目标。为了支持这些活动，有 3 种模块系统投入了研发，由此促进了对各种可能的机动系统的探索。这些可选择配置的核心是舱外生命保障系统（ELSS）。然而，每一次任务的航天服系统配置很不不同，详细内容见本节下文。有些配置的设备由于其他的任务困难而没有应用，但这些任务还是为应对舱外活动面临的挑战积累了宝贵的经验。

双子星 8 号的任务目标及系统说明

在与轨道上的 Agena 火箭完成对接之后，舱外活动是双子星 8 号计划的第二重要目标。自从双子星 4 号之后取消舱外活动以来，有必要进行一次有真正意义的太空探索，为双子星 9 号上使用空军航天员机动装置（AMU）的飞行任务做准备。

双子星 8 号舱外活动计划的主要目标是对三个 EVA 设备（图 5.2-4E）进行评估：1）胸前安装的半开环舱外生命保障系统，其冷却能力比双子星 4 号的开环装置更强；2）更进一步的手持机动装置测试；3）被称为舱外支援包（ESP）的大背包（贮有氧气和机动燃料）。舱外航天员将被夹在背上的舱外支援包和胸前的舱外生命保障系统之间。通过一根系绳可以从 25 英尺（7.6 m）长的脐带转接到 75 英尺（23 m）长的电缆上，这为 EVA 乘员提供了更多的机动空间，同时也能够获得更多关于手持机动装置的经验。

尽管与双子星 4 号使用的 G4C 航天服类似，但双子星 8 号所用版本的不同之处在于微陨石体层和手套。该航天服的防护层使用两层涂有氯丁橡胶的尼龙代替先前的尼龙毛毡和尼龙织物。在手套方面，提供热和微陨石体防护的是手掌部位涂覆的一层硅橡胶材料（抓握热的物体时能起到防护作用），以及手背上增加的多层织物（图 5.6－1），而不再是外层防护手套。舱内乘员只需使用这种标准手套，而无需额外的附件，对于无 EVA 的任务而言，驾驶员也使用标准的舱内手套。

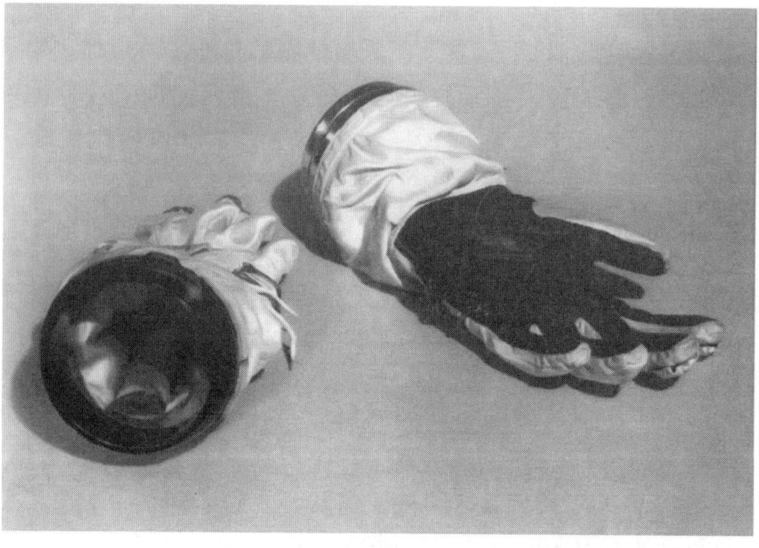

图 5.6－1　双子星 8 号及之后的舱外手套（大卫 · 克拉克公司提供）

双子星计划中使用第一个舱外生命保障系统构想的并不是双子星 4 号系统。在 1963 年确定舱外活动具备可行性之后，乘员系统部的工程师使用水星计划中多余的环境控制系统硬件研发出一种简单的开环净化系统。两个水星号氧气瓶和调节器被装在 EVA 乘员胸前的降落伞背带上，可通过泄压阀为航天服提供 15 分钟的净化气流。

乘员系统部与当时的盖瑞特公司（Garrett Corporation，现为霍尼韦尔公司）AiResearch 生产部签订了合同，主要任务是对这些硬件进行组装和测试。1964 年 1 月，该构想作了重大修改，最终确定为脐带式半开环系统，使用一个由脐带氧气流驱动的喷射器。该系统被称为舱外生命保障系统（ELSS），能够独立提供 30 分钟的应急供氧，配有内置电池及控制器、显示器，并能够获取其他氧气流和电源来保持运行状态，如空军的 AMU（图 5.2－4F）。

舱外生命保障系统（图 5.6－2～图 5.6－4）使用了一个脐带或其他来源供应的氧气［约 100 psia（6.8 atm）］驱动的喷射器，以带动通风和冷却气流。喷射器提供的能量能够使总通风气流的三分之二重新流通，另三分之一（相当于脐带的供应量）则通过泄压阀向外排放。向外排气可以控制通风气流的再循环部分中的二氧化碳和湿度。一台沸水器式热交换器利用少量的储存水以及从再循环通风气流中去除的水分冷却剩余三分之二的再循环通风气流，流量约为 16 lb/h（7.3 kg/h）。排出体外的那部分带有湿气和二氧化碳的氧气会被飞船中通过喷射器提供的“新鲜”氧气替换，这就基本上控制了头盔中的二氧化碳浓度。然而，这也意味着，如果活动水平超过设计值，二氧化碳的浓度将会增加。舱外生命保障系统的设计能力：1 000 Btu/h（252 kcal/h）为 71 分钟；1 400 Btu/h（353 kcal/h）为 86 分钟；2 000 Btu/h（504 kcal/h）为 10 分钟（译者注：数据似有误，原文如此）。舱外生命保障系统从脐带获得的额定流量为 4.9 lb/h 和 7.8 lb/h（2.2 kg/h 和 3.6 kg/h），应急旁路流量为 7.4 lb/h（3.4 kg/h），采用旁路模式时总流量为 15.3 lb/h（7.0 kg/h）。控制与显示装置使 EVA 乘员能够控制流量，监控应急系统的状态。双子星 8 号发射前的测试显示，在特定条件下可能会出现通风管道冻结的情况，因此增设了一台电热器。

如果脐带供氧出现故障，舱外生命保障系统也在 7 500 psi（510 atm）圆柱形贮罐中贮存了可使用 30 分钟的氧气，该贮罐也是舱外生命保障系统胸包的主要构件，并提供了装载于飞船中的安装

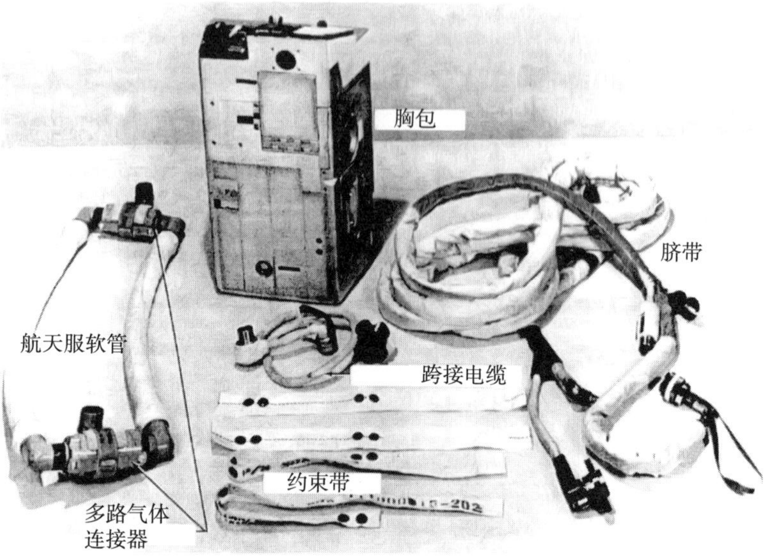

图 5.6-2 舱外生命保障系统的组件包（NASA 提供）

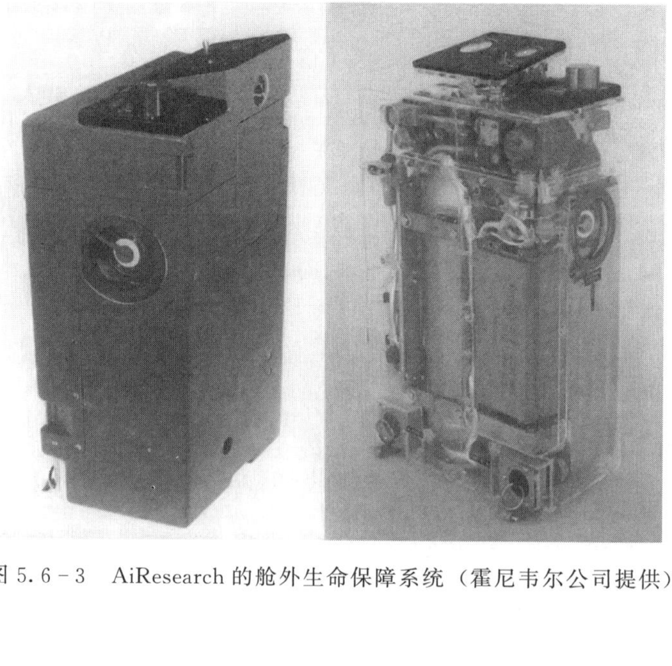

图 5.6-3 AiResearch 的舱外生命保障系统（霍尼韦尔公司提供）

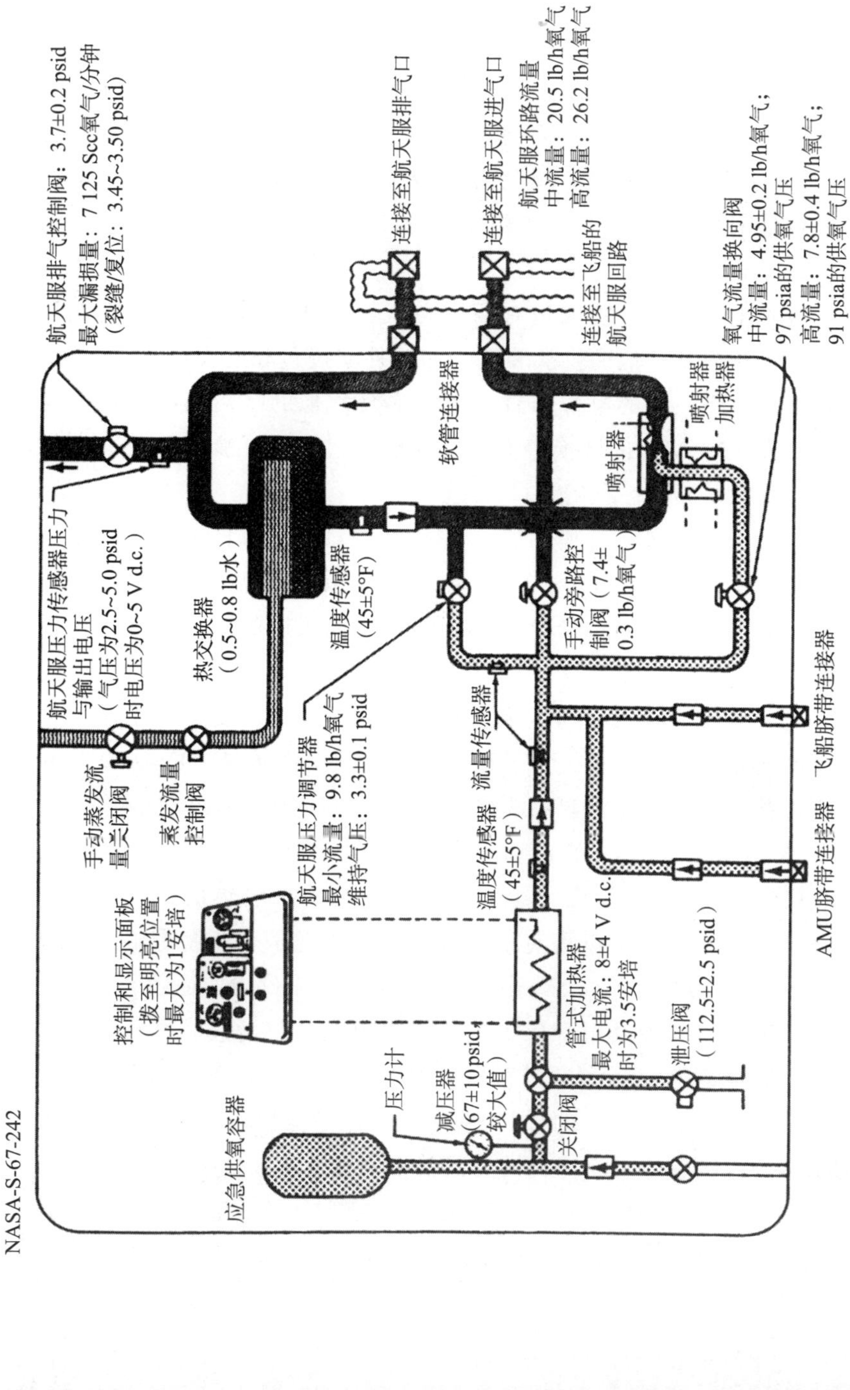

图 5.6-4　舱外生命保障系统胸包气路子系统示意图（NASA 提供）

点。舱外生命保障系统中还配有一块电池，能够在飞船供电中断的情况下为报警和通信装置提供电能。舱外生命保障系统的显示面板上除了一台能够在 AMU 运行时显示过氧化氢含量的测量计外，还配有 6 盏报警指示灯和一台应急氧压计。其中 4 盏指示灯显示的是 AMU 的状态，另两盏指示灯会在航天服压力过低以及应急氧气罐的气流较低时报警。指示灯使用了提示音，以便乘员能够注意显示面板。

舱外生命保障系统胸包有两个高压氧气进口，可以无中断地从飞船脐带转换到其他的供氧装置，如舱外支援包和航天员机动装置。舱外生命保障系统的电源布置也可以实现类似的从飞船脐带供电设备向 ESP 或 AMU 的转换。然而，在转换过程中，航天员可能会暂时与通信系统断开。

类似于双子星 4 号使用的 Y 形连接器确保能够同时连接至舱外生命保障系统和飞船环境控制系统。EVA 乘员可以与环境控制系统断开，Y 形连接器的自密封提升阀能防止航天服的压力降低。重返飞船时，该程序则相反。

舱外生命保障系统胸包采用梯形的横截面，以便适用于两个乘员之间的专门装载位置。为了减小再入返回时的重量，EVA 乘员在重新连接到飞船环境控制系统之后将抛弃 40 lb（18 kg）的胸包。

25 英尺（7.6 m）长的脐带与双子星 4 号使用的有所不同，它是用镀铝的聚酯薄膜/涤纶织物衬层制成的多层隔热层代替镀金涂层，隔热层外还套了诺梅克斯（Nomex）尼龙护套。脐带输送的氧气压力约为 100 psia（6.8 atm），配有为生物学仪器、通信装置、航天服压力控制装置及电源供电的电缆，以及一根承载系绳。为了防止供氧脐带或电缆受到突发荷载，系绳一般比它们的长度短约 2.3 英尺（0.7 m）。因此，如果 EVA 乘员不经意地移动过快并到达绳索的末端，因吸收能量而伸长的情况就不会发生在供氧脐带和电缆上。

装载脐带时需要将脐带盘绕成“8”字形，然后装入用粘扣带紧扣的一个袋子中。脐带的两端从袋中伸出，一端与飞船连接，另一端被固定到舱外生命保障系统上。只需拉动舱外生命保障系统的一端，脐带便能够轻松地展开。当 EVA 乘员和脐带一起进入飞船时，重新装载脐带会比较困难。

载人航天器中心（MSC）的舱外支援包（ESP）是一个背包装置，它是舱外生命保障系统的主要供氧源，能够支持约一个小时的舱外活动。舱外支援包是由载人航天器中心（现为约翰逊航天中心）的工程师和技术员设计及制造，它也可以提供 5 000 psia（340 atm）的氟利昂 14 -氮气混合物作为 HHMU 的推进剂，以及实现独立语音通信所需的特高频无线电设备包。为了最大程度地降低开发风险，舱外支援包使用了现有的双子星飞船的部件。与航天员机动装置一样，舱外支援包装载在双子星飞船适配器中，执行 EVA 时再戴上。

舱外支援包利用了舱外生命保障系统显示面板上的 AMU 过氧化氢流量计。通过切换舱外支援包外壳上的开关，舱外乘员可以读取推进剂或氧气的流量。

连同操作舱外支援包一道，双子星 8 号系统的另一特点是配有一根 75 英尺（23 m）长的系绳和电缆组件，可以在 ESP 运行时使用。这条 75 英尺长的绳索两端分别与 7.6 m 的脐带和 EVA 乘员相连，由此乘员能够在离飞船 100 英尺（30.6m）的范围内活动。

与双子星 4 号的 40 lb · s（18.2 kg · s）总冲相比，使用氟利昂作为推进剂可以使总冲增加至 600 lb · s（272.7 kg · s）。然而，“点火”期间遭遇低温的氟利昂在使用中会出现问题。在测试过程中，HHMU 中膨胀气体的温度降低至－150 °F（－101 ℃），从而导致提升阀一直处于打开状态。虽然改用 Teflon 低温密封能够解决这个问题，但为了防止软管泄漏或提升阀卡在打开位置，还需要在供氧系统中设置冗余的关闭阀。

双子星 8 号于 1966 年 3 月 16 日发射升空。然而，在与 Agena 对接之后不久，几近灾难性的事故突然降临，双子星飞船的一个推力器在“on”位置上失灵了。脱离 Agena 并隔离了那个推力器之后，乘组这才实施紧急再入。很显然，这种情况下根本无法执行任何舱外活动。从发射到降落，整个飞行持续的时间不足 11 小时。

渐次导向着陆的应急程序启动后，乘员没有时间执行规定的 EVA 之后将舱外生命保障系统胸包抛弃到太空的操作，这意味着乘组不得不携带满载 ELSS 的 7 500 psi（510 atm）的应急供氧系统实施着陆。乘员系统部 ELSS 的工程师向日本冲绳那霸市的回收小组发出指示，成功实现了供氧系统的安全降压。

双子星 9A 号航天服系统的改进及目标

该任务的主要目标是前期的交会和舱外活动，以及后续的空军 AMU 飞行试验。为了支持这些活动，双子星 8 号航天服系统的设计在多个重要部位上作出了改进。

执行双子星 9A 号任务的压力服是由双子星 8 号 G4C 航天服配置改装而成的。航天员塞尔南的航天服外罩作了重新设计，增加了下肢部分的机织不锈钢外层（称为 Chromel - R）（图 5.6 - 5 和图 5.6 - 6），以防止潜在的 1 300 °F（705 ℃）的 AMU 推力器火焰造成伤害。在覆盖层下方，11 层的镀铝 H 膜和玻璃纤维布衬层材料分别代替了 7 层的镀铝聚酯薄膜和涤纶织物，这样推力器火焰的高温就不会降低航天服的隔热性能。躯干部分依然采用标准的舱外航天服覆盖层。舱内航天员斯塔福德则穿着标准的 G4C 航天服。

压力密封面窗的材料从树脂玻璃变成了聚碳酸酯，后者可提供十倍于有机玻璃的抗冲击性能。这一改进使得头盔无需独立的抗冲击面窗，只是增加了一个单一的镀金有机玻璃面窗，以减少可见光和红外光。

双子星 9A 航天服的舱外生命保障系统的胸包和脐带与双子星 8 号基本相似，但对胸包稍微作了一点改进，重新设计了氧气旁路管线，以便向喷射器喉道下游提供补充的通风气流。作出这一改进，主要是考虑到喷射器通道可能由于加热器故障而结冰，进而发生阻塞。在舱外活动过程中，EVA 计划要求航天员在飞船的适配器段穿戴上 AMU，作系留飞行时，转换到 AMU 的供电和供氧系统。舱外

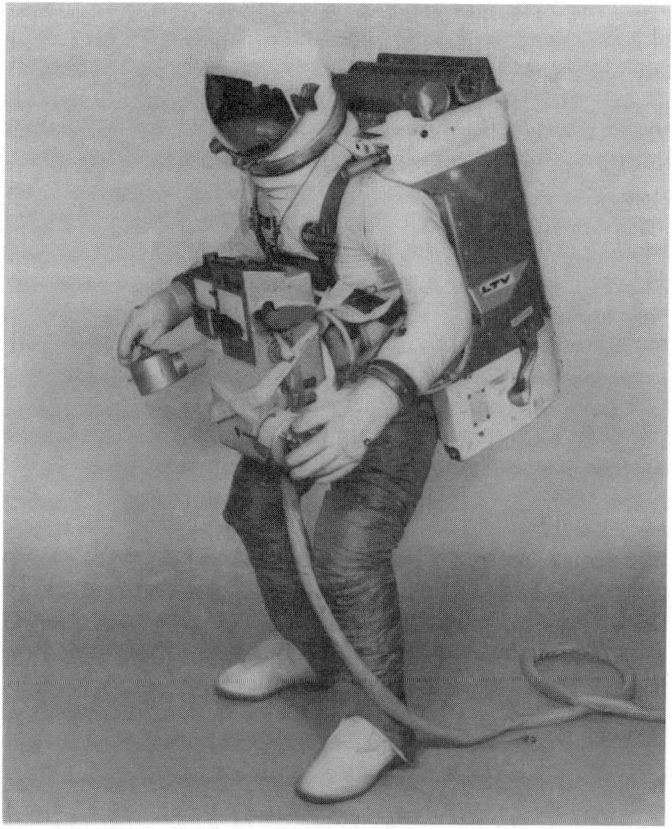

图 5.6-5　双子星 9 号舱外航天服系统（NASA 提供）

活动时间将持续 167 分钟。

按照与美国空军签订的合同，AMU（图 5.6-5 和图 5.6-7）由凌·特姆科·沃特公司（LTV）负责设计和制造，计划中该设备被命名为 D012。根据这项计划，D012 将在双子星 9A 号上带着 125 英尺（38 m）的系绳飞行，然后在双子星 12 号上进行无系留飞行。航天员机动装置让航天员的操作可完全独立于双子星飞船（无脐带）。这种自主能力源于航天员机动装置自带的氧气供应和调节系统，该供氧系统（OSS）由汉胜公司设计和制造。

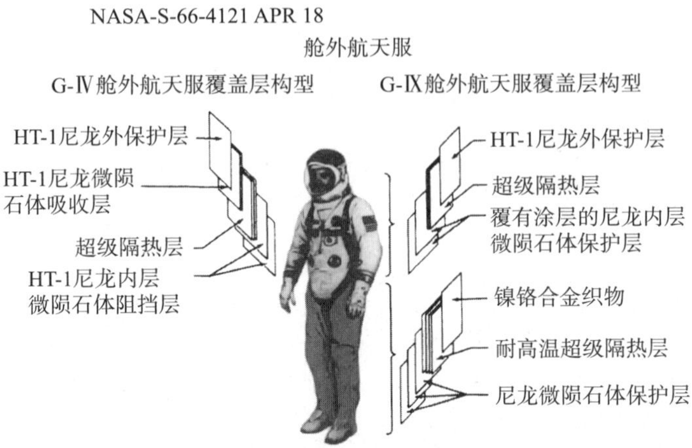

图 5.6-6　大卫·克拉克公司双子星 9 号航天服材料
（NASA 提供）

OSS 向舱外生命保障系统提供了 5.1 lb（2.3 kg）维持生命的氧气，可支持一个小时的操作活动。供氧系统位于航天员机动装置的左后方，氧气经航天员机动装置从供氧系统流到 ELSS 内的喷射器。

图 5.6-7　航天员机动装置内部视图（汉胜公司提供）

除了供氧系统，168 lb（76 kg）的航天员机动装置还给通信和 ELSS 的提示和告警系统提供电力，还备有 24 1b（10.9 kg）用于机动的过氧化氢燃料，总冲量达到 3 500 lb · s（1 591 kg · s）。AMU 配备了 16 个推力器，其特点在于冗余的手动和自动飞行控制系统。

除了过氧化氢流量计之外，舱外生命保障系统显示面板还有4 个与航天员机动装置相关的警示灯，指示供氧、过氧化氢流量、过氧化氢燃料供应压力或推力器系统的情况。警示灯会通过声音发出提示。

在飞行过程中，配备舱外生命保障系统和航天员机动装置的 EVA 航天员将通过 125 英尺（38 m）的尼龙织带系绳与飞船保持连接状态。设想是将这条绳索系于舱外生命保障系统的脐带上，即总共允许大约 150 英尺（46 m）的分离量。距离脐带大约 25 英尺（7.6 m）处安有一个中间位置挂钩，以便在需要时使用大约 50 英尺（15 m）的分离量。

1966 年 6 月 6 日，航天员塞尔南进行了第二次的美国舱外活动，这也是双子星 9A 号计划的内容之一。与怀特不同，怀特是在脐带上自由漂浮，并利用手持机动装置（HHMU）控制身体姿态，而塞尔南并未配备手持机动装置，而是利用舱外生命保障系统 25 英尺（7.6m）的脐带从双子星 9A 号的尾部适配器，使用扶手、维可牢贴片和环形脚限制器（图 5.6－8）移动到装载航天员机动装置的位置。实际上这些措施不足以控制他的身体姿态，体力的消耗超过了舱外生命保障系统的除湿能力。塞尔南由于头盔开始起雾，模糊了他的视线，他不得不中止这次的 EVA（时间已经持续了两个小时零七分钟）。

后来（返回地球之后），在一个签约试验设施中，塞尔南对他的 EVA 作了一次水下模拟试验，证实了中性浮力实验室可以作为 EVA 训练设施。这是 1996 年 7 月在兰利研究中心进行的试验内容之一。这个试验项目包括对计划中的双子星 8 号 EVA 任务的部分任

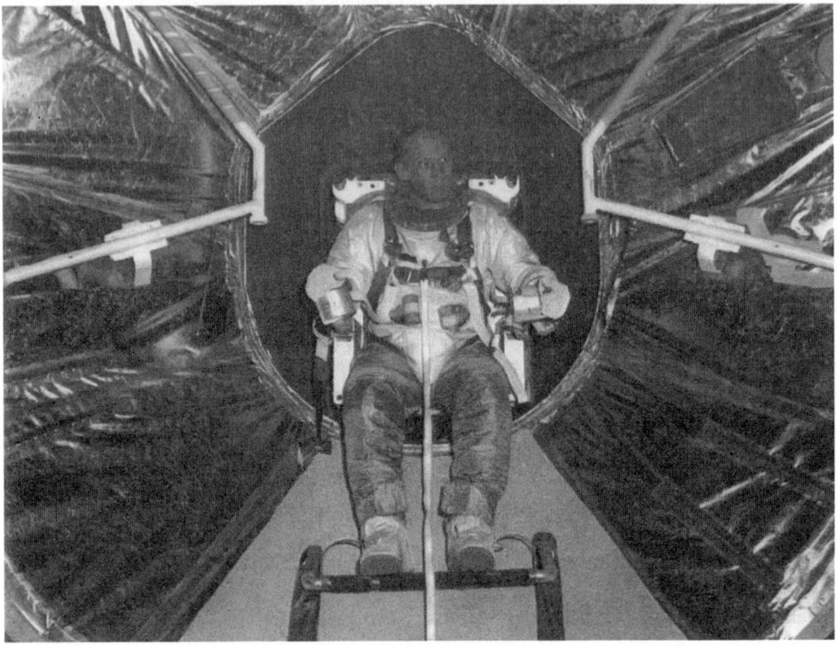

图 5.6-8 穿衣站内的奥尔德林身着航天员机动装置
（NASA 提供）

务评估；塞尔南再现双子星 9A 号的 EVA；对计划中的双子星 11 号 EVA 进行评估；最后，对双子星 12 号的初始时间表（包括航天员机动装置操作）进行评估。除了双子星 9A 号的 EVA 模拟之外，其他的试验均由承包商的人员执行。

根据修订的任务目标双子星 12 号将进行重复操作，埃德温·奥尔德林和塞尔南同时参与，分别作为主要和替补 EVA 乘员。水下评估和训练结束之后，MSC 将一座之前装有一台三人离心机的建筑改造成载人航天器中心水浸设施（WIF）。该设施直径 18 英尺（8.5 m），深 16 英尺（4.9 m），开始是位于载人航天器中心第 29 号楼，最后被命名为失重环境试验设备（WETF），后来被约翰逊航天中心桑尼·卡特尔（译者注：美国航天员，1991 年 4 月 5 日在出差途中死于坠机事故）训练设施中性浮力实验室（NBL）取代。

令人失望的双子星 9A 号舱外活动促使载人航天器中心的航天服和生命保障工程师重新对他们的装备进行研究。

塞尔南曾说过，他感觉到背部有热区。航天服的隔热检测显示，隔热层有几处存在分离现象，让透过覆盖层的热量有了传输路径。

在双子星 9 号飞行之前，防雾剂已经应用过，只是 EVA 发生在飞行不久的时间里（飞行时间小于 5 个小时）。对于双子星 9A 号任务，由于防雾剂只能有效持续 12 个小时，而 EVA 是在 12 个小时之后才进行，所以飞行前并未采用这种防雾剂。显著的改进措施之一是在日后的舱外活动之前为乘组人员提供防雾湿巾。

双子星 9A 号胸包后来在载人航天器中心的真空室内接受人工测试，试图复现飞行结果。在代谢率约 2450 Btu/h（617kcal/h）的条件下，面窗上超过 80％的面积起了雾，一小块面窗使用防雾剂后没有起雾。测试活动刚一停止面窗就变清晰了——飞行过程中也观察到了这种现象。

如前文所述，舱外生命保障系统的设计能力：1 000 Btu/h (252 kcal/h)水平下平均为 71 分钟，1 400 Btu/h（353 kcal/h）水平下为 86 分钟以上，2 000 Btu/h（504 kcal/h）水平下为 10 分钟以上（译者注：数据似有误，原文如此）。双子星 9A 号任务的航天服工作负荷远大于 2 000 Btu/h（504 kcal/h），其时间也远长于 10 分钟。这就导致热量和湿度过大。实际上，加压后航天员就出现了大量出汗的情况，航天服和舱外生命保障系统胸包内部都处于饱和状态。另据推测，由于热负荷较大，舱外生命保障系统胸包中贮存的水已被耗尽，加剧了问题的严重性。

无疑地，维持身体姿态并执行舱外活动任务时不能过多地消耗能量的问题终须得到解决，需要找到更好的方法来控制热量，气体冷却方式显然不能适应未来的舱外活动需要。另外，未来的任务要在进行舱外活动之前即时使用防雾剂。

双子星 10 号任务的变化及其目标

除了尝试利用有动力的阿金纳火箭将双子星 10 号飞船助推至更高的轨道以便与运载双子星 8 号的无动力阿金纳火箭实现双重对接之外，双子星 10 号的航天员约翰·杨和迈克·柯林斯还计划从飞船上回收微陨石包，柯林斯实施舱外活动，杨控制双子星飞船。柯林斯还要进一步对手持机动装置进行评估，由舱外生命保障系统（脐带支持 EVA 配置）提供支持（图 5.2-4G）。

在大多数方面，双子星 10 号使用了与双子星 8 号相同的航天服配置，但头盔却采用了双子星 9A 号的聚碳酸酯面窗。另外，飞船上带了面窗防雾套件，包括浸有防雾和清洁剂的湿巾，供舱外活动前使用。其他方面还有一些不太重要的变化项目。

双子星 10 号的舱外生命保障系统胸包（图 5.6-9）与之前任务上的版本基本相同，只是高压止回阀（用于自主式 7 500 psi 供氧系统的充装段）的设计有所不同。双子星 9A 号之前发生过两次阀座起火的情况，只是两次都没有传播到系统的其他部分。阀座的损坏引起了泄漏，经检测发现后，该阀门在飞行前作了更换。这就要求开发更好的设计方案，于是软密封的阀座被球形的金属-金属密封阀座所替代，并应用于双子星 10 号及后来的 ELSS。

双子星 10 号任务在手持机动装置的评估中用到了一根 50 英尺（15 m）专用脐带。除了超级隔热层、供氧管、系绳、通信和生物医学导线，脐带还包括给 HHMU 提供推进燃料的氮气线。氧气、电力和系绳的连接器都在飞船座舱内，而氮气连接必须在 EVA 的初期完成，因为其处于飞船适配器区段内。

本次飞行中的手持机动装置与双子星 8 号略有不同。手柄为倾斜式，其凹槽与压力手套之间界面友好。作用力有所减小，并且“推进器”和“牵引车”之间的距离缩短了。5 000 psi（340 个标准大气压）氮气贮存在位于飞船适配器区段的两个贮罐内，总冲量达到 677 lb·s（308 kg·s）。

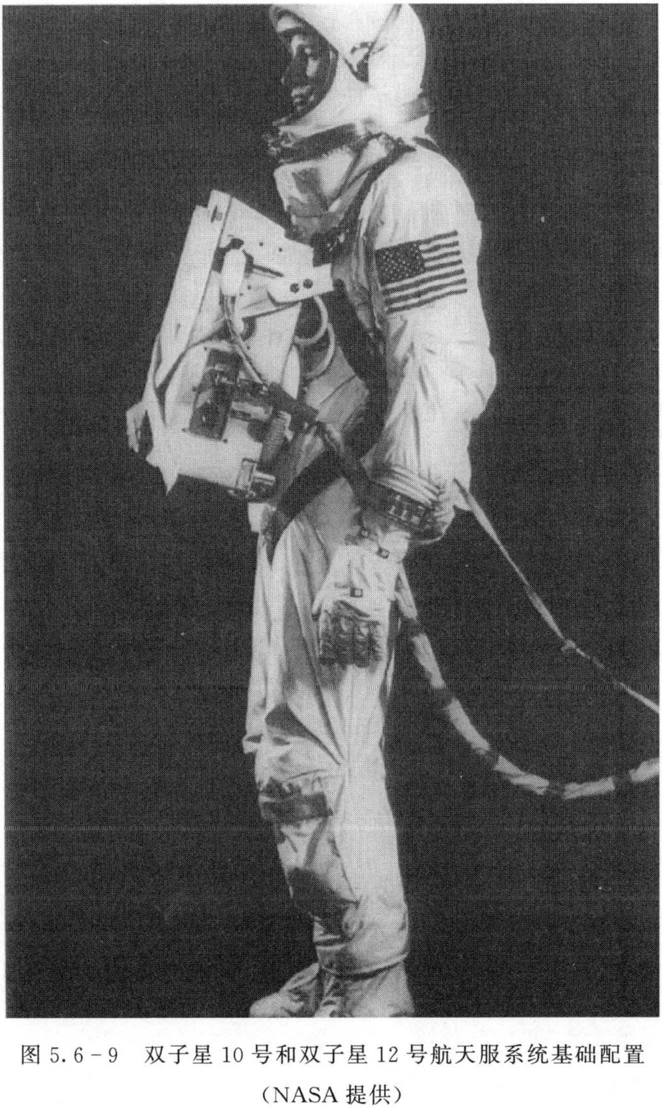

图 5.6-9　双子星 10 号和双子星 12 号航天服系统基础配置
（NASA 提供）

1966 年 7 月 18 日发射后，刚飞行了 23 个小时后，柯林斯就开始执行一次站立式舱外活动，不过日出以后，两位航天员立刻感到眼睛受到严重刺激，然后眼泪都出来了，视觉受阻，于是舱外活动不得不终止。舱门关闭并复压后，眼部刺激逐渐减弱。据推测，两台航天服通风循环压缩机不知道何故都出了问题，实际的原因尚未确定。然而可以确定的是，只要有一台压缩机在正常运行，就不会产生刺激问题。

经过了两天多的飞行后，开始进行脐带式舱外活动。此时，飞船已与双子星 8 号任务的阿金纳目标飞行器对接，柯林斯成功取到了微陨石体实验包（用以更换阿金纳上的实验包），然后连接手持机动装置的氮气供给线。在向阿金纳移动的过程中，柯林斯很难抓住阿金纳的对接锥体，并且还逐渐漂离目标飞行器。于是，他用手持机动装置滑移回到目标飞行器。这次他利用线束和支架作为扶手，成功取回“旧”的实验包。然而，他选择了丢弃替换包，而不是冒险丢掉刚刚取回的实验包。遗憾的是，由于系索固位失败，在舱外活动中除了损失了一台 70 mm 的静物照相机之外，装在一个袋子内的微陨石体实验包也丢了。结论是，舱外活动末段，系索在航天员奋力处理 50 英尺（15 m）的脐带时被扯松了。

飞行结束后检查柯林斯的航天服得知，面窗上大约 40％的镀金涂层都掉了，可能是与飞船舱门或其他物体接触时造成的。

舱外生命保障系统胸包在舱外活动过程中工作良好。虽然工作负荷没双子星 9A 号任务那么大，柯林斯仍然将胸包的冷却流量从“中”提高到“高”。这种情况是他在阿金纳目标飞行器上工作时发生的。总的来说，柯林斯认为他比在地面真空室模拟时感觉凉爽。

关于手持机动装置，并未报告存在任何异常情况。柯林斯的评价是，虽然这把“枪”不是很精确，但它可以把他带到想去的位置，只是有时候需要在方向上作一点调整。

由于飞船推进剂不足，这次脐带式 EVA 仅仅持续了 39 分钟就终止了，从中获得的经验教训却是很有意义的。在准备与被动目标交会的同时，还要进行 EVA 的准备工作，这让乘组成员异常忙碌，指令长不能按计划给 EVA 航天员提供尽可能的协助。安全地拴系设备十分必要，飞船飞行过程中物品丢失就充分证明了这一点。另外，座舱内脐带的体积所造成的困难比训练时预想的要大得多，脐带的长度（50 英尺）是不合需要的。

双子星 11 号任务的硬件改进及其目标

双子星 11 号原计划是一次任务饱满的飞行。航天员皮特·康拉德与迪克·戈登将尝试在第一条轨道就与阿金纳交会对接，以模拟阿波罗指令舱在第一条轨道与登月舱对接。另外在进行舱外活动时，戈登会把一根 98 英尺（30 m）的涤纶绳索系在双子星飞船与阿金纳之间，可允许缓慢的旋转，这样首次在太空中实现了人造重力。他还会用到一条 30 英尺（9 m）的脐带和舱外生命保障系统（图 5.2-4G），尝试进一步评估手持机动装置。然后，两位航天员将利用阿金纳的推进能力创造新的空间高度纪录。

双子星 11 号航天服的设计几乎与双子星 10 号航天服相同，微小变化包括腕部断接器冗余的锁、颈环和压力密封拉链，以及腕式航天服压力计添加的防潮组件。

ELSS 胸包除了外表面添加了更多的钩扣紧固件之外，与双子星 10 号的版本基本相同。只是针对双子星 10 号任务中 50 英尺（15 m）的脐带长度带来的问题，双子星 11 号的脐带长度缩短至略长于 30 英尺（9 m）。与双子星 10 号一样，脐带也是供应氧气、电力和氮气。

此次飞行的手持机动装置与双子星 10 号的唯一不同之处在于，气体连接变成了快速断接器，而不再是螺口设计，更加容易进行连接操作。这种变化是有必要的，因为手持机动装置装载于飞船适配器区段，而非座舱中，这就得用压力手套来实现其与氮气软管的连接。

双子星 11 号于 1966 年 9 月 12 日发射升空，飞行了 24 个小时之后开始进行脐带式舱外活动。与双子星 10 号不同，在脐带式舱外活动之前没有进行站立式舱外活动。甫一开始，戈登安装外部相机时就感到困难；接着，他一边将绳索系在双子星飞船和阿金纳火箭之间，一边还要保持身体姿态，这个过程更加困难。戈登消耗了非常多的体力，不久便变得疲惫不堪，加重了舱外生命保障系统的除湿和排热负荷。戈登眼睛里都浸满了汗水，特别是右眼。另外，由于体能的消耗，他可能还遇到了高出预期二氧化碳水平的环境。在进行舱外生命保障系统测试时就注意到了这种现象，代谢率超出设计水平时，会导致航天员呼吸速率加快，还会降低其操作能力。

航天服工作状态良好，唯一的异常之处就是戈登头盔上的舱外面窗裂了。他在舱门开启之前安装面窗时感到很困难，损坏应该是这个时候发生的，但在舱外活动过程中却并没有发现任何性能受损问题。

双子星 11 号再次遇到了类似双子星 9A 号的情形，航天员的工作负荷超出了舱外生命保障系统胸包的排热和除湿能力。由于舱门开启之前安装舱外活动面窗相当困难，戈登在舱外活动一开始就遇到了非常大的工作负荷，随后还出现相机安装问题以及系绳索过程中的姿态保持问题。气冷系统的局限性再一次得到验证。

在舱外活动和利用较短（30 英尺，9 m）的脐带进入飞船的过程中，都没有出现任何问题。由于舱外活动提前终止，就没有对手持机动装置进行评估。虽然双子星 10 号的脐带式舱外活动相对更成功一些，没有出现过热问题，但是戈登在双子星 11 号上按计划进行操作时遇到的困难以及舱外活动任务的最终取消则证明，为在零重力环境中作业的舱外活动航天员提供充分的约束措施，仍有很多工作要做。这一问题得到了双子星 12 号的舱外活动规划人员的密切关注。

双子星 12 号变更及其目标

双子星 12 号是双子星计划的尾声，这次任务要解决此前任务中存在的亟待解决的问题，并演示这样一种能力，即可靠地预测航天员在舱外活动中可以成功完成的工作项目。空军的航天员机动装置的任务是本次飞行的初始目标之一，但塞尔南和戈登在舱外活动中遇到的困难让美国航空航天局的管理人员变得保守，于是在 1966 年

9 月撤消了航天员机动装置，舱外活动评估就只能由舱外生命保障系统脐带配置（图 5.2－4G）提供支持。代谢值可以容易测量的一系列简单任务，也将在本次飞行中执行。

双子星 12 号的评估任务包括对各种形式的身体限制器、扶手，以及双子星飞船适配器段和阿金纳目标对接适配器上的工作站。有时候人们还会对哪种类型的传动装置应进行评估展开激烈的争论。在双子星 12 号的飞行准备中，有人建议用不锈钢环扣替代备受青睐的软质尼龙材料。为了说明钢质设计的保持力，飞行准备评审时将样品分发给评审人员。双子星计划经理查克·马修斯拿了一个钢钩样品，在裤腿上擦了擦，发现裤子的织物材料脱丝，他随即否定了不锈钢环扣，因为其完全可能损坏压力手套或航天服其他柔软部分的织物。

由于双子星 12 号关注的是这些焦点技术问题，此次任务没有涉及机动设备的飞行。航天员机动装置（AMU）在这次飞行任务中被撤消了（使用 AMU 需要在腿部采取高温防护措施），因此后续的工作要作相应的改变。双子星 12 号的舱外航天服与双子星 9A 号的航天服类似，只是用耐高温尼龙替代了双子星 9A 号的不锈钢丝布。该航天服腿部撤除了四层镀铝 H 膜和玻璃纤维布超级隔热层。这些覆盖层材料垫在躯干部分的第一层微陨石体保护材料之下，有助于防止发生双子星 9A 号上塞尔南遇到的窘况。另外，用于连接舱外活动中飞船环境控制系统的供给和回流软管的软管喷嘴连接器装备了夹式锁紧装置，以获得锁紧冗余。

双子星 12 号舱外生命保障系统的胸包与双子星 11 号类似，只不过前者的每个可用面都覆盖有尼龙搭扣。

双子星 12 号的脐带与双子星 9A 号的脐带类似，不同之处在于系绳变短了，其中断点移到更靠近脐带的末端，系绳钩的设计更加便于压力手套操作。

1966 年 11 月 11 日，双子星 12 号发射升空，飞行 19 个小时多一点之后，奥尔德林在脐带式舱外活动之前做了一次站立式舱外活动。柯林斯曾经这样做过，还遇到了几个问题，而塞尔南与康拉德都没有做过，这几个人都经历过很大的困难。剩下来的时间都计划用于进行站立式舱外活动（图 5.6－10），奥尔德林的心率和呼吸受到了实时监测，以防止过度疲劳。地面和轨道上的每一个人都很清楚控制工作量的必要性。在执行飞行任务之前，除了地面训练和零重力飞机飞行，奥尔德林还接受了高强度的水下训练。站立式舱外活动持续两个小时以上，进展顺利，为关键的脐带式 EVA 铺平了道路。

图 5.6－10　航天员奥尔德林在飞船外部为安装相机做准备

（NASA 提供）

脐带式舱外活动的准备工作进展顺利，当任务进展到接近 43 小时时舱门被打开，与计划时间相差不到两分钟。奥尔德林打开了阿金纳目标飞行器上的微陨石体收集包，然后到达适配器区段

（图 5.6－11）顺利完成了任务，包括接通和断开电力与液体连接器、拧紧螺栓、扣上和解开环钩，以及撕掉尼龙搭扣上的盖层。期间他使用了所谓的“金拖鞋”脚限制器和腰部系绳。然后，奥尔德林在阿金纳目标飞行器上对另一个工作站进行了相似的操作。他使用一把原型阿波罗扭矩扳手和其他工具，在返回座舱并完成入舱前利用一根、两根或无腰部系绳进行了一些比较操作。舱外活动的总时间为两小时零六分钟。

图 5.6－11 双子星 12 号 EVA 试验奥尔德林的太空行走技术

（NASA 提供）

从较少的飞行评论以及飞行后检查的结果来看，双子星 12 号航天服的工作表现接近完美。

关于舱外生命保障系统胸包的运行情况，据奥尔德林报告，他在舱外活动中感觉凉爽，脚部比较冷，但尚未感到不舒适。舱外活动前期规划要求奥尔德林根据戈登在双子星 11 号上的经验，在阿金纳目标飞行器上操作时采用“中等加旁路”流量的模式。比起“高”流量模式，这一模式虽然要用额外的飞船消耗品，但可提供更多的干燥氧气用于冷却和二氧化碳清除。然而奥尔德林最后还是选择在整个舱门开启期间维持“高”流量模式，因为他对冷却和防止面窗雾化的效果感到满意。他感觉到不加力驱动这套生命保障系统的话，工作会更加困难。

奥尔德林还尝试对来自胸包底部的 8 lb/h（3.6 kg/h）的外排废气所产生的推力进行检测。他报告说没能检测到舱外生命保障系统可能产生的任何推力，也没有发现有飘出舱门的趋势。

从双子星计划获得的经验教训

毋庸置疑，双子星航天服的活动性有限，这种局限性增加了舱外任务的执行难度。这型航天服的基本设计是针对舱内活动的，其所谓的中间位置（即航天服加压后自然到达的位置）是基于操作飞船控制器的需要。也就是说，航天服设计为坐姿，如同航空用“让我降落”（“get - me - down”）压力服，双子星航天服就是由此演变而来。航天服手臂的安置提供了操作头顶上的控制装置的最佳通路。任何将四肢移离其中间位置的动作都需要穿戴者用力完成，要保持一个位置意味着这段时间内都要用力。到达肩部以上位置时，尤其需要手臂用力。一般来讲，舱外活动航天员不能在腰部以下或肩部以上位置执行连续的任务。

这些折中方案要求航天员学习用有别于常态的方式来执行任务。例如，沿扶手移动时需要侧向移动，而不能用两只手交替移动方式。有时候需要作适应性调节，比如双子星 9A 号调整了手臂的中间位置，以方便对 AMU 的控制器进行操作。

实际上所有的这种航天服都配备了防热和微陨石体保护层，这样做是有必要的，但也增加了航天员活动的难度。虽然在以后的飞行中航天服的体积比最初双子星 4 号的配置要小，但加压后进行活动依然困难。

最困难的地方可能就是手套，本质上它是舱内活动手套通过增加热和微陨石体防护层改进而成。短时间抓紧手套可以接受，时间过长就会让 EVA 航天员的手感到很累，对航天员任务执行能力的影响非常明显。例如在双子星 10 号上，为了达到要求的 2 分钟曝光时间，柯林斯不得不用双手握住相机快门线。

曾在双子星计划中穿着航天服工作过的航天员建议，“首先要解决的问题是提高航天服的活动性，重点放在手臂、肩部和手套的灵活性上”。关于双子星计划选择的舱外生命保障系统方案，得出了许多的研究结果。最重要的发现是，虽然航天员接受了高保真的地面训练，但是舱外活动中遇到的工作量还是比预期工作量要大得多。双子星 4 号期间，气冷方案的局限性也显露无遗，但是那时双子星计划余下的飞行的系统配置已经定义了。双子星计划初期无法准确地预测和限制舱外活动的工作量，直到双子星 9A 号才急剧地削减双子星计划余下飞行的 EVA 任务目标。

双子星 9A 号和双子星 11 号任务都超出了舱外生命保障系统 1000 Btu/h（252 kcal/h）、1400 Btu/h（353 kcal/h）和 2000 Btu/h（504 kcal/h）（短期峰值）的设计值（基于飞行前收集的工作量和心率数据的评估）。这种情况有几个不利的方面。排热不充分最终让航天员大汗淋漓，眼睛浸汗又有损坏视力的危险。身体的核心温度也可能上升，可最终导致工作能力丧失。双子星 11 号期间还发现了一种显著影响：在持续的大强度活动中，戈登的呼吸速率急剧上升，这一点表明头盔内的二氧化碳含量可能升高。由于舱外生命保障系统依赖一个固定的新鲜氧气补给流量，可以“清除”的二氧化碳的量也是固定的。对戈登的心率和呼吸速率的评估表明，戈登的消耗超出了 2000 Btu/h（504 kcal/h）的舱外生命保障系统最大设计值，所以在高于预期的最大二氧化碳水平的情况下呼吸加快。

由于舱外生命保障系统的尺寸大小及其在胸部的位置，该系统的另一个问题就在于其自身的累赘。胸部位置限制了舱外活动航天员双手的工作效能。由于航天员需要在座舱内坐着穿戴上舱外生命保障系统，且需给 EVA 航天员提供 30 分钟的独立供氧，所以双子星计划中都没能合理地避免这两个因素。尺寸限制就要求尽量简化系统，可以采用一个喷射器作为通风系统的原动机，同时要利用飞船的供氧和供电设备。

脐带被认为有益于 EVA 作业，因为它减少了航天员所需携带的装备数量，适宜于执行飞船附近的活动。双子星 10 号证实，脐带过长会发生缠绕，并给进舱造成困难。

其他的研究结果还包括双子星 EVA 计划参与人员给出的建议，确保飞行训练包含水下模拟和用飞行器进行高空模拟室试验，以及提供适当的身体限制和工作量控制。水下或中性浮力训练有所发展，仍然是确定舱外活动任务和装备的可行性的主要手段，也有助于制定相对可靠的时间表。不过，流体介质的黏度效应以及重力对工具和其他设备的影响（不可能是完全的中性浮力）所产生的不可避免的局限性，都减弱了理想的零重力模拟效果。

至于手持机动装置，虽然它的评估有限，但似乎工作性能良好，值得进一步研究。

双子星 9A 号和双子星 11 号令人失望的舱外活动，迅速褪去了双子星 4 号的美好光环。直到双子星 12 号进行保守而有条不紊的舱外活动，舱外活动的可行性和实用性才真正得到证实。总之，双子星 EVA 的经验教训必定有益于即将进行的阿波罗舱外活动计划。

第6章　阿波罗：人类开始探月之旅

阿波罗号的航天员看起来很轻松。不仅做了“月球慢步”，还骑着月球车四处转悠，似乎不费吹灰之力。然而，对于那些没有实际参与这样一项复杂任务日复一日的规划和实施活动的人，就难以想象数以千计的研究人员所付出的艰苦努力，这才抢先将月球探险者的探月之旅变成了现实。登月航天员的电影镜头只反映了阿波罗EVA航天员学习在月球上漫步和机动的一点点意外和不顺。对于阿波罗舱外活动系统的形成，这个过程其实充满了艰难和险阻。

1961年5月25日，美国总统约翰·肯尼迪宣布了十年内登上月球的目标，从此美苏太空竞赛有了明确的目标和时间表，但这时没有任务方案，没有设计飞船，甚至没有把人送上月球并返回的技术方案。月球表面想必是一片尘埃之地，深度无从知晓。有效的航天服隔热层应能保护登月人员免受月球表面可能＋250 °F～－250 °F（＋121 ℃～－156 ℃）的极限温度（这一点还有待试验验证）的伤害。还有排热、活动性、可靠性和耐久性等相关的一系列挑战需要面对和克服。

除了技术上的挑战，阿波罗航天服的研发方式也令人困惑。起初，阿波罗计划有两套平行的航天服研发方案。一套是针对早期登月飞行的阿波罗航天服计划，另一套是NASA投资的先进航天服研发计划，以求实现后续更广大的探月任务。阿波罗航天服系统合同签订两年多之后，NASA重新组织了三个独立的航天服系统计划，与阿波罗飞船计划第一批、第二批和第三批任务相适应。第一批任务的航天服针对首次飞行，不涉及登月舱和舱外活动。双子星压力服的研发进度已经可以支持第一批任务，大卫·克拉克公司获得了第一批航天服合同。第二批任务则包括舱外活动。1965年，通过比赛决定第二批压力服的制造商。第三批关注的是日后持续时间更长的航天任务。为此，计划研发更先进的舱外活动航天服系统。

阿波罗航天服的发展历史已经有些模糊了，它不是一个人的故事，而是凝聚了数以百计的人的努力，有些参与者对同一事件有不同的记忆。这是可以理解的，因为没有人知道所有的事件。另外，销售技巧在行业和政府中也在发挥作用。出于推销的原因，销售艺术展现了事物最好的一面，但它往往会留下带有偏向的印迹。

1967 年 1 月，航天员查菲、怀特和格里索姆的罹难导致了阿波罗航天服发展方向的一个改变，涉及整个 NASA 的安全审查开始实施。作为结果的安全改进项目纳入了唯一的航天服系统，支持阿波罗第一批和第二批任务，同时取消了第三批任务。随着计划的进展，一套基础的航天服系统最终支持了所有的阿波罗任务。阿波罗航天服的故事纷繁复杂。

6.1 阿波罗航天服计划之前（1960—1962 年）

美国登月和舱外空间探索工作在宣布其成为国家计划前两年就开始了，也就是人类首次踏上月球的十年前。1959 年的夏天，新创建的 NASA 授予高速飞行站（现为德莱顿研究中心，位于加利福尼亚州爱德华兹空军基地附近）一项任务，即制定不久的将来探月航天服的最低标准。到了 1960 年，承包商们通过使用内部资金或根据 NASA 研究合同的方式开始参与登月项目。其间，在确定任务剖面和系统要求之前，任何关于登月航天服系统的想象都是潜在可行的。

为了了解 1962 年之前有潜力的舱外航天服技术的情况，回顾一下潜在的载人登月技术所评估的一些系统可能是有益处的。利顿 Mark I 压力服（图 6.1－1A）早于 NASA 和阿波罗计划。Mark I 的设想是希格弗雷德·汉森博士在 20 世纪 50 年代提出的，以推进真空室内实时真空管的研发。在大多数方面，虽然 Mark I 的活动性比当时的航空用压力服要好得多，但对于月球表面探索来说仍显不足，且该航天服系统未能满足发射/返回加上阿波罗计划的舱外活动的双重任务要求。

共和航空公司（图 6.1－1B）和空间通用公司都提出了航天服/密封小舱的概念，可以替代登月舱的压力外壳，给进行全天舱外活动的航天员提供更好的支持。

1960—1961 年期间，国际橡胶有限公司用他们的 SPD－117 水星计划竞赛航天服（外面还穿着一件模型外套）的图片来做广告（图 6.1－1C）。1961 年，国际橡胶有限公司与盖瑞特公司（便携式生命保障系统的供应商，现为霍尼韦尔公司）合作，以提供一整套的航天服系统，准备用于月球探索。尽管这种乐观主义似乎不太符合 1963—1964 年的现实和挑战，但如果不考虑相关的要求，仅从后来发生的情况来看，这些想法大概还是可信的。

1961 年 9 月，美国航空航天局位于休斯敦的载人航天器中心（现为约翰逊航天中心）的乘员系统部（CSD）发布了压力服研究合同，包括初始样机。1961 年的研究与双子星计划和 1962 年开始的阿波罗计划没有形成良好的关联。美国航空航天局的马修·拉德诺夫斯基在 1966 年的一次采访中说道，研究合同授予了箭头橡胶公司、大卫·克拉克公司、国际橡胶有限公司（分别见图 6.1－1D～图 6.1－1F）和保护公司（Protection Incorporated）（详细配置信息未知），制作了首套“阿波罗航天服”。拉德诺夫斯基当时担任乘员装备分部的助理主任，直接负责压力服和阿波罗便携式生命保障系统的研发工作。虽然后来对这些压力服的使用情况无从知晓，但我们后来看到大卫·克拉克公司的初始研究样机结合了汉胜公司的阿波罗航天服竞赛方案。

大卫·克拉克公司的航天服样机源于该公司的 X－15 压力服。与当时的 X－15 压力服一样，大卫·克拉克公司的样机有一个背部入口，很像军用高空压力服，只不过加压后拉链会在背部形成凸起，给人造成不适感。与国际橡胶有限公司的研究样机相比，大卫·克拉克公司的航天服样机肩部的保形感更强，只多提供了几英寸的容

(A) 利顿公司的Mark Ⅰ真空管研发压力服（1957年）

(B) “密封小舱压力服”概念，由共和航空公司展示（1960年）

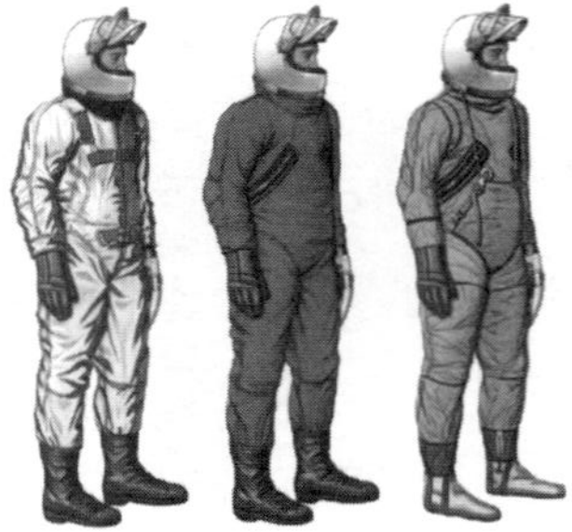

(a) 配防热外罩　(b)无防热外罩　(c) 无外罩

(E) 大卫·克拉克公司的研究压力服(12/61)

(C) 国际橡胶有限公司的SPD-117，配备舱外活动附件模型（1960年）

(D) 箭头橡胶公司的研究压力服（12/61）

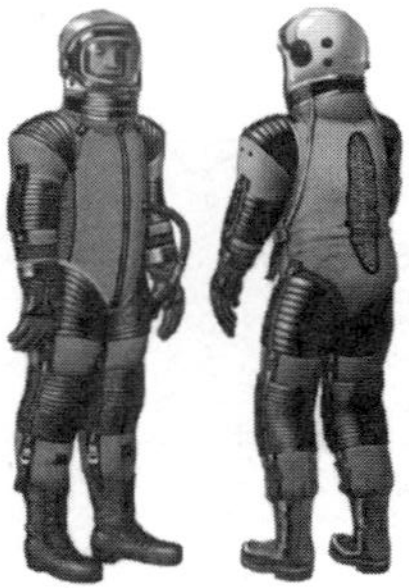

(a) 前视图　(b) 后视图

(F) 国际橡胶有限公司的研究压力服(12/61)

(G) 国际橡胶有限公司AX1L竞争航天服(3/62)

图 6.1-1　阿波罗之前的竞争航天服

量，后来证明这对狭小的阿波罗座舱非常有好处。然而，到了这个阶段，座舱的容量还没确定。按照当时的标准，大卫·克拉克公司的航天服样机让穿戴者几乎可以轻易向任意方向移动。

国际橡胶有限公司研究样机的活动关节围绕两侧的束带转动时，可以在特定方向提供较低作用力的活动性。可能不那么明显的是，如果要往其他方向移动，则需要用较大的努力来实现有限的活动性。国际橡胶有限公司的研究航天服的性能让美国航空航天局的拉德诺夫斯基留下了足够深刻的印象，他后来说道，正是因为 1961 年的研究样机，美国航空航天局才选择国际橡胶有限公司作为阿波罗压力服供应商。

阿波罗航天服组件（SSA）合同于 1962 年 3 月 30 日正式开始竞争。专门为阿波罗 SSA 竞争制作了一套样机的唯一知名的竞争者是国际橡胶有限公司。美国航空航天局将该样机命名为 AX1L 设计（图 6.1 - 1G）。最初的阿波罗 SSA 计划是在四个月内经三次设计迭代完成压力服的研发工作，没人想到过会经历 26 次设计迭代，涉及四家航天压力服设计机构，花了三年多的时间才形成针对首次月球飞行任务的压力服样机基本概念。

6.2　初始阿波罗航天服组件计划（1962—1964 年）

自 NASA 制定并发布征求建议书起，阿波罗 SSA 计划就启动了。在这份文件中，NASA 提出了它对航天服系统要求的最佳估计。其中一个重要的要求就是航天服必须支持发射、再入、救援以及舱外活动。随后这些承包商或承包商团队提交了建议书（1962 年 3 月 30 日到期），对前述要求给出响应。NASA 对于建议书的选择以及随后的合同谈判确立了最初的计划要求。这些竞争者或竞争者团队包括：

- （利顿系统）本迪克斯公司 Eclipse - Pioneer 分部；
- 通用电气公司/古德里奇公司；

- 格鲁曼公司/盖瑞特公司 AiResearch 分部；
- 汉密尔顿标准公司/大卫·克拉克公司；
- 国际橡胶公司/共和航空公司/西屋公司；
- Ling－Temco－Vought（LTV）公司；
- 北美航空公司；
- 诺斯罗普公司空间实验室。

四月份，NASA 决定任命汉密尔顿标准公司为便携式生命保障系统和整体航天服系统的供应商，而国际橡胶公司则为压力服子系统的设计者和制造商。虽然两家公司都保证他们会通力合作，但 NASA 分裂这两个承包商团队的决定被许多参与者形容为“强制婚姻”。按照航空航天界的范例，汉密尔顿标准公司/国际橡胶公司本应该只花几天时间就能达成合作协议的，最后却花了 4 个月的时间。与此同时，NASA 面临着提供阿波罗航天服以支持飞船的初期研发的压力。为满足这种需求，NASA 与国际橡胶公司直接签订合同，要求该公司提供一定数量的 AX1L 竞赛航天服（图 6.1－1G）。虽然这样可能使国际橡胶公司收到混合的信号，还侵蚀了汉密尔顿标准公司的地位，不过两家公司在达成合同方面遇到的困难和延迟情况可能更多地是文化冲突造成的结果。

根据飞机工业的惯例，协商应是比较简单的。国际橡胶公司已经向 NASA 提交了一份阿波罗建议书，在建议书中明确了完成指定任务的安排和成本（根据工时估算值和价格得出）。通常情况下，在技术上具有挑战性的项目或大型的项目中，承包商会在现场安排一名代表工程师，负责工程与管理的联络工作。汉密尔顿标准公司的首席谈判代表是阿波罗航天服组件经理阿尔弗雷德·林内哈特，他以前主要从事飞机工业管理。林内哈特是一名聪明、坦率、进取心十足的工程师，在飞机工业界被认为是一名可负责挑战性项目的高效经理。

国际橡胶公司的首席谈判代表是该公司的副总裁兼财务主管欧文·奥伯罗。由于经验背景不同，在奥伯罗看来，谈判中不存在惯例，一切都是可以协商的。国际橡胶公司希望得到高于阿波罗航天服竞赛中向 NASA 提出的小时费率，以补偿未成为总承包商所遭受的广告价值损失，而且汉密尔顿标准公司在多佛的特种产品分部任命一名现场工程师的做法是不可接受的。

直到 8 月份，双方都不愿意让步。汉密尔顿标准公司的林内哈特与国际橡胶公司的项目经理莱昂纳德·谢泼德已发展到水火不容的态势。末了，在国际橡胶公司和汉密尔顿标准公司各自的总裁沃利·海因茨和比尔·戴芬德弗加入这场谈判之后，才打破了这一僵局。最终，国际橡胶公司实现了自己的谈判要求，同时允诺由罗格·韦泽比替代林内哈特担任汉密尔顿标准公司的 SSA 经理。韦泽比也是一位聪明的工程师兼经理，但却带有一种更为保守、优雅的绅士派头。达成的协议包括共和航空公司继续担任国际橡胶公司的分包商，为国际橡胶公司提供源于该公司压力服项目的解剖学数据、技术支持以及航天服测试设施。9 月份，汉密尔顿标准公司被允许在 1962 年 10 月首个正式合同授予之前指导国际橡胶公司继续进行工作。

韦泽比是一名安静、有着绅士派头的工程师兼经理，他将工作的重心主要放在 NASA 航天服系统的支持以及汉密尔顿标准公司的便携式生命保障系统研发上。在超过一年的时间里，比尔与沃利之间密切通信，给出了解决阿波罗 SSA 合同组织差异问题的主要方法。

甚至在合同正式授予之前，阿波罗计划的要求已经更加清晰易懂，并且经过了修改。这方面的一个例子就是阿波罗舱外活动任务的代谢剖面，它驱动了随后的一系列要求，包括耗氧量、二氧化碳移除、排热、电池尺寸，以及系统重量和体积。在对建议书的要求中，NASA 最初将阿波罗的代谢要求设定为 11 300 Btu/d（2 848 kcal/d）。以此为基础，胜出的阿波罗航天服建议书在舱外活动期间平均速率为 500 Btu/h（126 kcal/h），未对代谢峰值有任何要求。到了发布阿波罗合同的时候，NASA 已对舱外活动的特有代谢要求有了更加深入的了解。该代谢要求的平均速率增加到 930 Btu/h（234 kcal/h），最大代谢负荷为 1 600 Btu/h（403 千卡/时）。计划实施一年后，载人试验使阿波罗航天服系统的代谢要求再次增长，最终的规格达到平均值为 1 204 Btu/h，最大代谢负荷为 2 000 Btu/h（504 kcal/h）。每一次的增长都需要进行重新设计。最后一次的增长则需要重新发明并开发新的航天服，因为以 1962 年的生命保障技术已无法实现。

除生命保障系统遇到的问题之外，阿波罗压力服开发也遇到了技术挑战。阿波罗是美国第一个采用一套有前景的航天服样机，并将其发展为能可靠和有效地满足太空应用需求的航天服系统的太空计划。由于缺乏以往的经验，在此过程中没有人了解即将面临的挑战有多大。除了要求能使航天员在降落之后从仰卧姿势站起之外，对航天服的活动性没有明确的可量化要求，因而增加了航天服的设计难度。阿波罗计划的第一年，NASA 的评估人员大体上定义了能满足任务要求的压力服活动性要求。真正驱动要求定义的详细的任务活动还处在发展之中。另一个研发障碍是对“适当”或“不适当”的主观判断，不同的人会有很大的不同。

当初实际上开展了两项航天服活动。在开发阿波罗飞行服系统的同时，还产生了初步的训练服机队（training suit fleet）的需求。首个训练服机队是在国际橡胶公司的竞争样机航天服（NASA 命名为 AX1L，图 6.1-1G）的基础上诞生的。第一批阿波罗航天服是经合同认定的 SPD-143 训练服（图 6.2-1A），总共制作了 20 套。与之前的国际橡胶公司的样机一样，SPD-143 航天服中间的橄榄绿色织物部分与黑色橡胶模压回旋活动关节形成了鲜明的对比。SPD-143 航天服与 AX1L 航天服的不同之处在于，SPD-143 航天服的头盔上没有护目面窗，并且 SPD-143 航天服躯干有周向的束带。躯干束带可能反映了 NASA 正式发布阿波罗合同之前从直接购买的 AX1L 航天服的测试中得到的经验教训。因国际橡胶公司也喜欢将 SPD-143 模型称为“AX1L”航天服，使得这一时期的情况更加混乱。

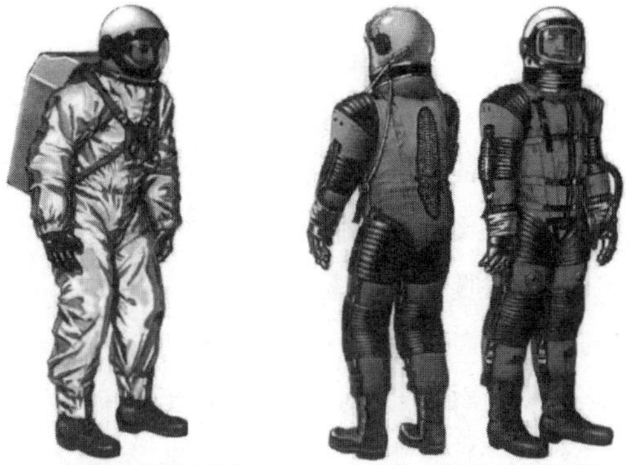

(a) 带有舱外活动模块　　(b)和(c)背面图和正面图

(A) 国际橡胶公司的SPD-143训练服 (10/62—9/63)

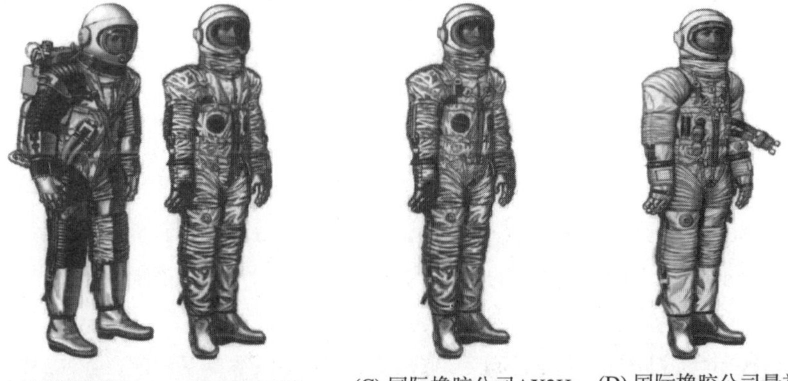

(a) 舱外活动系统　(b)舱内活动系统

(B) 国际橡胶公司的AX1H 航天服和汉密尔顿标准公司的首个便携式生命保障系统背包(8/63)

(C) 国际橡胶公司AX2H二次设计航天服 (9/63和10/63)

(D) 国际橡胶公司最初的AX3H配置 (2/64)

图 6.2-1　初始研发阶段的航天服

1962 年 11 月，交付的前四套 SPD-143 航天服使大家清楚地认识到汉密尔顿标准公司与国际橡胶公司之间存在的文化差异，以及太空产品的质量复杂性。对于航天服物料项目，NASA 制定并一直在实施一项称为“跟踪”的质量要求，即需要书面记录所有加入到航天服内的材料，从原材料到制成零件，以证明采用的材料与工艺满足所有要求。如果某个部件出现故障或过早地发生退化，则可以很容易地获得相关信息。这一点很重要，因为商用工业在一次认证过程中通常就会耗费掉成打的试验样品。由于太空计划特殊物料的费用高昂，太空计划在飞行认证中通常只使用一件物料。为保证安全，应采用更多严格的质量控制措施。

在验收序号从 001 到 004 的 SPD - 143 航天服时，发现缝制航天服外套所用的线竟然没有跟踪文档，因此无法确定使用的是哪一种线轴。为了允许交付序号从 002 到 004 的航天服，对 001 号航天服进行了测试，看航天服是否满足极限压力要求。结果 001 号航天服没出现问题，测试数据使 002 号到 004 号航天服得以验收。然而，这个时候就产生了一个问题，即 001 号航天服在极限载荷测试之后是否仍能适于航天员加压使用？极限载荷的要求很简单。对于一种物料而言，只有失败或成功两种可能。在进行极限荷载测试时，出现结构退化和永久性尺寸变化的情况都是可以接受的。基于 001 号航天服满足了最坏情况下的要求，因此国际橡胶公司认为 001 号航天服是合格的。这反映了商用工业对 001 号航天服的判断，即该航天服能正常工作，不会危及到任何人。而汉密尔顿标准公司则认为 001 号航天服是不能接受的，因为可以合理地预见到该航天服的物理性质会出现退化。汉密尔顿标准公司敏锐地意识到了 NASA 合同规定的交付物料严格的统计可靠性要求。经过一番辩论和拖延，001 号航天服经修改之后于 1963 年末成为通风压力工程的辅助设备。上文只是国际橡胶公司与汉密尔顿标准公司之间显著的工程文化差异的一个例子，说明了在技术上处理“非耐用品”与“耐用品”的方式存在的差异性。

共和航空公司对 004 号航天服展开了载人测试。尽管潜在的减轻因素（如即将到来的航天服活动性和通风性能的改进）尚属未知，但这项早期的载人测试得出了一个强烈的指示，阿波罗航天服的代谢需求量将显著增加。

新型阿波罗压力服的第一个研发项目是压力手套。这项工作与 SPD－143 航天服的生产交织在一起。SPD－143 航天服的生产从 AX1L 型手套开始。AX1L 型手套为皮革制品，上面缝制有约束织带，保形性更加良好，并可分担压力载荷。手套与腕部紧密配合，可限制腕部活动，并且需要拉开一条拉链来穿脱手套。

开始生产训练服后不久，国际橡胶公司就开始了手套的迭代设计，用于评估已交付的 SPD－143 航天服。到了 1962 年 12 月，已制造出 1963—1964 年阿波罗手套样机。1963 年春天，SPD－143 的生产中就采用了该样机。在设计方面，将尼龙编织的手套形衬垫浸渍并涂上氯丁橡胶/天然橡胶混合物，即创造出一种新型耐用手套气囊（图 6.2－2，左图）。在手指位置，气囊也有束紧机制。此外，手指背部有顺弯材料（额外材料）可形成缓和曲线，以便手指在尽量不压缩内部容量的情况下弯曲，从而减小手抓用力（图 6.2－2，右图）。一根不锈钢导管从大拇指一侧引入，经过大拇指与食指之间横过手掌。这根导管被整合到手套气囊上，作为多轴约束系统的一部分，并且兼任手掌约束系统的刚性手掌面部分，防止手掌区域膨胀。一条钢丝索与手套断接器连接，升高到手腕处，穿过手掌中的不锈钢导线管，再延伸到手腕另一侧，与手套断接器的另一侧连接。手套的手腕部分采用回旋形半定容关节（图 6.2－2，左图）。手套的手掌区域有一个外部束带组件，如同无指手套。该组件与耐磨和防热的护腕（图 6.2－2，中间和右侧）连接。对于此手套系统，国际橡胶公司开发出浸渍成型织物和粗线增强的手套技术，最终根据每位阿波罗航天员的手模建立了精确的模型。除了 1965 年对手掌约束系统与腕部的改进之外，该手套设计被用于早期的阿波罗任务中，并在改进之后又为后期的阿波罗任务和天空实验室提供了支持。

在 SPD－143 的生产过程中还产生了阿波罗航天服开发的下一个新领域，即开始了热防护服的样机设计和评估。阿波罗计划的前 5 年里，为了达到热和微陨石体防护的目的，在离开飞船之前，让航天员穿上单独的防护服，就像滑雪裤和外套一样套在压力服外面。

图 6.2-2 1963—1964 年阿波罗压力手套视图（ILC 公司提供）

热防护服的研发是从建立穿着评估模型开始，然后发展到可对其实际的热防护性能进行评估的样机。在最初的尝试中，国际橡胶公司担任了唯一的开发商。该防护服首先在汉密尔顿标准公司接受测试，接着运至 NASA 接受进一步评估。结果发现防护服在防热和防微粒碰撞两方面的性能都不合格。结果，汉密尔顿标准公司成为了防护服的工程领导者。最终，于 1964 年接受测试的下一代研发防护服在厚度上增加了许多倍。

早期评估月球旅行舱（后更名为“登月舱”）和指令舱时用到了 SPD-143 航天服，其中还包括对便携式生命保障系统复制件（图 6.2-3）进行的界面研究。这些评估是在 1962 年末和 1963 年初进行的。随着这些评估的开展，在评估的前 6 个月时间里便携式生命保障系统的形状和尺寸出现了 3 次变动。这些变动是由飞船舱口大小和内部空间驱动的。当 3 名着装乘员处于发射和返回位置时，指令舱的测试却表明 SPD-143 的肩部宽度会影响控制装置的操纵。人们认识到这是因为 SPD-143 的肩部采用之前 AX1L 的设计，因而才没有满足阿波罗航天服的宽度要求。此外，指令舱的容积要求也是基于最初的飞船设计。有人预计，在指令舱的最终设计中肩部宽度的容限会增大。

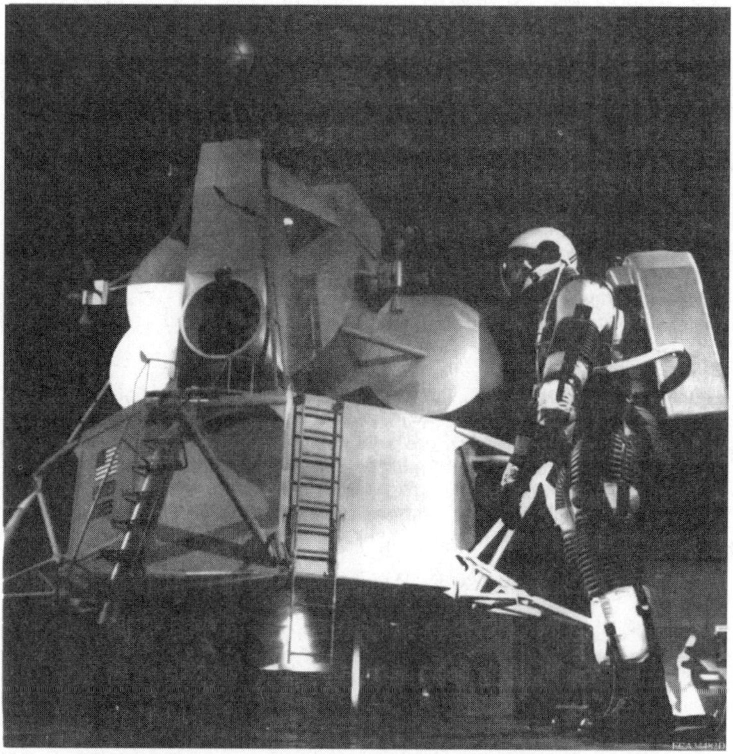

图 6.2-3　1963年月球旅行舱评估（汉胜公司提供）

1962年10月，国际橡胶公司提交了一份5套压力服的研发时间表。其中两个样机要在1963年4月之前完成活动性研发。另一个带有热/微陨石体防护服的样机要在6月之前送达，以便支持最初的防热和航天服系统测试。到1963年8月，提供另外两个带防护外罩的更加精制的样机。最后两个样机将配备便携式生命保障系统，在1963年8月之前支持完成航天服系统评估。回过头来看，10个月内生产了5套样机，反映出当时还是菜鸟的航天界低估了实现适当的EVA活动性的挑战。

第一个压力服问题与性能无关，而是涉及成本和进度。定义新的阿波罗活动性设计的首个样机原本预定于1963年4月推出，结果到了 5 月份的时候，国际橡胶公司却通知汉密尔顿标准公司，称预计费用会超出合同价格 44%。由于无航天服可供测试，管理人员将更多的注意力放在成本和进度上面了，因而进一步减慢了航天服的研发进程。

1963 年 7 月，前两套 AX1H 型样机航天服抵达汉密尔顿标准公司。收到这些航天服后，关于交付的定义又成了一个争论的主题。其中一个样机是在已经交付的 SPD－143 训练服的基础上制作出来的，为了提高活动性，对该训练服持续进行了改进。尽管这样制作出来的样机与不久之后产生的全新设计 AX1H－021（图 6.2－1B）十分相似，但汉密尔顿标准公司与 NASA 并不倾向于将 SPD－143 翻新样机视为计划航天服的交付产品。即使这套航天服算数，1963 年 8 月之前还将再交付另外 3 套样机。这个里程碑是在 1964 年 2 月达到的，而在之前的 11 月还公布了航天服开发的另一次成本超支情况。然而，这些困难都是有原因的。

国际橡胶公司是一家大型公司，拥有丰富的生产资源，还曾参与 X－15 和水星航天服的竞争，不过在阿波罗合同之前，该公司的特种产品部门仅做过极不常见的压力服样机。国际橡胶公司同时承担了 8 个月内生产 20 套 SPD－143 训练服，10 个月内开发新型阿波罗手套、头盔和躯干组件以适应政府的合同要求的任务，大概这就是延迟和开发成本超支的原因。

AX1H 配置与 SPD－143 训练服的不同之处在于，AX1H 采用双缆绳式肩关节，在所有的活动关节上覆盖有一层耐磨织物，并且躯干组件有镀铝外层，可进行耐热性评估，此外还采用了新设计的头盔。头盔上带有压力面窗，不使用时，面窗会收回头盔的上部位置，起到保护作用。通过使用躯干束带和附着于航天服颈圈及三角裤的缆绳，身着充气航天服的航天员能够坐到座位里。束带缠绕在滑轮的两端，可像滑轮组一样减小坐姿用力。为了提高穿/脱能力，还增加了不系鞋带容易穿脱的皮靴。汉密尔顿标准公司为航天服提供了通信和生物医学数据中继系统，以及该公司设计、气闸公司制造的双端口生命保障连接器系统。双端口连接器能够在一次移动中连上氧气进气口和排气口。

AX1H 躯干活动性开发首先从改进 SPD－143 航天服开始。国际橡胶公司一次替换一个活动组件（图 6.2－4），以便能够将航天服改进的一侧与代表 AX1L 活动性技术的未改进一侧作对比测试。这使得国际橡胶公司确信已实现显著的活动性改进。

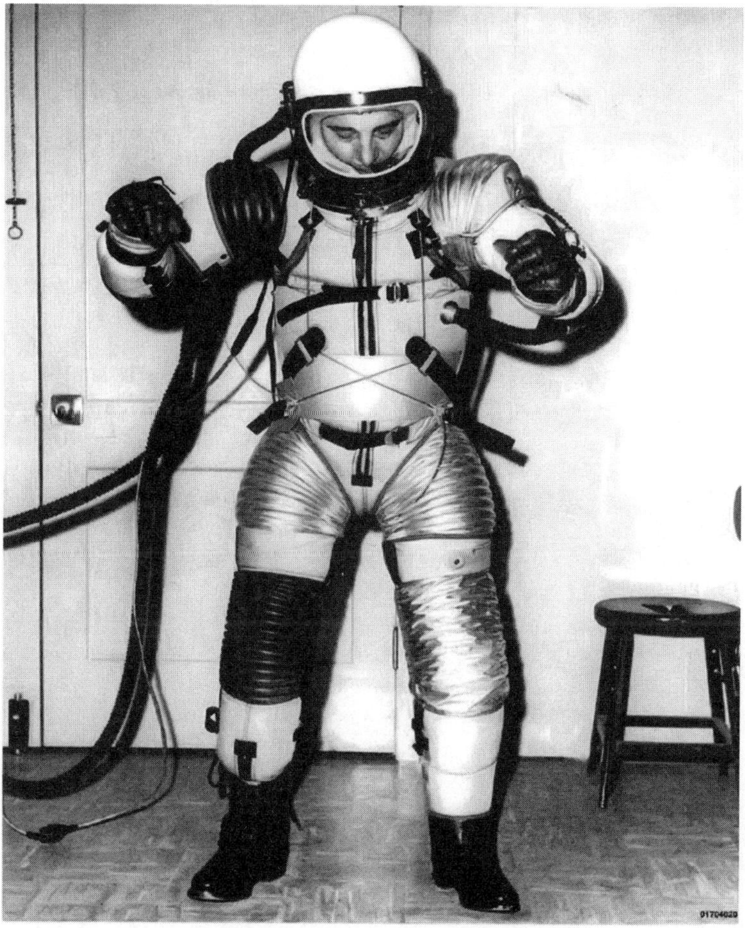

图 6.2－4　AX1H 的渐进式发展

（ILC 多佛公司提供）

此后启动了阿波罗航天服组件计划的第一套新型设计航天服的制造。NASA 将首套新型设计航天服样机命名为 AX1H－021。在双子星和阿波罗计划中，NASA 对航天服配置的命名，并没有一项由 NASA 总部领导的正式的配置管理制度。确切地说，这是 NASA 分派给沉静、善于思考且受人尊敬的 NASA 工程师查尔斯·鲁特兹的一项非正式职责，即为可能造成混乱的事物标上记号和普遍认可的标识符。AX1H－021 中的“A”代表阿波罗计划，“X”代表实验样机，中间的破折号表示航天服是一个生产单位，“1H”则表示航天服属于汉密尔顿标准公司与 NASA 订立合同后的首次设计，“021”则是指该航天服为汉密尔顿标准公司/阿波罗计划下的第 21 套航天服。

AX1H－021 航天服最初在汉密尔顿标准公司接受测试。那个时候，计划中没有可测量活动元件移动阻力的定量方法，也没有对活动性的定量要求。移动或保持位置的“合理用力”就是主要的准则。不同的评估人员对合理和可接受的压扁程度的判定也不相同。为得到阿波罗航天服活动性改善的定量依据，汉密尔顿标准公司对比测试了 AX1H 和 SPD－143 航天服（图 6.2－5），活动性的改进仍有疑问，并且肩部太宽了，宽度大于规格要求（图 6.2－6），不过该航天服也被认为是可以接受的。鉴于航天服开发中所用的方法，国际橡胶公司很难理解汉密尔顿标准公司的活动性研究结果。对于肩部宽度，国际橡胶公司感到指令舱内还有更多空间可用，因而期望肩部宽度容限有所改变。接着 AX1H－021 航天服被送到 NASA 亮相，却没想到发生了入口拉链故障。然后航天服被送到国际橡胶公司修理，并送回 NASA 接受评估。当时 NASA 除了不同意加压时航天服的姿势外，并未对活动性或肩部宽度提出任何异议。尽管这使人们对是否有进一步开发的需要持有疑问，汉密尔顿标准公司仍要求在 AX2H 配置中继续进行活动性开发。

在交付 AX1H 航天服的同时，汉密尔顿标准公司已做好对首个阿波罗便携式生命保障系统以及备份应急供氧系统的载人测试准备。

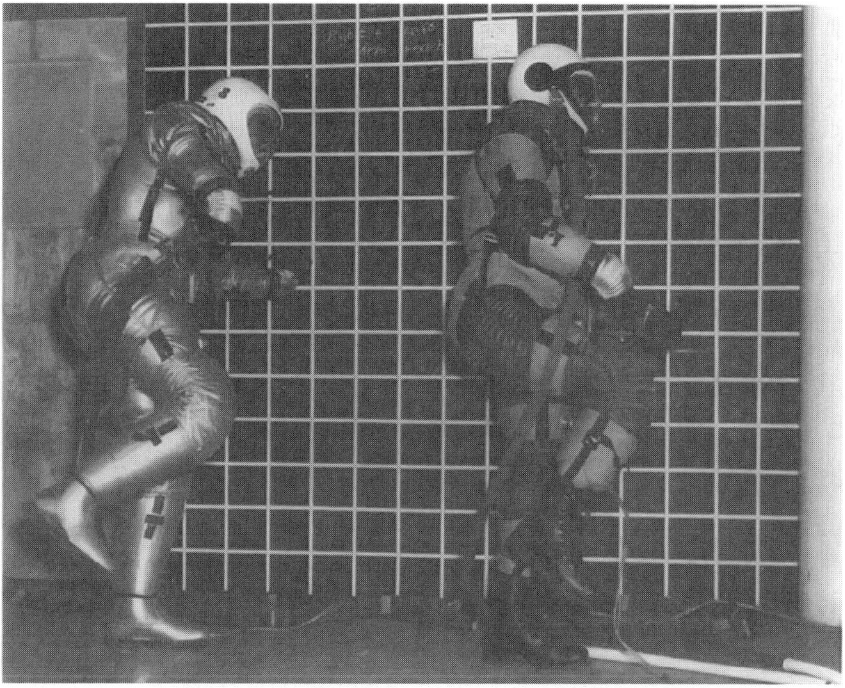

图 6.2-5 对比评估 AX1H 和 SPD-143（汉胜公司提供）

载人测试是采用 AX1H 之前的样机，即从 SPD-143 开始。测试结果发现便携式生命保障系统满足当时合同的性能要求，即平均值为 930 Btu/h（234kcal/h），最大值为 1 200 Btu/h（302 kcal/h）。系统采用气冷方式排热，能够在平均代谢率下支持航天员长达 4 小时。该系统由氧气罐、氧气调节器、风扇、脱碳用氢氧化锂（LiOH）罐、弯管形水分离器、带温度控制阀的灯芯式沸水器以及一个蓄电池组成。沸水器能移除因代谢、外部热泄漏以及设备热负载施加到生命保障系统上的热负载。该系统中，通风气体能从产生热量的位置将热量带到散热装置，也就是沸水器（见图 3.2-1 和 6.2 节中的讨论）。

然而，经载人测试（图 6.2-7）确认，930 Btu/h 的要求还不足

图 6.2－6　AX1H－021 肩部宽度测量（汉胜公司提供）

以应对预计的月球表面任务的需要。更重要的是，航天员可能会出现过度的脱水，因为为了去除身体的热量，航天员只能大量排汗。这些发现使便携式生命保障系统的首个模型立刻作废了。此外，新要求超出了基于循环气冷排热的系统的能力范围。研发和演示一个在载人测试中令人满意的系统，还需要两年时间。

紧急供氧系统为阿波罗航天服系统提供了备份生命保障能力。该装置带有一个氧气瓶，能供应 5 分钟的净化气流。首次设计的紧急供氧系统还能满足计划的要求，但不久之后，需要节省更多的体积和重量以弥补下一代的阿波罗便携式生命保障系统，此紧急供氧系统失去了原有的意义。

1964 年 9 月初，两套 AX2H 航天服中的第一套（序号为 023）交付 NASA（图 6.2－1C）。AX2H－022 航天服于 10 月送达，属于

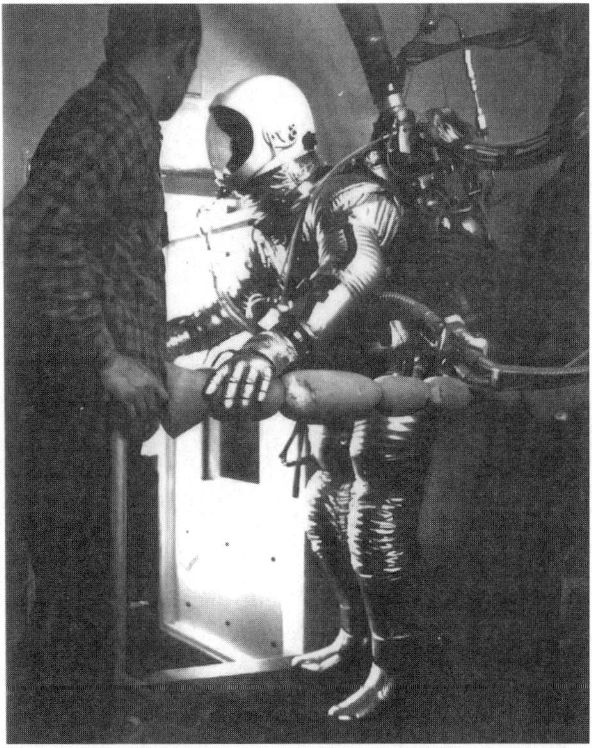

图 6.2-7　首套 AX1H 航天服和生命保障系统测试（汉胜公司提供）

样机训练服配置，外层面料为白色尼龙，便于清洁并降低了制造成本。AX2H 系列航天服将颈圈约束缆绳附属装置和躯干压紧带改为分离组件。AX1H 设计的姿势也得到修正。AX2H 设计与 AX1H 具有相同的基本活动结构，但是肩部宽度已经变窄，虽然仍未能满足规格要求。肩部宽度的缩小导致肩部活动性略微降低，然而却在一定程度上改善了小臂的活动性。

当时国际橡胶公司的管理层还未将活动性作为一个问题，它正在着手解决成本问题。这大概是因为该公司预期能签下一份即将到来的 38 套新型配置训练服的合同。国际橡胶公司内部投资做了一套航天服样机，其中生命保障系统（LSS）是在通过一根短软管与航天服连接的脐带内实现连接和断开的。这种生命保障系统连接器是一种价格便宜、现货的商业装置。由于阿波罗计划生命保障系统连接器是专为阿波罗计划定制的，价格昂贵，这种连接器对于降低计划的成本显然有很大的潜力，因为能很容易地看到连接处，也使执行 EVA 的穿脱过程变得更为简单。远看该航天服与随后产生的 AX3H 一样，然而近看就会发现从五金商店买的螺栓和螺母产生了明显的审美差异。可能就是因为国际橡胶公司向 NASA 演示了这一样机，才使 NASA 向汉密尔顿标准公司发出有关 AX3H 配置特征的指示。

1963 年 11 月，压力服活动性成为计划的一个重要问题，当时在月球重力减小的模拟环境中对 AX2H 航天服进行了测试。装备了当时现有的便携式生命保障系统形状的体积替代物之后，被试者无法从仰卧姿势站起来。这是经确定的、最初的几条阿波罗航天服活动性要求中的一条。尽管最初生命保障系统形状的设计就是为了更容易地满足这个要求，随后这一形状的迭代设计减小了前后尺寸，以便于航天员通过飞船舱门。这有助于减小飞船重量，却妨碍了航天员从仰卧姿势翻身直立起来。NASA 认为这种配置无法满足合同要求，这在航空航天工业界是个很严重的问题。

基于 AX2H 配置的活动性评估，活动性研发继续延伸到第三次设计迭代 AX3H 上。AX3H 于 1964 年 2 月交付，样机的总数从原来的 5 套减少到现在的 4 套。此外，AX1H 和 AX2H 头盔的向下能见度都不合格，因此 NASA 要求重新设计头盔，以改变这种状态。

1964 年 2 月 20 日，AX3H - 024 样机航天服（图 6.2 - 1D 和 6.2 - 8）由国际橡胶公司交付汉密尔顿标准公司进行测试。AX3H - 024 航天服的外层面料为“训练服白色”。最初制造时，AX3H - 024 采纳国际橡胶公司的生命保障连接的概念，改进了躯干束带系统，增加了躯干尺寸调节环带（9 副——前面 2 副，背面 7 副），并由国际橡胶公司重新设计了头盔，提高了头盔的向下能见度，此外还改进了压力面窗的激活机构。为了支持研发、训练以及最终的月球任务，预计需要生产超过 100 套航天服，因此航天服的单套成本在这个时期成为了一个问题。国际橡胶公司把生命保障连接器看做一个潜在的成本节约领域。AX1H 和 AX2H 航天服都采用专为阿波罗计划设计的系统，能同时连接生命保障进气口和排气口。这些连接器的价格都比较高，因为它们都需要根据严格的公差要求进行定制，而订货数量却非常有限。国际橡胶公司发展了一个概念，即生命保障短脐带应能在穿戴者的视线范围内完成生命保障连接。这样一来，就可以在阿波罗计划中评估并可能采用现货的商用连接器。在 AX1H 和 AX2H 的设计基础上，AX3H 的肩部和手臂设计更加精致，但仍未能满足阿波罗航天服的肩部宽度要求。AX3H 的活动性并未显著改善。

图 6.2－8　原始配置的 AX3H 航天服（汉胜公司提供）

3 月份，AX3H－024 航天服被送至格鲁曼公司接受登月舱进度评审和航天员评估。不久之后，该航天服就出现了航天服与脐带的接口故障。修复后的脐带附件再次出现问题，结果在一名格鲁曼公司受试者身着航天服接受测试期间，航天服出现减压情况。NASA 的航天员也是此次评估的参与者，没想到航天员们的评价全体一致，都是不赞同。为了表示对 AX3H 航天服的不满，航天员库珀在一个数百人的集会上宣称“我绝不会穿那件航天服登上月球”，并补充说自己更青睐双子星航天服。这件事对整个阿波罗 SSA 计划产生了巨大的冲击，还引发了一阵忙乱（见 6.5 节）。

6.3 “月球跳跃者”飞越的可能性（1963—1965 年）

NASA 在首个 EVA 系统上的投入不仅限于太空压力服和便携式生命保障，还涉及运输系统。20 世纪 60 年代中期以前，月球表面还是一个未知领域。那儿可能有岩石、山丘，也可能有陡峭的山峰。这样的地形就不适合轮式车辆（如月球车）。作为月球车的后备选择，NASA 投资开发了一种“火箭背包”系统，能允许登月航天员飞越无法通行的地形。除了月球飞行推进系统外，NASA 还想获得在轨人员机动能力。NASA 发布了征求建议书的公告，希望该系统要同时为轨道零重力应用和月球表面任务服务。该研究合同的系统要求涉及包含惯性制导系统和双组元推进剂系统（氧气和燃料分别存放在不同的容器内）在内的所有系统。

1963 年，汉密尔顿标准公司赢得了可行性研究合同，部分原因是由于该公司同时具备惯性制导和空间反作用发动机的设计和制造能力。这项研究最初被命名为推进和移动背包（PAL－Pack），然而不久之后就获得了“月球跳跃者”的昵称。1964 年得出了研究结果，建议由于重量和体积的限制，应分开研发登月和零重力系统。此外，该研究还建议使用以肼作为燃料的单组元推进系统。由于肼与某些铂基催化剂接触时能自发分解，因而可以作为单组元推进剂。因此，如果使用肼，只需要一个贮罐和一套管道。而双组元推进系统则需要两个贮存系统、两个计量系统、一个混合系统，外加一个点火系统。研究还确定，如果使用双组元推进剂，就建议使用自燃的（一旦接触，立刻点燃）一甲基肼和四氧化二氮（MMH/N_2O_4）作为燃料，推进系统采用两种推进器，35 lb（16 kg）和 20.5 lb（9.23 kg），以 4 个为一组联合使用。这项研究还提交了 PAL－Pack 系统的全尺寸模型（图 6.3－1，左图）。

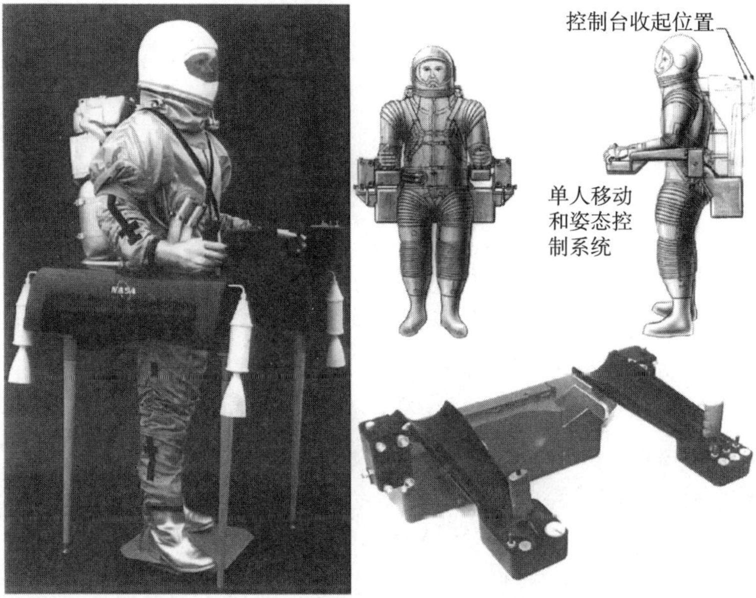

图 6.3－1　1964 年的月球跳跃者模型和 1965 年的不完整样机（汉胜公司提供）

NASA 对这项报告表示赞许，但是该机构却选择了久经考验的双组元推进剂技术。1964 年夏天，汉密尔顿标准公司又赢得了随后开发和生产月球专用系统的合同。虽然计划的官方名称是单人移动系统，但是大家最常用的名称还是月球跳跃者。手动飞行控制器（图 6.3－1，右图）可向航空电子设备包提供电子输入信号，该电子设备采用了专为 1/6g 月球应用而设计的“捷联式”陀螺仪控制系统。“捷联式”系统是当时的先驱发明之一。这种系统是根据固定的安装系统上陀螺仪的作用力获得运动读数，因而消除了在装有轴承的万向节上安装陀螺仪的技术复杂性并减小了重量。该项技术很快成为一直应用到现在的空间制导系统的标准方法。

1965年初，当该计划被取消时最终的单人移动系统/月球跳跃者处于组件和子系统测试阶段（四个阶段中的第一个阶段），由于借助月球探测器发现月球表面适于月球车通行，这使得单人移动系统变得不需要了。尽管有关这项保密计划的现存信息有限，图6.3-1的右图仍向我们展示了最终的单人移动系统设计的布置（折叠，比较紧凑）和操作特点。

6.4 月球漫游车（1963—1972年）

最初的两年，月球漫游车（LRV）与“月球跳跃者”并行发展，但如果月球地形经证实不适于这种车辆通行，月球漫游车就可能被取消。不同于阿波罗航天服系统和载人机动装置的合同，月球漫游车计划从可行性、研发到“生产”，进展得颇为顺利。可行性合同授予了本迪克斯公司和波音宇航公司，波音宇航公司随后还赢得了月球漫游车（或称“月球车”）的开发合同。

1965年初，月球漫游车计划已做好接受初步接口研究的准备。一套阿波罗“晚期的”A-4H训练服最初被用于与波音宇航公司的初始评估模型（图6.4-1）一起进行的评估。随后，该训练服被汉密尔顿标准公司的一套带有模型EVA附件的“活动航天服”取代。尽管初步设计与最终在月球上使用的产品（图6.7-14）还相差甚远，该设计仍反映了已经取得的发展与进步。

在月球上行驶过的月球车有三辆。每辆月球车都执行了3次探险，在为期3天的任务中，每天1次。月球漫游车的质量为463 lb（210 kg），在月球表面可承载1 080 lb（490 kg）的额外有效载荷。月球车的车架以焊接的铝合金管制成，底盘铰接在中心位置，在去

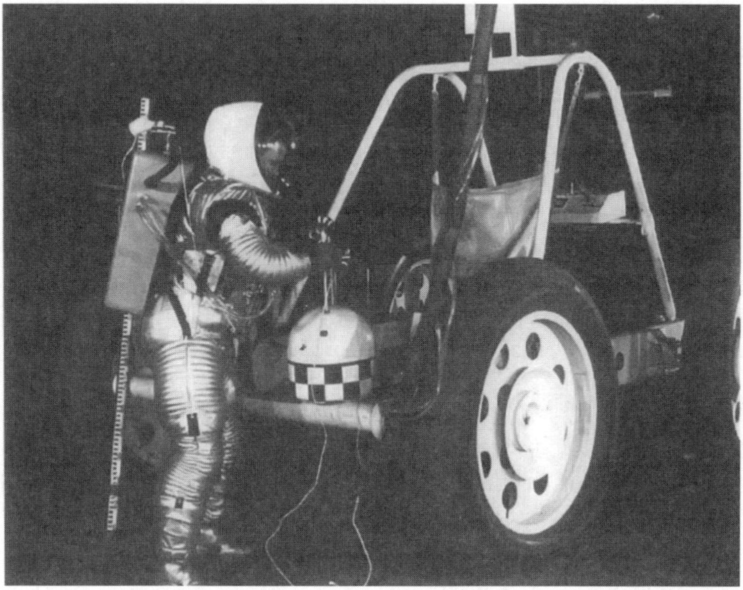

图 6.4－1　晚期的 A－4H 航天服与研发中的月球车（汉胜公司提供）

往月球的途中能紧凑地折叠。月球车带有两个并排的可折叠座椅，采用铝管制成，此外座椅上还有尼龙织带和铝制底板。月球车轮距 7.6 英尺（2.3 m），车身长 10.2 英尺（3.1 m）。车身未折叠并且座椅也展开时，最大高度为 3.7 英尺（1.14 m）。

每个车轮都带有旋转式铝制轮毂，包含 0.25 hp（186 W）直流电动马达和机械制动器。马达能达到 10 000 rpm（每分钟转速），并连接有 80∶1 驱动减速器。无需车轴和传动轴，就能实现四轮驱动。车轮直径 32 英寸（81.8 cm），使用的轮胎为 9 英寸（23 cm）宽，内含直径 0.033 英寸（0.083 cm）的镀锌钢丝织物，附着于铝制的轮辋和轮盘。为提供牵引力，50%的接触面覆盖着人字形钛制件。轮胎内有直径 25.5 英寸（64.8 cm）的限位缓冲架，可起到保护轮毂的作用。每个车轮上还安装有防尘罩。

月球车有前后轮转向电机，能允许两组车轮向相反方向转动。

月球车没有方向盘，而是由 T 形转向杆控制，前后都能转向的方式令月球车机动绕过障碍物的转弯半径仅为 10.2 英尺（3.1 m）。

月球车的电力由两个非充电的 121 Ah、36 V 银锌氢氧化钾电池供应。此电池系统不仅为驱动马达和转向电机提供电力，还能支持通信中继装置和电视摄像机。被动热控装置能将电池温度控制在最佳范围之内。

控制和显示模块位于 T 形操纵杆的前方，能显示速度、方向、斜度、电量和温度水平。通过使用航向陀螺仪和里程表连续记录方向和距离，然后将这些数据输入到电脑内，电脑会记录下月球车行车的整个方向和距离，以此实现导航。有关月球车的更多信息，参见 6.7 节中阿波罗 15～17 号的内容。

6.5 通过重新计划和创造恢复航天服系统（1963—1965 年）

阿波罗是国家的重点发展计划，没有失败这一选项。最初的阿波罗航天服系统合同主要为大家提供了学习经验。该计划的前 17 个月既没有做出合格的压力服，也没有做出适合的便携式生命保障系统。人们最先意识到生命保障技术的发展无法满足阿波罗计划的需要，因此它成为第一个获得大家关注的领域。不久之后，人们又意识到了压力服的局限性，这被证明是更大的挑战，因此压力服的研发工作在多个方面并行展开。最终，在竞争中确定了基础压力服技术和首次月球表面任务的压力服供应商。

开发月球“背包”(1963—1965 年)

虽然针对 NASA 计划开发的镀铝聚酯薄膜加网格布的隔热层能使航天员免受太空极端温度的影响，却因此产生了另一个相关的热问题：如何去除留在航天服内的代谢热量。为了防止航天员脱水，必须去除身体的热量，让航天员尽量少出汗。此外，生命保障系统还必须有效、可靠地将热量排到太空中。

与地球不同，地球上有大气可以实现热量传递，而太空是真空的。一种将热量驱散到太空的有效方法，就是利用水分蒸发的热传递动力学。实现此过程的一种方法就是使用低压（如太空的真空环境）蒸发，将水暴露在受控的低压环境中，使其“煮沸”。然而，1962 年为气体冷却便携式生命保障系统而开发的沸水器却表明，“灯芯式”沸水器非常复杂。当压力降低到真空状态时，沸水器就会出现一个问题，水会达到“三相点”状态，即液体、固体和气体同时存在。如果真的出现冰块，沸水器就无法有效运作。因此，汉密尔顿标准公司继续出资开展研究项目，以研究其他的方法，包括采用多孔金属板（带许多微型孔）实现水升华到真空的控制蒸发冷却方式的可行性。

1963 年初，当初步载人试验表明阿波罗生命保障背包的热负荷要求可能会增加时，汉密尔顿标准公司开始内部出资研究开发空间排热技术。1963 年秋天，热负荷要求正式增加之后，在理论上证实了一种技术上可信的沸水器的替代方案，也就是“太空升华器”（美国专利号：3170303，发明者：George C. Rannenberg 和 John S. Lovell）。升华器的妙处在于其简单并且能自动调节的特性。沸水器需要在背部装一个压力控制阀，能针对不同情况灵敏反应，否则就可能出现功能缺失或故障。在阿波罗指令舱的环境控制系统中，针对沸水器及相关机械与电子控制系统采用了也许是最为尖端、复杂的技术方法。与之相比，升华器带有一个简易金属板，上有特殊尺寸的微型孔，能使水在金属板上凝固而不损坏金属板。随着升华器中的水带走身体和系统的热量，在金属板上凝固的冰块融化后，水能从金属板上的孔隙通过，然后蒸发排到太空中，在此过程中带走了航天服系统的热量。当没有更多的热量需要去除时，金属板上的水冷却并重新结冰，从而将金属板密封。这样在无需运动部件的情况下，就能实现系统的自动调节。然而，升华器也不是没有缺点。焊接的金属板上的微型孔使升华器很容易堵塞，进而完全失效；因此，金属板的尺寸必须能容纳登月前的使用过程中逐渐累积的污染物，以确保升华器在月球上有足够的工作能力。因此，人们得出经验，应该备有多个微孔板，以便在需要时替换，并将这一经验运用到航天飞机中。

为获得满足阿波罗重量和体积要求所必需的效能，研发工作将需要两年的时间。不过，配备升华器的便携式生命保障系统支持了阿波罗 9 号的地球轨道任务，以及阿波罗 11 号、12 号、14 号、15 号、16 号和 17 号的成功月球探索，没有发生一次故障或出现不符合规范的情况。此外，在登月舱的环境控制系统和土星火箭的电子设备散热系统中也应用了升华原理。后来，航天飞机及其舱外活动装置内也采用了微孔板升华器。在苏联的太空计划中，第 53 厂（Plant 53，现称星辰科学研究所）做出了一台升华型蒸发热交换器，于 1963 年设计并接受测试。升华器于 1969 年首次用于苏联的 EVA，作为 Yastreb 舱外航天服系统的组成部分。后来，所有苏联/俄罗斯的舱外航天服系统中都用到了升华器。

作为汉密尔顿标准公司生命保障研发活动的并行措施，NASA 资助盖瑞特公司（霍尼韦尔公司）的 AiResearch 部门继续开发个人环境控制系统（PECS），即双子星计划未完成的任务。个人环境控制系统具备一些颇为奇特的功能，例如使用氯酸钠“蜡烛”供应氧气。汉密尔顿标准公司成功开发出第二个背包后，NASA 在阿波罗计划中就不再出资去完成个人环境控制系统的开发。后来，为了天空实验室而重新使用 PECS 的尝试也宣告失败。

汉密尔顿标准公司研发出第二个背包的另一个关键因素是英国皇家空军（RAF）。第二次世界大战中，英国皇家空军飞行员坐在喷火式和飓风式战斗机上，在机场等待飞上大不列颠的天空进行战斗。此时，英国皇家空军的航空军医发现在让飞行员身体舒适并做好有效应战准备方面存在很大的挑战。航空军医意识到早期喷气式飞机相关的后勤保障和可能的战斗场所对飞行员的机能提出了新的重大挑战。20 世纪 50 年代初，作为一种解决方案，英国皇家空军对液冷防护服进行了实验。自此，两条阿波罗研发轨迹交织到了一起。

第一条轨迹是英国皇家空军对液体运输（去除）体热的研究在继续进行。1962 年 11 月，英国皇家空军服装实验室在范堡罗的人类工程学分部开始制造 RAF 全躯干液冷服（LCG）样机。那个时候，NASA 雇佣了一名出色的英国皇家空军航空军医比林汉姆医生，来领导 NASA 位于休斯敦的环境生理学部门。比林汉姆知道英国皇家空军的液冷服实验，因此联络英国皇家空军，借用它的液冷服样机进行阿波罗评估。英国皇家空军知道自己的第一套样机存在缺陷，因此他们选择制造第二套改进版，用于 NASA/载人航天器中心名为“RAE 2”的测试。测试时间大概是在 1963 年 9 月或 10 月份。英国皇家空军的液冷服完全依赖液体运输排热，因为液冷服的外层是由厚重紧密型材料制成，不可能通过汗水蒸发使穿戴者冷却下来。似乎在 NASA 还未与汉密尔顿标准公司分享这些活动的成果时，RAE 2 就已经返回到英国。这可能要归因于政府合同的签订要求（确保未来可能的合同的公平竞争），或者是因为 NASA 希望能了解汉密尔顿标准公司在没有利用 RAF 成果的情况下的开发能力。1964 年 4 月，英国皇家空军发布了最终报告，报告中涉及其制造的两个样机。

1963 年 1 月开始了第二条轨迹，即在共和航空公司开展的阿波罗计划载人测试。到了 2 月和 3 月，评估结果逐渐传播到航天界的上层，这在航天界引发了不同的反应。至少 NASA 内部一些人仍然确信，通过减小航天员用力以及更好地通风，即将诞生的新型压力服 AX1H 能缓解头盔起雾和热量问题。而 NASA 内部的另一些人则存有忧虑，或许正因为如此，才对英国皇家空军液冷服样机开展了上述评估。汉密尔顿标准公司内部将此理解为一个阿波罗的代谢要求未能满足的警告。因而，汉密尔顿标准公司内部出资开展了多个方向的研究。很多人被拉入寻找解决方法的工作中，工程师简宁斯也是其中的一员。简宁斯了解到 20 世纪 50 年代英国皇家空军对液冷背心展开过研究。1963 年 10 月，NASA 要求简宁斯在两周内展示汉密尔顿标准公司在液体冷却方面的进展。两周后，简宁斯又展示了概念验证测试结果。在此测试中，简宁斯将 300 英尺（91 m）

长的 3/16 英寸（4.8 mm）乙烯管缠绕在受试者身上。然后，他用塑料将受试者密封，防止汗水蒸发。在测试的后续阶段，往受试者身上添加多层衣服，包括能找到的最保暖的冬季外套。随后在医师的监督下，受试者要在跑步机上全力锻炼，时间长达两小时。

1963 年底前，汉胜公司制作了“航天服（液冷）内衣”样机 CG1。CG－1 全身配备 232 英尺（70.7 m）长内径为 1/16 英寸（1.6 mm）的导管。232 英尺的导管分为 40 个并行冷却回路。利用开孔型网眼棉布两件套内衣来固定导管，两件套内衣包括上躯干和下躯干组件。开孔型网眼棉布可以让通风气体流经航天服内衣，起到补充冷却和除湿的作用，增强了液冷效果和舒适度。1964 年整个春天，汉胜公司和 NASA 在康涅狄格州的温莎洛克斯和得克萨斯州的休斯敦对 CG1 进行了严格测试。同时，汉胜公司还正在温莎洛克斯研发专用的液冷服生产设施。

1964 年 5 月，第二代液冷服样机 CG2（图 6.5－1）诞生，送抵休斯敦进行测试。美国航空航天局的弗里德曼能够在跑步机上连续运动一个小时而看不出有明显的流汗现象。CG2 开创了一件套全身液冷服的模式，至今一直是世界舱外航天服的标准。CG2 中与身体接触的内部导管的长度增加到了 267 英尺（81 m）。

在液冷服的历史上，1964 年 6 月是一段让人困惑的日子。这个月月初，美国航空航天局载人航天器中心环境生理学分部的比林汉姆博士用百货商店买来的“长内衣裤”和乙烯管子独立制作了液冷服，这种液冷服后来也被视为第一套阿波罗液冷服样机。

当月，美国航空航天局将一套英国皇家空军液冷服（编号为 RAE 3）送至汉胜公司，希望其对于英国皇家空军的这一简易技术（将导管编织在衣服的孔洞上来进行固定）给出反馈意见。这是美国航空航天局首次让汉胜公司接触英国皇家空军液冷服。汉胜公司指出了其潜在的缺陷，英国皇家空军的导管附着方式不适合阿波罗液冷服。

也是在 6 月，阿波罗 CG3 首次亮相，液冷服内的并行冷却回路

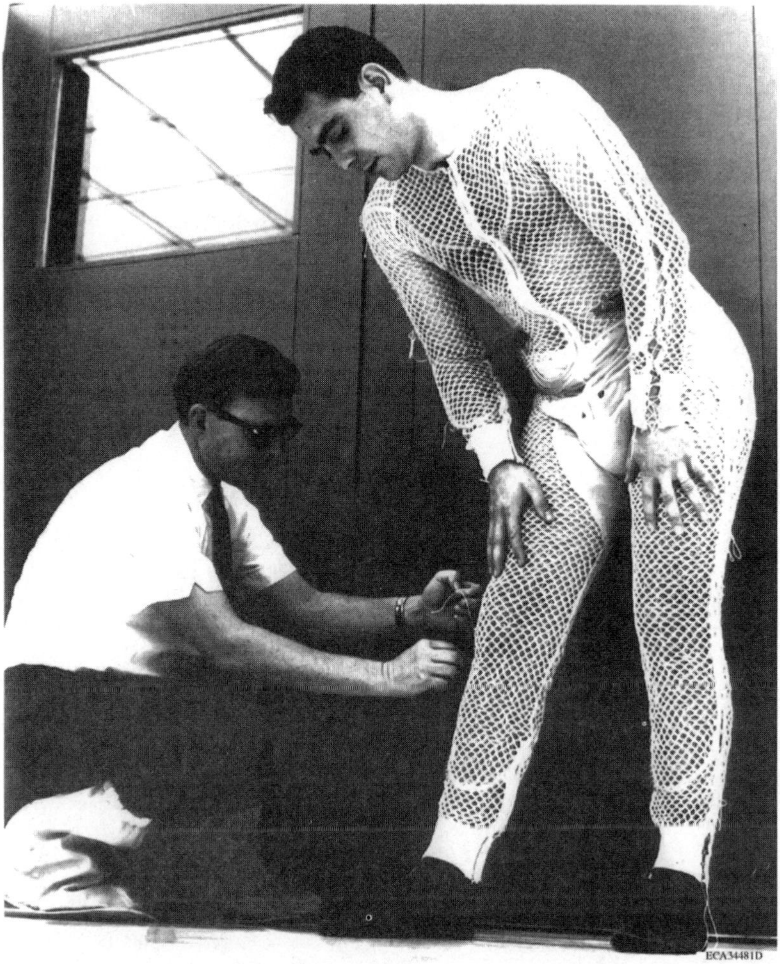

图 6.5-1　液冷服的研发（汉胜公司提供）

增加到 48 个，身体接触的导管的长度增加至 296 英尺（90.5 m），加上歧管则会增长到 300 英尺（91.4 m）。到 1965 年秋天，这些参数都一直作为阿波罗计划的常数。CG3 作了一些小的改变后形成了一套类似的 CG3B 液冷服，这使得 CG3 被重新命名为 CG3A。

1964 年 7 月，随着汉胜公司的 NASCAR（全国汽车竞赛协会）

的驾驶员冷却系统的初次登场，阿波罗液冷服技术给商业领域带来的第一个副产品浮出水面。该“系统”很像当前的阿波罗液冷服，其变速水循环泵由车载电源和一个高质量冷箱提供动力。在一次汽车比赛中，赛道上的温度达到了 130 ℃，据说驾驶员古德史密斯仍然能够保持舒适感并集中注意力。

1964 年的秋天给阿波罗液冷服的研发和生产带来了很多变化。1964 年 9 月 4 日，汉胜公司提交了一项简宁斯液冷服的专利申请，年底前，汉胜公司研制并评估了 CG4 和 CG5 样机，其中冷却导管的布管方式作了精细的改进。为了推进阿波罗液冷服的制造工作，汉胜公司还雇用了康涅狄格州哈特福德的威尔森公司，由此引入了新的人才和纺织品生产经验。第一套威尔森制作的液冷服是 CG6。这是第一套阿波罗液冷服，特点在于利用机器缝纫方式将导管附件与衣服缝在一起（威尔森的创新）。CG6 同时也是第一套“弹性体”网眼布料航天服，在数小时的跑步机运动评估工作中具有更好的保形性。之前的阿波罗液冷服全部或大部分采用棉网眼布料。CG6 是采用深蓝色网眼材料的两套样机中的第一套。由于阿波罗计划有了威尔森的支持，汉胜公司将其内部的液冷服研发和生产资源重新分配给了美国空军的冷却与加热项目。

1965 年 2 月，简宁斯在美国航空航天局载人航天器中心对 CG7 进行了演示。为了打消人们对于长时间穿着的舒适性方面的疑虑，简宁斯提前将这件液冷服连续穿了 14 天。他是在液冷服外面穿上西服并打上领带之后作的陈述，当人们质疑液冷服在长时间使用过程中是否能够提供舒适感时，简宁斯随即以克拉克·肯特（译者注：即超人的名字）瞬间变成超人的方式脱下了外衣。

很可能也是在 2 月，阿波罗计划从简宁斯的妻子埃莉诺处获得了一种设计概念，就是在 CG8 内加入磨损保护且舒适的雪纺衬里。测试结果表明，热传递损失可忽略不计。这种衬里在之后的阿波罗液冷服中成为了标准组件。CG8 标志着向浅蓝色网眼材料的短暂变化。其他的浅蓝色液冷服还有 CG9 和 CG10，CG9 在未损坏活动性的前提下第一个减小了手臂下方的体积，CG10 开始在阿波罗液冷服内加入了生物医学仪器口袋。

从 1965 年 3 月开始，CG11 和之后的液冷服都属于 AX5H、AX6H 和 A5H 航天服的交货内容。在美国航空航天局的要求下，液冷服直至今日都是采用天然（白色）的网眼布料。

因此，由于英国对于液体运输（热量）的想法以及美国的躯干概念和研发，阿波罗液冷服（美国专利号 3289748，发明者 David C. Jennings）顺势而生。在航天服用液冷服领域的另外一端，苏联首次针对航天应用的液冷服试验于 1962 年在第 53 厂实施。其成果是，俄罗斯登月航天服样机于 1965 年加入了一套液冷服功能系统。从这些源头开始，粗孔织物液冷服一直是美国和俄罗斯航天服的标准配置。

因为增加了运输/去除人体热量的液体，引发了减小体积和重量的需求。为了实现这一点，汉胜公司必须研发第二套应急/备份生命保障系统。与第一套系统一样，这套系统也叫应急氧气系统，提供 5 min的生命支持，它是一个重量更小、结构更紧凑的环形装置。为了最大程度地利用空间，该系统被置于飞行头盔的后面，通过一个接口与后者连接，方便舱外活动之后在必要情况下对其进行更换。

到 1965 年，液冷便携式生命保障系统（PLSS）或“背包”的研发已经实现了较高的系统效率，可以在已有的体积约束下提供更强的生命保障能力。该 PLSS 于 1965 年秋季成功进行了载人的实验舱试验（图 6.5－2），这就是－2 型 PLSS，型号（横杠＋数字）反映了该系统在研发过程中作了一些改进。“－2”以及后续阿波罗计划的“－×”型号表明系统是源于相同的基本设计，随着 1965—1972 年间一些小的改进，型号中的数字则相应升高。

－2 型生命保障系统仍然没有胸前安装的显示与控制装置，那是执行月面任务的阿波罗航天服的特征。将在月球上使用的阿波罗 EMU 子系统中，只有 PLSS 完成了研发并在阿波罗计划的前三年进行了合格的载人舱内试验。

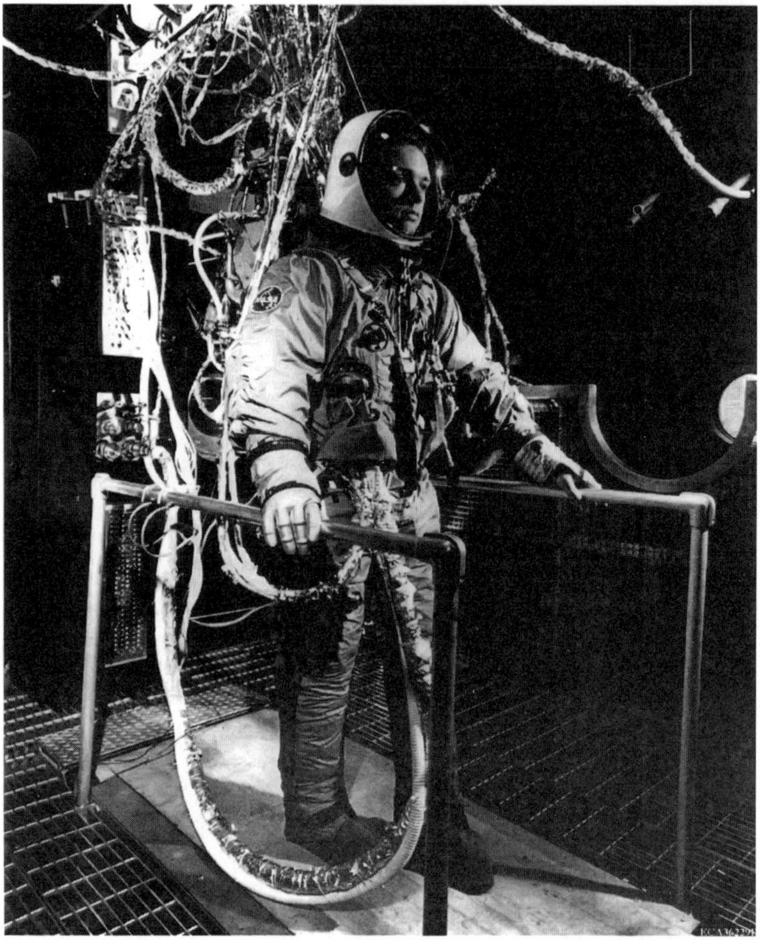

图 6.5-2　1965 年液冷背包载人的实验舱试验（汉胜公司提供）

同步研发“登月航天服”（1964—1965 年）

1963 年 7 月，在第一个新型设计样机——AX1H-021 交付之后，人们开始意识到压力服的活动性是阿波罗计划中的一个潜在的挑战。在评审过程中，大家各执己见，迟迟不能对计划作出明确的回应。在阿波罗指令舱的狭小空间里，肩宽也造成了重要的活动性问题，因为肩膀/手臂受限会导致无法充分执行控制操作。国际橡胶有限公司期望可以扩大肩宽容限。由于指令舱设计方面的挑战，美国航空航天局及指令舱的制造者北美航空航天公司（North American Aerospace）认为增加肩宽容限是不可能的。

1963 年 11 月，当使用后期 AX2H 航天服设计的试验者在月球重力测试中无法从仰卧位置起身之后，关于航天服的活动性是否充分的争论终于消停了。汉密尔顿标准公司收到了一份关于其未达到合同要求的正式裁决。汉密尔顿标准公司提出了纠正措施，于 1963 年 11 月得到了美国航空航天局的认可。这些措施包括：国际橡胶有限公司继续致力于 AX3H 的活动性研发；汉密尔顿标准公司利用其内部资源帮助国际橡胶有限公司进行航天服设计；汉密尔顿标准公司负责头盔的再设计，国际橡胶有限公司则能够专注于躯干部分的再设计工作；汉密尔顿标准公司负责制定可量化/可测量的活动性要求。尽管这一做法安抚了 NASA，但却使汉密尔顿标准公司与国际橡胶有限公司之间原本并不牢固的合作关系变得更加紧张。国际橡胶有限公司的特种产品分部在头盔方面具有很强的能力，因为它通过部分压力服和全压服头盔的研发和生产已经进入了高空飞行服领域。发生这些事件之后，比尔和沃利两位总裁之间的通信模式也随之改变。“比尔和沃利”的对话不再是解决国际橡胶有限公司和汉密尔顿标准公司之间的分歧的依据。这些机构负责人各执己见，互不退让，造成了技术性和计划性的影响。

从阿波罗 SSA 计划开始之后，美国航空航天局便计划在活动性开发完成之后使用现有的阿波罗航天服机队代替 SPD－143 训练服机队。1963 年 11 月 20 日，美国航空航天局向汉密尔顿标准公司发布了一份预订 38 套训练服（当时是 AX2H，之后以 AX3H 为基型）的征求建议书（RFP）。汉密尔顿标准公司从国际橡胶有限公司征求了一份报价，在增加自身期望的内容并作出必要的调整后提交了一份建议书。为了了解之后发生的事件，我们需要了解美国航空航天局管理层当时在阿波罗航天服研发决策中的参与程度。相关管理人员包括约翰斯顿（昵称迪克，乘员系统部部长）、海斯（昵称泰德，乘员系统部副部长）、柯瑞尔（乘员装备分部主任）、拉德诺夫斯基（乘员装备分部的助理主任）、鲁特兹（MSC 航天服部主任）以及古德曼（阿波罗航天服组组长）。

1 月，汉密尔顿标准公司发现国际橡胶有限公司直接向美国航空航天局提交了一份签约建议书。由于能够节省预期成本，拉德诺夫斯基和鲁特兹赞成直接与国际橡胶有限公司签订合同。汉密尔顿标准公司随后会见约翰斯顿，向其说明汉密尔顿标准公司应继续作为阿波罗航天服的唯一供应商的原因。约翰斯顿表示赞同，于 1964 年 1 月 29 日向马克西姆·法格特（昵称马克斯，休斯敦载人航天器中心工程与开发部的助理主任）签发了一份计划备忘录，指出了唯一供应商的合理性。勇敢而顽强的拉德诺夫斯基次日回应了一份反驳备忘录。与此同时，由于活动性开发问题，美国航空航天局将新型训练服从 38 套减至 14 套，因此降低了节约成本的潜力。约翰斯顿和拉德诺夫斯基两人仍坚持自己的主张。1964 年 2 月 10 日，海斯草拟了第二份计划备忘录，由约翰斯顿签署，这份计划备忘录再次重申了唯一供应商的决定，希望就此结束这一问题。关于这次冲突更多的详细信息已经散佚，最终的结局似乎是达成了部分妥协。到 2 月 10 日，第一批航天服已按照颇具争议的合同投入生产。这或许是因为美国航空航天局及时直接向国际橡胶有限公司发布了一份合同，以促使能够在 3 月交付（可能是 3 套）A－2L 阿波罗航天服的缘故。美国航空航天局之后也向汉密尔顿标准公司发布预订 27 套 A－3H 航天服的合同。

阿波罗 A－2L（图 6.5－3A）航天服是 AX3H－024 航天服的衍生型，但却采用双子星式独立的进气和排气连接器，以及 AX2H 型头盔。由于第一批 A－2L 航天服的使用是计划支持北美航空航天公司（NAA）执行的美国航空航天局人体工程学标准活动性分析评审（HECMAR），A－2L 常被称为 HECMAR 航天服。

在生产 A－2L 的同时，可供选择的有两个阿波罗样机。它们分别是汉密尔顿标准公司的连身航天服（playsuit）和国际橡胶有限公司的最新（state-of-the-art，SOA）指令舱驾驶员（CMP）航天服样机。在航空航天工业界和汉密尔顿标准公司的范例中，研发一套样机通常会先构思、设计及绘制工程图纸，然后按照这些图纸制造样机。国际橡胶有限公司进行样机设计时采用的则是试凑法（cut-and-try），其构思和制造样机本质上是一个活动，之后如有必要再绘制工程图纸。这是又一个说明软性产品（纺织品）和硬件产品供应商采用的工程方法存在本质差异的例子。为了在航空航天工程领域中不输给国际橡胶有限公司，汉密尔顿标准公司制造了一种“连身航天服”，打破了常规的流程。汉密尔顿连身航天服是根据其从国际橡胶有限公司获得的一款老式压力服改进而来。汉密尔顿标准公司的先进工程组构想并做出了多方向的肘部和肩膀设计，并将它们集成到航天服中（图 6.5-3B）。除此之外，汉密尔顿标准公司还在压力服业界搜寻，想找一位专家来扩大阿波罗计划的现有资源。到 3 月中旬，汉密尔顿标准公司成功招募美国空军压力服顾问埃德温·维尔博士，领导汉密尔顿在康涅狄格州温莎洛克斯的阿波罗研究计划。

通过最新 CMP 航天服样机的研发，国际橡胶有限公司不仅创造了新的样机，还引进了构建阿波罗计划航天服体系架构的新方式。1962 到 1963 年期间，阿波罗计划中使用的登月舱乘员 EVA 航天服和 CMP 航天服样机应具有相同的特征和体积要求，这是当时的主流看法。而国际橡胶有限公司则认识到，更加专用的舱外航天服和 CMP 航天服具备潜在的优势，因此它投入资金研发 SOA/CMP 样机。研发 SOA/CMP 样机的前提是肩膀更窄的航天服不会妨碍指令舱驾驶员的操作，但更紧凑的 CMP 航天服能够改善指令舱内的压力航天服作业。SOA/CMP 样机是以 AX3H 为基础，很可能是得益于第一批交付的 AX3H，因为 SOA/CMP 采用的是紧身脐带，这种脐带仍允许探索商业化连接器，但不太可能抓牢目标（图 6.5-3C）。为了测试这种方式的潜在优势，国际橡胶有限公司于第一批阿波罗

A－2L 航天服在 HECMAR 中接受评估时交付了 SOA/CMP 航天服。

1964 年 3 月进行的指令舱和登月舱评估提升了人们对阿波罗压力服研发的关注度，但对当时的 A－3H 训练服生产计划造成了延误。参与指令舱评估的有 3 套大卫·克拉克公司的双子星 G2C（后入式）航天服（图 5.2－1 和 5.2－3）、2 套 AX2H 航天服（图 6.2－1C）、汉密尔顿标准公司的连身航天服、2 或 3 套 A－2L 航天服，以及国际橡胶有限公司的 SOA/CMP。评估结果是，仅双子星 G2C 航天服适用于指令舱操作。指令舱评估之后，阿波罗航天服的耐用性也成为了有待讨论的问题。

在格鲁曼公司开展的登月舱评估标志着美国航空航天局的 AX3H－024 样机初次登场，评估结果重申了改进压力服耐久性和活动性的需要。1964 年 4 月的第一个星期，美国航空航天局口头发布了 27 套 A－3H 训练服的生产停工令，列出了一份亟待解决的 AX3H 航天服缺陷清单，汉密尔顿标准公司同时进行 3 项活动予以响应。首先，在 AX3H 航天服被退回国际橡胶有限公司的那个星期，汉密尔顿标准公司安排了一个特别工作组到国际橡胶有限公司现场执行改进工作鉴定；其次，汉密尔顿标准公司就并行的航天服活动性研发与古德里奇公司展开对话；第三，汉密尔顿标准公司集中最优秀的人才组建了一个内部的老虎团队，以支持未来的活动性研发。

到 1963 年末，航天员对大卫·克拉克公司的后部进入式双子星航天服（图 6.5－3D）的偏爱激起了国际橡胶有限公司探索后入式航天服的兴趣。由于该项研发超出了美国航空航天局希望改进的范围，汉密尔顿标准公司不愿提供支持。1964 年，国际橡胶有限公司在内部开展了对双子星式后开拉链航天服系统的研发。这项研发首先是将当时废弃的 AX1L 和 SPD－14 航天服改装为后入式航天服（图 6.5－3E），作为评估之用。这是后入式系统的开端，而这个系统最终让人类的第一次月球探索顺利完成。

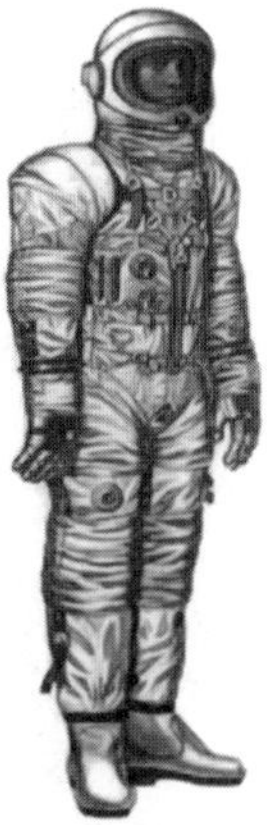

(A) 国际橡胶有限公司的A-2L航天服（完工图，3/64）

(B) 汉密尔顿标准公司的连身航天服，改装的国际橡胶有限公司航天服（3/64）

(C) 国际橡胶有限公司的最新指令舱驾驶员样机（3/64）

(a)正面图　(b)背面图　(c)无外罩防护服

(D) 大卫 · 克拉克公司的双子星座航天服（1963—1965）

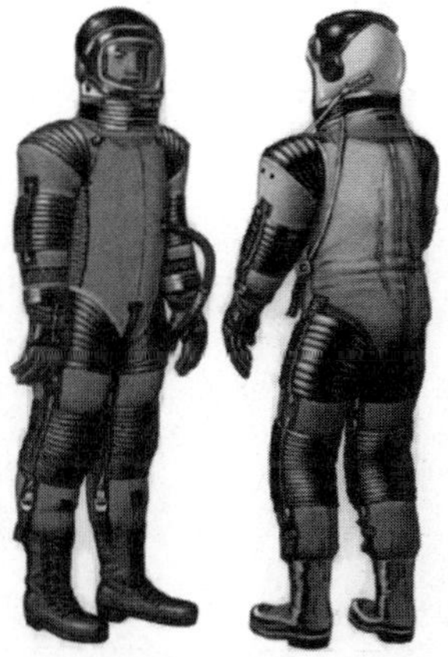

(E) 国际橡胶有限公司研发，为后入式系统研发改装的废旧航天服（1964）

图 6.5 - 3　恢复计划的航天服

(F) 配有双子星太空靴的国际橡胶有限公司A-2L航天服（1964）

(a)评估航天服系统　(b)压力服

(G) 国际橡胶有限公司改制的AX3H（5/64）：

(H) 国际橡胶有限公司早期的A-4H训练服（6/64—1/65）

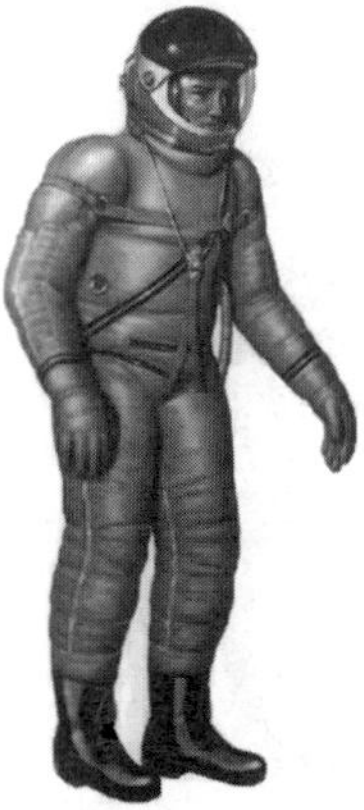

(I) 古德里奇公司的活动性航天服（9/64）

(J) 汉密尔顿标准公司/古德里奇公司的活动性航天服样机（10/64）

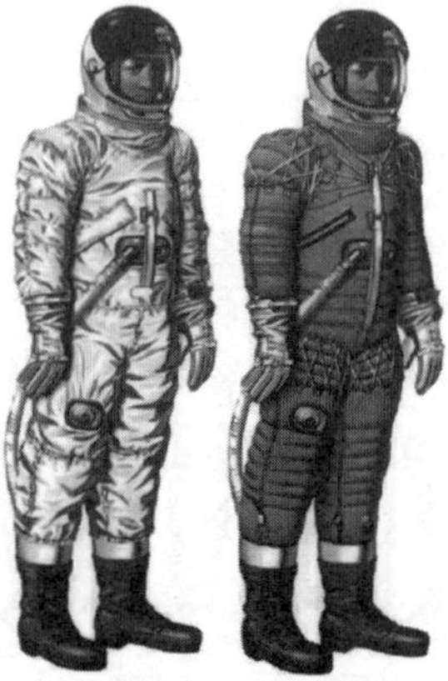

(a) 外视图　(b)无外罩

(K) 古德里奇公司的XN-20航天服（11/64）

图 6.5-3　恢复计划的航天服（续 1）

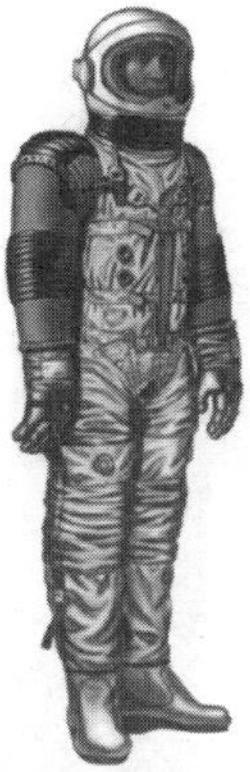

(L) 国际橡胶有限公司的连身航天服，配有国际橡胶有限公司的肩部（11/64）

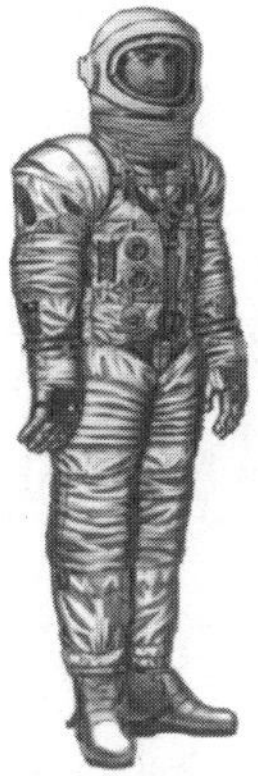

(M) 国际橡胶有限公司的SOA航天服（前入式），采用国际橡胶有限公司的胯部设计（11/64）

(N) 国际橡胶有限公司的航天服，采用古德里奇公司的肩部设计（11/64）

(O) 汉密尔顿标准公司的XT1老虎航天服样机（11/64）

(P) 由国际橡胶有限公司的航天服改造的HS XT2样机（12/64）

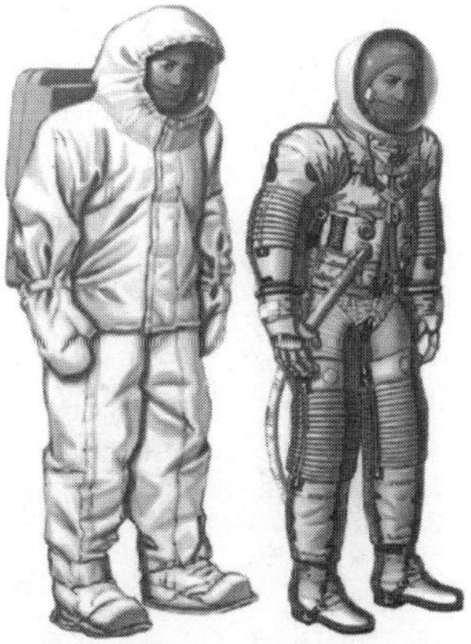

(a)舱外活动系统 (b)舱内活动系统

(Q) 国际橡胶有限公司的后期A-4H训练服（3/65—6/65）

图 6.5－3　恢复计划的航天服（续 2）

(a) 外视图 (b)无外罩

(R) 汉密尔顿标准公司的“活动性航天服”-改进的国际橡胶有限公司航天服（1/65）

(S) 国际橡胶有限公司的后入式SOA“AX4H前身”（2/65）

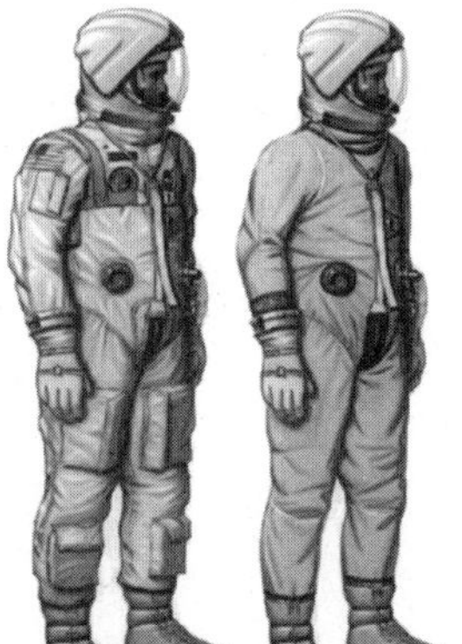

(a)外视图 (b)无外罩

(T) 大卫·克拉克公司的AIC Block 1航天服:

(a)舱外服外视图 (b)舱内服外视图 (c)无外罩

(U) 汉密尔顿标准公司的X5H航天服（3/65－6/65）

图 6.5－3 恢复计划的航天服（续 3）

(a)舱外活动系统 (b)舱内活动系统 (c)无外罩

(V) 汉密尔顿标准公司/古德里奇公司AX6H竞赛航天服（5/65）

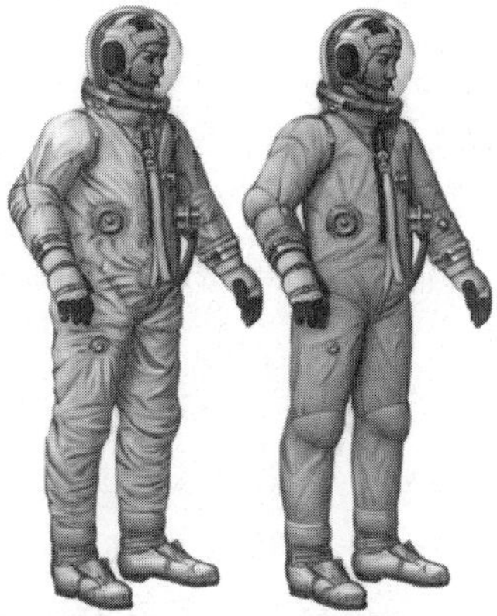

(a)外视图　　(b)无外罩

(W) 大卫·克拉克公司的AX1C竞赛航天服（5/65）

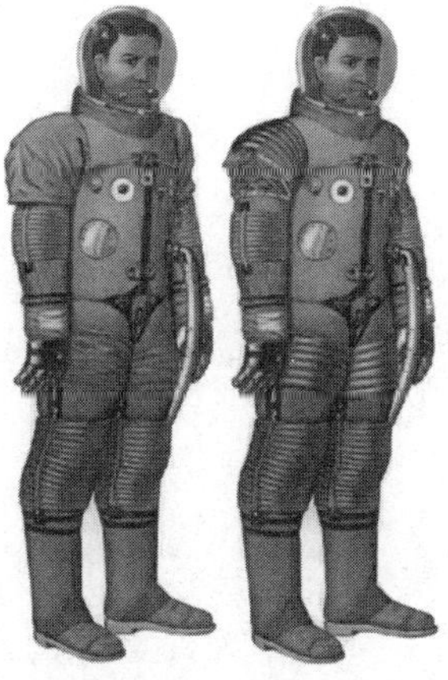

(a)外视图　　(b)无外罩

(X) 国际橡胶有限公司的AX5L竞赛航天服（6/65）

(Y) 汉密尔顿标准公司的PLSS和HS/DCC TMG研发航天服（6/65—9/65）

(Z) 汉密尔顿标准公司的XT5（7/65）

图 6.5-3　恢复计划的航天服（续 4）

1964年5月前后，美国航空航天局对改进的A-2L航天服（图6.5-3F）进行了评估。改进型采用的是双子星式的太空靴和肩部防磨片配置，先于改制的AX3H完成。这套改进型A-2L航天服很可能是国际橡胶有限公司一项内部投资的成果，它响应了人们更喜爱双子星式太空靴的跟脚感觉而非阿波罗AX1H/AX2H牛仔靴的评估意见。

直到5月底，AX3H-024改装完成，采用了双子星式的生命保障连接器以及汉密尔顿标准公司（设计及制造）的“通用”头盔（图6.5-3G）。除了一次手套故障外，次月进行的所有测试均符合标准。到1965年6月底之前，美国航空航天局指示根据改制AX3H的特征（图6.5-4）及设计改进恢复训练服的制造。为了区别该批训练服产品与原来的AX3H配置性能，美国航空航天局随后发出指示：在第一批交付的产品验收之前，指定该训练服为AX4H，验收之后更名为A-4H，以表示“成品”航天服。

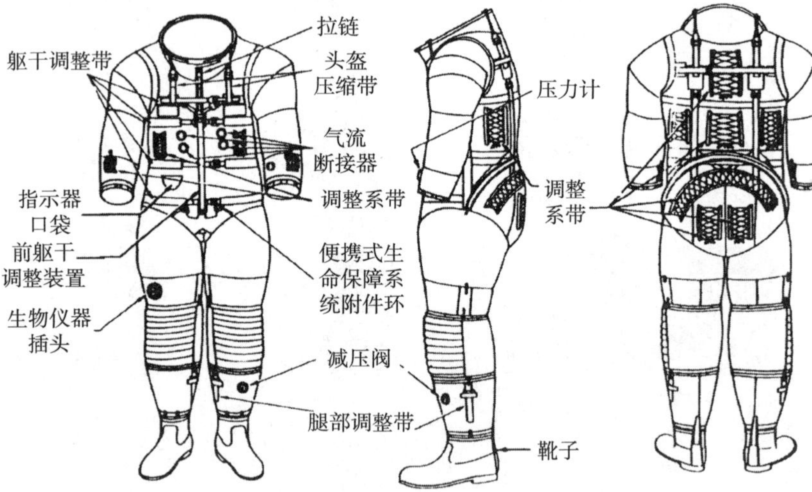

图6.5-4　A-4H训练服外形图（汉胜公司提供）

除了改制的AX3H-024，国际橡胶有限公司还交付了一套单独穿着的热/微陨石体防护服以及支持并行试验所需的代表防护层及其结构的试验样品。样品满足隔热要求，但不符合冲击要求。满足冲击要求的前提是，航天员进入开放的太空后，在微陨石的撞击下能够生存下来，微陨石体撞击后应在月球引力的作用下落回月球表面。改制的 AX3H 连同防护服一起被用于俄勒冈州本德的系统级现场评估（图 6.5－5）。俄勒冈州本德的地理环境与月球非常类似，因此被选定作为评估现场。参与评估的有瓦尔特·康宁汉姆，他是阿波罗 7 号——阿波罗计划中的第一次载人飞行任务的一员。穿着压力服在不平坦的地形上移动非常困难，隔热防护服严重阻碍了航天员的活动性。这不过是再次证实了美国航空航天局的观点：航天服的活动性尚不适用于月球探索。

图 6.5－5　阿波罗 7 号的瓦尔特·康宁汉姆在俄勒冈州进行 AX3H 测试（NASA 提供）

从 1964 年 12 月到 1965 年 5 月，国际橡胶有限公司与汉密尔顿标准公司总裁之间的交流并没有解决阿波罗计划中存在的问题。到 5 月末，沃利·海因茨与联合飞机公司（United Aircraft）首席执行官威廉·格温取得联系。

海茵茨趁机抱怨汉密尔顿标准公司在阿波罗 SSA 计划中的做法以及该公司新头盔设计与制造的设想。此举引发了一系列的事件，情况并未按国际橡胶有限公司的海因茨所期望的方式发展，格温反而与汉密尔顿标准公司的戴芬德弗取得联系。戴芬德弗向格温告知了实情，格温似乎满意并支持汉密尔顿标准公司的行为和立场。很可能是在戴芬德弗的指引下，汉密尔顿标准公司在航天服活动性上的内部研发工作获得了重要的资源，古德里奇公司很快与之签订活动性研发的合同，而汉密尔顿标准公司为古德里奇公司提供资金帮助其开发航天服样机，以应用其最新的活动性技术。

1964 年 6 月，美国航空航天局将即将完成的阿波罗训练服 A - 3H 更名为 A - 4H。第一批的两套航天服起初命名为 AX3H - 025 和 AX3H - 026，以表示其为试制样机，在交付至汉密尔顿标准公司之前则被重新命名为 AX4H - 025 和 AX4H - 026。美国航空航天局对质量的担忧令第 025 号和 026 号的交付延迟到了 11 月。第 027 号～第 036 号的名称是 A - 4H，以表示它们为“成品”硬件。A - 4H 航天服配备了双端口或分离的双子星式输气/排气生命保障连接器。第 025 号～第 029 号航天服是早期的 A - 4H 配置（图 6.5 - 3H），它与改制的 AX3H - 024 是姐妹航天服，唯一的不同是采用了镀铝外层织物。

下一批的两套阿波罗航天服样机在 9 月完成。第一套是古德里奇公司称之为活动性航天服的样机（不要与数个月之后汉密尔顿标准公司改进的国际橡胶有限公司的同名航天服相混淆）。古德里奇公司的活动性航天服（图 6.5 - 3I）是一款基于大高度水星航天服技术的简单压力服，外罩由橄榄色外层防护织物制成。尽管这一样机没有为阿波罗计划提供活动性解决方案，但它促成了古德里奇公司与汉密尔顿标准公司之间的合作，从而很快完成了另一套样机。

第二套古德里奇公司样机是以一套废旧的压力服为基础，以此降低成本并省去许多长前导期（long - lead）的、艰苦的细节工作。上躯干采用汉密尔顿标准公司设计的特氟隆细绳扎紧的圆箍肩膀，以及古德里奇公司设计的在二头肌部位安装压力密封轴承的手臂。这种结合（图 6.5 - 6 和图 6.5 - 3J）产生的航天服配置能满足阿波罗计划中的肩宽和上躯干活动性的要求。不幸的是，美国航空航天局乘员系统部起初不愿接受在手臂上使用轴承的配置。这种不情愿的原因是担心如果压力密封层损坏，硬接触会给乘员造成不适或损伤并危及他们的安全。因此，汉密尔顿标准公司和古德里奇公司转而致力于多方向的无轴承概念。然而，汉密尔顿标准公司航天服团队中的一名成员赞成与轴向活动性限制组件连接的轴承所带来的潜能。从 1965 年 7 月到 8 月期间，汉密尔顿/古德里奇的这一样机经历了一些零星、持续的下肢研发后变成了 XT5 样机（图 6.5 - 3Z）。

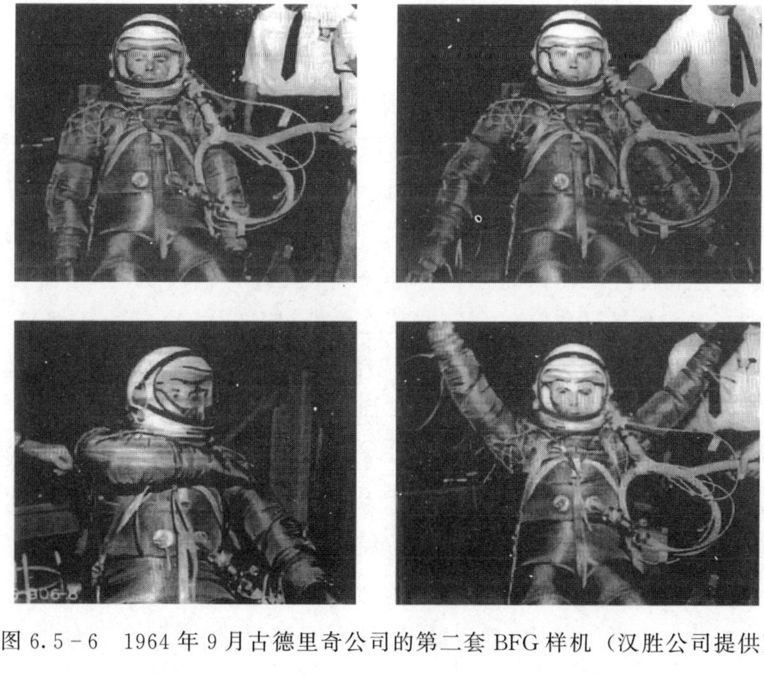

图 6.5 - 6　1964 年 9 月古德里奇公司的第二套 BFG 样机（汉胜公司提供）

1964年10月初是阿波罗航天服计划启动的第二周年，航天服活动性的发展仍不能满足要求。美国航空航天局宣布阿波罗压力服将按照与飞行器系统类似的方式分阶段进行（如第一批、第二批及第三批）。美国航空航天局非正式地宣布了有意将大卫·克拉克公司的双子星基航天服用于早期阿波罗第一批轨道飞行，其自身也开始为第二批任务研发头盔及其他的航天服特性。第二批的压力服是用于登月舱飞行，这些航天服的合同于1965年签订妥当。第二批任务的航天服系统被更名为舱外活动装置（EMU）。第三批航天服是另一个计划中开发的先进舱外活动装置（将在第7章中介绍）。

11月经历了一个来自古德里奇公司、国际橡胶有限公司、汉密尔顿标准公司以及大卫·克拉克公司的航天服评估浪潮。古德里奇公司交付了两种样机。第一套名为“可拆装”航天服，这种样机是现成的早期双子星航天报样机，或者可以说是双子星可拆装航天服的衍生型。档案显示，该航天服具备良好的肩膀活动范围且扭矩较小，但肩部直径和手臂下落位置有待改进。

第二套航天服是XN-20（图6.5-3K），它是古德里奇公司为阿波罗计划设计的最后一套航天服。制造该航天服时，古德里奇公司选择使用汉密尔顿标准公司开发的特氟隆绳索及特氟隆箍套技术，汉密尔顿标准公司为此提供了工程支持和材料。防护服的外罩防护层采用的是镀铝尼龙。在防护服的下面，压力服的限制层采用的是橄榄色的混合纤维。汉密尔顿标准公司在1964年11月底或12月初对XN-20进行了测试。与同期及之后的设计比较得出的数据显示，XN-20在性能方面与最新的阿波罗航天服相似，但汉密尔顿标准公司的设计能允许更大的活动范围，使之成为当时的潜在赢家。

国际橡胶有限公司提供了3种样机。第一套是“连身航天服”，它完全不同于汉密尔顿标准公司的同名样机。国际橡胶有限公司的连身航天服是一套与A-4H类似的试验性航天服，提供了一个可以替换肩膀和手臂的上躯干活动性系统试验平台。汉密尔顿标准公司于1964年11月12日收到该航天服时，国际橡胶有限公司的连身航天服采用了古德里奇公司设计的锥形回旋肩膀。尽管它满足了阿波罗计划的肩宽要求，手臂的下落位置也很合适，然而这些组件没有实现所需的活动性和活动范围。该航天服被立即返回到国际橡胶有限公司进行改装，产生了国际橡胶有限公司软锥形波纹管肩膀（图 6.5－3L）。到 1964 年 11 月 25 日，这款连身航天服重新交付给汉密尔顿标准公司，评估结果显示了其成功潜力。

第二套国际橡胶有限公司样机是 SOA（最先进）航天服。这一套航天服与阿波罗计划中的前入式航天服类似，不过采用的是国际橡胶有限公司的最新腿部及胯部设计（图 6.5－3M）。尽管这种设计还不是很完善，并且具有严重的用户舒适性问题（绰号“胯裆切刀”），但它却是竞赛获胜者 AX5L 胯部系统的前身，而 AX5L 经过一些细小的改进后被应用于月球和天空实验室。

第三个样机是 ILC 航天服，采用的是古德里奇公司的 XN－20 式肩膀。该样机是为了证明，如果美国航空航天局选择 XN－20 肩膀作为 A5H 训练服设计，那么国际橡胶有限公司仍能胜任压力服的制造。这套航天服（图 6.5－3N）在 1964 年 11 月 25 日（或者是稍后）交付至汉密尔顿标准公司。通过与 XN－20 航天服的比较试验中表现出的性能相似性，ILC 航天服成功地证明了，即使美国航空航天局选择古德里奇公司的肩膀设计，国际橡胶有限公司仍能生产 A5H 系列。这是国际橡胶有限公司在汉密尔顿标准公司/阿波罗计划合同下生产的最后一套完整的样机压力服。

11 月还见证了汉密尔顿标准公司第一套完整设计样机的初次登场，这就是试验性老虎航天服 1 号（XT1）。有趣的是，尽管被称为“老虎航天服”（图 6.5－3O），它却是一套橄榄色和白色融合的双色保形压力服。尽管满足阿波罗计划的肩宽要求，但它在活动性方面没有作出任何改进。初次在美国航空航天局亮相时，由于肩部的限制绳故障，XT1 发生了意料之外的手臂伸长情况。

在生产老虎航天服的同时，汉密尔顿标准公司还有一组人员继续进行压力服的设计工作。该组人员主要由年轻的工程师组成，9 月份为汉密尔顿/古德里奇的样机制造了肩部。他们持续致力于该技术的发展，重点放在无轴承多方向关节的开发上。到12月份，该团队使用先前的汉密尔顿连身航天服和另一套废旧的航天服作为研发试验台，这些航天服被命名为“上躯干航天服”（图6.5-3P）和“腿部航天服”。它们形成了汉密尔顿标准公司后来称为XT2的研发设计。根据与先前设计的比较试验，汉密尔顿标准公司建议将XT2技术应用于下一批训练服A5H，以及汉密尔顿标准公司/国际橡胶有限公司的竞争航天服中。

还是在11月份，美国航空航天局还向汉密尔顿标准公司提供了一套大卫·克拉克公司的双子星G2C训练服进行活动性比较试验（图6.5-3D）。一名大卫·克拉克公司的代表支持该项评估。比较试验结果显示，阿波罗航天服技术终于可与双子星计划的基准竞争，并在某些领域还具有一定的优势。

在活动性研发的同时，一些事件驱动了头盔设计的改变。1964年初，美国所有的太空头盔采用的是聚酸甲酯制成的压力面窗，并且会紧贴航天员的头部。大多数的头盔带有压力密封颈部轴承（以便随着航天员头部移动而转动）和颈部活动系统（加压时可以上下观察）。1964年，一次双子星训练事故造成头盔聚酸甲酯压力面窗破裂，从而使美国航空航天局下令采用聚碳酸酯压力面窗。聚碳酸酯具备相当优越的冲击性能，但尚无制造商能够生产出符合光学性能要求的聚碳酸酯。另一个要求是消除头部承受的载荷。在正常的1 g和多个g过载的情况下，载荷会在使用者的颈部产生作用力。如果不能调整得当，航天服的压力载荷会将紧身的头盔推离穿戴者的头部。航天员的移动会导致航天服体积/压力发生改变，由此对颈部和头部产生作用力，造成不适感。NASA还有一个期望是消除压力面窗收回机构以及可能的面窗故障。将压力面窗集成到头盔壳层中缓解了这几个方面的问题。阿波罗是第一个验证并应用配备聚碳酸酯压力面窗（具有卓越的光学性能）的头盔的太空计划，这便是C3头盔。

C3 头盔是对当时美国航空航天局的期望所作出的回应。C3 头盔是一种宽大的“固定式”头盔，无颈部关节或轴承。C3 头盔面临的系统冲击力迫使其引入汉密尔顿标准公司的“防撞帽”，即头戴通信组件（CCA）。与先前在壳体中安置通信麦克风和耳机的头盔不同的是，后来的 A-4H 配置在穿戴者的头部配设了通信装置——头戴通信组件。汉密尔顿标准公司生产的这种头戴通信组件在阿波罗计划中使用的时间不足一年，此后由其他机构生产的头戴通信组件保留了之前的结构，只是作了一些改进及完善。由于这种头戴通信组件在外形上与知名卡通形象的帽子相似，不久它便以“史努比帽”之称被大众所知晓，这一绰号沿用了数十年之久。

美国航空航天局要求尽早将 C3 头盔融入到 A-4H 训练服中，选定了第 030 号及之后的训练服。此后，美国航空航天局开始逐步取消规划航天服型号中的 X 字母和横杠，因此 A-4H 更名为 A4H。由于当时已经发出了关于 A5H 训练服配置的指令，带有 C3 头盔的 A4H 航天服通常被称为“后期 A-4H”航天服（图 6.5-3Q），这些航天服为第 030 号～第 036 号，于 1965 年 3 月到 6 月期间陆续交付。之后的 A4H 航天服配备了更大的颈圈，以支撑尺寸有差异的 C3 头盔，航天服背部的躯干大小环形调整带由 7 根变为 4 根，移除了最下面的 3 根。第 030 号～第 032 号采用的是镀铝织物外罩，第 033 号～第 036 号采用的是白色尼龙外罩，以提供易于清洗的训练服配置。

12 月，美国航空航天局评审了 11 月试验中得到的比较数据。阿波罗活动性开发最终超越了双子星计划的基准。古德里奇公司 XN-20 和汉密尔顿标准公司 XT2 航天服的上躯干设计均符合阿波罗计划的全部要求。汉密尔顿标准公司表明 XT2 略胜过 XN-20，并建议 A5H 训练服的上躯干部分使用 XT2 技术。然而，阿波罗设计还要求下躯干的腰部和胯部具备更大的活动性。随着胯部活动性的发展，上躯干活动性进一步的改善也在并行推进。

1965 年 1 月，国际橡胶有限公司交付了合成的实体模型航天服。

预期它是国际橡胶有限公司为用于第二批竞赛航天服的 A5H 设计提供的最后一套航天服。交付的这套样机仅包括类似于 A4H 的躯干及腿部，这或许充分地反映了当时汉密尔顿标准公司和国际橡胶有限公司之间的关系。美国航空航天局和汉密尔顿标准公司给出的反应似乎是否定的。汉密尔顿标准公司向国际橡胶有限公司发布了一份停工令，要求其终止全部的阿波罗研发活动。在此之前，汉密尔顿标准公司总裁比尔·戴芬德弗亦反对古德里奇公司成为阿波罗压力服供应商。这次交付之后，戴芬德弗下令赶紧研究古德里奇公司可供选择的装置。到 2 月初，国际橡胶有限公司同意生产汉密尔顿标准公司的设计，停工令得以撤销。两家公司宣布共同协作，恪守承诺。然而，汉密尔顿标准公司并没有停止研究古德里奇公司能够供应的装置，国际橡胶有限公司表示不会与汉密尔顿标准公司进行进一步合作。

同年 1 月，汉密尔顿标准公司获得了一套与 A－4H 相似的航天服（很可能是国际橡胶有限公司合成的实体模型），并改装为 XT2 式的肩膀和手臂。汉密尔顿标准公司将之命名为“活动性航天服”（图 6.5－3R）。汉密尔顿标准公司的活动性航天服随即被用于美国航空航天局的飞船研发活动中。

根据汉密尔顿标准公司与美国航空航天局签订的合同，国际橡胶有限公司拥有独立的内部研发权，不需要与汉密尔顿标准公司或美国航空航天局分享。2 月初，国际橡胶有限公司完成了内部独资的 SOA 后入式样机（图 6.5－7，图 6.5－8 和图 6.5－3S）。该航天服的肩膀和肘部无外罩防护层。为了保护具有竞争性的细节设计，当时几乎所有的照相底片均经过了模糊处理，以掩盖活动性系统的细节，亦不妨碍照片的传播。不过，有一张照片（先前被认为是 1965 年 7 月的 AX5L 航天服）显示其采用的是黑色模塑橡胶回旋肘部，而 AX5L 的肘部橡胶都是染成与躯干织物相匹配的浅蓝色（图 6.5－3X 和图 6.5－8）。2 月，美国航空航天局工程师詹姆斯·奥肯（昵称吉姆）和罗伯特·琼斯（昵称鲍勃）造访国际橡胶有限公司的工厂，旨在开发一套适用于后入式 SOA 样机的聚碳酸酯全气泡式头盔样机。

奥肯和琼斯提倡开发全气泡式头盔，这无疑是反对阿波罗计划的第 95 百分位的头部大小要求。

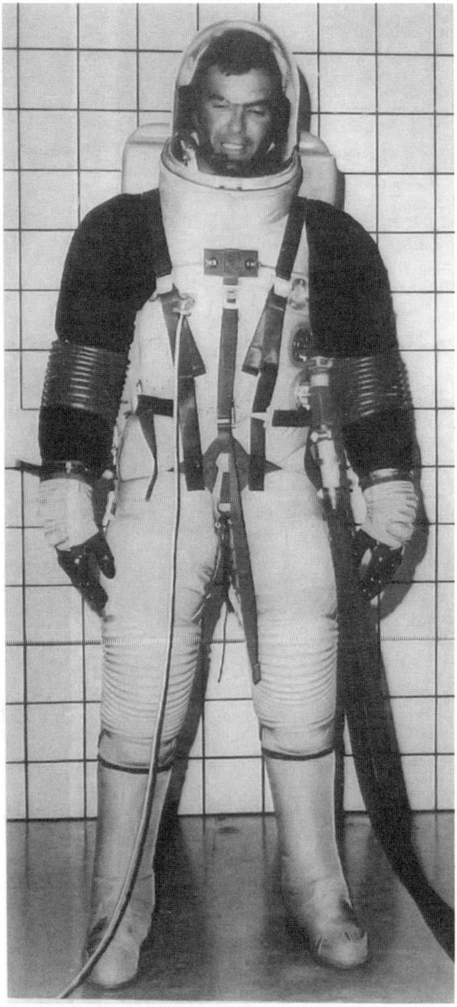

图 6.5-7　国际橡胶有限公司的后入式 SOA 航天服（采用"漆黑的"肩膀）（ILC 公司提供）

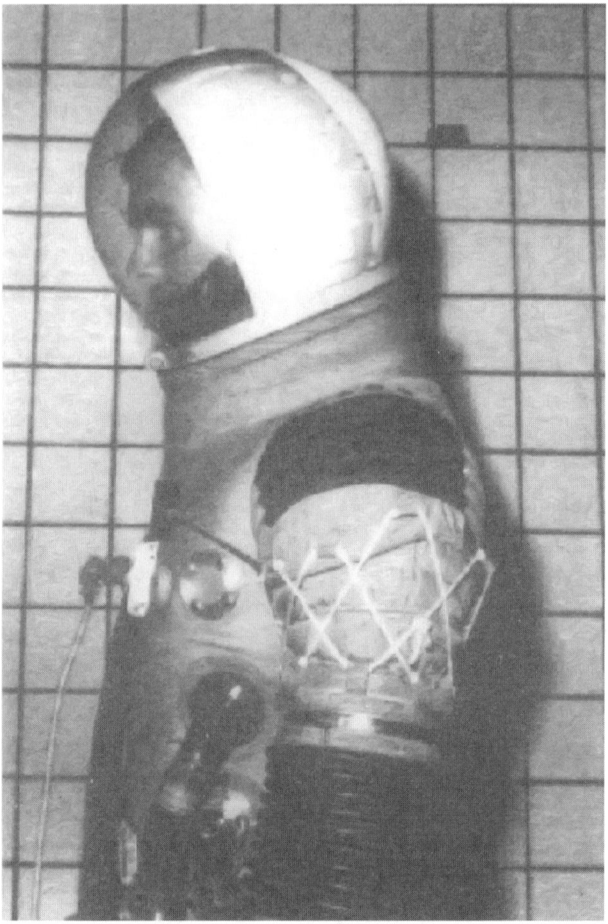

图 6.5-8　国际橡胶公司后入式 SOA 航天服的肩部和手臂
（ILC 公司提供）

与以前不同，他们对阿波罗任务航天员进行了测量，并定义了一个更紧凑的几何构型，即任意方向上只允许半英寸的额外空间。其时阿波罗成为了第一个要求装备聚碳酸酯压力面窗的太空计划，使用聚碳酸酯制造光学性能合乎要求的全气泡式头盔会遇到极大的挑战。直到 1967 年，奥肯和琼斯才找到了愿意并能支持其目标的供应商。然而，正是他们的设计支持了所有的阿波罗和天空实验室任务，以及至今美国的所有太空行走项目。

1965 年 2 月，汉密尔顿公司发布了最新一轮关于全部已知设计的比较试验结果，但不包括国际橡胶公司后入式 SOA 航天服。结果表明，汉密尔顿公司的 XT2 上躯干和裆部设计实现了最佳舒适度、最大活动范围和最大轻便性。基于这些结果，NASA 在制造 A5H 训练服时直接使用了 XT2 活动系统。

由于汉密尔顿公司的活动性航天服被用于演示验证，于是该公司用汉密尔顿式的手臂和肩部改进了另外一套类似于 A－4H 的测试服。最终“A－4H 改装型航天服”的性能给 NASA 留下了深刻的印象，它发布了 A－4H 训练服第 032 号和第 033 号按照汉密尔顿式的手臂和肩部进行改装的指令。

阿波罗第二批压力服竞赛前的 14 周，国际橡胶公司从 11 月份之后就没有给汉密尔顿公司交付新型压力服样机了。1965 年 3 月 3 日，NASA 允许汉密尔顿公司转由古德里奇公司独家负责阿波罗压力服的设计支持和后续模型生产工作。国际橡胶公司根据与汉密尔顿公司签订的合同继续完成 A－4H 训练服的交付项目。

1965 年 3 月，以双子星计划航天服为基础，NASA 将阿波罗第一批压力服合同正式授予大卫·克拉克公司（图 6.5－3T 和 6.6 节），以支持首次阿波罗载人飞行。NASA 将其命名为 A1C。

为了支持交付进度，汉密尔顿公司在 3 月份交付了第一批两套 A5H 训练服，意图在两三个月后收回进行升级，作后续的活动性改进。直到 1965 年 3 月，A5H 训练服和 A6H 飞行配置都将采用与 A－4H压力服相同的头盔和颈圈。A5H 研发压力服有两种配置的前期生产样机。这些样机的特点在于新型“软式”轻便压力靴，它是躯干气密层和限制组件的延伸。压力靴的踝关节有利于月球行走（美国专利号 3605293，汉密尔顿公司发明者格彻尔、科罗博斯基与马罗尼）。航天员迈克·柯林斯将成为第二批压力服竞赛的压力服评估员，竞赛于 1965 年 6 月 15 日开始。第一套 A5H 样机（图 6.5－

3U，后称之为 AX5H），将按照柯林斯的身材确定尺寸，这套压力服将用作汉密尔顿公司/古德里奇公司的竞赛样机。并行制作的第二套 A5H 样机的尺寸由汉密尔顿公司的压力服评估员丹·加尔文确定。柯林斯和加尔文样机的完成和交付与活动性系统研发/精制同期进行，以满足计划所需。柯林斯压力服用于指令舱的关键设计评审，古德里奇公司为其研发了压力密封拉链，证明可以显著降低压力服漏气的可能性。后来加尔文压力服亦送至古德里奇公司，增加了这一功能。

1965 年 4 月，NASA 打算研发尺寸较小的颈圈和结构更加紧凑的头盔，以期相比于 A－4H 压力服可以实现更大的视野。A6H 飞行模型也有这个要求。在这一点上，A5H 训练服的配置将不作改变，以保持该样机和后续生产的交付进度。这就要求制作一套全新的汉密尔顿公司/古德里奇公司竞赛样机。由于进度的限制，名为 AX6H 的比赛压力服在汉密尔顿公司制作。与此同时，加尔文 A5H 样机则由古德里奇公司制作完成。该压力服样机在其新型后入式系统测试中没有出现明显的漏气情况，不管什么历史时期，这对于拉链进入式压力服来说都是一项非凡的成就。

到 5 月中旬，AX5H 样机按照最新的活动性要求进行翻新再制造。也是在这个月，汉密尔顿公司开始生产第三套 A5H 压力服，这是专门为压力服评估员古德曼订做的。加尔文压力服于 1965 年 6 月 11 日交付给汉密尔顿公司，而相对于交付压力服用于阿波罗第二批压力服竞赛而言，这个时间太晚了。NASA 进行再交付验收后，它也正式成为首套 AX5H 压力服。到 7 月初，科林斯的 AX5H 压力服也顺利交付。

A4H 训练服交付工作于 1965 年 6 月结束。1965 年，这支训练服机队在很多关键活动中提供了支持，包括格鲁曼公司的月球车（图 6.4－1）系统研发。随着后期 A4H 压力服交付工作的结束，国际橡胶公司还交付了一套 A4H 热/微陨石体防护服样机系统和试样。该外罩甚至比 AX3H 系统更重，且局限性更大。样本测试还是无法满足阿波罗的冲击要求，这些要求的可信度受到了严重的质疑。这也是国际橡胶公司为汉密尔顿公司生产的最后一批防热服。

当人们普遍认为第二批压力服的竞争者为汉密尔顿公司和大卫·克拉克公司时，国际橡胶公司正试图参与进来。通过参加这次竞赛，国际橡胶公司管理层期望自己的研发得到更大程度的认可。ILC 预计汉密尔顿公司的参赛服是 AX5H，它对 NASA 的查尔斯·鲁特兹做了一番陈述，阐述了前述国际橡胶公司的两套配置对阿波罗计划的重要性，且应当追溯获得 NASA 的命名。陈述报告取得了成功，但该报告及其细节内容已经不得而知，追溯命名的 AX3L 和 AX4L 很可能是针对 1964 年 11 月的国际橡胶公司 SOA 压力服（图 6.5－3M）及后续的后入式 SOA 压力服样机（图 6.5－3S，图 6.5－7和图 6.5－8）。

1965 年 6 月 15 日，第二批压力服竞赛在休斯敦载人航天器中心正式开始。汉密尔顿公司的团队在竞赛的当天上午完成了 AX6H－037 压力服（图 6.5－3V 和图 6.5－9）。为防止不合格的情况，他们租用了一架私人飞机，工程师在飞行过程中完成了组装，赶在比赛的最后期限前完工。随着 AX6H 的顺利交付，汉密尔顿公司继续进行这种压力服样机的研发，并称之为 XT5。不像汉密尔顿公司那样仓促，大卫·克拉克公司的 AX1C 压力服（图 6.5－3W 和图 6.5－9）则是适时交付，在休斯敦静待竞赛的开始。该样机为前入式压力服，配肩部轴承，还具有许多先进特征。竞赛进行了两周以后，国际橡胶公司内部投资的样机 AX5L（图 6.5－3X 和图 6.5－10）亦获准参加。

1965 年 7 月，NASA 下令后续的 A5H 训练服也应该配备较小尺寸的颈圈和 AX6H 式头盔，因此 AX5H 配置很可能包括前述三种压力服。有一种 AX5H 可能是指古德曼压力服，在最终配置中配备改进的衍生型 A－4H 皮靴。空军在载人轨道实验室相关的评估中用到了这种压力服。

阿波罗计划中交付的下一代热防护服来自大卫·克拉克公司，

图 6.5－9　大卫·克拉克公司（左）AX1C 和汉密尔顿公司 AX6H 1965 年（右）参赛服（NASA 提供）

汉密尔顿公司利用 AX5H 与 AX2H 压力服对其进行了测试。这些防护服在 AX6H 防护服的基础上稍加改进，包括独立的面窗外罩和夹克，而非派克大衣式的外套（图 6.5－3U）。这次交付之后，NASA 随即决定放低热和冲击防护要求，此举令更加轻薄、保形性更好的大卫·克拉克外用防护服（由汉密尔顿公司进行评估，图 6.5－3Y）得以形成。这套防护服包括汉密尔顿公司设计的 EVA 面窗组件（类似于阿波罗 11～13 号上用到的面窗系统，图 6.7－9～图 6.7－11）的外罩。

第二批压力服竞赛中 AX5L 的加入让汉密尔顿公司陷入了一阵忙乱。在这之前，AX5H 和 AX6H 配置占用了大量资源，从而减慢并间歇性中断了汉密尔顿公司其他的压力服研发进程。尽管如此，这些研发活动仍在不断进行之中。汉密尔顿公司开始了载人轨道实验室（MOL）航天服研发工作，设计了 XT3 和 XT4 款式，并继续

图 6.5－10　1965 年国际橡胶公司的 AX5L 参赛服（NASA 提供）

研发汉密尔顿/古德里奇合作的阿波罗压力服样机。该样机与 A5XH 和 AX6H 设计不同，使用了手臂和大腿轴承，以增强手臂/腿部的活动性和活动范围。手臂和腿部限制装置改成了钢丝绳，目的是在加压后有效减小躯干的伸展范围。一个全新的、更紧凑的多向肩部结构提供了更大的活动范围。该种样机很快就升级为最新的活动性研发项目并被命名为 XT5（图 6.5－3Z），然而对于阿波罗计划来说属于姗姗来迟了。

7 月底，NASA 以非正式的方式通知汉密尔顿公司，国际橡胶公司将成为阿波罗压力服组件的供应商。三套新制的 A5H 训练服（第 038、第 039 与第 040 号）为 AX6H 压力服（图 6.5-3V）的克隆版，只是没有防热外罩，这批训练服将于 1965 年内完工并交付。汉密尔顿公司的阿波罗压力服研发活动 1965 年 9 月就结束了，由于知识产权和合同方面的问题，汉密尔顿公司关于阿波罗压力服和集成的合同于 1966 年 3 月正式终止。

1965 年舱外压力服竞赛

阿波罗第二批压力服竞赛于 1965 年 6 月 15 日开始。本次比赛中评估的压力服样机为汉密尔顿公司的 AX6H 压力服和大卫·克拉克公司的 AX1C 压力服。NASA 允许国际橡胶公司两周后带着它的 AX5L 压力服样机参加比赛。

相比于 AX5H 压力服配置，汉密尔顿公司的 AX6H-037 压力服（图 6.5-3V 和图 6.5-9 右图）做了几点改进，包括取消了颈圈固定索以提高无辅助穿脱能力；加大了头盔的视野；快速断接型 EVA 面窗系统；整套的热防护服系统。AX6H 压力服另一个让人感兴趣的方面就是手套，其特点在于配备了大卫·克拉克公司提供的指端灯，派生于国际橡胶公司的设计款式（由古德里奇公司制作）。与 AX5H 压力服一样，AX6H 压力服的特点在于配备了液冷服和“行走”压力靴。

大卫·克拉克公司的 AX1C 压力服（图 6.5-3W 和图 6.5-9 左图）明显不同于其后入式双子星压力服（图 6.5-3D）和阿波罗第一批 A1C 压力服（图 6.5-3T）。这些设计采用了链网（Link-net）限制技术，而 AX1C 压力服配备袖孔（肩部）轴承，增强了肩部活动性和前面/顶部进入能力，就如同 1962—1964 年的阿波罗航天服。AX1C 的改进有独到之处。正如汉密尔顿公司的 AX6H 的前入式系统，大卫·克拉克公司的设计去除了连接颈圈的缆绳，这样便于实现无辅助穿脱。AX1C 压力服另一个特点在于配备了全气泡式头盔，比 AX5L 压力服头盔的尺寸更大，光学性能更好。AX1C 还使用了阿波罗双端口生命保障连接器，以适配液冷服。与其他参赛服不同，AX1C 的热防护和微陨石体防护服集成到躯干和手套上（非独立装置），这样执行 EVA 时只需单独穿戴面窗组件、靴子和背包。

国际橡胶公司的 AX5L 压力服（图 6.5－3X 和图 6.5－10）的特点可能就在于它在后入式 SOA 压力服（图 6.5－3S）的基础上所做的进一步发展，尤其是采用了国际橡胶公司的软式锥形波纹管肩部设计，其中包括一根特氟隆束绳、箍套多向活动组件和压力密封轴承（位于上臂，邻近模制的回旋式双轴肘关节）。其双子星型后入式系统包括一条古德里奇压力密封拉链，在参赛服当中，这样做可将 AX5L 压力服的漏气可能性降至最低。与大卫·克拉克公司和汉密尔顿公司的参赛服一样，滑轮式前拉带让穿戴者在俯身时可以拉住压力服。AX5L 压力服的另一个关键特征在于其步行三角裤和大腿限制系统（专利号 3699589，发明者乔治·杜伦尼）。与之前的设计相比，这样可以不太费力地大跨步行走。AX5L 压力手套的特点在于其改进的钢索多向腕关节。

在阿波罗第二批压力服竞赛中，AX5L 证明具有最佳活动性和最小漏气率，在加压条件下的保形性以及耐用性/可靠性至少与 AX1C 相同。7 月底，NASA 以非正式方式宣布获胜者为 AX5L 压力服。8 月，NASA 开始考虑 EMU 集成商的角色，国际橡胶公司和汉密尔顿公司已分别成为 NASA 压力服组件和便携式生命保障系统的主要承包商。在踏上月球之前，除了 AX5L 压力服的特点之外，国际橡胶公司后来的设计还增加了液冷服、多路水连接器以及 AX6H 的行走（踝关节）压力靴。

6.6　阿波罗第一批压力服（大约在 1965—1967 年）

在 1964 年 3 月的测试中，只有大卫·克拉克公司的双子星航天服是可以接受的，而无需为阿波罗指令舱的操作做进一步的研发。NASA 于是对大卫·克拉克公司基于双子星计划的航天服用于最早的阿波罗任务进行了研究，不涉及登月舱或舱外活动，这样就有额外时间来研发阿波罗发射/再入和 EVA 两用航天服。两用航天服系统的方案于 1964 年 9 月/10 月被采纳，而阿波罗第一批航天服合同也于 1965 年 3 月正式签订。

NASA 将大卫·克拉克公司的阿波罗第一批压力服命名为 A1C。A1C 利用了大卫·克拉克公司的双子星进入和限制系统（图 5.2－1 和图 5.2－2）。不同于双子星系统，A1C 压力服头盔的特点在于配备了玻璃纤维外壳，置于压力密封和防眩面窗外（图 6.5－3Q 和图 6.6－1），用于冲击防护。另外，漂浮装置取代了降落伞背带系统。在 A1C 压力服的生产过程中，漂浮装置起初是装在胸口上部位置（图 6.6－1），到 1966 年下半年，漂浮装置改装成了背带系统，漂浮组件置于左右手臂下方（图 6.6－2）。

图 6.6－1　针对阿波罗第一批任务的大卫·克拉克公司生产的 A1C 压力服系统（NASA 提供）

图 6.2-2　A1C 最终配置（从左至右：格里索姆、查菲和怀特，NASA 提供）

A1C 压力服计划中的第一次飞行服役经历是航天员查菲、怀特和格里索姆（图 6.6-2）首次执行的载人飞行任务。1967 年 1 月，密封舱试验中的一场火灾，夺走了第一批阿波罗乘组人员的生命，其他全部计划也因此中止，以便对全部系统进行安全审查。这包括对全部材料进行审查，检查可燃性和潜在有毒化学物质的排放情况，结果制定了更为严格的材料要求。这对阿波罗压力服制造中用到的轻质织物材料和化合物产生了影响，必须进行修改和再认证。

安全审查造成了时间推迟，加上 1965—1966 年间阿波罗第二批压力服的研发不断向前推进，这让 NASA 对第一批和第二批任务采用单独航天服系统的方案进行重新考虑。其结果是，对第一批非 EVA 和第二批 EVA 任务，还是使用一种航天服系统，即国际橡胶公司的压力服。

6.7 完成阿波罗之旅（1965—1972 年）

1965 年 9 月，NASA 承担了阿波罗 EMU 系统的集成职责，压力服和生命保障系统被分成两个独立的合同项目。不过，阿波罗 EMU 的进化活动还在继续，这将通过以下内容予以描述：

- 进入轨道（1965—1967 年）
- 阿波罗 7～10 号：EMU 及其使用（1968 年）
- 阿波罗 11～13 号：EMU 经验（1969—1970 年）
- 阿波罗 14 号：EMU 配置（1970 年）
- 阿波罗 15～17 号：EMU——现有系统改进及其使用（1968—1972 年）

进入轨道（1965—1967 年）

阿波罗 9 号首次舱外活动之前，要经过认证、完善、飞行系统执行、训练和彩排。为了推进阿波罗尽早发射升空，NASA 作为系统集成者所面临的第一个挑战就是获得最新配置的训练服。1965 年 9 月，基于阿波罗第二批航天服竞赛结果，NASA 从国际橡胶公司订购了 A5L 训练服（图 6.7 - 1A）。这种航天服模型在 1965 年年底前就问世了，它还需要做少量的研发工作，以便容纳液冷服，并根据 AX5L 的评估结果完善其构型。A5L 训练服至少制作了 14 套。

1966 年预计是作最后的改变的一年。这一年，三次无人飞行拉开了即将于 1967 年年初开始的阿波罗载人飞行任务的序幕。载人任务部分将首先进行轨道飞行，验证指令舱的设计，然后在登月之前对登月舱系统进行验证。与登月舱相关的轨道飞行任务将引入第二批航天服系统，包括阿波罗 EMU。考虑到订货、制造、交付、对乘员进行配置细节调整，以及在飞行前对飞行乘员进行系统操作培训所需要的研发周期，第二批阿波罗 EMU（图 6.7 - 1B）预计将由国际橡胶公司的 A6L 压力服组件（PSA）和汉密尔顿-2 型便携式生命保障系统（PLSS）组成。A6L PSA 本质上就是 A5L 训练服的飞行版，通过添加 EVA 面窗组件、防热外罩、PLSS、应急供氧装置、热防护手套和隔热靴，PSA 改装成为舱外活动配置。在研发阿波罗防护外罩的过程中，大卫·克拉克公司要与国际橡胶公司分享其双子星压力服的生产经验。1965—1966 年还没有像后期飞行配置那样胸部安装的显示和控制模块。

(a) 外观图　(b) 无外罩

(A) 国际橡胶公司A5L训练服（1965）

(a) 舱外活动系统　(b) 舱内活动系统

(B) 国际橡胶公司A6L（初始配置，1966）

图 6.7-1　阿波罗第二批任务登月准备配置

1966 年，NASA 决定在登月飞行中将 PLSS 背包留在月球表面，以使登月舱上升段的地质学有效载荷最大化。登月舱不能与服务-指令舱形成对接的可能性，成为了一个新的安全隐忧。当时的阿波罗 EMU 只有 5 min 的应急供氧，而从登月舱上升段舱外转移至指令舱预计需要 30 min。第一解决方案是研发名为“转移生命保障系统”的尺寸较小、重量较小的附加系统，存放在登月舱内，只在有需要时才使用，所以也不会给舱外航天服系统增加额外体积。汉密尔顿公司设计了转移生命保障系统，最大程度地利用现有登月舱环境控制系统和阿波罗便携式生命保障系统部件来降低设计和认证费用。由于阿波罗计划的要求又有变化，该系统只生产了一种样机。

1966 年年底前，登月有效载荷和体积的负担促使 NASA 决定研发独立的、30 min 航天服备份生命保障系统，以支持月球探索和可能的在轨转移。其结果是，新的氧气净化系统（OPS）组件能够给航天员提供多于 30 min 的加压、通风和冷却能力，氧气净化率为 8 lb/h（3.6 kg/h）。该速率（通过极端干燥的膨胀气体获得）用以产生对流和蒸发冷却。如果不需要冷却，则选低流量设置可以提供接近一个半小时的生命保障气体。OPS 将独立存放在登月舱内，并通过滑入式支架连接，用做 EVA 组件。

1967 年 1 月，阿波罗 1 号密封舱火灾让所有计划活动戛然而止，直到实施了材料和安全评审。材料变化导致了－3 型便携式生命保障系统的产生。在压力服方面，A6L 演变成 A7L 压力服组件样机（阿波罗 9 号将会用到）。这些发展改进项目包括使用防火材料；防热服加入到登月面窗组件以覆盖颈圈；热/微陨石体防护服（TMG）；便于行走的带有踝关节的压力靴。众多的因素综合到一起，使防热外罩得以集成到压力服中。随着 1965 年热和冲击防护要求的放松，外罩变得更薄更轻。NASA 在大卫·克拉克公司双子星 G4C 压力服集成 EVA 外罩时比较顺利，而在阿波罗压力服分层方法方面则经历了困难，这都与计划延迟相关，也给做成一体化的外罩创造了可能。作为阿波罗计划的一部分，至少交付了 25 套 A6L 压力服。

此次计划延迟还实现了胸部安装的显示和控制系统——遥控单元（RCU）的并行研发。－3 型 PLSS 只改进了材料，－4 型另外研发了遥控单元，此次研发取得了成功，结果 1967 年－4 型 PLSS 被应用于阿波罗 EMU 设计。

A6L 压力服计划中止前，作为该压力服的组成部分的另一个压力服子单元则是 NASA/气闸公司的全气泡式头盔。这项工作始于

1964 年下半年，NASA 内部着手研发聚碳酸酯全气泡式头盔，直接连接在颈圈上，去除了一个连接外壳（通常为玻璃纤维或铝质）。NASA 工程师奥肯和琼斯博士主持了这项研发工作。1965—1966 年间，为生产光学性能合格的气泡式头盔，NASA 找了很多不同的供应商，却都无功而返。1966 年，美国康涅狄格州米尔福德的气闸公司通过内部投资开始研发聚碳酸酯全气泡式头盔，结果于 1967 年生产出光学性能合格的气泡式头盔。后经稍加修改，该款头盔支持了阿波罗计划、天空实验室和航天飞机的 EMU 配置。

阿波罗 7～10 号：舱外活动装置及其使用（1968 年）

1968 年，阿波罗计划重新开始全速推进，目标直指首次载人飞行。不载人的阿波罗 4～6 号任务已经验证了改进后的阿波罗飞船系统的安全性和可靠性。当时正在全力生产 A7L（图 6.7－2 和图6.7－3)的国际橡胶公司生产出两种类型的 A7L 压力服。登月舱乘员配置可转变成月球表面探索系统。指令舱驾驶员（CMP）压力服的上臂内没有轴承，也没有使用液冷服，其外罩不包含绝热层。这些不同点不仅可以降低成本，还让指令舱内的乘员空间稍有变大。ILC 最后至少生产了 105 套 A7L 压力服，有些登月舱型的 A7L 压力服改装成了 A7LB CMP 压力服，用在阿波罗 15～17 号任务中。

10—11 月间，阿波罗 7 号和 8 号分别使用了 A7L 压力服组件作为发射和再入用应急航天服。阿波罗 7 号航天员瓦尔特·施艾拉、唐·埃斯利和瓦尔特·康宁汉姆绕地球飞行了 163 圈，在返回之前进行了指定的指令-服务舱操作。在第二次载人飞行中，阿波罗 8 号航天员弗兰克·博尔曼、吉姆·洛弗尔和比尔·安德斯进行了绕月飞行。

到阿波罗 9 号时，EMU 已成为高度发展的模块化系统，还配备信息技术组件（图 6.7－4）。按照正常的穿着顺序其部件列举如下：1）生物医学带，在 EVA 期间可将航天员医学数据提供给地面控制

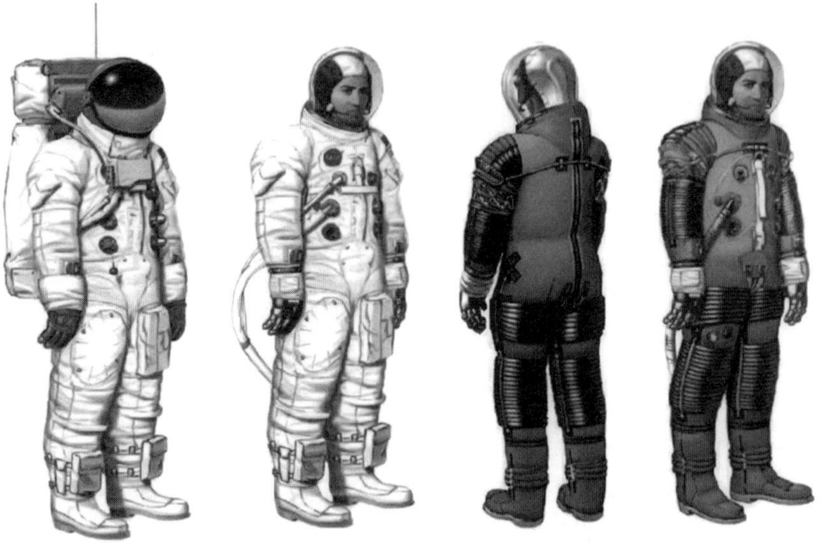

(a) EVA系统　(b) IVA级　(c) 和 (d) 无外罩（背面图和正面图）

(A) 登月舱乘员EMU系统

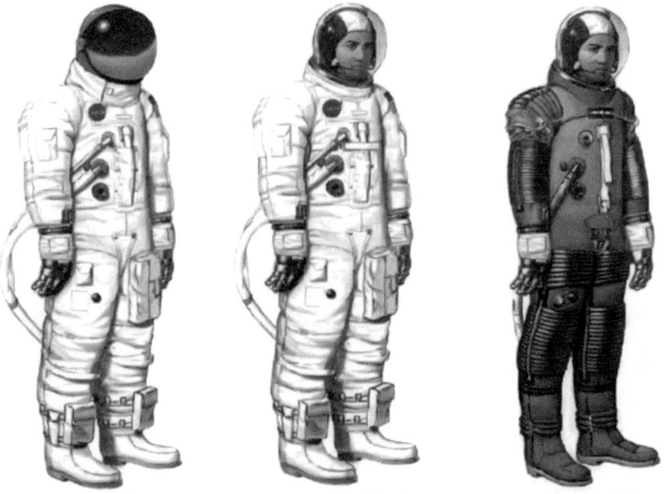

(a) EVA系统　(b) IVA级　(c) 无外罩

(B) 指令舱驾驶员EMU系统

图 6.7-2　阿波罗 7～10 号舱外活动装置配置

中心；2）尿液收集与转移组件（UCTA），男性专用，用于收集、储存并最终转移液体废物；3）粪便容纳系统（FCS），在飞船设施不可用时用于应急固体废物收集；4）日常服，提供磨损保护并给指令舱驾驶员提供更好的湿度控制；5）液冷服（LCG），给登月舱穿着 EMU 的乘员降温；6）航天员腕套，给腕部提供磨损保护，增强舒适度；7）通信头戴（CCA）或“史努比帽”，提供通信并给航天员头部提供冲击保护，为完成 IVA 配置，航天员要穿戴上压力服躯干组件、手套和头盔；8）可选择戴上舒适手套，不仅可以提供磨损保护，还可以给手部提供更好的热防护和湿度控制。头盔内还有一个给食口，以便在加压时可提供食物和水。

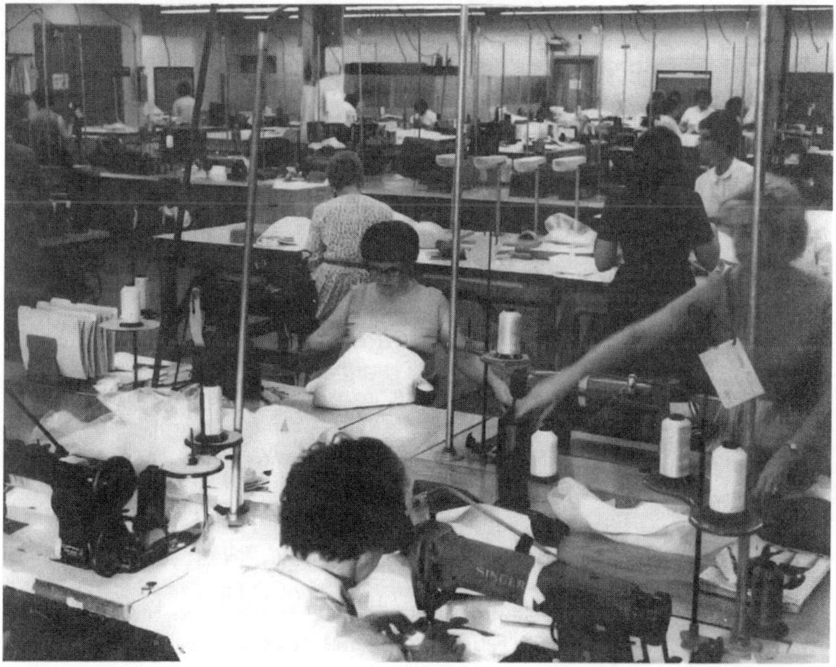

图 6.7-3　国际橡胶公司的 A7L 压力服生产车间（ILC 公司提供）

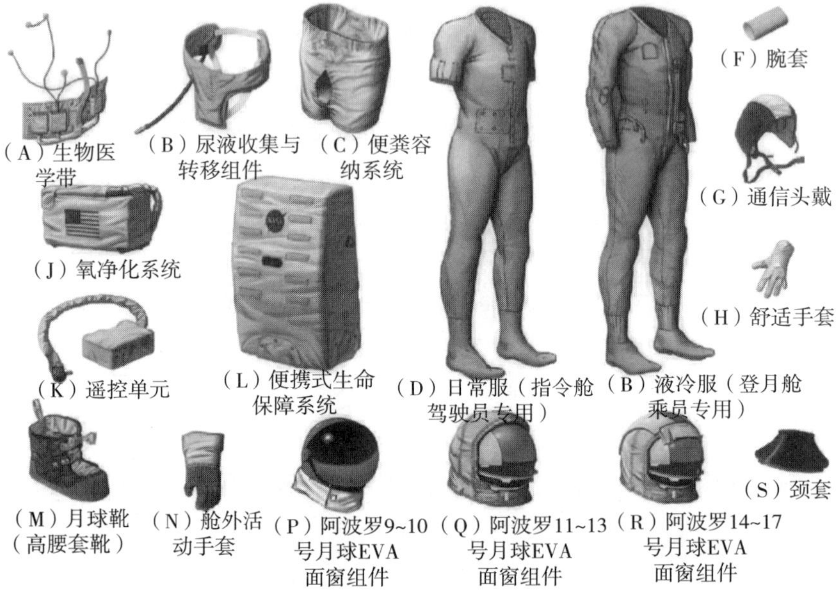

图 6.7-4　阿波罗 EMU 组件

为了将压力服组件（PSA）从发射/再入配置转化为 EVA 配置（图 6.7-4），航天员需要将氧净化系统（J）和遥控单元（RCU—K）安装在便携式生命保障系统（L）上。然后，将遥控单元接在胸部位置，方便控制和显示操作。接着，把月球靴（M）套在压力服组件的压力靴外，用于月球表面 EVA。戴上舱外活动手套（N）之后，再戴上 PLSS/RCU/OPS。舱外活动手套的特点在于用维可牢连接热防护外层手套。热防护外层手套易于脱下，以便在飞行中出现应急事件或返回过程中当做备用压力手套。最后，在压力服的气泡式头盔上装上月球 EVA 面窗组件（LEVA），便可允许航天员执行 EVA 了。LEVA 提供眼部保护，防止受到强烈直射阳光的伤害，并控制反射光。阿波罗任务用到过三种 LEVA，其中阿波罗 9～10 号任务的配置最简单。阿波罗 11～13 号任务的 LEVA（Q）提供了更强的热保护以及适度水平的反射光控制。阿波罗 14～17 号任务的

LEVA (R) 对灰尘环境有更大的耐受性，还有更好的反射光控制效果。最终的阿波罗 EMU 组件与其说是一个舱外活动装置，不如说是一个着陆后的设备。拿掉头盔之后，可以看到颈套 (S)，它让压力服形成密闭环境，提供额外的漂浮性能；如遇应急救援情况，在水中可以提供更佳的舒适度和热保护。

阿波罗 A7L 压力服采用多种材料制作而成，这些材料本质上为分层结构（按顺序从压力服的外表面到内表面，见表 6.7-1～表 6.7-4）。A7L 压力服实际上有两种不同的配置。登月舱乘员使用的压力服材料和特性针对的是月球表面探索（表 6.7-1），其中包括液冷服（表 6.7-2）。指令舱驾驶员的压力服采用有些不同的材料（表 6.7-3），日常服替代了液冷服（表 6.7-4）。

表 6.7-1　登月舱乘员舱外航天服材料

材料	功能
涂聚四氟乙烯的 β 玻璃纤维织物	防火（在氧气环境下完全不可燃）
镀铝卡普顿/β 薄纱罗（超级绝热）	镀铝卡普顿材料用于反射绝热；β 薄纱罗用作分离反射表面的垫片
镀铝聚酯薄膜	反射绝热
无纺达可纶	垫片材料
涂氯丁橡胶的尼龙	热防护外衣的内衬
尼龙织物	压力服的限制（外）层
涂氯丁橡胶的尼龙	气囊材料，作为不可渗透层，包容压力服的氧气
轻质诺梅克斯织物	舒适衬里

表 6.7-2　液冷服材料

材料	功能
尼龙氨纶网状材料	支持挨着皮肤的管材
聚氯乙烯导管	分布冷却水
多孔轻质尼龙	舒适层

注：阿波罗液冷服中的聚氯乙烯导管所用的聚氯乙烯含有塑化剂，目的是让导管足够柔软，可以弯曲。这在阿波罗计划中运行良好。而在航天飞机 EMU 计划中，塑化剂造成了堵塞，并给作为历史作品的阿波罗航天服及部件的长期保存带来了问题。

表 6.7-3　指令舱驾驶员压力服材料

材料	功能
涂聚四氟乙烯的β玻璃纤维织物	防火（在氧气环境下完全不可燃）
诺梅克斯（高温尼龙）	阻燃和防火
镀铝卡普顿/β薄纱罗（超级绝热）	镀铝卡普顿材料用于反射绝热；β薄纱罗用作分离反射表面的垫片
镀铝聚酯薄膜	反射绝热
涤纶非织造织物	垫片材料
涂氯丁橡胶的尼龙	防热外衣的内衬
尼龙织物	压力服的限制（外）层
涂氯丁橡胶的尼龙	气囊材料，作为不可渗透层，包容压力服的加压氧气
轻质诺梅克斯织物	舒适衬里

表 6.7-4　日常服

材料	功能
棉	舒适层

阿波罗压力服组件分很多层。每一层都针对性地进行选择和设计，以执行具体的功能。阿波罗压力服外层包括称为β织物的机织玻璃纤维。由于β织物为玻璃材质，不会燃烧，只在温度远高于密封舱内大多数材料的燃点（1 200°F，649℃）时才会熔化。这种材料由玻璃纤维制成，严重限制了它的耐磨性，所以对β织物的外层进行了特氟隆涂层处理，以提高其使用寿命。从阿波罗10号开始，所有阿波罗压力服都用超级β织物代替了特氟隆涂层β织物，目的是提高其使用寿命。不过，热/微陨石体防护服（TMG）的使用期限仍受限于这种材料。TMG嵌套隔热层的制作非常费力，生产成本也很高。为了增强压力服外罩防护层的防火性能，用两层卡普顿（中间夹β薄纱罗织物层）取代了外罩的两层聚酯薄膜。β薄纱罗与卡普顿粘合，可能防止β绝热层的断裂。

多种测试导致了局部的变化以及—5型便携式生命保障系统（表6.7-5和图6.7-5～图6.7-6）。这也是阿波罗9号EMU配置的内

容之一，并在应用到阿波罗 9 号之前接受广泛的载人真空室测试(图 6.7－7)

表 6.7－5　－5、－6 型便携式生命保障系统规格

时间(最大值)	4 小时
代谢率： 平均值(3 小时) 平均值(4 小时) 平均值(6 小时) 峰值	 1 600 Btu/h (403 kcal/h) 1 200 Btu/h (302 kcal/h) 930 Btu/h (234 kcal/h) 2 000＋ Btu/h (504＋ kcal/h)
总有效排热能力	5 550 Btu (1 399 kcal)
气体流速	6 CFM 170 L/min
液体流速	4 lb (1.8 kg)/min
质量	50 lb (22.7 kg)
外形尺寸	8.4 英寸×16.6 英寸×27.2 英寸(213 mm×422 mm×691 mm)
电源：蓄电池	33 W，银锌充电电池
消耗品： 储氧压力 储氧量(可再充) 储水量(可再充) LiOH 数量 污染物控制盒质量	 850 psi (57.8 atm) 1.01b (0.5 kg) 7.5 lb (3.4 kg) 2.71b (1.2 kg) 4.51b (2.0 kg)

图 6.7－5　汉密尔顿公司在交付 PLSS 前对其进行测试（汉胜公司提供）

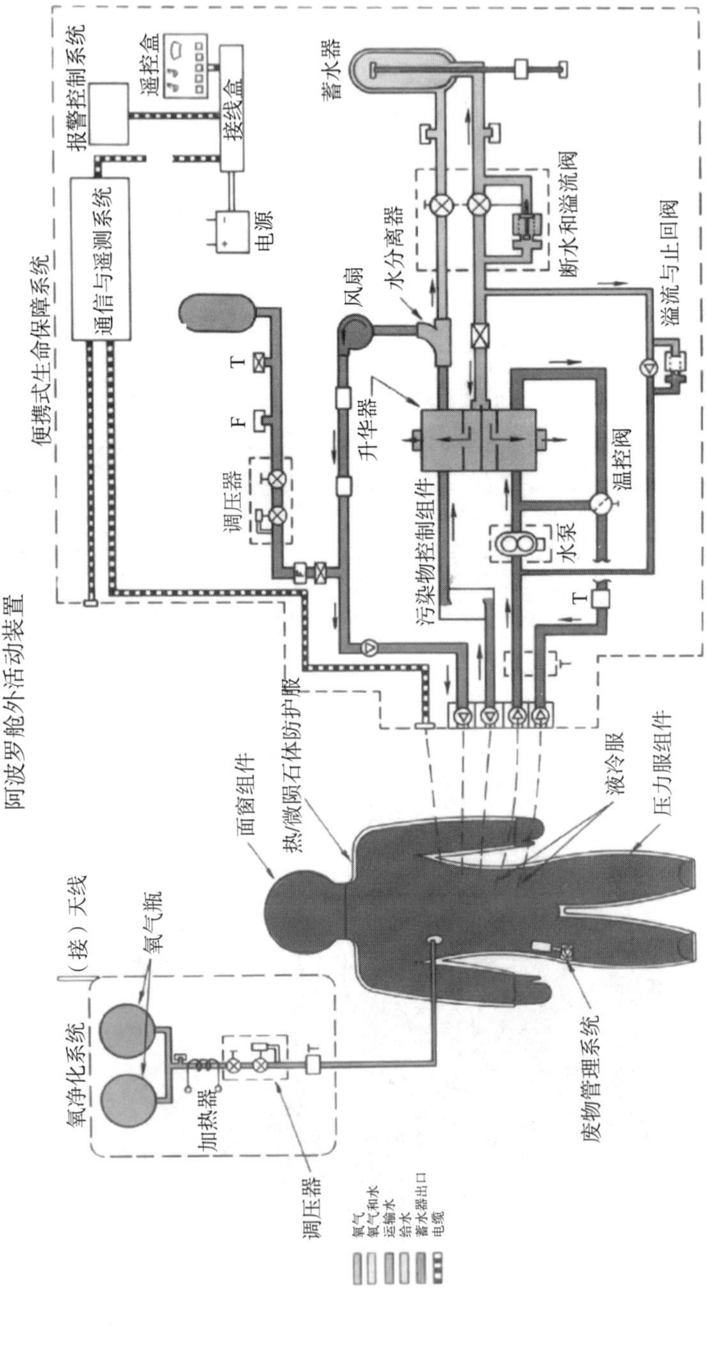

图 6.7-6　阿波罗便携式生命保障系统示意图（汉胜公司提供）

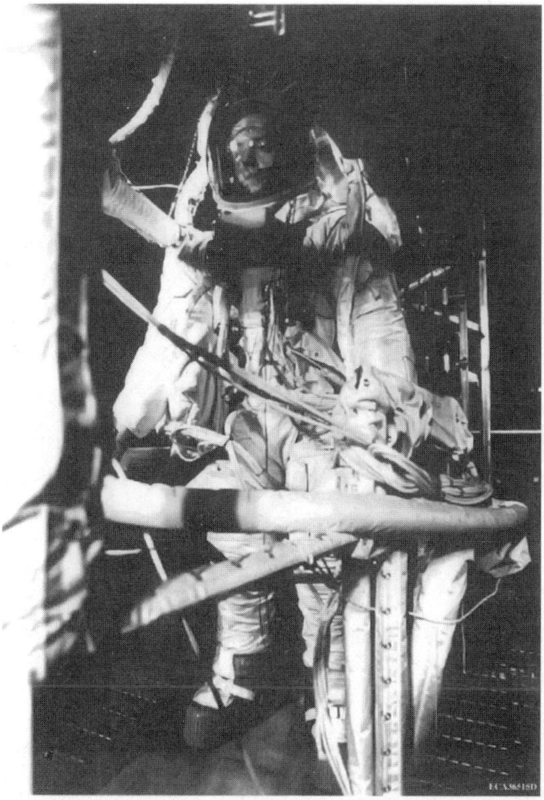

图 6.7－7　阿波罗 9 号之前的 EMU 在做真空室测试（汉胜公司提供）

1969 年 3 月 3 日，阿波罗 9 号发射升空。就在阿波罗 9 号任务进行的第四天，登月舱驾驶员拉赛尔·施维卡持和指令长詹姆斯·麦克迪维特进入了登月舱。航天员们对指令舱和登月舱进行了泄压。施维卡特从登月舱里出来，对名为“金拖鞋”的限制系统进行检测。此次舱外活动由便携式生命保障系统（图 6.7－8）提供支持。在连接至指令舱生命保障系统的脐带系统支持下，大卫·斯科特从指令舱舱门露出半个身体。该舱外活动仅仅持续了 46 分钟，但对阿波罗 EMU 的两种舱外活动配置进行了验证。这也是在阿波罗 11 号登月飞行之前唯一一次阿波罗舱外活动。

图 6.7－8　阿波罗 9 号任务中，未用脐带的拉塞尔·施维卡特正在进行第一次舱外活动（NASA 提供）

阿波罗 11～13 号：舱外活动装置经验（1969—1970 年）

当时阿波罗 10 号正在为自己的历史性的第一次月球之旅做准备，其 EMU 也吸取了阿波罗 9 号任务的经验教训，它将支持早期的阿波罗任务（图 6.7－9 和图 6.7－10）。这些变化主要涉及遥控单元和月球 EVA 面窗组件（图 6.7－4Q）。胸部安装的遥控单元稍有加大，配备了前支架以固定照相机组件，便于月球拍摄。另外，控制装置作了改进，更易于压力手套操作。月球 EVA 面窗组件配备了外壳和防热外罩，防止头盔内发生冷凝，同时提供更好的反光控制。其结果是，阿波罗 11、12 和 13 号航天服系统（图 6.7－11）成功支持了 20 人时的 EVA 探索。

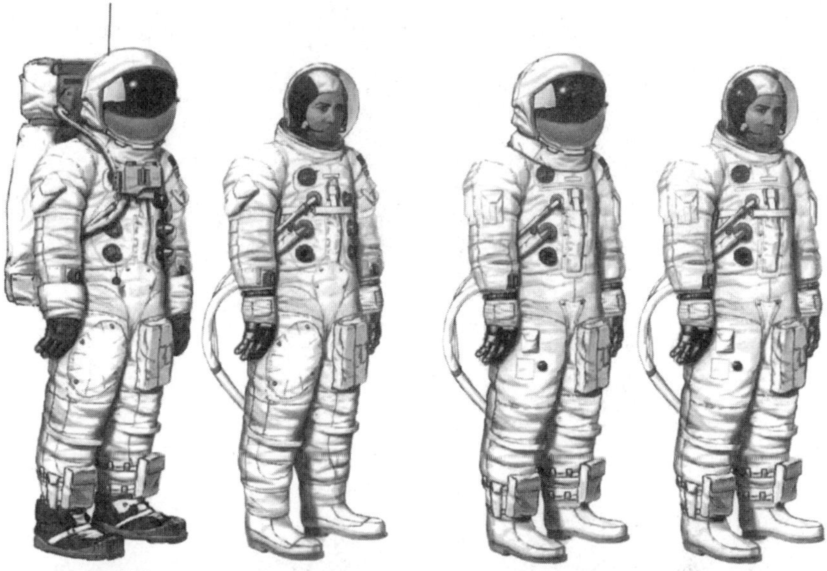

(a) EVA系统　(b)IVA级别

(A) 登月舱乘员舱外活动装置系统

(a) EVA系统　(b)IVA系统

(B) 指令舱驾驶员舱外活动装置系统

图 6.7－9　阿波罗 11～13 号的舱外活动装置配置

1969 年 7 月 16 日，阿波罗 11 号发射升空，向月球的宁静海着陆点进发。尽管先前探测器已查明该地点是一片相对平坦的区域，但为了防止飞船闯入巨石场，7 月 20 日的自动着陆过程还是被中断。之后的手动接近月面的飞行也几乎处于不得不中止的边缘，因为在到达适合的着陆点前消耗了比较多的燃料。不过阿波罗 11 号最后还是成功着陆了。着陆两个小时后，提前四个半小时，航天员阿姆斯特朗和奥尔德林获准着手进行首次月球舱外活动。

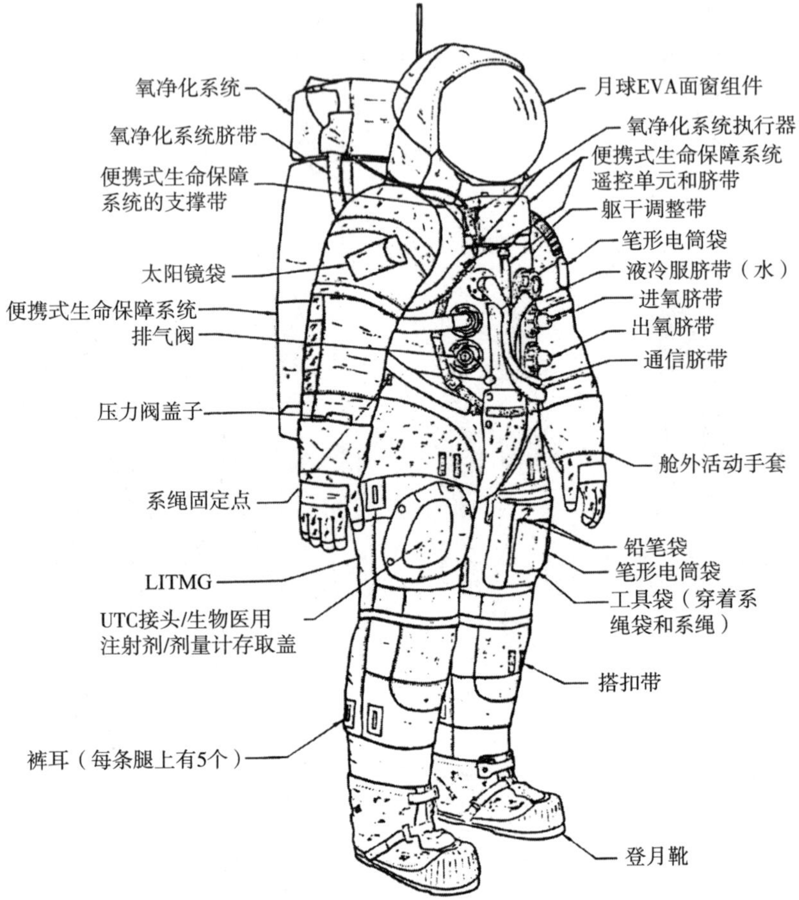

图 6.7－10　阿波罗 11～14 号舱外活动装置特征图（NASA 提供）

准备工作花了两个多小时的时间。由于谁都不清楚的动力学问题，阿姆斯特朗从舱门出来时遇到了困难。为减小重量以返回更多的有效载荷，舱门的尺寸减小了。然而航天服和背包却未重新设计，因为尺寸研究表明舱门尺寸是可以接受的，随后的地面训练并未发现在进出舱门方面有任何困难。但是，较小的月球的引力引入了未曾预料的挑战。当阿波罗航天员从登月舱的前舱门入舱或出舱时，记录到了最高值的心率。

图 6.7－11　阿波罗 11 号舱外活动装置支持人类开展了首次月球探险
（NASA 提供）

从 9 级梯子爬下来后，阿姆斯特朗拉动了一个拉环，释放了模块化设备装载组件并激活了电视摄像机。首次月球表面舱外活动的黑白模糊画面立刻在地球上超过 6 亿人的面前播放。画面中，阿姆斯特朗走下“鹰”登月舱的梯子，并说出了一句载入史册的话：“这是个人的一小步，但却是人类的一大步。”随着阿姆斯特朗成功登月，肯尼迪总统关于 20 世纪 60 年代末之前将航天员送上月球并成功返回地球的目标的前半部分实现了。

为了提供登月舱着陆后状况的记录材料，阿姆斯特朗拍摄了这艘飞船的照片。接着他用安装在一根杆子端头的采样袋收集土壤样本，之后他将电视摄像机从模块化设备装载组件上取下来，为地球上的人们提供了一个全景的拍摄。然后，他将摄像机安装在距登月舱 40 英尺（12m）远的三脚架上。奥尔德林随后也踏上月球表面，并和阿姆斯特朗测试了包括像袋鼠一样双脚跳跃或被称为“月球漫步”在内的几种月球表面行走方法。尽管生命保障背包的重量导致航天员身体往后倾倒，但并未特别影响航天员保持身体平衡。航天员发现跨步慢跑是月面活动最适宜的方式。月球表面的细土非常滑，而表面以下的地面却非常坚硬。两名航天员将美国国旗安插在月球表面之后，暂时停止了舱外活动，并与美国总统理查德·尼克松通了电话。

航天服的隔热层有效地保护了登月探险者免受阳光直射造成的极热和月球阴影区造成的严寒的影响。奥尔德林报告称，从阳光下走入“鹰”登月舱的阴影中，航天服内部温度没有任何变化（摘自《行走至奥林匹斯山》）。

航天员随后安装了早期阿波罗计划科学实验包，其中包括一台被动式地震仪和一台激光测距反射镜。之后阿姆斯特朗在距离登月舱 400 英尺（120m）的位置即东部环形山的边缘进行拍摄，同时奥尔德林用地质锤将收集管插到地底下，采集了两根岩芯标本。

奥尔德林先回到“鹰”登月舱。虽然两名航天员使用了滑轮装置，但是他们发现要将胶片储盒和两个装有超过 48 lb（22 kg）月面材料样本的箱子运至登月舱内仍然比较费劲。等所有的东西都进入登月舱后，两位航天员开始将生命保障背包、月面套鞋以及其他一些不再需要的设备丢弃在月球表面，然后关上舱门结束了 2 小时 32 分钟的舱外活动。“鹰”登月舱的火箭发动机点火，将上升段送回绕月轨道，下降段则留在月球表面。接着登月舱与指令舱在轨道重新对接，一起返回到地球，在此期间压力服作为乘员生存和逃生系统的一部分发挥着作用。

1969 年 11 月 14 日，阿波罗 12 号从地球发射升空，着陆地点是月球的“勘测者坑”。该地点之所以如此命名，因为它是“勘测者 3 号”探测器的降落地点。阿波罗 12 号的其中一个任务就是测试阿波罗飞船技术是否可以实现在月球上某个特定目标降落。快要降落时，由于下降发动机激起了灰尘，导致在离月球表面 40 英尺（12 m）的高度无法看清月球表面。尽管如此，登月舱还是在离勘测者 3 号 600 英尺（180 m）的位置成功降落。

阿波罗 12 号于 11 月 19 日进行了两次舱外活动。第一次舱外活动以安装阿波罗 12 号的彩色电视摄像机开始，但是该摄像机出现了故障，无法运行。后来航天员才意识到，安装过程中，由于疏忽大意竟然将摄像机对着太阳了，直射的阳光损坏了摄像机的光导摄像管，因而无法进行视频报道。获取视频的尝试令人疲惫不堪，之后航天员查尔斯·康拉德和艾伦·宾开始将国旗安插在月球表面，并收集附近的岩石，此外还在距登月舱以北约 600 英尺（180 m）的位置安装了先进的月球表面科学实验包。有一次康拉德因站立处不平坦而失去平衡，向后低速倒去，所幸并未因此受伤。克服了一些困难后，航天员们成功地将钚燃料盒从登月舱上卸下，用做实验包的电源。这一过程要十分小心，因为燃料盒的温度足以将航天服烫出洞来。在这次舱外活动的过程中，航天员们观察到指令舱从头顶飞过，如同一颗闪亮的星星。航天服因舱外活动沾上了大量的月球尘埃，因此航天员们在互相掸掉身上的尘埃后，才爬回登月舱，结束了为时 3 小时 39 分钟的舱外活动并准备睡觉。

还是在 11 月 19 日，康拉德和宾又进行了一次为时 3 小时 48 分钟的舱外活动，包括探索月球着陆点、采集岩石样本以及勘察勘测者 3 号。康拉德和宾一边采集地质学样本一边观察，最后抵达勘测者 3 号。起初航天员们对勘测者 3 号颜色发生的显著变化感到困惑。最终，他们才得以确定，登月舱靠近的着陆使它上面蒙上了一层细密的棕褐色月尘。康拉德和宾后来获得了首批外星考古学家的荣誉，因为他们收集到勘测者 3 号的部分零部件，方便科学家根据这些零部件研究设备长期暴露于月球环境下受到的影响。之后，航天员便返回登月舱，并将月球样本盒和任务工具一起带上登月舱。全部物品都运上登月舱后，他们将便携式生命保障系统和不再需要的舱外活动物品丢弃在月球表面，接着点火起飞准备与指令舱交会。

在返回途中，EVA 航天员报告称，因 A7L 手套的内部压力，手出现疲劳感觉。集成的热/微陨石体防护服被月尘严重磨损。此外，他们还报告称，在登月舱上升到绕月轨道时，因舱外活动带入登月舱内的月尘呈现失重状态，航天员发现不带头盔很难呼吸。因此，在乘指令舱返回地球的途中，月球尘埃使航天员不得不每两三个小时清理一次空气滤网。

阿波罗 13 号对阿波罗 11 号和阿波罗 12 号的 EMU 配置进行了小幅变动，任务指令长的航天服在膝盖处、肩部和头盔上带有红色条带，易于在任务期间和任务结束后进行识别。这种使用条带区分 EVA 乘员的传统一直延续到了今天。

阿波罗 13 号于 1970 年 4 月 11 日发射升空，预定在月球的 Fra Mauro 山执行任务。4 月 13 日，低温氧气和氢气贮箱在“搅拌”过程中，一阵尖锐的爆炸声传出后舱内出现剧烈晃动。航天员杰克·斯威格特当即用无线电向休斯敦飞控中心报告：“休斯敦，我们有麻烦了。”当时阿波罗 13 号距离地球 205 000 英里（329 845 km）。不久之后，指令舱的发电系统失灵，于是航天员们立即激活登月舱作为“救生艇”。在应急绕月轨道飞行和返回地球期间，阿波罗 13 号的乘员身着航天服呆在已断电的指令舱和处于应急节电模式的登月舱内，尽量保持温暖。舱外活动装置生命保障“背包”的 CO_2 去除盒被设计成也可以在登月舱生命保障系统内使用，因为这两个系统都是由汉密尔顿标准公司制作的。背包 CO_2 去除盒为航天员提供了时间，使其能够将指令舱 CO_2 去除盒改装用于登月舱的生命保障。1970 年 4 月 17 日，阿波罗 13 号成功返回地球并在海上溅落，证明了美国航天界具备的技术能力。

阿波罗 14 号：舱外活动装置配置（1970 年）

单一任务型的阿波罗 14 号舱外活动装置，可支持 19.2 人时的舱外活动，其与阿波罗 11 号到 13 号的配置不同之处在于，阿波罗 14 号引入了“棒球帽”月球舱外活动面窗组件，安装在面窗组件外壳的外部，中间有一个铰接的遮阳板（图 6.7－4R）。阿波罗 15 号到 17 号将继续使用此面窗系统。面窗的这种改变是为了进一步减少头盔内部反射。

阿波罗 14 号 EMU 还携带了一个应急装置——伙伴生命保障系统。该系统为一根 8 英尺（2.5 m）长的液冷脐带，能使背包生命保障系统失灵的航天员激活氧净化系统（OPS），并从其同伴的完好背包内得到冷却水，直到他们返回登月舱。该系统能实现氧净化系统的低流量运行，因而能两倍延长紧急生命保障的持续时间。除此之外，阿波罗 14 号舱外活动装置的配置与阿波罗 11 号到 13 号的配置相同。

阿波罗 14 号于 1971 年 1 月 31 日发射升空，登月点还是中断的阿波罗 13 号任务原来的着陆地点 Fra Mauro 山。阿波罗 14 号的航天员艾伦·谢泼德和艾德加·米切尔将开展两次舱外活动。第一次活动于 2 月 5 日开始，先是采集 42.9 lb（19.5 kg）的随机性样本，接着两名航天员依次架设电视摄像机、S 波段碟形天线以及美国国旗。之后，航天员又在登月舱以西 495 英尺（150 m）的位置安装先进的月球表面科学实验包，并在距实验包约 100 英尺（30 m）的位置安装了一台激光测距反射镜。此次舱外活动持续了 4 小时 49 分钟，在月球表面行程约 1 815 英尺（550 m）。

2 月 6 日的 EVA 是一次以步行抵达 Cone 陨坑边缘的探索，持续了 4 小时 46 分钟。Cone 陨坑是由一颗流星体撞击形成的，有 1 000英尺（300 m）宽。地质学家希望此坑的天然挖掘物能揭露数十亿年的月球地质历史，甚至可能包括月球上最古老的岩石。出于这一目的，航天员们用一辆两轮人力小拉车［名为“模块化设备运输车”（MET）］来拖运工具、设备和样本。不过，由于月球表面地形崎岖，航天员最后不得不扛起这个小拉车。虽然陨坑的边缘看似就在眼前，但是由于缺乏地球上那样的视距参照物，实际上要远得多。因此，航天员未能达成目标，不得不停止前行并返回。虽然阿波罗 14 号的第二次舱外活动未抵达 Cone 陨坑的边缘，但带回了 94.6 lb（43 kg）的月球标本。

返回到登月舱后，谢泼德和米切尔开始了舱外活动的收尾项目。此时，谢泼德将他从地球上随身携带的一个物件固定在已完成使命的任务工具手柄上，手中拿起另一个随身携带的物件，并大声宣布说："休斯敦，或许此刻你正在仰望天空，你可能已经注意到我手中握着的是采集随机性样本的手柄，它的底部现在有了真正的 6 号铁头。而我的左手里正握着几百万美国人都十分熟悉的白色小球（高尔夫球）。我现在把球放下，遗憾的是，航天服太僵硬了，我没办法用到两只手，不过我准备在这儿来一杆小小的沙坑障碍球。"第一杆没击中，因此谢泼德重新挥杆，这次击中了月壤。米切尔补充道："你身上弄得比球还脏。"小球只滚出了 2 或 3 英尺远。谢泼德第三次的挥杆终于完全击中小球，小球沿着相当低的轨迹飞出摄像机的镜头之外。谢泼德又用第二个小球试了一次，仍是完全击中小球。尽管这次小球的轨迹看起来与前一次相似，谢泼德却说："几英里、几英里又是几英里远，"暗示小球在月球重力仅为地球重力六分之一的情况下飞出了数英里远。尽管这并非一次经 NASA 批准的实验，但它确实为美国航天员赢得了月球上打高尔夫球第一人的名誉。谢泼德自制的高尔夫球杆头当前正在新泽西州 Far Hills 的美国高尔夫协会名人堂展出。

阿波罗 15～17 号：舱外活动装置——现有系统改进及其使用（1968—1972 年）

阿波罗 15 号、16 号及 17 号的 EMU 配置（图 6.7－12A 和图 6.7－12B）可支持 13 次太空舱外活动，共计 124.6 人时。这些任务（图 6.7－13 和图 6.7－14）中都会用到"月球车"，因此航天员能在月球表面行驶数以英里计而不是码的距离，来进行月球表面探索并收集样本。因经济、计划以及进度的需要，才产生了这种系统配置。1963 年，美国航空航天局计划研制第二代航天服系统，以支持 1970 年到 1973 年间的登月活动。不过，事实证明，在准备阿波罗舱外活动的同时并行研发更先进的航天服系统所遇到的挑战要比想象的难得多。

1968 年初，交付了阿波罗 9 号和 10 号舱外活动系统，而后期飞行的硬件还在流程当中。展望未来，NASA 意识到，从阿波罗 15 号任务开始，随着月球车的采用，航天员将能走得更远，并能探索更多的东西。AX5L 被用于航天服与月球车的接口定义，NASA 意识到这种月球车/航天服组合体存在视野问题。不过，NASA 并未在 A6L 和 A7L 航天服中改进这一状况，因为它打算在下一代航天服中改善这一状况，并提高航天服的活动性和安全性。

阿波罗 18 号和后面的先进航天服的研发工作仍在并行推进，还未到准备进行认证和实施的阶段。此外，现行月球车系统架构不能支持当时的先进航天服的体积和质量。同时，NASA 的预算正在减少，再举行一次航天服竞赛所耗费的时间和资金阿波罗计划已无力承担。更换航天服供应商将会引起多个航天服同时进行，在逐渐停止使用旧配置航天服以及认证和实施新配置航天服的过程中，还需要支持多个研发团队。因此，NASA 选择使用现有资源着手改进当前的舱外活动装置性能，希望以最低的成本做出一种过渡的航天服系统。

在航天服上投入的这些努力最终导致了 A7LB 的诞生，不过最开始的时候，它只是 NASA/国际橡胶公司对可选择的拉链式进入系统进行的一项非正式研究。此项研究中出现了两种进入概念，最初分别称为“A8L”和“A9L”。与此同时，国际橡胶公司被分派了一项任务，即找到 A7L 活动性和坐姿视野问题的解决方案。公司内部参与此项任务的人员制作出了 A8L 和 A9L 样机，用于对比开发和测试，由 NASA 选择一种设计进行投资，用于制造和测试。NASA 选择了 A9L 概念，最终做出的样机被正式命名为 A7LB。

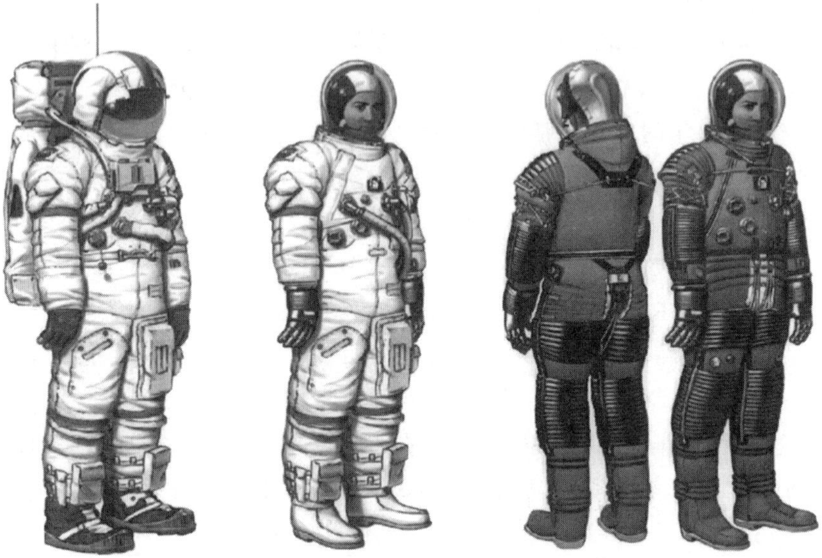

(a)EVA动系统　　(b) IVA级别　　(c)和 (d) 没有外罩防护层（正面图和背面图）

(A) 登月舱乘员舱外活动装置系统

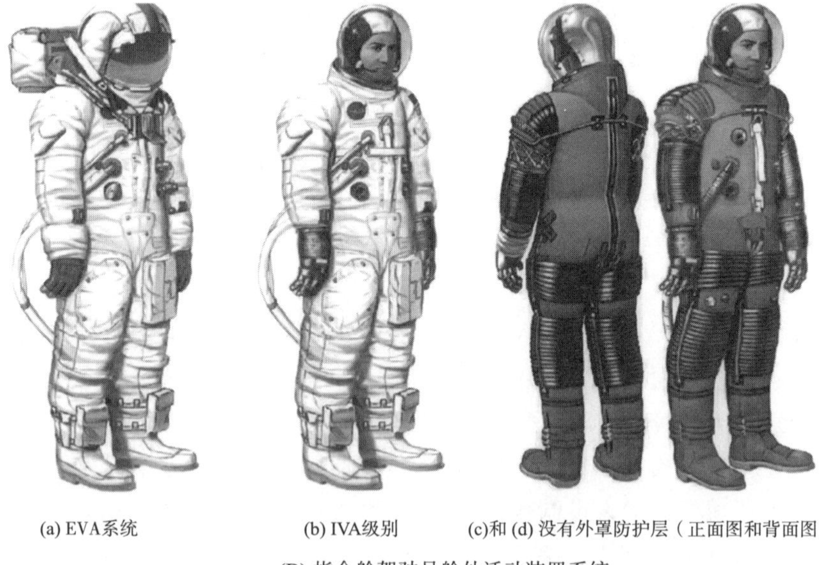

(a) EVA系统　　(b) IVA级别　　(c)和 (d) 没有外罩防护层（正面图和背面图）

(B) 指令舱驾驶员舱外活动装置系统

图 6.7－12　阿波罗 15～17 号舱外活动装置配置

图 6.7－13　为准备月球探索在地球上进行训练（NASA 提供）

图 6.7－14　月球车增强了人类的探索能力（NASA 提供）

随着 A7LB 航天服研发工作的推进，其制造商的身份也出现了变化。1937 年，国际橡胶公司在特拉华州首府多佛创立，并迅速发展成为一家多元化公司。1947 年，国际橡胶公司分立成四个独立部门。到 1955 年，金属部门更名为特色产品部门，开始从事压力服开发。20 世纪 60 年代，国际橡胶公司被另一家更大型的公司收购，随后该公司又与另一家公司合并。1969 年 1 月，母公司将特色产品部门分离出去，成立了一个单独的机构 ILC 工业公司，并将所持股份的 30%出售给公众。ILC 一直留在多佛（特拉华州）地区，持续支持阿波罗和随后的太空计划。1982 年，ILC 剩余的 70%股份公开发售，自此切断了与国际橡胶公司的所有联系。

A7LB EVA 压力服作为阿波罗 15 号舱外活动装置的一部分，其进入拉链的方向与阿波罗 14 号 A7L 压力服有所不同，此外它还添加了颈部关节和腰部关节，采用了低扭矩的肩关节，并改进了手套的制造，同时为提高行走性能，还对三角裤作了改进。A7L 采用了一组拉链，包括一条内部压力密封橡胶拉链以及一条向下穿过背部、两腿之间并向上一直延续到前面腰部的金属拉链。而 A7LB 则用了两组拉链。一组拉链从左肩开始，斜着经过胸部，在腰部右侧稍稍偏上的位置结束。另一组拉链则从航天服正面左侧稍稍高于腰部的位置开始，平行环绕背部，与另一组拉链在右侧连接。航天服上有一种特殊的扣子，扣住扣子时能使所有拉链闭合。颈部关节使穿上航天服并戴着头盔的航天员可以向上或向下看，只要沿着颈圈任一侧连接的缆线滑道绕肩部作弧形运动。拆除 A7L 型背部进入系统后，能为躯干增加腰关节，无需前部拉带机构航天员就能弯曲身体。改进的手套系统使用了更多连接件和模压件，以实现更好的耐用性并减少制造成本。虽然穿上 A7LB 航天服后跨步行走变得更加容易，但阿波罗航天员仍然倾向于月球漫步这种行走方式。

生命保障也遇到了技术方面的挑战。阿波罗 10～14 号的便携式生命保障系统能在 930Btu/h（234 kcal/h）的代谢率下运行 6 小时，并具有 30 min 的应急备份能力，然而 NASA 希望生命保障系统能运行 8 小时，并具有 2 h 的应急备份能力。评估结果显示，其他的方面问题不大，只是很难在氧气和水存储这两方面实现 8 小时的运行能力。通过改善制造工艺并且重新认证氧气瓶，使氧气瓶充满后的压力从1 110 psi增大到 1 500 psi（76 个标准大气压到 102 个标准大气压），这样就能满足增加氧气存储的要求。但是增加水存储量并延长存储时间的问题就不是如此简单。因为背包内并没有足够的剩余容积，无法经济有效地增加水的存储量。格鲁曼公司和 NASA 评审了登月舱的界面后发现，在背包右侧凸出一块地方并不影响登月舱，也不会限制乘员的活动性。为实现便携式生命保障系统运行 8 小时，于是设计了右侧安装的辅助水箱（某些人将其称为“大众汽车”水箱），此改型水箱增加了水容量。

2 小时备份生命保障系统（也叫做第二生命保障系统）的开发工作亦已启动。此系统需要提供液冷和 2 小时生命保障，其体积却与现有 30 分钟氧净化系统（OPS）相同。然而，阿波罗 14 号首次采用的伙伴生命保障系统（BLSS）只是一根 8 英尺（2.4 m）长的液冷脐带，允许一个背包冷却两名航天员。当氧净化系统处于低流量状态时，伙伴生命保障系统与氧净化系统的组合可提供约一个半小时的应急生命保障。最终，氧净化系统与伙伴生命保障系统的组合运用得到认可，而第二生命保障系统在仍处于设计阶段时即被终止。

阿波罗 15 号是首个联用氧净化系统和伙伴生命保障系统配置的任务，将执行 5 次舱外活动：4 次 EVA 是在月球表面展开，另一次 EVA 则是在返回过程中的深空进行。在月球表面展开的 4 次舱外活动，主要是勘测哈德利 · 亚平宁山。地球上为实现这一壮举所作的准备包括开发一整套的 1 *g* 训练系统，其中有可在地球上运行的月球车和背包，通过液冷服（图 6.7 – 13）能在严酷/漫长的训练时间里保证航天员的舒适度。此次任务（图 6.7 – 14）的第 2 次、第 3 次以及第 4 次舱外活动中将用到月球车。

1971 年 7 月 30 日，阿波罗 15 号在月球上降落不久，即开始了首次舱外活动。降落地点选在一个山谷内，地形相对平坦。和阿波罗 14 号一样，阿波罗 15 号在下降过程中掀起了太多灰尘，影响了最终着陆时的能见度。为了确认已在正确地点降落，同时也为了有助于计划随后开展的月球行走，指令长大卫·斯科特和登月舱驾驶员詹姆斯·欧文降低了登月舱的压力。使用脐带与登月舱的生命保障系统连接后，斯科特站立起来，肩部通过顶部舱门，以使其能够弄清楚自己的方位。此次“站立式舱外活动”（SEVA）持续了 33 分钟。

第二天，航天员们开始了此次任务的首次月球表面远足。在 EVA 刚开始时，大卫·斯科特和詹姆斯·欧文先立起了经改进的电视摄像机，还采集了随机性样本。然后，航天员们卸下并展开了由波音公司开发的月球车。在此期间，欧文多次失去平衡跌倒，所幸他并未因此受伤，他的 EMU 也没事。尽管月球车的设计可以通过四个车轮转向，但是航天员们发现前轮转向根本不起作用，不过仅通过后轮转向也能够满足此次任务的需要。这次 EVA 进行了大约 3 小时后，斯科特和欧文开始了 6.2 英里（10 km）长的探索之旅，沿着埃尔博月坑边缘向南方前进，直到抵达哈德利月溪附近的圣乔治月坑。行进过程中，航天员们减弱了航天服的冷却作用，避免变得寒冷，因为在乘坐月球车行进的过程中已显示他们的代谢率偏低。航天员们还因为某种“零相位光照”现象遇到了一些困难。此现象是指从太阳对面的地形反射的光线几乎与太阳的直射光线一样明亮，因而导致很难看清楚障碍物。返回之前，航天员们使用一个耙子在圣乔治月坑附近采集“核桃大小的样本”。返回途中，航天员们安装了先进月球表面科学实验包。由于斯科特比自己预想的耗掉了更多氧气，因而飞行控制人员提前 30 分钟结束了这次 EVA。阿波罗 15 号的第 2 次舱外活动持续了 6 小时 34 分钟。

在第 2 次舱外活动的整个过程中，欧文一直非常渴，因为他的饮水袋出了故障，在阿波罗 15 号的所有舱外活动中都未发挥作用。同时，两名航天员还因为指甲与手套指尖内部抵触而感到手指痛。欧文需要别人帮助才能脱下手套，并决定在下一次舱外活动之前修剪指甲。斯科特则没管他的指甲，只是尽量避免接触引起疼痛。舱外活动带起的灰尘卡紧了生命保障连接器，导致它很难操作。

阿波罗 15 号的第 3 次舱外活动于 8 月 1 日开始。此次远征持续了 7 小时 13 分钟，期间斯科特和欧文驾驶月球车驶出 7.5 英里（12.5 km），向东南方向前进，一直到 Hadley Delta 山，还部署了一台热流仪。此次探索过程中，月球车的前轮转向竟然起作用了。他们行驶到 Hadley Delta 山脚下，途中经过了 Index、Arbeit、Crescent、Spur 以及 Window 月坑。他们在 Spur 月坑采集了"创世岩石"，直到今天人们一直认为这种"创世岩石"是原始月壳的一块，距今已有超过 40 亿年之久。斯科特将 Spur 月坑称为一座"金矿"，从中可以采集到许多有用的岩石样本。回到月球基地（即登舱所在区域）后，斯科特费力地钻出了一个岩芯孔，并在尝试的过程中伤到了自己的手。此外，10 英尺（3 m）长的岩芯取样管也很难取出，因此一直留到了下次舱外活动。此次舱外活动（为时 7 小时 16 分钟）要结束的时候，航天员们将美国国旗插在了月球表面。

阿波罗 15 号的第 4 次舱外活动（第 3 次月球表面 EVA）于 8 月 2 日进行。此次舱外活动将持续 4 小时 20 分钟，是斯科特经历的第 5 次舱外活动，创立了一项世界纪录，直到 1984 年航天员莱昂尼德·奇兹姆和弗拉基米尔·索罗沃夫在礼炮 7 号外进行了 6 次舱外活动，才打破了这一纪录。在乘员们出现不规则心跳后，为了让他们好好休息，舱外活动向后推迟了大约 2 个小时。随后发现，出现不规则心跳的原因是钾缺乏。此外，因为航天服的饮水袋故障，欧文的情况更加复杂。斯科特和欧文成功取出了上一次舱外活动中卡住的岩芯取样管，但是因为面窗出了故障，无法将取样管拆开存放。他们用了一把扳手，花了 28 分钟才成功将取样管拆开。斯科特和欧文继续乘月球车向西边抵达 Scam 月坑，然后转向西北方，前往 Hadley 月溪。此次舱外活动中，阿波罗航天员首次走出了登月舱的视野。

为了支持阿波罗 15 号任务，月球车以 5.7 mph（9.16 km/h）的平均速度在月球表面行驶了差不多 28 英里（50 km）。最远的一次行程是 14 英里（23 km），与大本营的最大距离是 3 英里（5 km）。在这三次月球车的远足中，航天员共采集到大约 176 lb（80 kg）的样本。

1971 年 8 月 5 日，在返回的途中，指令舱驾驶员阿尔弗雷德·沃登在距地球约 171 000 英里（273 600 km）之处进行了全球首次深空 EVA。不像能感受到月表反射热度的月球 EVA，也不像受地球内磁层保护而免受辐射影响的地球轨道 EVA，此次舱外活动中，人类面临了一种全新的环境。为了使潜在的辐射暴露最小化，此次舱外活动仅持续了 41 分钟，期间沃登 3 次前往科学仪器舱（位于服务舱的侧面），以回收胶片盒，并检查科学仪器。沃登是从连接在航天服的进气口接头的 27.4 英尺（8.3 m）长脐带以及与出气口接头连接的汉密尔顿标准公司制作的阿波罗计划压力控制阀（PCV）获得生命保障。这种简单的单一进气管道可以通过压力控制阀实现净化，能提供一个加压环境，保持通风并去除二氧化碳和湿气。此外，欧文在指令舱的舱门引导沃登的脐带，为此次舱外活动提供了帮助。这种压力控制阀和脐带的组合运用还为阿波罗 16 号和 17 号的深空舱外活动提供了主要生命保障。

于 1972 年 4 月 16 日发射升空的阿波罗 16 号，是唯一将目的地定在月球表面高地的探险队。约翰·杨是此次任务的指令长，而查尔斯·杜克和托马斯·马丁利分别是登月舱和指令舱的驾驶员。此次任务将包括 4 次舱外活动，其中 3 次舱外活动将在月球表面展开。因月尘引发的一系列状况，包括拉链卡紧，手套断接器、生命保障连接器和轴承工作困难，以及读表困难，对于此时的月球探索而言已不再是很难解决的问题了。

首次舱外活动于 4 月 21 日启动，持续了 7 小时 11 分钟。在为此次舱外活动做准备的时候，杜克很难穿上航天服，这是由于失重导致他长高了 1.5 英寸（4 cm）。阿波罗计划在航天服试装时并未考虑到这种失重的生理效应。在航天员们准备乘坐月球车离开之前，他们先安插美国国旗并部署实验仪器包。月球车最初启动时，后轮转向并未起作用，并且显示有块电池的电力不足，但在行进时月球车就进入了全面运行状态。杨和杜克依次经过了 Flag、Spook、Buster 及 Plum 月坑，通过视频会议在地球上地质学家的指导下采集了样本。航天员返回之后，任务控制中心转播了一条新闻，即众议院已批准为航天飞机提供初始资金。听到这个消息，约翰·杨跳起 3 英尺（1 m）高，并向国旗敬礼。这个手势对未来具有深远的意义，因为杨后来成为 1981 年首次航天飞机任务的指令长。杜克也高兴地跳了起来，但是不慎滑倒在他的生命保障背包上；尽管杜克并未因此受伤，地球上汉密尔顿公司和 NASA 的人却为他捏了一把汗。

4 月 22 日，在准备出舱进行第二次舱外活动时，杨从舱门出去时不慎将背包上的无线电天线折断了，导致信号强度稍稍减弱。航天员们在从 Stone 山返回的途中开展了地质勘查。此次舱外活动持续了 7 小时 23 分钟。

第二天的探索目的地是 Smoky 山。杨和杜克成功地在那儿完成了 5 小时 40 分钟的舱外活动，未发生值得注意的问题。乘坐月球车完成的 3 次舱外活动中，航天员带着工具和样本以 4.8 mph（7.8 km/h）的平均速度行驶了 16.6 英里（26.7 km）。一天中最远行驶了 7.2 英里（11.6 km），到达了距登月舱 2.8 英里（4.5 km）远的地方。完成月球表面探索后，约翰·杨和查尔斯·杜克返回到绕月轨道，并成功与指令舱交会。

阿波罗 16 号的最后一次舱外活动是在返回地球的深空中进行的。4 月 25 日，指令舱驾驶员托马斯·马丁利进行了一次舱外活动，为时 1 小时 24 分钟。在此次舱外活动中，航天员成功回收了测绘和全景相机的胶片包，还检查了飞船的外部，并取回了微生物生态评估装置。在返回座舱之前，为了看天上的星星，托马斯·马丁利短暂地打开了自己的面窗，并且小心不往太阳的方向看。

作为最后一次的美国载人登月任务，阿波罗 17 号与先前的任务有一些不同。阿波罗 17 号的乘组中有一名职业地质学家哈里森·施密特，他是登月探险者之一。为了减小重量，延长登月舱在着陆或中止之前的悬停时间，阿波罗 17 号并未携带电视设备。经验丰富的航天员尤金·塞尔南担任此次任务的指令长。

阿波罗 17 号的首次舱外活动于 1972 年 12 月 11 日进行。乘员要进行的第一项作业就是卸下月球车，接着部署实验仪器，并安插国旗，但是在这个过程中月球车的防护板部分遭到意外损坏。在启程向南抵达 Steno 月坑之前，塞尔南在 Central Cluster 地区试图用胶带修复受损防护板，然而，在月球车还未按设想首次停车之前，受损防护板就从月球车上掉落下来。航天员们因此弄得满身灰尘，不过并未停下手中的工作。他们在防护板落下的地方放置了两个炸药包，准备在离开之后引爆，并由留在月球表面的阿波罗 17 号实验仪器包内的仪器记录这一爆炸过程。此次舱外活动持续了 7 小时 12 分钟。在阿波罗 17 号乘员睡觉休息的时间，地球上阿波罗 16 号的指令长约翰·杨赶紧组织人员研究了一个修理办法，以便第二天发过去。

12 月 12 日开始舱外活动之前，任务控制中心用无线电将月球车防护板的修理程序传送给施密特和塞尔南。修理过程还用到了折叠地图和两个灯夹，修理工作完成后，航天员们启程前往 South Massif，途中还开展了地质勘探。当舱外活动进行到 7 小时 37 分钟时，一项世界纪录就此诞生，直到 1992 年 5 月 13 日 STS－49 任务的航天员索特、海布和阿克斯借助航天飞机的舱外活动装置进行了 8 小时 29 分钟的舱外活动，此项最长时间舱外活动的世界纪录才被打破。

1972 年 12 月 13 日，开始了 20 世纪的最后一次人类月球探索。这天的活动目的地是 North Massif，此次舱外活动持续了 7 小时 16 分钟。在阿波罗 17 号的前 3 次舱外活动中，航天员以 5 mph（8.1 km/h）的平均速度在月球表面行驶了 22.3 英里（35.9 km）。

此次任务最长一次行驶距离为 12.5 英里（20.1 km），离开基地的最远距离为 4.7 英里（7.6 km）远。当时，施密特和塞尔南认为他们会是 20 世纪 80 年代末之前登上月球的最后一批人类。12 月 14 日，他们离开了月球，并带回了 253 lb（115 kg）样本和 2 120 张照片，成为了 20 世纪登上月球的最后一批人类。

1972 年 12 月 17 日，在返回地球的途中，指令舱驾驶员罗纳德·埃文斯进行了 1 小时 7 分钟的舱外活动，从服务舱内取回胶片。此次舱外活动既是阿波罗计划的最后一次舱外活动，也是迄今为止人类史上的最后一次深空 EVA（图 6.7 - 15）。

图 6.7 - 15　阿波罗计划和人类史上最后一次深空舱外活动（NASA 提供）

6.8 阿波罗航天服系统简评

阿波罗舱外活动装置（EMU）能可靠而有效地支持阿波罗任务。阿波罗舱外活动装置是美国第一套能够在舱外活动中使用自主生命保障的航天服系统，它的活动性超过了先前的任何太空压力服。阿波罗 9～12 号的 EMU 配置充分地执行了自己的任务，而阿波罗 15～17 号的配置修正了早期 EMU 的诸多缺点。然而，这种压力服的技术方法存在一些不可预见而又令人关注的细小问题，它们在该计划结束之时变得愈发明显。

第一批/第二批阿波罗航天服的活动性部件需要耗费更多的力气才能弯曲和保持弯曲的状态，超出了广泛的月球探索作业所能接受的范围。在 KC－135 飞机上进行的月球重力模拟中，阿波罗航天服从弯折状态回弹的幅度非常之大，以至于航天服受试者误以为被飞机上的其他人踢到了。不管怎样，这一点得到了认识，它也是开发先进航天服（用于取消了的阿波罗第三批任务）的原因。

食物和饮水供应并不完善。尽管飞行中从未出现这种情况，但是在头盔中安置饮水和流质食品瓶存在一定的风险，即拿走瓶子时可能会导致密封性问题。在月球尘土厚积的环境下，如果不能重新密封，可能会导致任务失败并威胁到航天员的生命安全。饮水瓶经常泄漏。至少在两次飞行中，橙汁在意料之外的地方漏到了乘员的身上。由于穿着完备的航天员无法擦掉橙汁，它对皮肤产生的刺激作用持续了数小时。

阿波罗舱外活动装置的手臂和腿部使用的基于缆绳的无余度约束系统，以及 20 世纪 60 年代的许多其他航天服系统存在另一个无法预料的问题，即穿着在航天员的身上时缆绳会在加压后出现故障。有好几次，当受试者在跑步机上行走时（有时是在真空室），感觉到腿部缆绳有问题。腿部缆绳的作用是为了保证航天服腿部不会因为加压而膨胀，如果某条腿上失去这种约束，则意味着靴子有脱落的趋向，只是在一定程度上会受到脚背的阻碍。这会造成极度的不适，除非受试者以 3 mph 的速度在跑步机上行走，这样的结果倒也有点意思。

有一次，一名受试者在真空室内使用跑步机进行训练，很显然没有人意识到腿部约束滑轮已经卡住了。约束缆绳继续在此刻已动不了的滑轮上来回移动，直到逐渐被滑轮轴锯断而失去约束力，导致腿部出现常见的“生长陡增”，这次试验因此终止。不过，这一次的结果还有点不同。滑轮位于胯部位置，当航天服泄完压准备脱下时，这时受试者发现腹股沟部位的温度急剧上升，人们赶快帮助他脱掉航天服。他们发现滑轮及周围部件的温度高到无法碰触。人们试图用装有温度指示仪器的航天服在海平面条件下进行故障再现，却没有发现什么问题。

阿波罗飞行服计划的一大特点是为每个乘员量身定制压力服组件。除了制造手的石膏模型外，乘员们还做了一套全身铸模，只有脖子、头部、双手及双脚伸在外面。技术员将熟石膏浇到躯干及四肢上时，他们保持身体直立，双臂向前伸，握住一根水平的杠子。浇注熟石膏时会发生放热反应，技术员必须快速向乘员指明温度过高的部位加水。全身铸模完成之后，根据铸模的大小则能够定制一套符合航天员体型的压力服。定制的压力服通常为三套：一套为训练服，一套作为飞行服，另一套为训练服或飞行服损坏时的备用服。阿波罗 7～17 号任务中至少制造了 139 套 A7L 或 A7LB 型号的航天服。尽管制造了一些标准大小的压力服，但这种定制的方法对阿波罗航天服的数量产生了重大的影响。

第7章　关于已取消的阿波罗任务的先进航天服研发

从签订阿波罗合同开始，美国航空航天局就意识到这套初步的航天服系统的发展仅仅是月球表面探索的第一步。他们相信，要进行有效的探索，还需要一套比第6章中介绍的初步系统更专业化的航天服。这一点要从美国航空航天局资助利顿公司于1962年开始研发先进压力服说起。1963年，得克萨斯州休斯敦的美国航空航天局载人航天器中心（MSC）开始制定后期阿波罗航天服系统的要求，该系统将于1970—1973年期间启动运行。为了支持后期的这些任务，美国航空航天局计划延长离开基地的停留时间，以便能够对月球的地理环境作出广泛的研究。同年，即1963年，位于加利福尼亚州墨菲特机场的美国航空航天局艾姆斯研究中心被委以重任，进行先进航天服的研发。

为了了解1963年潜在的先进航天服技术的现状，可以回顾一下当时已有的航天服技术途径以及内部压力对这些系统产生的影响。织物制成的航天服受压时不仅会变僵硬（坚硬）从而使活动性变差，还会出现变形。我们可以用对着乳胶洗碗手套套袖中吹气并将之密封来验证这一点。如果折叠套袖，手套中的气压会上升，手套掌心部位会变成圆形从而致使手套变僵硬，所有这些变化会妨碍使用者抓住工具。尽管压力手套一般是用来保持手套的形状以改善加压时的活动性，但它们呈现了一个颇具挑战性的领域。即便是细微的变形也可能造成硬接触，从而导致乘员碰伤甚至是神经损伤。这同样适用于压力服的手臂、腿部及躯干部位。如7.1节所述，从1963到1965年期间，大多数先进的方法是在与更有效的活动性元件相连的非弹性部分安装硬壳组件来控制形状。

1965 年，先进舱外活动航天服在阿波罗计划第三批航天器系统中获得了特殊的地位，并为此制定了一份执行时间表。在此之后，参与先进航天服研发的机构逐渐增加，包括国际橡胶有限公司、汉密尔顿标准公司、大卫·克拉克公司、AiResearch 公司、美国航空航天局载人航天器中心以及韦伯联合公司。这些机构所负责的工作将在 7.2 节予以介绍。尽管所作的这些努力并没有研发出满足太空服务的设计模型，但它们产生了意义深远的影响。

7.1　早期的先进航天服（1962—1965 年）

“先进航天服”曾经一度是最初的登月任务的一部分。在阿波罗计划首次登月任务的前两年中，压力服的活动性和耐久性并没有按计划的速度发展。如果在此期间，同时进行的先进航天服研发实现了技术的成熟，月球上使用的航天服系统或许会截然不同。然而，这就要求为一套更先进的舱外航天服系统提供更大的容积和运载能力，或者需要更先进的航天服系统还要具有支持舱内活动（发射和返回）的功能。舱内航天服应确保航天员在等待发射的数小时内以及多个 g 的发射过载下保持舒适感。IVA 也意味着要在极度狭窄的飞船座舱内以及在可能的发射前紧急出舱的条件下进行操作。尽管先进航天服的研发在 1963 到 1965 年期间取得了一些进步，然而这种方式面临着更严峻的技术挑战，将会耗费更长的时间才能达到可接受的设计样机水平。

在这一时期，基于更早期的研发成果，利顿公司的航空航天分部做了最多的先进航天服研发工作。20 世纪 50 年代，利顿公司的西格弗雷德·汉森博士提出了一种类似于《绿野仙踪》中的铁皮人的构想（图 6.1－1 A），以便能够在真空室内进行实时真空管的研发。该构想采用了人体在无弯曲状态下的金属人形部件，试图创造出能适应活动性要求的恒定体积的活动关节。恒定体积是一种理想的概念，因为如果移动过程中关节的体积不发生改变，压力中心与旋转中心将保持一致，那么从本质上讲根本无法移动或保持平衡。利顿公司的第一个成果是“Mark I”航天服。这套“混合”航天服具备“坚硬”的金属上躯干及“柔软”的织物髋部和腿部。上躯干采用的是一种类似于“长缝”或“子弹带”的侧入式躯干密封口。与当时常易漏气的拉链进入系统不同，该躯干密封口能有效密封内部的压力环境。

Mark I航天服采用的是用万向接头固定的活动关节（万向接头装置），比当时大部分的航空压力服具备更好的活动性。美国空军第一个发现这个外形古怪的设计的潜能，几乎从一开始便提供了测试人员和技术合作。直到1960年，美国航空航天局也表示了对这种方法的兴趣，不过它的活动性仍不足以满足当时提议的任何一项空间任务，航天服系统也没有达到美国航空航天局早期计划的双重目标要求。

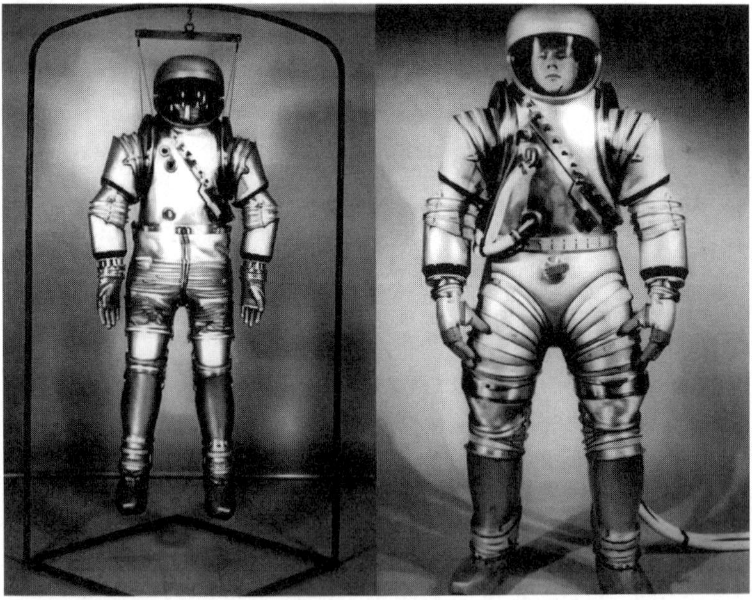

图7.1-1　利顿公司的RX-1（左）和RX-2（右）样机（汉胜公司提供）

1962 年，美国航空航天局为利顿公司提供资金进行先进航天服的研发。利顿公司的第一套样机是 RX - 1（图 7.1 - 1，左）。与 Mark I 航天服类似，1964 年生产的 RX - 1 也是一个软硬兼具的“混合”航天服，它在肩膀和上臂上安装了压力密封轴承，并采用了经过改进的活动关节。箭头橡胶公司制造的下躯干组件采用的是“软”的腰部-大腿组件，利用滚转回旋装置改善活动性。

在 1964 年末之前，RX - 2 设计（图 7.1 - 1，右）也完成了。RX - 2 实际上是在 RX - 1 的基础上添加了硬下躯干组件。硬下躯干允许采用高达 10 psi（68.94 kPa）的工作压力。RX - 2 的一个新奇特征是在大约肚脐高度的位置上安装一个小曲柄，以便航天员选择坐姿模式时能够提高内部座椅的高度，保持头部和眼睛的位置不变。RX - 2 航天服做了两套：第一套是对现有 RX - 1 的改装；第二套采用的是全新的设计。

美国航空航天局载人航天器中心下一个提供资助的是利顿公司的 RX - 2A 航天服（图 7.1 - 2）。这套航天服与先前的 RX - 1 和 RX - 2航天服截然不同，它采用了一个“双平面”出入封口、渐增的尺寸调节元件、一个半球形头盔，是第一套实现了双轴腰部活动性的航天服。相比于它的前身，RX - 2A 的重量更小、活动性更好。它的构造包括一层铝制内壳和一层纤维玻璃外壳——保护壳是由复合材料（环氧树脂浸渍的玻璃纤维布）组成——内外壳之间的空隙中填充了聚氨酯泡沫隔热材料。利顿公司之后制造的样机继续朝着质量更小、活动性更好的目标发展。

利顿公司在创新性航天服系统上的开拓还包括压力手套。在 RX - 1/RX - 2 设计中，利顿公司从手掌部位的拟人形状的硬壳着手，通过一串连接的机械环，在手腕处形成了一个回旋关节。1965 年，RX - 2A 在一次与初步的阿波罗航天服系统计划并行的竞赛前夕面世。除了一些改良之外，这次竞赛为早期的阿波罗舱外活动计划提供了基础的压力服设计。早期的舱外活动计划已完成“柔软航天服”的研发、认证并将其应用到训练和飞行中，美国航空航天局属下的

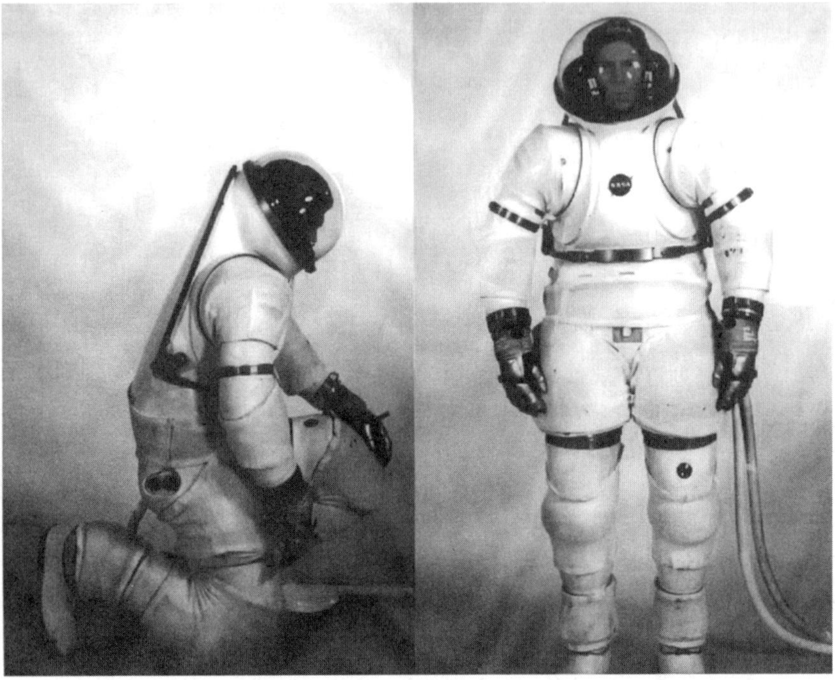

图 7.1-2　利顿公司的双平面封口 RX-2A 航天服（汉胜公司提供）

各个中心也在同时继续进行他们的先进样机研发。

1964 年，艾姆斯研究中心也生产了它的第一套样机 AX-1（图 7.1-3）。与织物构造的航天服以及利顿公司配有织物关节的硬式航天服相比，艾姆斯 AX-1 航天服采用了“全硬”理念，通过多轴承的使用实现活动性。美国航空航天局艾姆斯研究中心的工程师休伯特·维库卡尔（“维克”）的这种构想是利用在压力密封轴承上旋转的硬角航天服部件实现低扭矩活动性。此外，AX-1 还在腰部、大腿和小腿部位安装了金属波纹管以增加活动性，并且它的制造方法也有所不同。与载人航天器中心计划所采用的政府合同方式不同，除了外部供应商提供的金属波纹管和成品轴承之外，该 AX 系列的航天服均是利用内部资源设计和制造的。

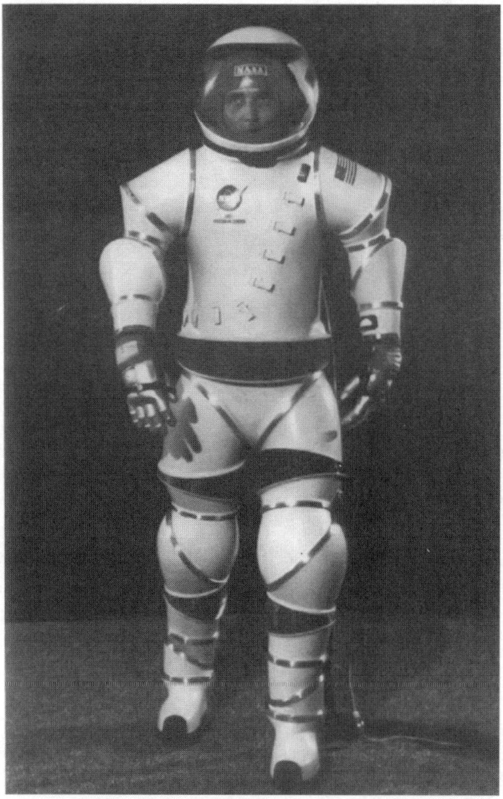

图 7.1-3　美国航空航天局艾姆斯研究中心的 AX-1 样机
（NASA 提供）

不过，从技术层面讲，当时最有趣的月球探索样机并非传统的压力服，而可能要数球体航天服。约翰·霍普金斯大学应用资源实验室采用“沙鼠推球”（gerbil—in—a—ball）技术方法创造了球体实验装置 1 号（SX-1）（图 7.1-4）。SX-1 的透明球体使探索者能够朝着任何方向行走或跑动，不会受到压力服活动性的限制。球体上安装了压力服式的手臂、腿部（均由汉胜公司提供）以及手套（由国际橡胶有限公司提供），以便在现场探索（site exploration）和航天器返回时实现传统压力服的活动性。该球体还有一个微型气闸，使样本能够进出球体。该样机于 1964 年底问世。从留存的底片中可以看到，突出的手臂和腿部显得比较“柔弱”，实际压力比阿波罗计划的 3.7 psi（25.5 kPa）低得多。如果 SX－1 不是在 1964 年而是 1960 年问世，该构想可能会被看作一个潜在的可行方案，而不是一件新奇事物。不过，这也反映了在短短的四年时间内，太空探索技术实现了快速的发展。

图 7.1－4　约翰·霍普金斯大学的球体实验装置 1 号（1964 年）

7.2　第三批阿波罗航天服竞赛（1966—1971 年）

1965 年，阿波罗航天服计划开始与阿波罗飞船系统重新联合。第一批任务是不需要登月舱或舱外活动的指令舱飞行。第二批包括从验证登月舱能力的轨道飞行到首批时间受限的登月任务。阿波罗第三批飞船配置是为了实现为期 45 天的地球轨道能力或为期 35 天的月球探索能力。先进登月航天服系统的研发成为了第三批飞船系统的一部分，并继续以“阿波罗应用计划”的名义进行。1965 年，预期第三批任务将于 1969 年实现第一次飞行。1965 年以后，参与者的领域不断扩大，带来了技术的多样性和竞争的可能性。由于这些系统均为并行而又独立的研发项目，下文中将按各个制造商分别予以介绍。

1967年1月，阿波罗座舱发生了火灾，致使第一批、第二批及第三批系统延期。1968年，美国航空航天局对定容服（CVS）比较试验中的最佳技术进行了评估。尽管定容服样机比先前的任何压力服设计都要先进，但它们却无法适应飞船的体积限制。阿波罗先进航天服的研发在最后一次的先进舱外航天服（AES）竞赛后告终。然而，在出现获胜的设计之前，阿波罗第三批飞行就被取消了。先前计划利用获胜的先进舱外航天服样机在天空实验室空间站上进行飞行试验，不过这一计划再也无法实现。因此，虽然这些研发成果在历史上占据了一个独特的位置，却从未被应用于实际飞行中。

利顿公司

下一套先进样机是利顿公司于1966年制造的RX-3压力服（图7.2-1）。这套压力服采用了“硬式航天服”的理念，配备经改进的双平面封口，由20个具有多种尺寸的可互换模块组成，可以混合搭配以调节大小。这种方法不需要使用柔软（织物基）压力服元件。RX-3是第一套具有防热外罩的RX航天服。

Mark Ⅱ航天服是RX—3技术的派生型，用于支持美国航空航天局于1967年夏天进行的“月球掩蔽所和舱外载人测试”。美国航空航天局载人航天器中心（现为约翰逊航天中心）需要为其月球接收实验室（Lunar Receiving Laboratory）配备能够在14.7 psi (1 atm)的压力下正常使用的手臂和手套，从而不需要在实验室中设置接待室，操作员不需要进行预呼吸，同时也不存在工作时间上的限制。利顿公司利用RX-3手臂/手套的派生型制造了该系统。此后，利顿公司在月球接收实验室的14.7 psi（1 atm）的压差下成功应用“Slip－net”技术（该技术是根据大卫·克拉克公司的“Link－net”技术演变而来）。

1967年，利顿公司、大卫·克拉克公司、美国航空航天局艾姆斯研究中心、盖瑞特公司AiResearch分公司以及韦伯联合公司生产了多种航天服样机。利顿公司的下一套航天服设计是 RX-4，它与 RX-3 的设计相似，唯一的区别在于，缩进了生命保障连接器周围的正面区域，以便能够更轻松地出入舱门。RX-4 航天服探索了美国航空航天局的铰链式掌部关节的构想——这一构想在 20 世纪 80 年代重新被应用于先进手套样机（图 11.1-6）。

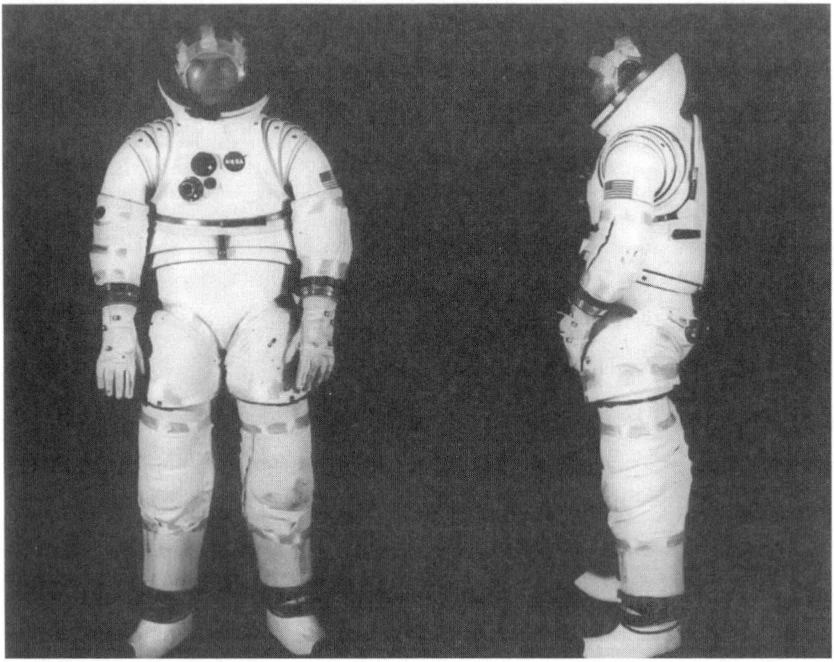

图 7.2-1　利顿公司的 RX-4 样机（汉胜公司提供）

利顿 RX-5（图 7.2-2）采用了圆形单平面中间进入式躯干密封口。该封口采用倾斜设计，后面较高，前面较低，以减小航天服的剖面。RX-5 还采用了三轴承式（每侧）髋关节，以便能够在高达 7.5 psi（52kPa）的工作压力下显著降低行走难度。

RX-5A（图 7.2-3）是最后一套 RX 系列的样机设计，也是利顿公司在 1967 年生产的最后一套样机。RX-5A 配置增加了使髋部和肩膀独立旋转的腰部轴承，在外壳中加入了热/微陨石体防护材

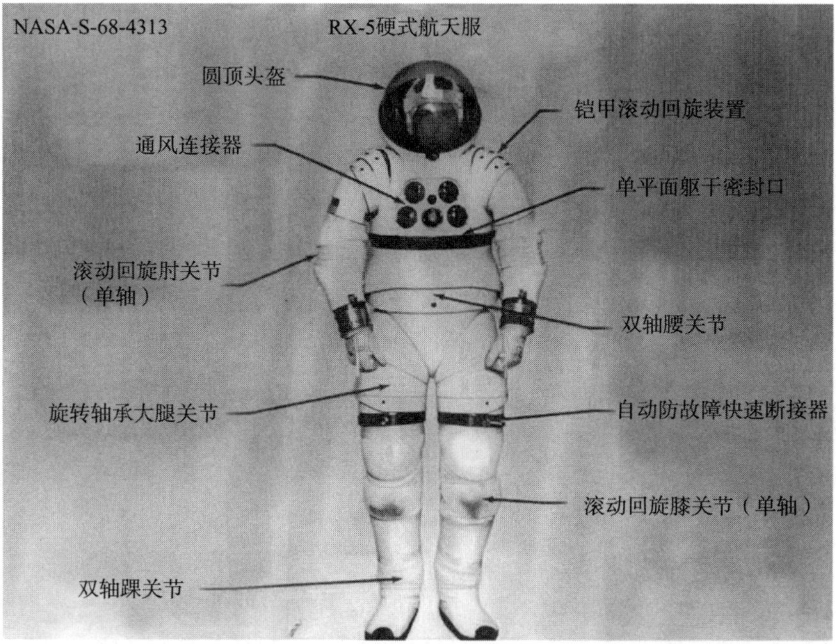

图 7.2－2　利顿公司的 RX－5 航天服外形图（汉胜公司提供）

料，并采用了简化的尺寸调节元件。这种简化的尺寸调节元件是通过一根滑动线缆的剪切载荷将关节连接起来，而不是复杂的外部夹紧系统。差不多十年之后，在航天飞机舱外活动装置竞赛中获胜的样机采用了腰部轴承和倾斜的中入式躯干密封口。几乎二十年之后，美国航空航天局/国际橡胶有限公司自由号空间站的 Mark Ⅲ压力服样机使用了滑动线缆连接，被称为“欧特曼线缆”连接器。该方法之后被列入考虑范围，但没有作为航天飞机舱外活动装置的尺寸调节元件。

1968 年，美国航空航天局载人航天器中心为利顿公司提供资金，生产了一套采用定容服（CVS）技术的样机。在该设计中（图 7.2－4），利顿公司选择利用早期 AX 系列在压力密封轴承上旋转的硬角航天服组件以及进一步改进的利顿式织物波纹管关节来提高活动性。

图 7.2－3　开环便携式生命保障系统和 RX－5A（哈里斯提供）

在下文提及的定容服研究中，利顿公司的定容服与 AiResearch 公司的 EX－1 样机一起接受了测试。尽管评估中利顿公司的设计更胜一筹，但两套航天服均没有达到阿波罗计划的紧凑度要求，从而不得不继续进行名为“先进舱外航天服（AES）研究”的竞争性评估。

在先进舱外航天服方面，美国航空航天局同时为利顿公司和 AiResearch 公司提供资金研发样机。利顿公司的先进舱外航天服（图 7.2－5）配有单轴滚动回旋肩膀，并用受压时能保持恰当形状的可拆卸织物部件代替了硬质的航天服组件。利顿公司设计先进舱外

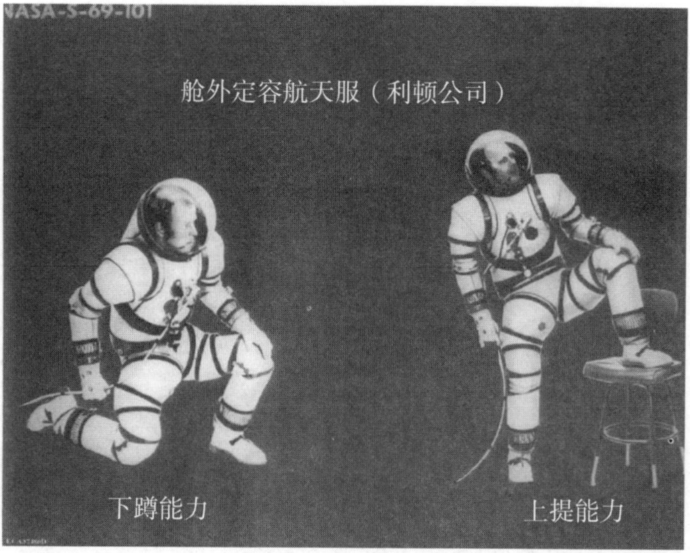

图 7.2-4　利顿公司的定容服（CVS）设计（汉胜公司提供）

航天服肩部的基本理念在 20 世纪 80 年代末再次出现在美国航空航天局/国际橡胶有限公司为自由号空间站设计的 Mark Ⅲ样机压力服中。利顿公司创造了多款先进舱外航天服样机，最有趣的或许要数配有 Chromel-R 外罩的那款样机。Chromel-R 是一种用极细的耐腐蚀钢丝织成的“织物”。它与高温物体接触时不会熔化，因此被应用于航天服手套、阿波罗 EMU 的登月靴和双子星 9A 号 EVA 航天服系统。

为阿波罗 18 号及之后的任务研发的阿波罗第三批航天服系统不仅限于压力服，美国航空航天局也为为数不多的生命保障研发活动提供资金。从 1967 年到 1968 年期间，美国航空航天局载人航天器中心资助利顿公司开发开环便携式生命保障系统。该系统采用的是一种“呼吸背心”技术，从而不必使用风扇、电池、二氧化碳去除装置以及除湿子系统。该方法是基于这样一种理论：流量适中的恒定氧气流进入像袋子一样的背心中——它会在吸气和呼气期间膨胀

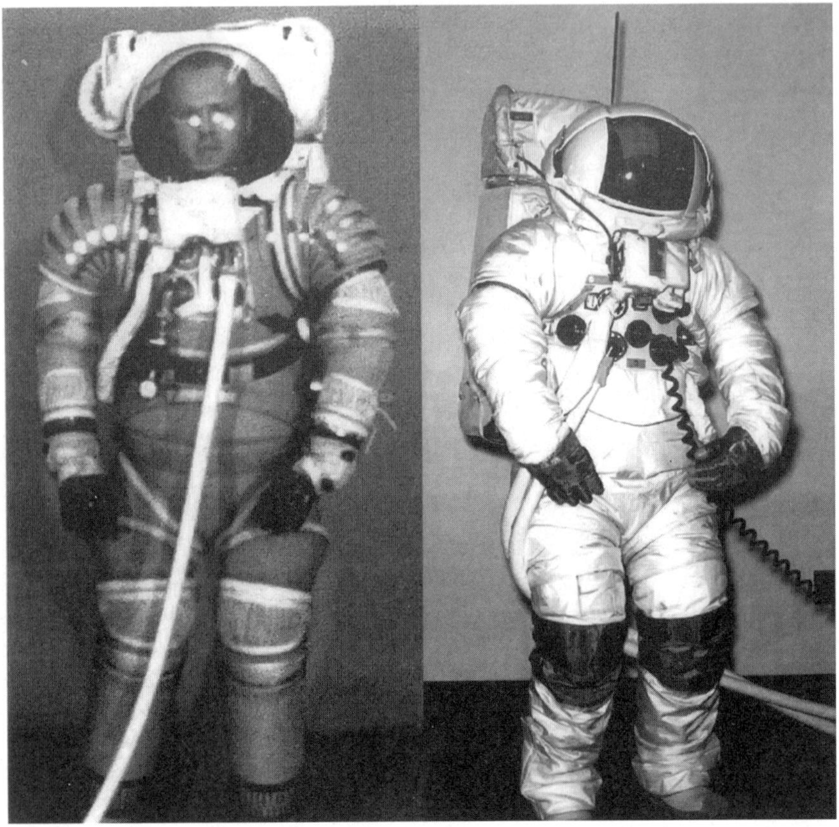

图 7.2-5　利顿公司的先进舱外航天服（AES）系统
（左图由哈里斯提供，右图由 NASA 提供）

并接触身体和压力服内表面——通过口鼻区的导管提供充足的氧气供应。该“背心”是由一个前后包裹的像袋子一样的组件构成的，采用了弹性极好的轻质材料。吸气时，这个气袋会被扩张的肺部挤压而变空；呼气时，袋中将充入恒定的氧气流。一部分气流会流经头盔面窗区域，以防止面窗起雾。该系统也采用了传统的液冷服提供水冷却，然而冷却水是通过一个气动脉冲泵驱动的，“电机”气体就是最终输送至呼吸背心的氧气。除热装置是一个升华器，但这种升华器没有多孔板。消耗的水通过 4 个部位输送至金属板外部，而冷却水在金属板后循环。覆盖在金属板上的是一层软质泡沫材料，作为压力限制屏障。消耗的水通过测量计计量，流过金属板后凝固。由于加热的作用，这些冰升华为水蒸气，水蒸气将流过泡沫。泡沫的存在提供了足够的压力屏障，能够确保液态水不会逸入到太空中。如果泡沫损坏，则会导致水流失到太空。

供氧系统配有两个氧气罐，并列垂直放置，配备了止回阀以防止其中一个氧气罐泄漏时而导致两个均发生氧气流失。两个氧气罐将同时供应氧气，“红线”压力水平表明必须中止舱外活动，以确保在一个氧气罐泄漏的情况下仍能够保留 30 分钟的应急时间。该系统最独特的一点是它完全采用气动操作——除了通信功能，不需要电能。该系统重 30 lb（13.6 kg），可提供 4 小时的生命保障，能实现 800 Btu/h（202kcal/h）的排热能力。然而，呼吸背心的构想还存在一些问题，譬如穿着时被剐破的潜在风险，以及需要准确定位口鼻区的导管位置以防止二氧化碳含量上升。

应美国航空航天局的要求，利顿公司还开始研发能持续运行 45 分钟的开环便携式生命保障系统，称为“应急传输系统”（CTS），拟计划在阿波罗 17 号计划后的任务中从登月舱紧急返回指令舱时使用。由于阿波罗 18 号及之后的任务取消，应急传输系统的研发就此夭折。

尽管利顿公司选择在先进舱外航天服竞赛之后退出航天服的研发，然而先进舱外航天服设计并不是利顿公司在航天服上的终点。目前在美国国家航空航天博物馆展出的一款收藏品很可能才是利顿公司的最后一套压力服设计（图 7.2－6）。尽管活动性系统与先进舱外航天服的相同，它采用了玻璃纤维硬上躯干和中间进入式系统，与最终在航天飞机舱外活动装置中使用的系统惊人地相似。尽管利顿公司的开创性设计未能让其获得签订生产合同的机会，它却留下了另一项颇具影响力的遗产。利顿公司还开发了一套平板型关节系统，美国航空航天局对其产生了极大的兴趣。与当时的先进活动性元件或模制航天服关节相比，这钟关节似乎可以以简单而低廉的生产技术实现相对较低的操作用力。由于利顿公司无意继续航天服方面的业务，美国航空航天局便资助其他机构继续平板型关节的研发。数年之后，最终胜出的航天飞机舱外活动装置样机采用了配有平板型活动关节的中间进入式硬上躯干。

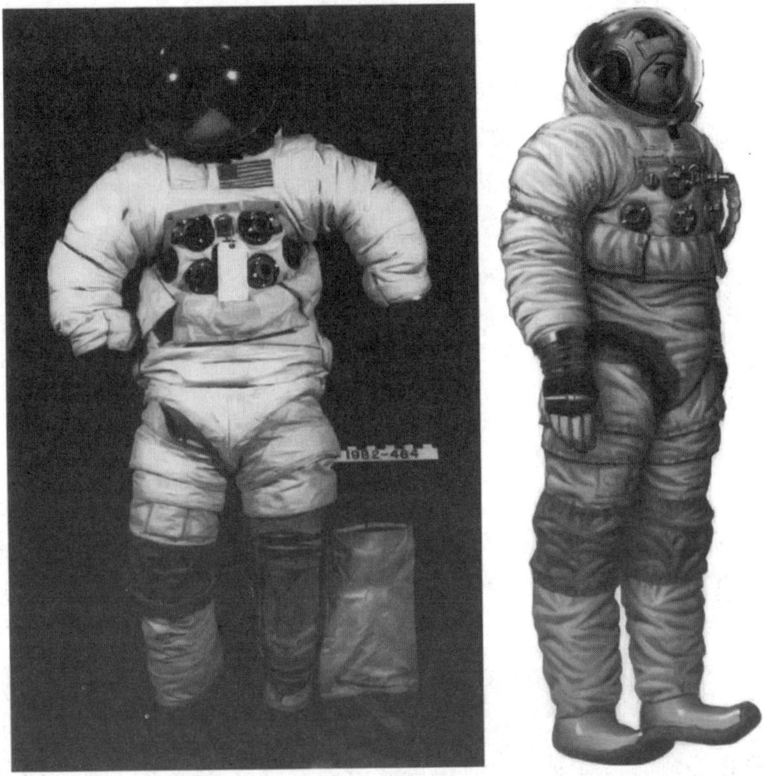

图 7.2-6　利顿公司的最后一套先进航天服设计（左图由史密森学会提供）

美国航空航天局艾姆斯研究中心

1963 年，美国航空航天局指派艾姆斯研究中心负责先进航天服的研发，于 1964 年生产了 AX-1；1966 年到 1967 年期间，艾姆斯研究中心的维克在这一授权下继续生产了 AX-2 样机（图 7.2-7），它是对 AX-1 样机的改造。在 AX-2 设计中，艾姆斯研究中心再次决定使用金属波纹管，但这些元件比 AX-1 提供了更大的活动性。尽管它是这一时期艾姆斯研究中心生产的最后一套样机，但其研究成果将被提供并融入到之后的阿波罗先进航天服样机中。

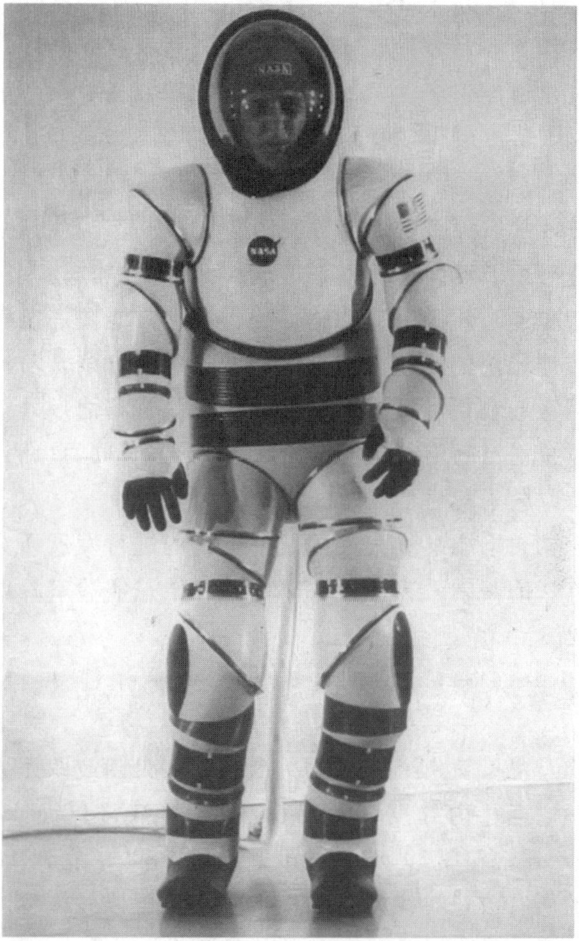

图 7.2-7　美国航空航天局艾姆斯研究中心的 AX-2 样机

（NASA 提供）

国际橡胶有限公司

从 1962 年 4 月到 1965 年 3 月期间，由于国际橡胶有限公司拿到了美国航空航天局规模最大的航天服研发与生产合同——这是阿波罗计划的主线，因而在阿波罗先进航天服系统及其他美国航空航天局的技术开发合同竞争中被排除在外。1965 年，国际橡胶有限公司暂时不再作为阿波罗航天服的供应商，在这一间断期，国际橡胶有限公司成功地赢得了美国航空航天局艾姆斯研究中心的合同，以开发在功能上可以取代飞船系统中的“座椅”（或者说是躺椅）的航天服构想。

由此研发的航天服系统通常被称为“龙虾壳”航天服（图 7.2-8），因为它采用了可拆卸的拟人形玻璃纤维支撑“壳”部件与飞船中的座位架相连，并为手臂和腿部提供支撑，能在一定程度上保护乘员不受爆炸气浪的影响。具有讽刺意味的是，该研发将在国际橡胶有限公司重新获得阿波罗航天服供应商的资格之后才能启动，因此国际橡胶公司自己就排除了进一步签订研发合同的想法。1966 年，国际橡胶有限公司交付了该样机系统。

尽管该构想未能继续与美国航空航天局进行发展研究，但利顿公司在该方法的基础上为美国空军的载人轨道实验室提供了一种衍生技术（见 8.3 节）。

汉密尔顿标准公司

1966 年，汉密尔顿标准公司为获得下一份阿波罗压力服合同加入了竞赛，它通过内部投资生产了阿波罗配置样机设计模型 XM-2A（图 7.2-9，左图）。XM-2A 融合了 1964 年底到 1965 年夏季期间作出的所有改进，汉密尔顿标准公司希望以此恢复阿波罗航天服系统集成商的身份以及在航天服生产合同中的份额。

XM-2A 与 1967 年 1 月在美国空军航天服竞赛中胜出的载人轨道实验室 XM-1A 样机是“姐妹航天服”。与利顿公司的航天服相

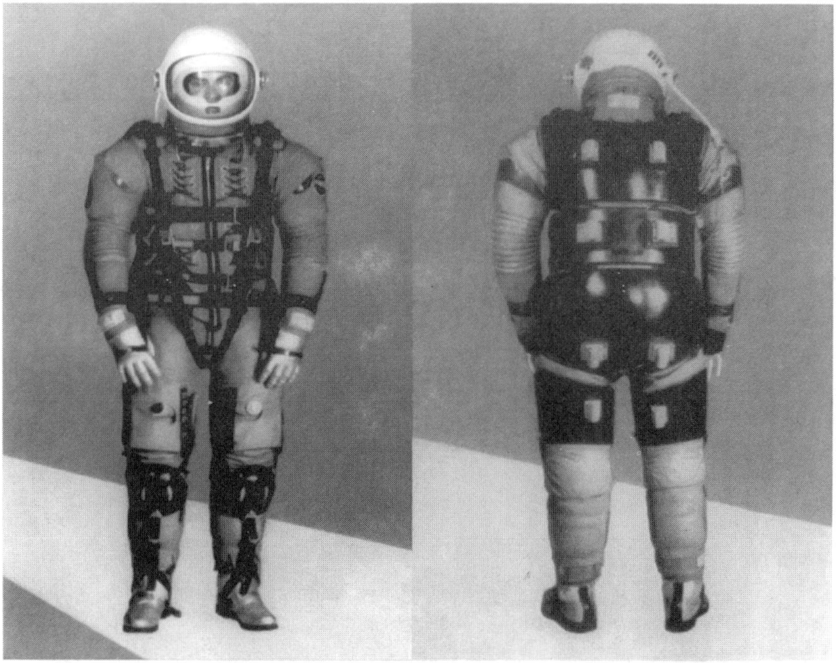

图 7.2-8　国际橡胶有限公司 1966 年的“龙虾壳”弹射服
(NASA 艾姆斯研究中心提供)

比，XM-2A 是一款软式航天服，主要用于发射和返回，以及舱外活动。XM 系列利用织物的倾斜方向和约束设计以确保加压时能够保持其拟人形状（见 8.3 节关于 XM-1A 的详细介绍）。与其他先进阿波罗航天服一样，XM-2A 的额定工作压力为 5.0 psi (34.5 kPa)，配备了多方向的腰关节和步行胯部活动系统。穿戴者将能够在单膝跪地的同时身体前倾，实现了当时阿波罗计划的目标。

1968 年初，汉密尔顿标准公司启动内部资金研发三套阿波罗先进的软式航天服。前两套样机航天服被简单命名为“阿波罗航天服”（图 7.2-9，右图）。它们是从美国空军载人轨道实验室当时正在生产的 MH-7 模型训练服（图 8.3-15，左图）演变而来，唯一的区别仅在于安装阿波罗生命保障背包的方式不同。这种阿波罗航天服于 1968

年4月完成。与此同时，汉密尔顿标准公司投资研发了第三套更先进的柔软航天服样机，命名为“研发航天服”。这套航天服将拥有采用肩部轴承的低扭矩回旋肩膀，以及小重量的发射/返回/EVA能力。然而，1968年4月，阿波罗预算和任务缩减的预期，导致了正在开发的研发航天服以及所有关于阿波罗计划的航天服研发的终结。

图7.2-9 汉密尔顿标准公司1966年的XM-2A和1968年的阿波罗航天服（汉胜公司提供）

大卫·克拉克公司

1965年，国际橡胶有限公司的模制回旋关节在重新进行的阿波罗第二批舱外航天服竞赛中胜出。美国航空航天局有意了解这样一种系统是否能为大卫·克拉克公司一直在压力服中使用Link-net约束系统的躯干组件提高活动性。为了支持这一要求，大卫·克拉克公司仿照国际橡胶有限公司的阿波罗系统制造了活动元件，并将它们集成到压力服中。整体而言，就此生产出的大卫·克拉克样机并没有比标准的 Link－net 系统具备更多的优势。然而，美国航空航天局发现了感兴趣的系统属性，因此少量订购了这种压力服（图 7.2－10），以便技术人员能为在真空室活动的航天员提供支持。美国航空航天局将这套技术人员真空室压力服命名为 S－1C。

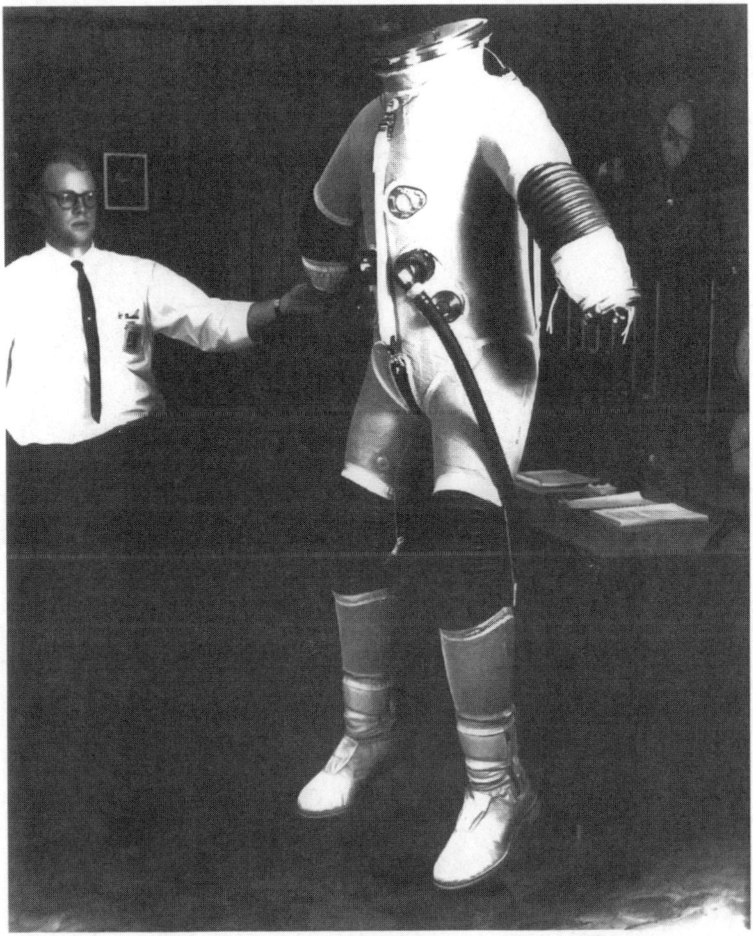

图 7.2－10　大卫·克拉克公司的 S－1C 真空室压力服

（大卫·克拉克公司提供）

美国航空航天局载人航天器中心还资助大卫·克拉克公司生产了一套先进概念航天服，该航天服于 1967 年 11 月完成。这套柔软航天服样机被正式指定为大卫·克拉克公司的 S1021 航天服（图 7.2-11）。它的新特征包括提高活动性的织物回旋关节系统以及马蹄形的拉链封口。这种曾用在美国空军 X-20 飞行服中的马蹄形进入系统（见第 8 章）采用了拉链技术，从胸前一侧开始，绕过手臂下方，沿着背部延伸到另一只手臂下方，然后止于另一侧胸前。该航天服的“圆顶”头盔采用了易于现场替换的压力面窗。

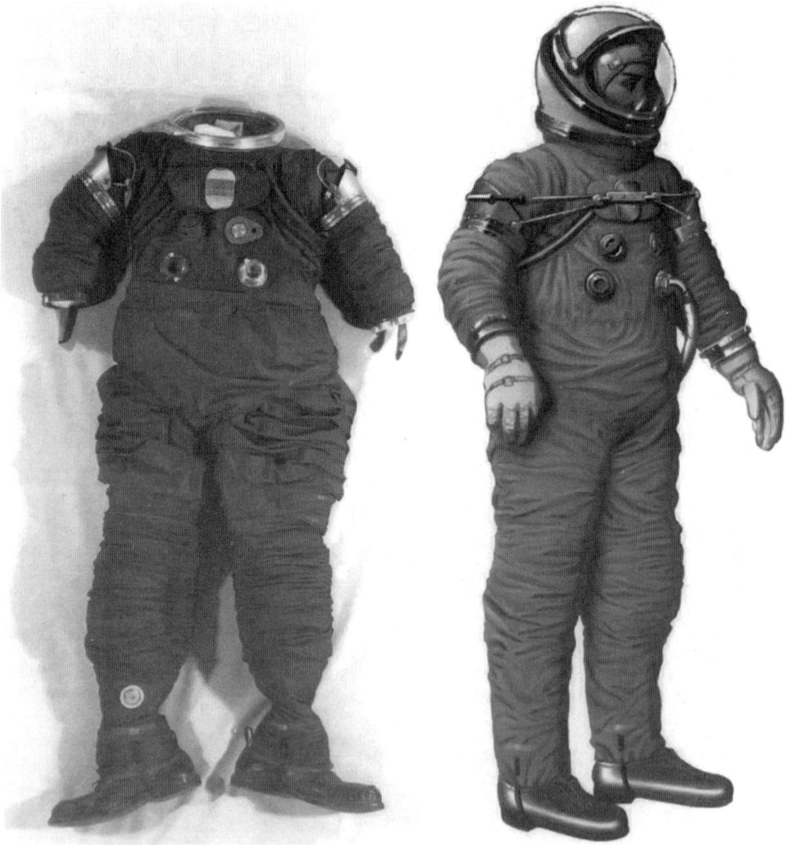

图 7.2-11　大卫·克拉克公司的 S1021 先进阿波罗样机（左图由史密森学会提供）

盖瑞特公司 AiResearch 分部

1967 年，盖瑞特公司（现为霍尼韦尔公司）AiResearch 分部决定开发其内部的航天压力服设计和制造能力，从而将经营范围扩展到整个航天服系统。为此，AiResearch 成功地从利顿公司招揽了一些人，构建了其内部的人才基础。为了证实其设计与制造最新技术的压力服的能力，AiResearch 独立生产了 EX－1A 样机（图 7.2－12）。为了避免侵权，EX－1 采用了被称为“环形关节”的新活动性技术以及有角部件，并配有类似于美国航空航天局艾姆斯研究中心在 AX－1 和 AX－2 航天服中使用的压力密封轴承。1968 年，EX－1 在美国航空航天局的定容服评估中与利顿公司的一套样机进行了较量（图 7.2－13）。定容服比较试验表明，AiResearch 已经将自身定位为利顿公司的竞争者，并在美国航空航天局的资助下参与了随后一系列的先进舱外航天服比较试验。

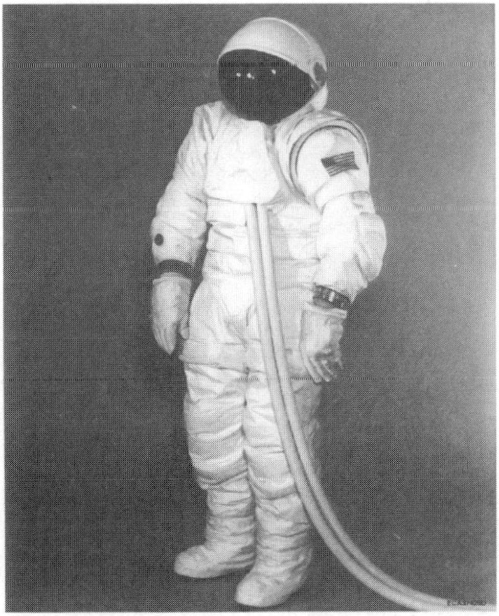

图 7.2－12　AiResearch 的 EX－1 样机（配外罩防护层）（汉胜公司提供）

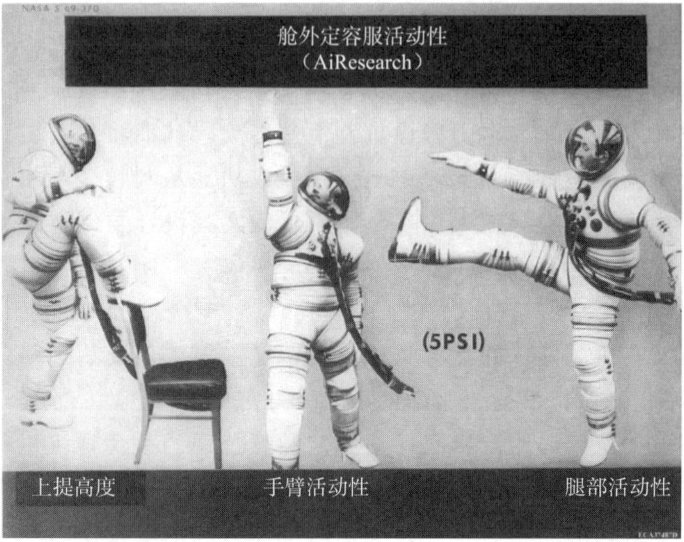

图 7.2－13　定容服测试中的 AiResearch EX－1A 样机（汉胜公司提供）

同在 1968 年，AiResearch 在美国航空航天局载人航天器中心第三批便携式生命保障竞赛中获胜。该系统被命名为“优化的便携式生命保障系统”（OPLSS），是一套先进的独立系统，旨在为航天员执行地球轨道或扩展的月球表面 EVA 提供支持。该计划的主要目标是提升目前阿波罗便携式生命保障系统的能力和操作性能，改进消耗品供应、缩短补给时间，以及改进航天服/背包接口。主要要求包括：零重力服务/停止服务/运行，非排气散热器的使用，提升脐带能力，以及增加单次任务中的舱外活动次数。优化的便携式生命保障系统设计（图 7.2－14）在 AiResearch 的便携式环境控制系统（PECS）的基础上作出了更多的改进，涉及组装、检查、维护、性能和持续时间。

除了优化的便携式生命保障系统之外，美国航空航天局于 1969 年构想了一个逐步增强的生命保障系统族。以阿波罗便携式生命保障系统作为起点，美国航空航天局打算首先开发一套改进型便携式生命保障系统（IPLSS），它可用于两次飞行，包括一个小型辅助水

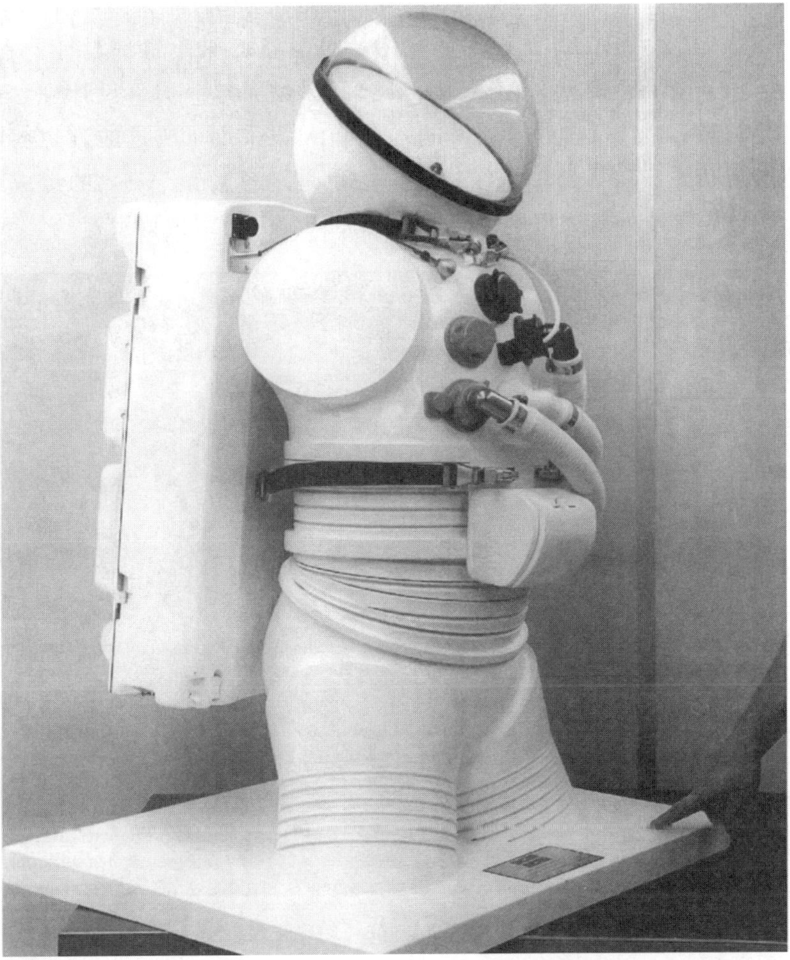

图 7.2－14　AiResearch 的优化便携式生命保障系统（霍尼韦尔公司提供）

箱和管接式氧净化系统的氧气瓶。下一步则是最小容量便携式生命保障系统（MPLSS），它包含 7500 psi（510 atm）的氧气贮备和插入式应急系统。之后将是优化的便携式生命保障系统，最后则是先进的便携式生命保障系统，它将具备一些新的特点，例如用于风扇的霍尔电机。

对于 1969 年 AiResearch 公司的先进舱外航天服（AES，图 7.2－15），NASA 艾姆斯研究中心分享了 5 轴承肩部设计概念，包括一个全尺寸模型。AiResearch 公司采纳了这一肩部设计理念并将其付诸实践。其他方面，先进舱外航天服采用了改进的近定容的环形活动关节和臀部轴承结构，这些也是定容服（CVS）的组成部分。在先进舱外航天服的竞赛中，AiResearch 公司拔得头筹。

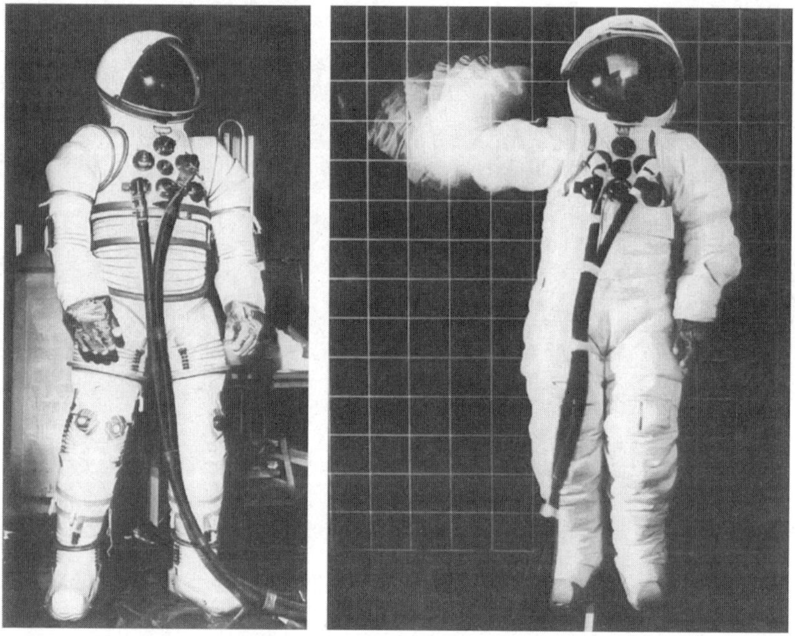

图 7.2－15　AiResearch 公司的先进舱外航天服
（左图和右图分别由霍尼韦尔公司和哈里斯提供）

遗憾的是，AiResearch 公司的 AES 和 OPLSS 所应用的任务被取消了，导致这两项合同也分别在 1969 年和 1970 年被终止。优化便携式生命保障系统没有完成自身的细节设计阶段，其他便携式生命保障系统“家族成员”的研发也都没有取得进展。AES 也曾计划作为一项天空实验室飞行实验设备，但从未在飞行中用到（7.3 节将做进一步讨论）。

韦伯联合公司

针对先进阿波罗航天服技术的研发，韦伯联合公司另辟蹊径。该公司位于俄亥俄州的耶洛斯普林斯，于 1967 年进入这一领域，总裁是保罗·韦伯博士。之前的先进阿波罗航天服类型都是基于将使用者包裹在密闭的加压环境中的原理。如同 20 世纪 40 年代大卫·克拉克公司的 S-1 “绞盘式压力服”，韦伯联合公司的方法是给头部和肺部提供气动压力（氧气环境），与作用到躯干上以维持身体机能的机械反压力充分配合。按照韦伯的理念，多层弹性服可以将机械反压力作用到躯干上。韦伯航天服的研发工作突飞猛进。

航天服样机的手臂于 1967 年制作完成并接受了测试，到 1968 年则研发了相当于大约 1.9 psi（13 kPa）气压的航天服样机系统（图 7.2-16）。到 1971 年，第二种航天服样机制作完成并接受了

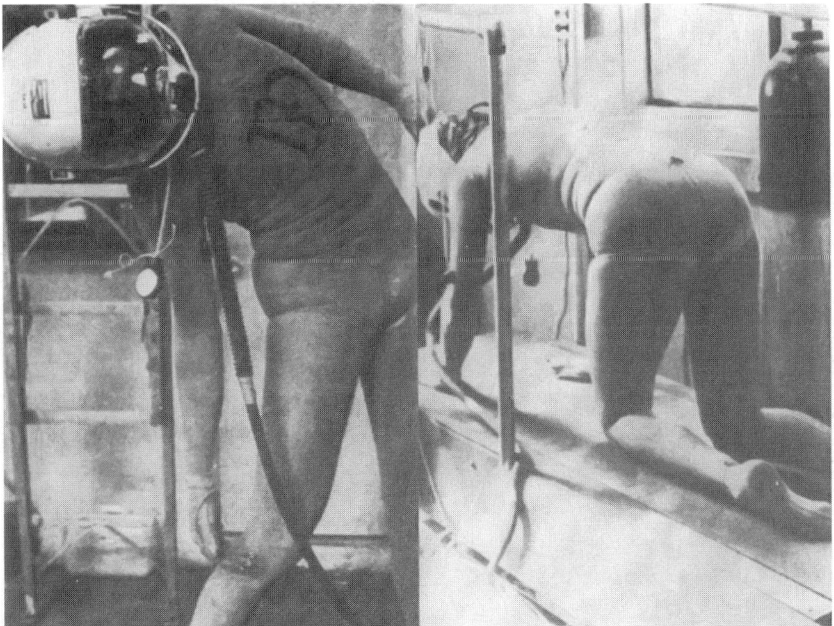

图 7.2-16　韦伯联合公司 1967 年的 “1.9 psi” 压力服样机（韦伯提供）

测试，性能与 3.3 psi（23 kPa）压力服相当（图 7.2－17）。韦伯航天服系统为多层系统，其中包含韦伯独立设计的便携式生命保障系统。

尽管 NASA 一度对这种方法失去了兴趣，该概念却体现在 20 世纪 80 年代到 90 年代的美国高校项目中。1999 年，NASA 对此又产生了兴趣，对霍尼韦尔公司（原 AiResearch 公司）负责的三年研究项目进行了资助。保罗·韦伯博士（韦伯联合公司的前总裁）是该项目的主要顾问之一。

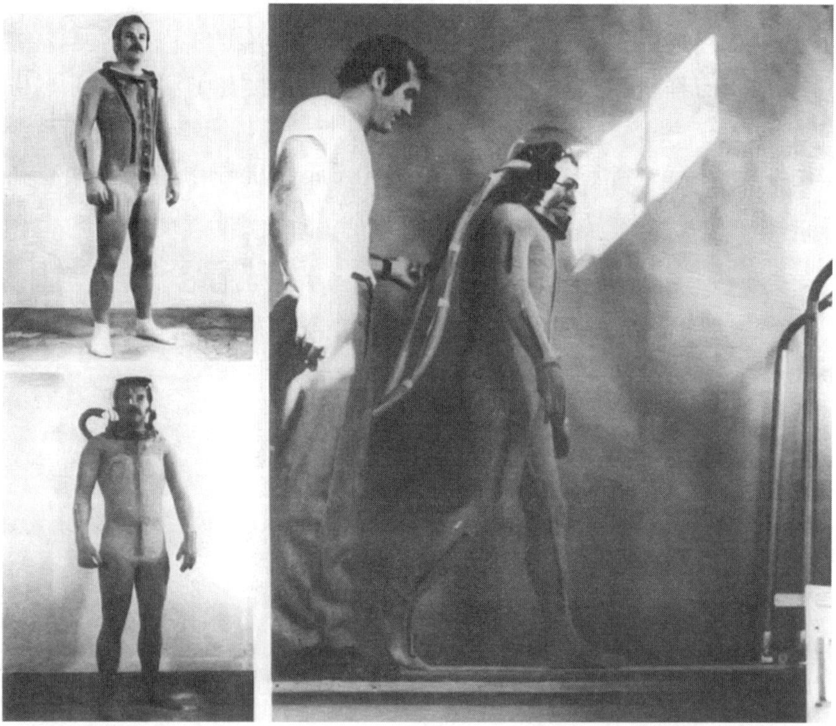

图 7.2－17　韦伯联合公司 1971 年的“3.3 psi”航天服样机（配备生命保障系统）（韦伯提供）

NASA 载人航天器中心

约翰逊航天中心此时不仅为大多数先进阿波罗航天服提供行政审查，还提供技术支持。NASA 的工程师们都喜欢亲自动手进行研发。位于休斯敦的 NASA 机构曾是双子星航天服和生命保障系统的集成者，1965 年 9 月之后则是阿波罗航天服和生命保障系统的集成者。到 1968 年，NASA - MSC 也在尝试内部的下一代航天服研发。这一点体现在一套阿波罗 A7L 压力服上，经过大量修改（图 7.2 - 18）后形成了一个中间进入式封口。这套航天服是瓦尔特 · 康宁汉姆在阿波罗 7 号上用过的。在 NASA 准备好为子孙后代保存这样的“国宝”之前，这些“没用的”（out -of - life）压力服除了当做试验样品，或者被拆卸作为再利用部件外，好像没什么价值。在这种实验装置中，添加了一个圆形进入密封口，前面向下倾斜，这样前后剖面更薄一些，并且加工比较简单。这种设计类似于赢得后来的航天飞机压力服竞赛的 SX - 1 样机的进入结构。

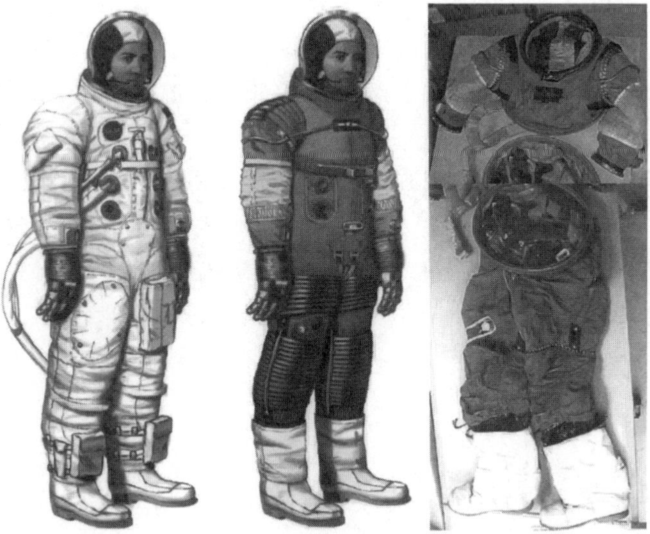

图 7.2 - 18　NASA - MSC 中间进入式试验航天服（右图由史密森学会提供）

1968 年，NASA 内部也引入了拉链进入系统的概念，进一步反映了这一概念的重要性和“没用的”压力服在阿波罗计划中的相对价值。NASA 用了数套加长版 A6L 或 A7L 压力服，手工缝纫了商用的粗牙拉链来设计想要的进入构型。技术人员打开拉链，切开躯干部位，修整好开口，然后可以以非常真实的穿脱模拟试验新的进入位置。这样产生了两种进入概念，设想用于 A8L 和 A9L 压力服样机，但这两种压力服样机从未投入制作。后来经过选择，A9L 的概念用于了最终被称为 A7LB 的设计。

7.3 后期阿波罗航天服小结

不像 20 世纪 60 年代早期，到了 1969 年，这项航天计划已不再是国家的优先工作。越战的费用以及国内“伟大社会”(great society）计划，给国家造成了财政负担，导致了 NASA 预算的减少。NASA 对战略规划作出了调整，1969 年和 1970 年取消了后期的登月任务和相应的研发计划。天空实验室给 AiResearch 公司的先进舱外航天服提供了飞行和测试机会（作为一个飞行试验设备）。遗憾的是，天空实验室的发射和后续维修任务比较混乱，结果导致这些计划全部夭折。

阿波罗应用计划（Apollo Application Project）的设计模型最终都没有实现飞行，但相关工作将会在技术层面对 EMU 产生巨大影响。EMU 在超过 30 年的时间内都将给航天飞机的飞行提供支持，还可能影响 21 世纪初期美国下一代航天服的研发。

第 8 章　美国空军航天服

自成立之日起，美国空军（USAF）就一直支持先进航空器的研发，一般都与国家航空咨询委员会（NACA）或后来的国家航空航天局（NASA）合作或为其工作。这种支持（包括人员、设施和研发技术专家），在 X-1 计划之前就开始有了，一直到今天。美国空军以提供资金和试验人员的方式协助了利顿公司 20 世纪 50 年代的 Mark I 压力服的研发工作。在 X-15 计划中，美国空军给 NACA 提供了压力服选型和研发方案。X-15 飞行的绝大多数都是在大高度进行，它的设计飞行高度远高于地球表面，使得其任务性质和太空飞行一样。因此，美国第一套航天服的研发是 USAF 负责的。NASA 成立后，美国空军借出了俄亥俄州赖特-帕特森（Wright-Patterson）空军基地的设施和技术资源用于水星计划航天服的选型。

在 NASA 实施水星计划的同时，美国空军受命直接负责可重复使用的 X-20 的研发任务，其中包括一套支持 IVA 的航天服系统。美国空军还将实施并行的航天服技术研发工作。1963 年，美国空军提出了载人轨道实验室（MOL）计划。最著名的 MOL 航天服是最初的 IEVA 航天服。此外，还有一些载人轨道实验室相关的航天服设计，包括专用的 EVA 站上（on-station）航天服系统和支持灵长类动物（黑猩猩）试验的航天服。

1969 年载人轨道实验室被取消后，美国空军不再要求制定与国防相关的载人航天计划，但将继续给 NASA 提供设施、技术专家和人员。

8.1　美国空军 X-20 计划（1958—1963 年）

20 世纪 50 年代后期，美国空军制定了航天或近太空导弹和卫星计划。由于1958年的苏联航天计划主要是军方负责，因此美国国防部指令美国空军执行X-15计划的后续项目，这就是X-20动力翱翔计划。X-20计划始于1958年，目的是研制由驾驶员独立操作且可重复使用的航天飞机，可以随火箭发射升空，返回地球时在传统的飞机跑道上着陆。

大卫·克拉克公司获得了X-20航天服的制造合同，要求航天服支持发射、返回和降落伞逃生，但不包括舱外活动。X-20航天服的结构来源于大卫·克拉克公司的A/P 22S-2航天服。与A/P 22S-2航天服一样，X-20航天服使用了大卫·克拉克公司的Link-net限制系统，特点在于后入式"马蹄形"拉链密封口（图8.1-1），从胸部一侧开始，斜向下绕过背部，然后从另一侧退回，止于胸部的另一侧位置。X-20航天服配备的头盔类似于A/P 22S-2航天服（图8.1-2，左图），但不久换成了宽大的气泡型头盔（图8.1-2，右图）。

图8.1-1　大卫·克拉克公司X-20航天服限制和进入方式

（汉胜公司提供）

图 8.1-2　大卫·克拉克公司 X-20 动力翱翔航天服构造
（左图和右图分别由汉胜公司和哈里斯提供）

国防部目标的修改最终导致 1963 年 12 月 X-20 计划被取消，以支持美国空军的空间站概念——名为载人轨道实验室（MOL）的构想。X-20 航天服因此被用于早期载人轨道实验室的评估和研发活动。

8.2　美国空军早期的航天服研发活动（1959—1964 年）

美国空军涉足航天服领域并不只限于特定的计划应用。在这一领域，美国空军在前几年里资助了两项其感兴趣的工作，一项是独特的机械反压力服的技术方法，由俄亥俄州的 Mauch 实验室构想并实施；另一个是大卫·克拉克公司执行的美国空军舱外航天服系统概念。

1959 年，美国空军资助 Mauch 实验室，以协助其利用机械反压力的“被动”方法，而非大卫·克拉克公司绞盘管线“部分压力”服中用到的“主动”方法。部分压力服原先用于国防领域，以及 X-1 的创纪录飞行。如同大卫·克拉克公司的压力服系统，头部和肺部提供加压氧气，而躯干、手臂和腿部则施加紧密适体的外部反压力。

Mauch 实验室的反压力服（图 8.2-1）利用的是闭孔泡沫材料的力学原理，闭孔泡沫材料随着材料减压而膨胀。反压力服的特点在于它是一种紧身服，两层织物之间夹一层闭孔泡沫材料。内层织物固定住泡沫材料，外层织物限制膨胀泡沫材料的反应范围，在穿戴者身体上形成压力。

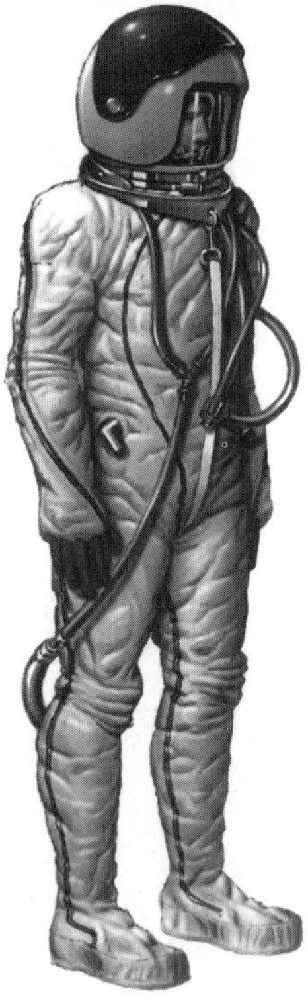

图 8.2-1　Mauch 实验室的机械反压力服

这项研究的目的是生产具有高度活动性的航天服系统，并且可以有效地实现皮肤水平的蒸发冷却，从而防止全压力服常常会出现的体热积累状况。该计划于 1962 年结束，证明了压力服在真空舱内保障穿戴者数小时内生命安全的能力，就这一点来说，此次计划是成功的。然而其活动性和生命保障解决方法却并未达到美国空军的预期。

另一项活动中，美国空军对用于飞船外部活动的完整航天服系统进行了研究。1962 年 7 月，美国空军与大卫·克拉克公司签订了关于研发、系统级集成并交付一套压力服和生命保障系统的合同，以支持美国空军航空航天医学研究实验室舱外活动防护组件(图 8.2－2)计划。1962—1964 年间，该舱外活动防护组件计划由赖特－帕特森空军基地负责实施。该合同的主要目的是研发可支持月球和地球轨道活动的舱外航天服。

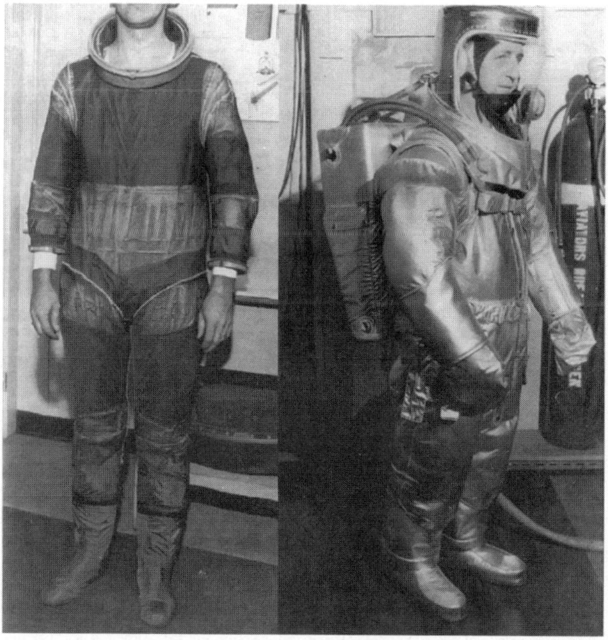

图 8.2－2　大卫·克拉克公司的舱外防护组件（哈里斯提供）

大卫·克拉克公司的压力服组件的目的是在子系统层级提供舱外活动保护，质量不超过 25 lb（11 kg），可以独立地在五分钟或更短时间内穿好。按照赖特航空航天研发分部（Wright - Aerospace Development Division）的概念和规格，头盔呈圆柱形，采用不锈钢材料制作而成。头盔的特点在于配备两片式 EVA 遮光面窗，可以向上收回至前额区，下拉时上下两片之间出现一个轻微重叠，以覆盖住视野。躯干压力服类似双子星后入式压力服，利用 Link - net 技术实现活动性。舱外活动外罩防护服包括集成的不锈钢板、防冲击毡、尼龙可移动板，以及热和微陨石体防护用镀铝聚酯薄膜。

这种压力服的自主式便携式生命保障系统被命名为“环境控制系统”。这是一种 5 psi（34.5 kPa）的系统，允许进行最长 4 个小时的舱外活动。最终的样机利用液氧蒸发达到冷却通风气体的目的，结合喷射泵驱动、涡轮压缩机和排气装置共同提供通风气流。蒸发气体从贮罐进入回路，喷射泵给通风回路提供驱动力。压力服大气受控的不完全净化可以控制压力，同时去除二氧化碳和湿气。虽然不是所有项目都达到了设计目标，但已检验了生命保障系统载人测试的安全性，且整个系统是该领域的首次创新尝试。

8.3 载人轨道实验室舱内/舱外通用航天服计划

1963 年，肯尼迪政府决定在 NASA 实现其更宏伟的空间站目标的同时，由美国空军研发规模较小、成本较低的空间站。这项工作被正式命名为载人轨道实验室（图 8.3 - 1）计划，一般都称做“MOL”。成本控制以之前设计的航天器系统为依据，在可能的情况下通过提供固定价格的“按成本设计”合同来实现。为了反映美国空军与 NASA 计划的文化差异，USAF 倾向于把航天员叫做“MOL 飞行员”（图 8.3 - 2）。MOL 有两项载人航天服计划。

第一种航天服为舱内/舱外活动（IEVA）两用，相比于阿波罗航天服，要求其费用较低，结构更加紧凑，柔性更大。MOL 的发

图 8.3-1　载人轨道实验室（MOL）概念（汉胜公司提供）

射/返回飞行器计划采用基本的双子星飞船设计，因此促进了这些要求的制定。双子星飞船的座舱、舱门和座椅比阿波罗飞船的结构更加紧凑。对于 MOL，它的双子星座舱将有一个通过防热罩的底部舱门，这样座舱就可以在对接状态下发射，简化了原先需要进行后续对接操作的系统。这也意味着，在座舱的有限范围内，MOL 驾驶员必须进行 NASA 双子星航天员不需要进行的移动和活动。在 NASA 的航天计划中，每名航天员都有一套定制的飞行、训练和备用服；而与此不同的是，MOL 计划的压力服分为 8 种标准尺寸（配备可调节尺寸元件），以便为 MOL 飞行员队伍提供合身的装备。

该航天服计划分两个阶段：第一阶段是美国空军初期的研发工作，包括一次正式的竞赛；下一阶段是按成本设计的生产合同阶段，以支持飞行。遗憾的是，由于越战的费用加上间谍卫星技术的进步，导致 MOL 计划及其相关活动于 1969 年被终止。

站排

R.T.Herres中校　R.F.Overmeyer少校　Lt. RL Crippen中校　K.J.Bobko少校

H.W.Hartsfield少校　C.G.Fullerton上尉　D.H.Peterson少校　J.E.Abrahamson少校

坐排

L.Macleay少校　R.E.Lawyer少校　J.M.Taylor少校　A.H.Crews少校　F.G.Neubeck少校　R.H. Truly海军少校

图 8.3-2　MOL 飞行员队伍（汉胜公司提供）

MOL IEVA 航天服研发进展（1963—1966 年）

MOL IEVA 航天服研发的第一步是获得相关经验并评估潜在的压力服技术。在 X－20 动力翱翔计划于 1963 年 12 月取消时，美国空军还留有初期库存的压力服。这些 X－20 压力服（图 8.1－1 和图 8.2－2）被用于初期的训练和测试，以支持后续合同要求的制定和绝热方法的评估（图 8.3－3A）。

1964 年，美国空军也对潜在的压力服系统及其子系统供应商进行了考察，工作重点主要集中在大卫·克拉克公司、国际橡胶公司（现为 ILC 工业公司）和 B·F·古德里奇公司。美国空军还在 9 月份拜访了汉密尔顿标准公司。美国空军对汉密尔顿公司的兴趣在于生命保障系统，该公司已经发展了支持阿波罗计划的压力服设计能力，因此另外又提供 MOL 压力服的可能性引发了汉密尔顿标准公司的兴趣。

作为一个压力服设计与制造领域的新来者，汉密尔顿公司内部投资研发了 4 种专门针对 1965 年 MOL 的加压服样机，前三种分别是 XT3、XT4 和 XT6。XT3 是一套试验服（图 8.3－3B），于 2 月份完工，允许肩部和髋部独立转动，通过配备一个腰关节，允许躯干弯曲。XT3 的特点还在于其全新设计的头盔，这比当时 NASA 计划的头盔的侧面和向上的视野更大。XT3 头盔的另一特点在于其生命保障系统是通过头盔而非躯干与压力服连接。XT4 压力服（图 8.3－3C）于 1965 年 4 月制造完成，活动系统与 XT3 压力服相比实现了改进。XT4 压力服使用阿波罗 C3 型头盔。1965 年夏天，XT3 压力服经过重新制作，加入了 XT4 的限制系统，从而成为 XT3/4 压力服。最后一款压力服 XT6 于 10 月份完工，在活动性和耐用性方面有很大的改进。XT6 压力服（图 8.3－3D）制作完成的同时，汉密尔顿公司得知国际橡胶公司已经赢得了阿波罗压力服第二次竞赛。这种局面引发了新的内部研发活动，B·F·古德里奇公司也投资做了一套样机，用以评估最新的古德里奇压力服活动性方面的研究成果。1965 年 12 月，古德里奇公司交付了其 MOL“演示服”（图 8.3－3E 和图 8.3－4）。这种压力服做完评估后，汉密尔顿公司选择继续独立进行自己的内部设计。这是我们所知的古德里奇公司最后一次参与航天服计划。

MOL 计划的最初，大卫·克拉克公司是航天服领域的领导企业，并且是美国空军的 X－20 压力服及舱外活动组件供应商。况且，MOL 当时正计划使用双子星飞船，而大卫·克拉克公司的双子星压力服已被证实在这种飞船中能够有效运行。1965—1966 年间，美国空军通过资助有限的研发项目对大卫·克拉克公司的能力进行了评估。这一合同中涉及 4 种压力服样机，分别命名为 MD－1、MD－2、MD－3 和 MD－4，有两种设计结构。MD－1/MD－2 压力服样机代表第一种配置。MD－1 与 MD－2 压力服（图 8.3－3F 和图 8.3－5 左图）的区别在于二者是按照两种压力服评估主体量身定制的。MD－1/MD－2 压力服与双子星 G4C 舱外航天服系统相似，主要区别在于“圆顶”头盔、改进版活动系统以及以减少泄漏为目的的改进型拉链系统。“圆顶”头盔取代了下拉式面窗系统（以前用于发射/再入），因为有更高的可靠性、耐用性以及更大的视野。全新的肩部系统采用平板型回旋部件，由一个单独的“环形”线缆系统加以限制。腿部位置也是采用平板型回旋关节。内侧的 BFG 压力密封拉链拉上后，降低了压力服漏气的可能。

其他两种评估配置是命名为 MD－3 和 MD－4 的压力服（图 8.3－3G 和图 8.3－5 右图）。与 MD－1 和 MD－2 压力服样机一样，MD－3 与 MD－4 的区别在于尺寸大小。MD－3/MD－4 与 MD－1/MD－2 压力服样机的不同之处包括进入密封口、改进腰部/三角裤区域，另外还有头盔的变化。进入密封口只是按照 X－20 压力服的形式进行了修改，而没有技术上的改进。对于 MD－3/MD－4，大卫·克拉克公司研发了一种髋关节，可实现多轴活动性。头盔配备了可更换压力面窗，并改进了所有面窗的光学性能。这种防晒面窗的光衰减性能有所改进，并添加了一个反射涂层。

(A) X-20压力服绝热测试

(a) 外视图　(b) 无外罩

(B) 汉密尔顿公司的XT3压力服样机

(a) 外视图　(b) 无外罩

(C) 汉密尔顿公司的XT4压力服样机

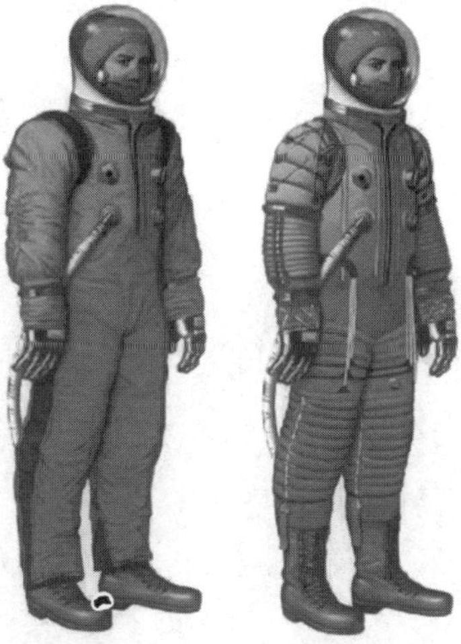

(a) 外视图　(b) 无外罩

(D) 汉密尔顿公司的XT6压力服样机

图 8.3-3 载人轨道实验室舱内/舱外航天服初期研发工作

(E) 古德里奇公司MOL“展示服”
（由汉密尔顿公司赞助）

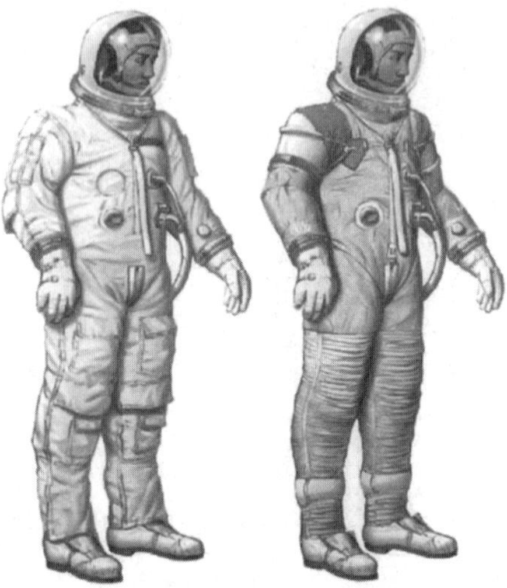

(a) 外视图　　(b) 无外罩

(F) 大卫·克拉克公司MD-1/MD-2压力服配置

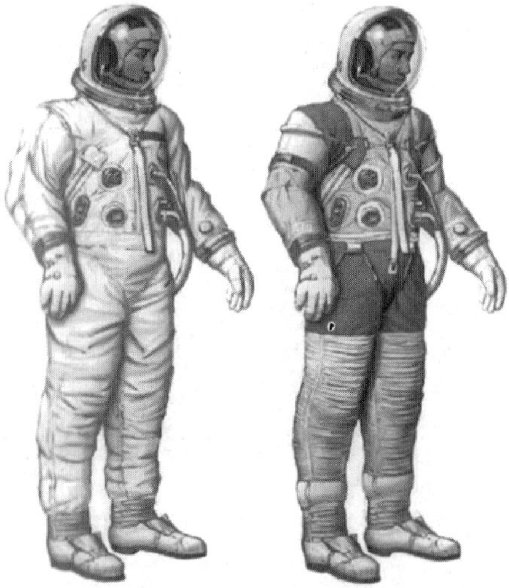

(a) 外视图　　(b) 无外罩

(G) 大卫·克拉克公司MD-3/MD-4压力服配置

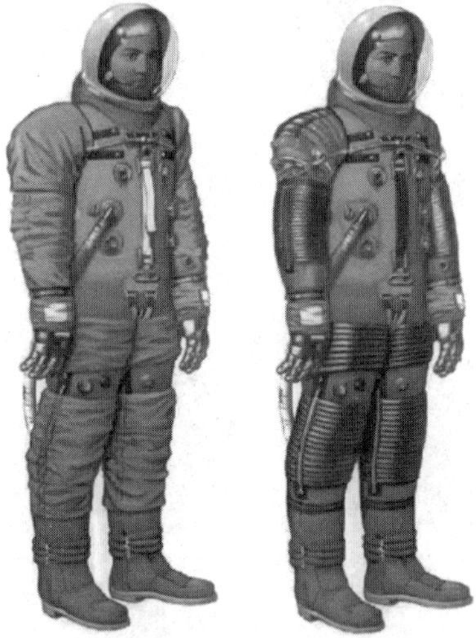

(a) 外视图　　(b) 无外罩

(H) 国际橡胶公司的评估压力服

图 8.3-3　载人轨道实验室舱内/舱外航天服初期研发工作（续 1）

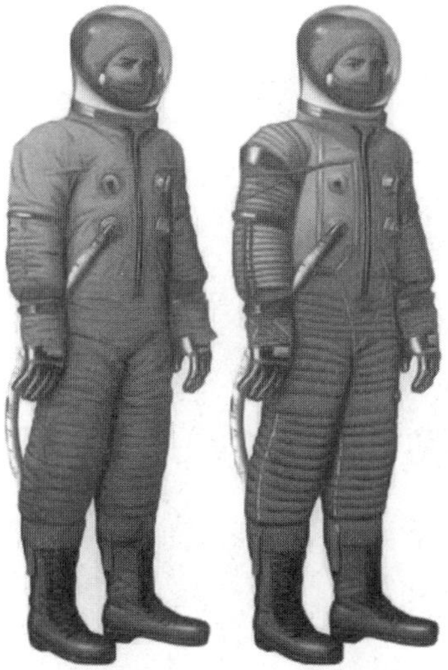

(a) 外视图　　(b) 无外罩

(J) 汉密尔顿公司XM-1A比赛服

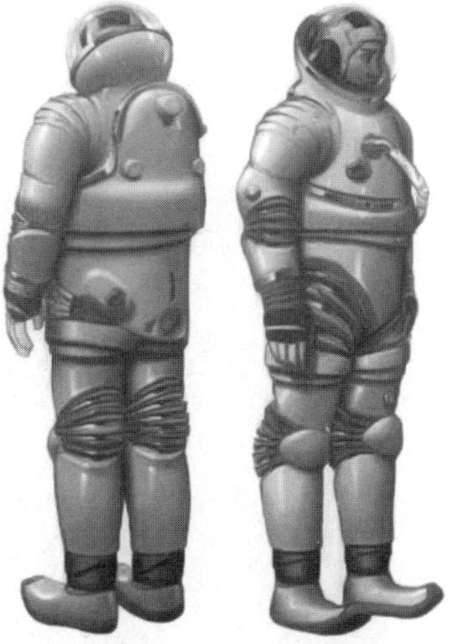

(a) 前视图　　(b) 后视图

(K) 利顿公司基于RX-3压力服的弹射服

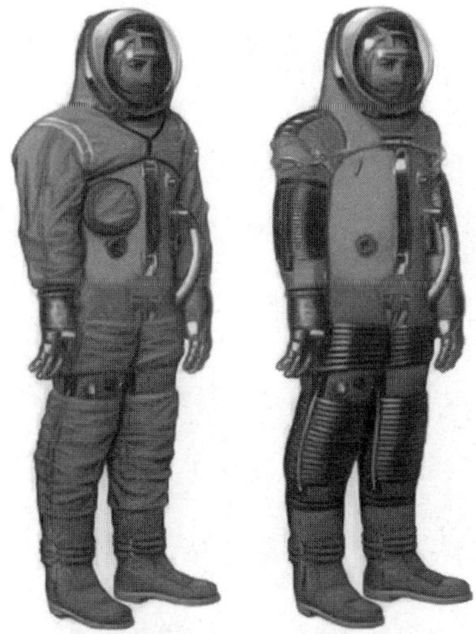

(a) 外视图　　(b) 无外罩

(L) 国际橡胶公司的竞赛服

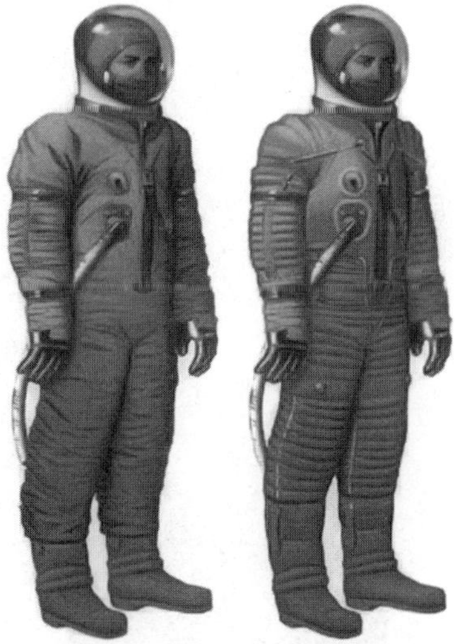

(a) 外视图　　(b) 无外罩

(M) 汉密尔顿公司XM-3A备用服

图 8.3-3　载人轨道实验室舱内/舱外航天服初期研发工作（续 2）

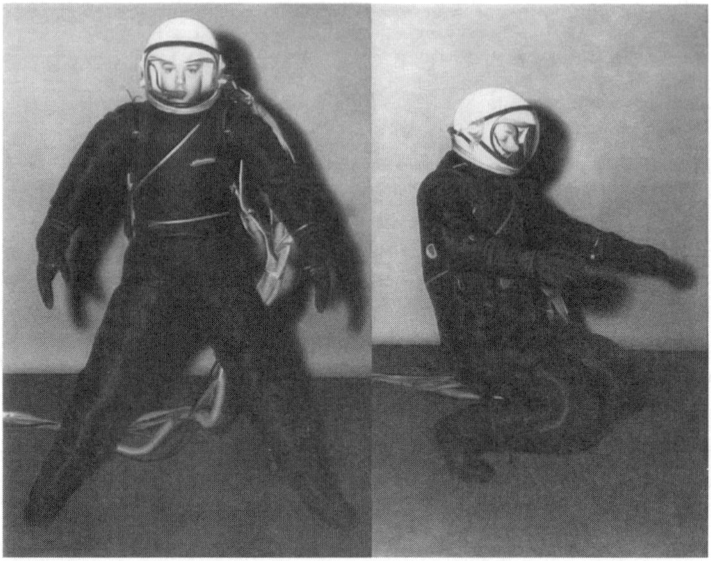

图 8.3-4　1965 年古德里奇公司的 MOL 压力服样机（汉胜公司提供）

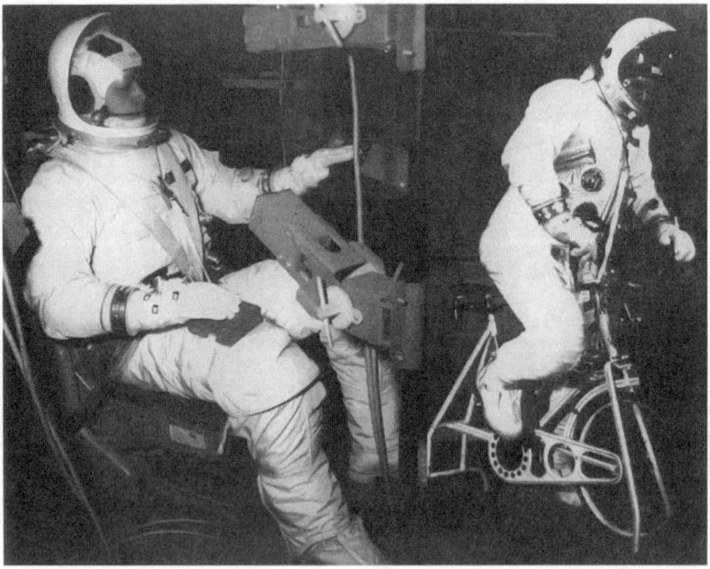

图 8.3-5　1966 年大卫·克拉克公司 MD-1/MD-2 与 MD-3/MD-4 压力服测试（大卫·克拉克公司提供）

1966 年，美国空军还考察了国际橡胶公司的压力服技术。1965 年，NASA 就已经对美国空军 MOL 计划正在考虑的所有这些相同的制造商研发的阿波罗航天服进行了评估。国际橡胶公司赢得了阿波罗航天服竞赛，成为第二批压力服的供应商。1966 年，美国空军购买了少量的国际橡胶公司生产的基于阿波罗 A5L 压力服的“评估服”（图 8.3－3H）。

1966 年，汉密尔顿公司带着内部投资的压力服样机回归，这些压力服样机使用内部设计的躯干组件，并且选择了国际橡胶公司的肩部和手臂设计，只是做了一些改进，以减小体积和操作用力。1966 年，汉密尔顿公司制作了一套专用 MOL 压力服样机 XM－1A（图 8.3－3J 和图 8.3－6）和一套阿波罗/MOL 压力服样机 XM－2A，并进行了推广，以获得 1967 年 1 月举行的 MOL 压力服竞赛的入场券。这些压力服配备同样的活动系统，但生命保障系统连接配置存在差异，其特点在于配备了多向腰关节，能够在 5.0 psi（34.5 kPa）的压力条件下工作，以实现空间站的零减压外出（图 8.3－7）。

图 8.3－6 1966 年汉密尔顿公司的 MOL XM－1A 压力服（汉胜公司提供）

图 8.3-7　XM-1A 压力服在 5 psi 压力条件下的活动性（汉胜公司提供）

为了竞标 MOL 的 IEVA 航天服合同，1966 年利顿公司也内部投资研发了一套压力服样机。这是一种 5.0 psi（34.5 kPa）的设计，技术上与大卫·克拉克公司、国际橡胶公司和汉胜公司采用的方法大相径庭。利顿公司制造的压力服是其为 NASA 研发的阿波罗 RX-3 压力服的派生型（见 7.2 节）。利顿公司的这两种航天服结构的主要差别就在于 MOL 硬式压力服计划作为弹射座椅（图 8.3-3K、图 8.3-8 和图 8.3-9）的组成部分。设想硬质外壳部分具有气流吹袭防护功能，能让 MOL 飞行员高速弹射，而不会折断手臂或腿部。RX-3 很可能比 MOL 考虑采用的“软式压力服”具有更好的活动性，但是不能在双子星飞船的有限空间内进行操作。

1966 年 11 月 3 日，美国空军进行了首次也是唯一一次 MOL 飞行。针对此次不载人任务，美国空军利用经修改的大力神 2 推进剂贮箱来代表 MOL 空间站，由此可以研究将 MOL 空间站发射至轨道所产生的空气动力和结构载荷，并验证尺寸和形状。飞行达到所需高度后，按照舱门穿过防热罩构型进行改装的双子星飞船，经弹射进入一条亚轨道，然后溅落在大西洋上，同载人飞行的返回模式一样。飞船成功回收，验证了 MOL 设计。

图 8.3 - 8　1966 年利顿公司的 MOL 弹射服理念

1967 年 1 月，参赛制造商都在为第一种 MOL 航天服的生产合同而展开竞争，竞赛在赖特 - 帕特森空军基地举行。本次竞赛中的“新压力服”是美国空军资助的国际橡胶公司压力服样机（图 8.3 - 3L 和图 8.3 - 10），其以阿波罗 A5L/A6L 压力服设计为基础，但特

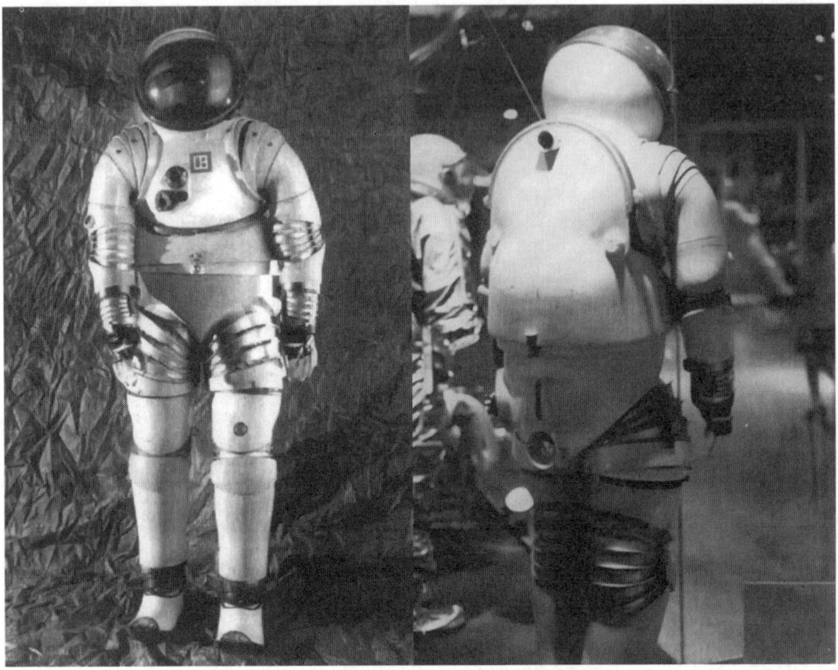

图 8.3-9 1966 年 MOL 弹射服样机
（左图和右图分别由史密森学会和哈里斯提供）

点是配备一个新颖的椭圆形半球面可拆卸压力面窗，取代了传统的头盔。汉密尔顿公司的 XM-1A 压力服演示了在飞船内的最佳活动性和操作能力，因此，美国空军选择了汉密尔顿公司。

汉密尔顿公司还投资了另外一套压力服样机——XM-3A（图 8.3-3M），它开始是作为 XM-1A 的备用竞赛服，但是在 MOL 压力服竞赛开始后的几天才完成。XM-3A 是第一套 MOL 压力服，特点在于肩部和腰部系统（美国专利号 3574236，发明者格切尔、维尔和马罗尼），这些将用在后续的 XM-4A 压力服样机和 MH-5～MH-8 生产型压力服上。肩部具备更好的转动能力，控制范围不逊于任何非轴承的线缆限制系统。多向两段腰关节允许躯干往任意方向弯曲（图 8.3-12 的 XM-4A“姐妹服”）。在 MOL 改装型双子星飞船紧凑的空间条件下，这些特点让机动操作更为便利。经美国空军要求，XM－3A 最初配备了阿波罗 A5H 压力服的前担干（译者注：前身上半部分）和躯干压缩带系统。美国空军进行了现场测试之后，这些部件就被拆掉了，结果形成后来的基础躯干组件。

图 8.3－10　1966 年国际橡胶公司的 MOL 竞赛服（ILC 公司提供）

MOL IEVA 航天服生产合同（1967—1969 年）

这种压力服的生产合同于 1967 年 7 月正式授予汉密尔顿标准公司。合同要求的第一套压力服是预生产压力服样机 XM－4A（图 8.3－11A 和图 8.3－12），于 9 月份完工。与 XM－3A 压力服相比，改进包括热和微陨石体防护服（相对于蓝色的尼龙训练用外罩防护服）、阻抗更小、手臂轴承使用寿命更长、更大的腕部断接器（4 英寸），以及可调节手指长度的新型手套。

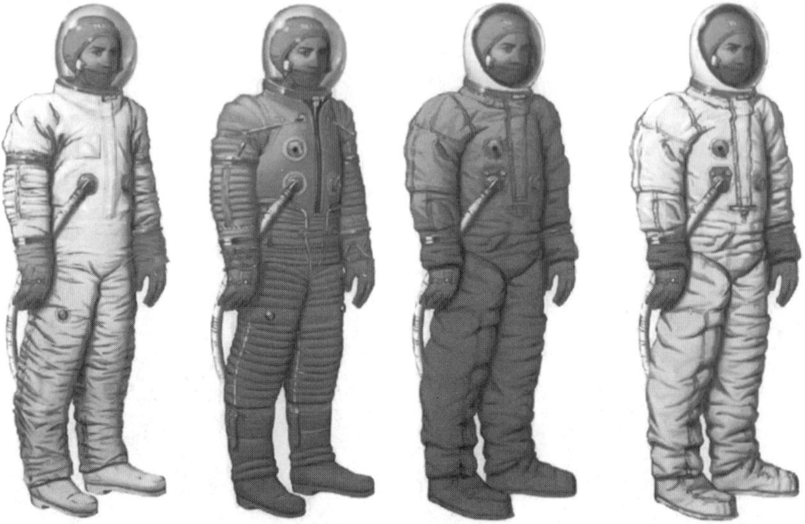

(a) 外视图　(b) 无外罩

(A) XM-4A

(B) MH-5训练服*　(C) MH-6初始飞行配置*

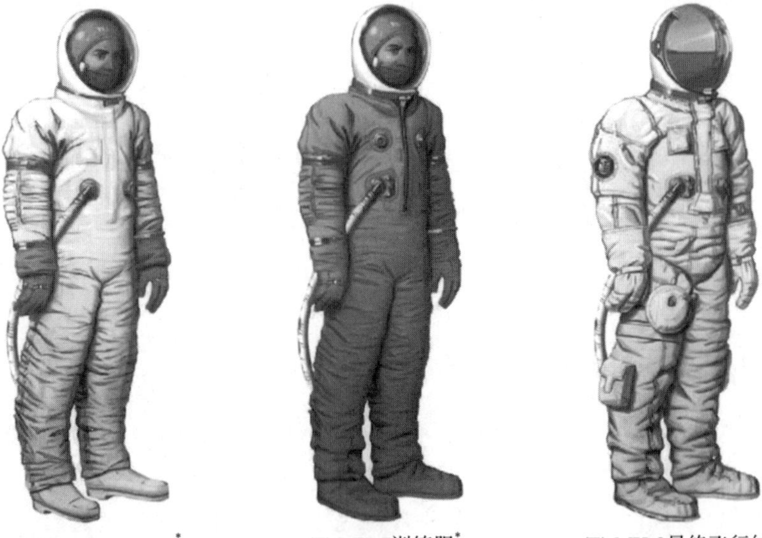

(D) development 1*　(E) MH-7训练服*　(E) MH-8最终飞行结构*

*注：外视图，采用了与XM-4A相同的限制系统

图 8.3-11　汉密尔顿公司 MOL IEVA（生产合同）压力服

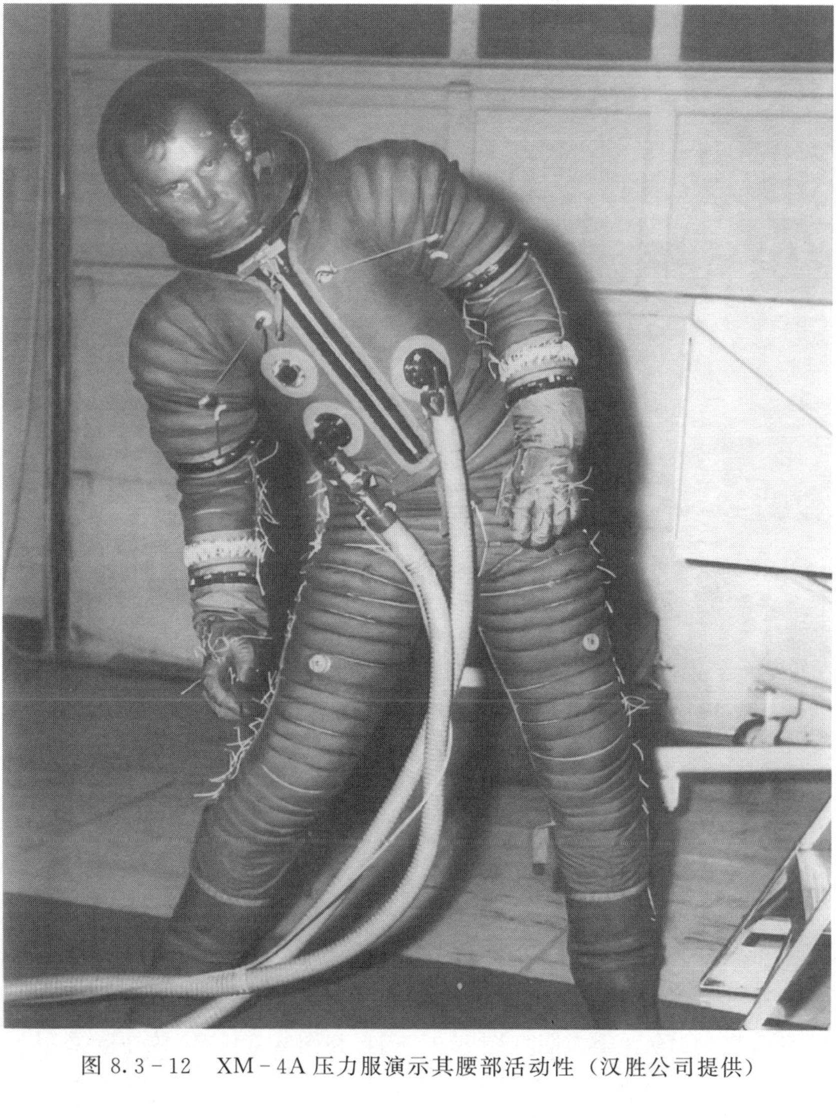

图 8.3-12　XM-4A 压力服演示其腰部活动性（汉胜公司提供）

在 XM-4A 压力服的测试过程中，出现了一个问题，除了加压载荷，穿戴者可以将多大的“人体载荷”传递到压力服中。人体载荷是由穿着航天服的乘员移动、伸展和抓持活动的作用力产生的，在已有压力的基础上这些载荷都会增加对压力服的作用力。MOL 压力服的指定穿戴者理查德·罗耶上尉带来了令人惊讶的测量结果。测量读数比之前的压力服要求或人体载荷容限都要高，所以成为了 MOL 航天服的设计要求。这项要求后来注入了航天飞机舱外活动装置（EMU）的设计。XM-4A 压力服之后就进入了 MOL“生产”阶段（图 8.3-13），这一阶段始于 MH-5 和 MH-6 压力服。

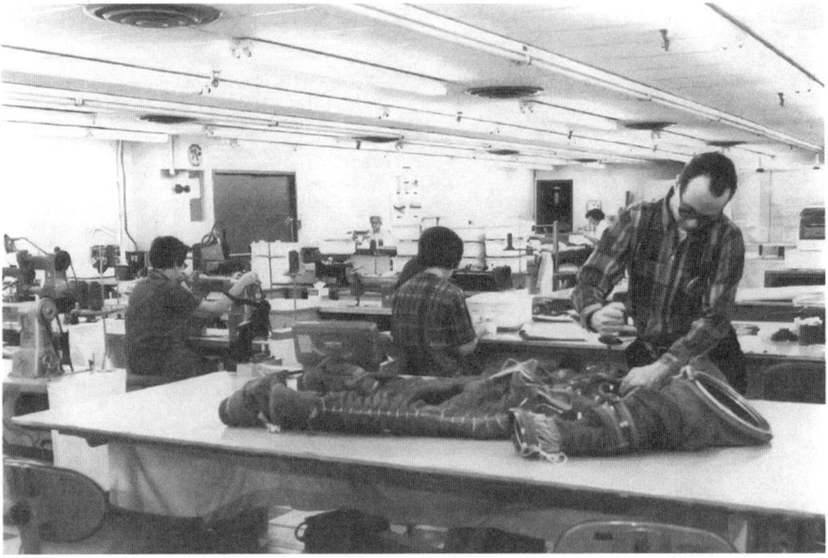

图 8.3-13　汉密尔顿公司的压力服实验室（大约在 1967 年）（汉胜公司提供）

“MH”指汉密尔顿公司生产的 MOL 生产型压力服。MH-5 和 MH-6使用同样的躯干组件，但外罩防护服有所不同。对于这些模型，外罩防护服向下延伸至手臂轴承上方。这三套用于 MOL 飞行员训练的 MH-5 压力服（图 8.3-11B 和图 8.3-14），外罩采用了配有模拟体积的蓝色外层织物，没有配备隔热防护层，以增强耐用性和降低制造成本。

汉密尔顿公司还生产了三套 MH-6 压力服（图 8.3-11C）。这些压力服的外罩防护服含有镀铝 Mylar 绝热层，并用白色特氟隆织物覆盖。在此过程中，还制作了一套“development 1”压力服（图

图 8.3－14　零重力训练条件下的 MH－5 压力服（汉胜公司提供）

8.3－11D)，以验证降低成本的制造工艺。“development 1”压力服配备 XM－4A 式外罩防护服，该外罩防护服很可能是早期生产中剩余的。

1968 年年初，MOL 计划的推迟（与航天服计划无关）让美国空军有时间对生命保障系统的连接器位置和航天服的压力控制装置进行预期的改进，结果就产生了 MH－7 训练服（图 8.3－11E 和图 8.3－15 左图）和 MH－8 飞行配置（图 8.3－11F、图 8.3－15 右图以及图 8.3－16）。

1968 年 5 月到 1969 年 7 月间，汉密尔顿公司至少交付了 17 套 MH－7 训练服。MH－7 训练服与 MH－8 模型的主要不同点在于，MH－7 训练服采用单层的蓝色尼龙外罩防护服，外露进入拉链和手臂轴承。之后至少有一套 MH－7 训练服进行了改装，配备了防热服，一套 MH－6 压力服按照后期连接方式进行了修改，以形成一套接近 MH－8 的热测试压力服。这些压力服正面左下位置配备一个铝

图 8.3－15　MH－7 训练服（左）和 MH－8 认证服（右）
（左图和右图分别由美国空军博物馆和汉胜公司提供）

质插头，以复制 MH－8 压力控制器的热传导。根据 MH－8 压力服的飞行认证测试结果，1969 年 4 月之后制作的 MH－7 压力服进行了局部修改，以提高其使用寿命。

唯一的一套 MH－8 压力服于 1968 年 10 月交付，用于认证测试。与飞行配置有些不同的是，该压力服配置包含有一个带单一金色面窗的飞行头盔、一个饮水孔、一个泄压阀、一个压力计（左前臂），以及一个安装在压力服右腿位置的紧急供氧系统（EOS）接口。隔热外罩与 MH－6 配置不同，前部拉链罩较窄，并且从防热性能考虑还对其形状进行了修改。虽然 MH－8 经过了正式的认证测

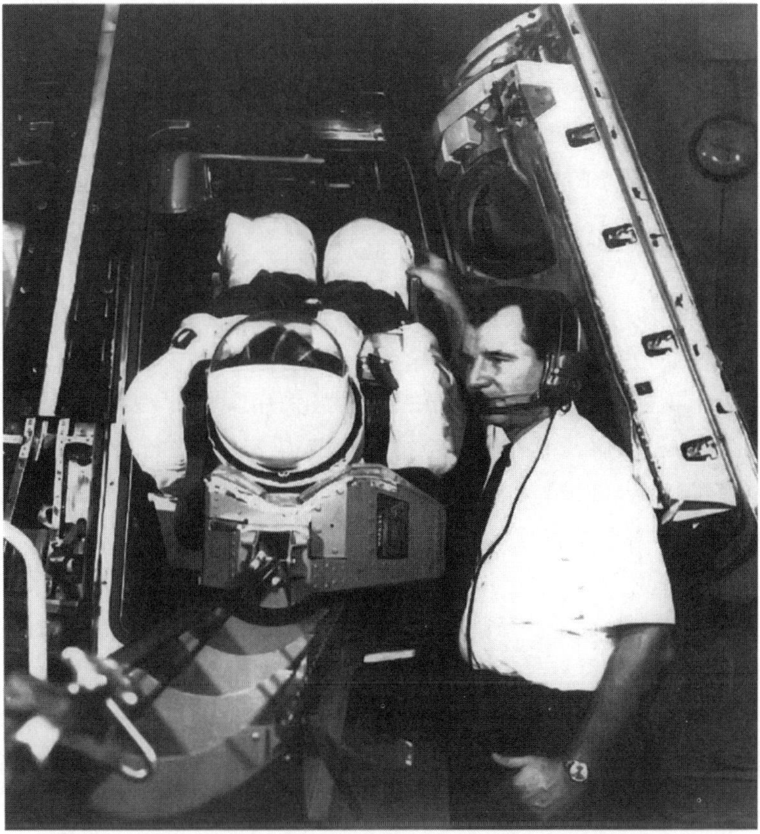

图 8.3－16　进行认证评估的 MH－8 压力服（汉胜公司提供）

试，但在载人试验时手套却出现了隔热问题。

通过 MH 系列压力服的研发和认证，在热防护与极限条件下握持工具并保证操作工具的灵活性之间找到折中方案成为了一个挑战。外用防护手套（分指手套）可以提供适当的热防护，但体积太大，影响效率。连指手套可提供更好的防热性能，体积较小，但不能让单个手指独立活动来操作控制装置。一种解决方法就是将四只手指分成两组。1969 年发布终止 MOL 计划的公告时，这种方法已经在评估中获得认可。

美国空军于 7 月份正式发布终止 MOL 航天服生产的通知。与 MOL 相关的设备（包括航天服）转让给了 NASA。MOL 飞行员各奔东西：有些飞行员在美国空军内找到了合适的职位，延续其军事生涯；其他人被吸收到 NASA 的航天员队伍中。由于后续阿波罗和天空实验室任务的计划削减，直至 20 世纪 80 年代，这些原来的 MOL 飞行员才有机会在 NASA 的航天飞机上进行航天飞行。

8.4 其他 MOL 航天服系统

如上文所述，第一套 MOL 压力服采用 IEVA 型两用服设计，作为发射/再入服及舱外活动系统。这使得 MOL 飞行员能够经受座舱减压的情况，以及执行应急舱外活动。不过，在授予生产合同之前很久，美国空军就已经认识到了 IEVA 的技术方法所带来的功能折中问题（见第 3 章），并且计划另外研发专用的 EVA 站上（on—station）航天服系统。虽然从未取得成果，这项工作对后来的活动都有影响。

有趣的是，上述的设计并不只是 MOL 航天服系统，为了从灵长类航天服受试者获得生物医学数据，至少制作了两种“黑猩猩”压力服，本节稍后将予以详细讨论。

MOL“专用舱外活动”航天服研发（1967—1969 年）

在授予发射/返回/EVA 航天服合同之后，美国空军立即组织了一个专用的 EVA 站上航天服系统研发竞赛。这次竞赛于 1967 年 9 月举行，参赛者包括利顿公司和联合飞机公司的汉密尔顿标准分公司。

利顿公司在现有 RX－4 以及还处在研发过程中的 RX－5 设计的基础上，提出了一种集成的生命保障/航天服系统。这一概念的优势在于，它是基于最高研发水平的美国 EVA 压力服系统。MOL 空间站的操作压力设计为 5.0 psi（34.5 kPa）（氧气/氦气）。利顿公司建议航天服使用与空间站相同的压力和环境（气体），但其方法中关于如何集成生命保障系统这一点可能有变化（图 8.4－1）。

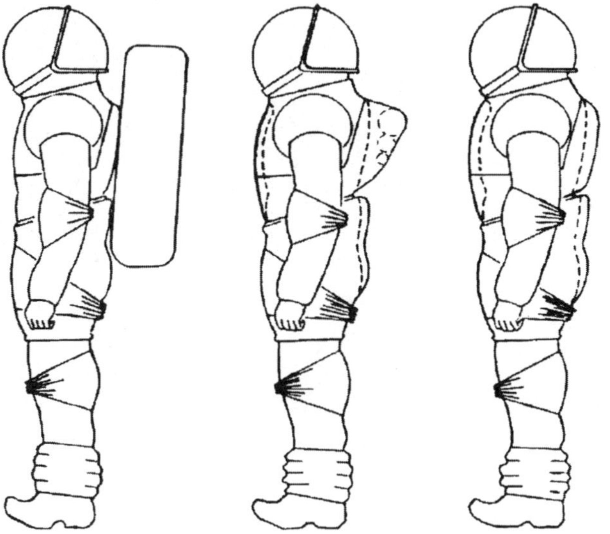

图 8.4－1　利顿公司的 MOL 空间站和登月服概念
（哈里斯/埃尔金斯提供）

汉密尔顿标准公司提出了一个集成 EVA 的“IEVA”概念（图 8.4－2），与利顿公司采用相同操作压力和环境，但对现有的阿波罗便携式生命保障“背包”提供专门的重新包装，“背包”将满足 MOL 更狭窄的舱门限制要求。其活动系统和正在按照 MOL 发射/再入/EVA 航天服合同进行生产的系统一样。

美国空军将合同授予了汉密尔顿公司。当美国空军 1968 年 4 月担心在没有系绳的情况下舱外活动乘员会“飘走”的时候，IEVA 航天服系统的初步设计几乎已完成了。这些担心导致了系统的重新设计，以及集成机动与生命保障系统（IMLSS）概念的建立。这次重新设计增加了一个机动单元，该单元易于拆卸，以利于可选择的

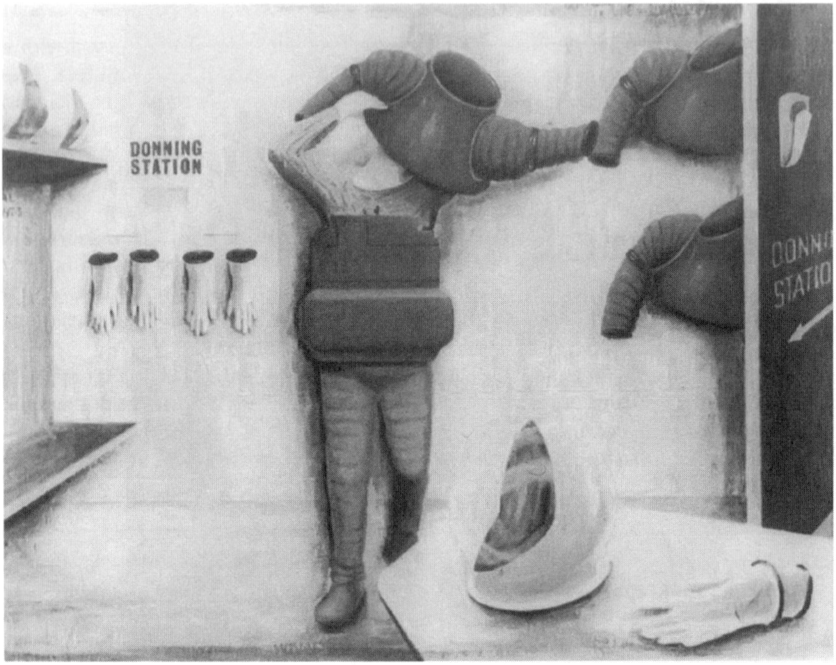

图 8.4－2　汉密尔顿标准公司的参赛概念服（汉胜公司提供）

脐带运行（具有更狭长的任务剖面）方式。机动单元带有 10 lb (4.5 kg)的氧气，压力为 7.500 psi（510 atm）。其中，9 lb（4 kg）的氧气用于推进，保留 1 lb（0.5 kg）的氧气用于额外的紧急供氧。该单元将进行打包，将重心控制在人体标准 1 英寸（2.54cm）范围内，以便于手动控制，因为 IMLSS 的设计中不包括飞行制导系统。

1968 年 10 月，IMLSS 设计完成。1969 年 3 月，汉密尔顿标准公司完成了一套没有配备外罩防护服的全压力服样机，以支持美国空军的测试（图 8.4－3）。由于 MOL 计划于 1969 年 7 月取消，IMLSS 外罩防护服的制作没有完成。MOL 计划终止之后，汉密尔顿标准公司依据 MOL 评估结果资助了设计改进活动（图 8.4－4）。9 月份，经美国空军准许，MOL IMLSS 样机被用于向 NASA 演示天空实验室的航天服概念。1970 年的春天，由于这一时期资金有限，

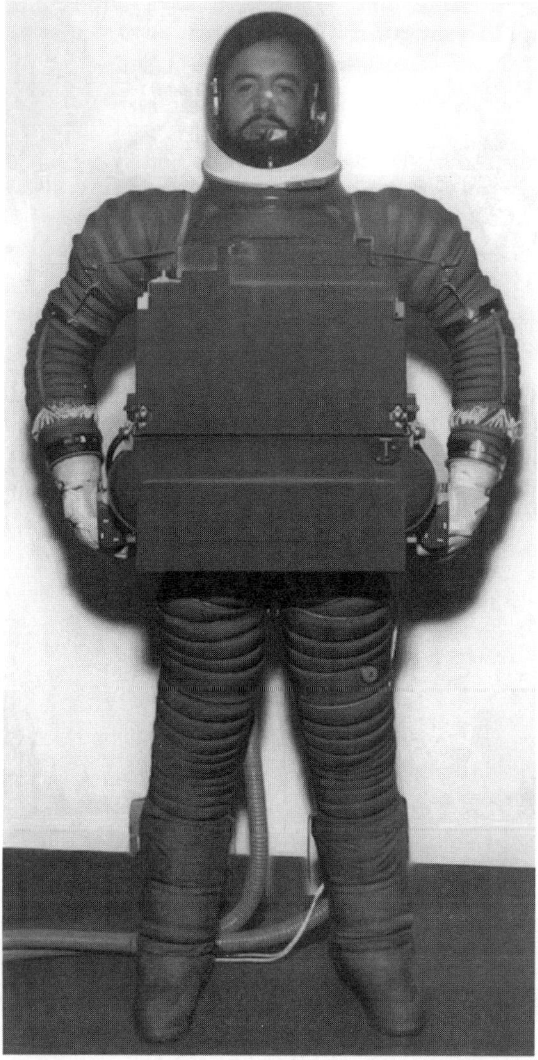

图 8.4-3　IMLSS 半完工的样机（汉胜公司提供）

NASA 只是资助了该航天服系统一个研究项目，但在 1970 年就停止了进一步的资助。IMLSS 样机最终交付给美国空军位于俄亥俄州的博物馆，现在还在那里。

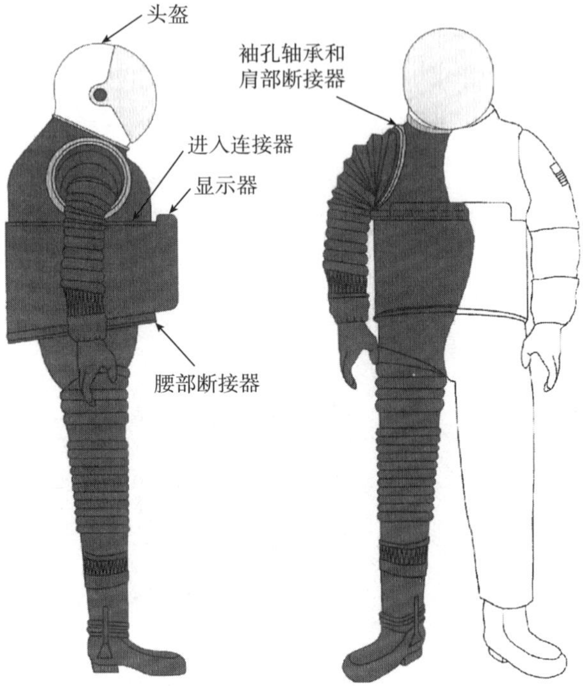

图 8.4-4 用于天空实验室的最终的 IMLSS 特征（汉胜公司提供）

与 MOL 相关的灵长类动物航天服（1964—1969 年）

第三套与 MOL 相关的航天服在合同终止的时候还在制造过程中，但这不是用于人类穿戴者。在 MOL 研制过程中，美国空军当时在人类测试者参与之前，使用了灵长类动物（黑猩猩）进行离心机、过载滑撬试验，以及其他有潜在危险性的、与太空相关的活动。这就需要给黑猩猩制造像航天服一样的防护服，可以收集准确的穿戴信息——比如生物医学数据（如心电图、血压、体温、耗氧量、呼出的二氧化碳和水）。美国空军航天计划的这种航天服只有两套，是由汉密尔顿标准公司生产的。

1964 年秋天，第一套灵长类动物服问世（图 8.4-5）。这套黑猩猩航天服由汉密尔顿标准公司内部提供资助，用以向美国空军演示汉密尔顿标准公司的航天服系统研发能力。该航天服系统包括一个按照黑猩猩尺寸设计的头盔，配备简易的织物连体式躯干组件。躯干组件执行两种功能：首先，连体服将支撑穿戴者的头盔；其次，用较厚的连指手套罩住手部，保持黑猩猩与生物医学监测装置的连接。连体服的裤腿用拉链扣在一起形成环路，让腿部合并捆紧到位，这样黑猩猩就不能用它的脚了。它的手脚几乎同样熟练。最后，躯干服胸部区域内含一种较厚的、硬度适中的"丛生"合成材料，目的是额外提供监视器移除阻碍。头盔内配备入口/出口软管，给头部提供循环气体环境。这种气体环境被一个颈套围留在头盔内。该系统包括紧凑的闭环生命保障装置，所配备的传感器可以测量环境状态和穿戴者呼出的副产物。

图 8.4-5　1965 年汉密尔顿标准公司的"黑猩猩服"

即使汉密尔顿标准公司内部具备样机压力服的生产能力，最开始还是资助了它当时的阿波罗航天服分包商国际橡胶公司，目的是制作最初的躯干服。这种尝试是为了改善两家机构间的关系，但是不久之后，这种情形不断恶化，已达到无法和解的地步。在躯干服交付的同时，汉胜公司终止了国际橡胶公司作为阿波罗航天服供应商的合同。1965 年 3 月或 4 月，在将航天服系统交付给美国空军评估之前，汉密尔顿标准公司用一套内部制作的航天服代替了最初的躯干服。

根据 1968 年美国空军授予的合同，汉密尔顿标准公司设计并制造了第二种灵长类动物航天服系统。由于存在对于黑猩猩穿上航天服时能否获得人道主义对待的担心，首先制作了一套“人类穿着”版灵长类动物航天服（图 8.4 - 6A 和图 8.4 - 7）。动物保护协会（SPCA）为此提供了独立的验证测试，由于评审结果良好，最终的航天服系统命名为“SPCA 航天服”。因此，关于利用黑猩猩来确定人类可接受的危险活动的途径，人类首先要确认该航天服系统对黑猩猩是舒适安全的。

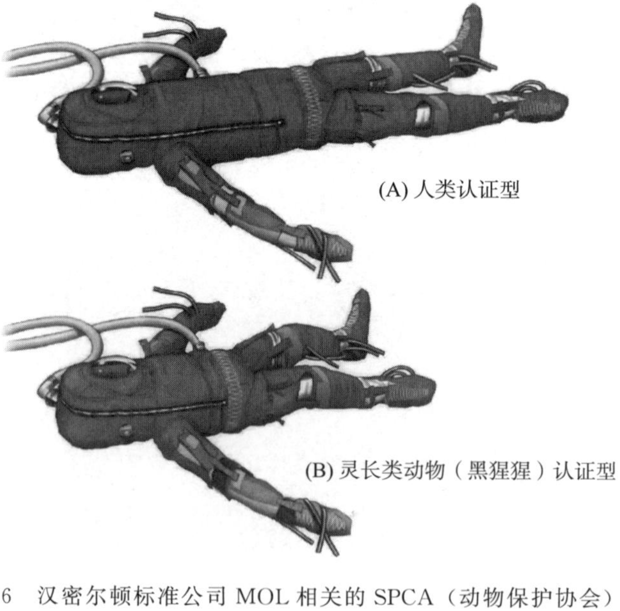

图 8.4 - 6　汉密尔顿标准公司 MOL 相关的 SPCA（动物保护协会）研究服

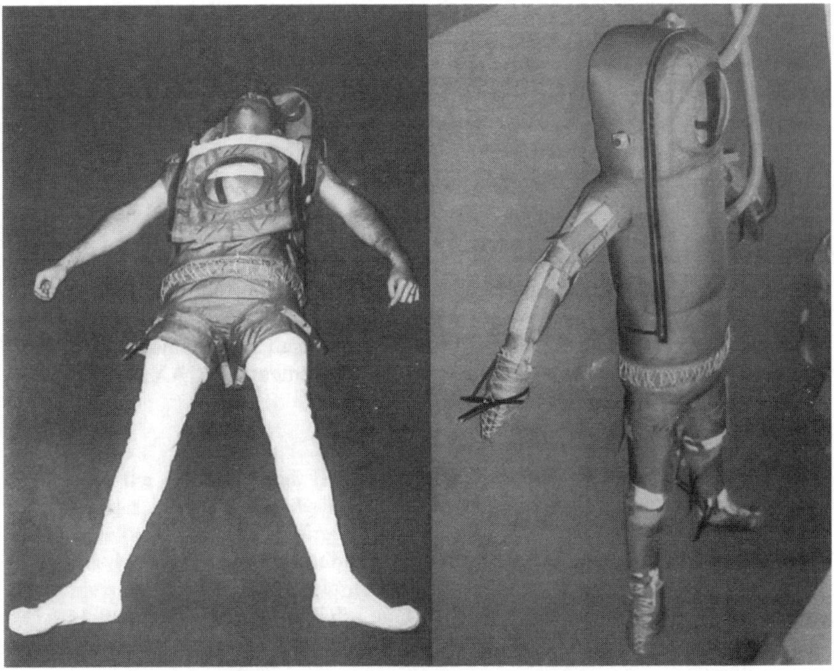

图 8.4-7　1969 年人类穿着测试 SPCA 航天服（汉胜公司提供）

这种航天服可以存放在一个紧凑背包内，没有坚硬的结构元件，加压强度也只是稍高于座舱环境压力，在手臂和大腿部位轻微密封。血压与生物医学传感器分别组装在手臂和腿部以下位置（图 8.4-6B 和图 8.4-7），以便测量不同重力条件下在不同位置的体温和人体生命特征。1969 年 7 月计划终止前，汉密尔顿标准公司制作了一套灵长类动物服和两套“人类”版 SPCA 航天服。

8.5　美国空军继续对舱外航天服研发提供支持(1970 年至今)

NASA 继续在多个领域吸收美国空军的经验，包括舱外活动，美国空军很多人对这一空间领域抱有强烈的兴趣。实际上，过去和今天 NASA 的很多航天员都是来自美国空军。然而在 1982 年，这种支持则呈现为更加具体的形式。詹姆斯·亚伯拉姆森将军时任 NASA 负责太空运输系统的副局长，他指导 NASA 的艾姆斯研究中心制作一套压力服样机，来体现艾姆斯研究中心认为最具发展潜力的高压服技术。资金来源是个难题，美国空军提供了大约三分之一的研发预算，结果就制造出艾姆斯 AX－5 压力服样机。AX－5 压力服在技术层面与之前研发的航天服完全不同，它是一种全硬质结构，包括活动性部件（关于 AX－5 压力服，详见 11.1 节）。

第 9 章　天空实验室和阿波罗-联盟号试验项目航天服系统（1969—1975 年）

天空实验室和阿波罗-联盟号试验项目（ASTP）基于阿波罗计划，利用了现有的运载工具、认证的航天服设计和其他的硬件。然而，天空实验室和 ASTP 的方向与阿波罗计划不同。阿波罗计划是一场飞往月球的竞赛，而天空实验室的目的是要在轻松可达的近太空实现美国载人空间站的长期驻扎，ASTP 则尝试与当时还是理念上的潜在军事对手的国家建立合作关系。长期处在零重力环境中，就有可能找到抵抗这种环境给航天员带来的负面作用的方法，从而使到达更远距离（如火星和更远的星球）的太空之旅成为可能。此次合作是超越了政治差异的尝试，可以为两国航天员提供可能的、更高的安全性。两项计划跨度只有几年（ASTP 就只有一次飞行），但这些项目揭开了如今还在不断推进的空间合作的序幕。

9.1　空间站计划

虽然实现轨道空间站的可能性引发太空狂热爱好者的想象已经几十年了，但直到 1959 年新成立的 NASA 才提出了其长远的目标，包括载人轨道空间站计划。也是在那个时候，冯·布劳恩建议使用一个余下的助推器作为空间站的主要结构。

回顾过去，早期的空间站计划的演变过程是令人吃惊的。1961 年曾提议建造一个单人空间站，由一艘水星飞船做成，附加一个圆柱形实验室，能够在上面居住 14 天，但是到了 1963 年，轨道实验室的支持人数已经增加到 24 个，可连续进行 5 年的轨道运行。这些研究是根据阿波罗扩展计划（Apollo Extension Program）进行的，该计划在 1965 年改成了阿波罗应用计划（Apollo Application Program）。当时，规划人员开始研究利用剩余的土星 S－ⅣB 级作为空间站的核心，到 1969 年，提出了轨道工作室（OWS）的概念。

最初，这个 S－ⅣB 级计划作为助推器组件的组成部分，与 S－ⅠB结合使用，然后在乘员设备安装和就位之前排除剩余的氢气和氧气。这被称为“湿”工作室方案。到了 1969 年年中，由于可以使用非常成功的土星 5 号运载火箭而非较小的 S－ⅠB，于是“干”工作室方案得到了认可，不仅有了一个在发射前就已装备好的工作室，而且还能携带更多的实验仪器。1970 年 2 月，这一计划的名称从阿波罗应用计划改为天空实验室计划。

全套组件称为“天空实验室集群”（图 9.1－1），包括指令和服务舱，还有多对接口适配器、气闸舱、设备舱和轨道工作室（OWS）。阿波罗望远镜座在多对接口适配器和气闸舱一侧以 90°角向外突出，内有太阳观测相机，四块大型的太阳能电池板从太阳观测相机处向外展开。至于舱外活动，则是在气闸舱（处于中枢位置）上使用双子星舱门，确保太空行走乘员采用经过验证的出舱/入舱技术。

天空实验室集群的总长度大约为 117 英尺（35 m），发射质量约为 199750 lb（90606 kg）。天空实验室的运行轨迹扫过的面积大约覆盖 75％的地球表面积、80％的粮食产区以及 90％的人口。

天空实验室进行的科学活动所涉及领域包括生物医学和行为绩效研究，设计用来评估在太空零重力环境下随着时间的延长人的反应和能力。其他实验和工作任务是探索人机交互关系，目的是开发和评估传感器运行、维护和维修、组装和设置等技术，以及开展不同活动所需的活动性。

太阳天文学、地球资源、科学、技术和应用等实验占满了天空实验室的研究日程。作为长期运行的副产品，还可以获取有关如何提高各种航天器作业系统使用寿命的信息。

天空实验室任务中出舱活动非常重要，不仅是作为进行实验和获取数据的方式，还是保障天空实验室计划顺利进行的手段。

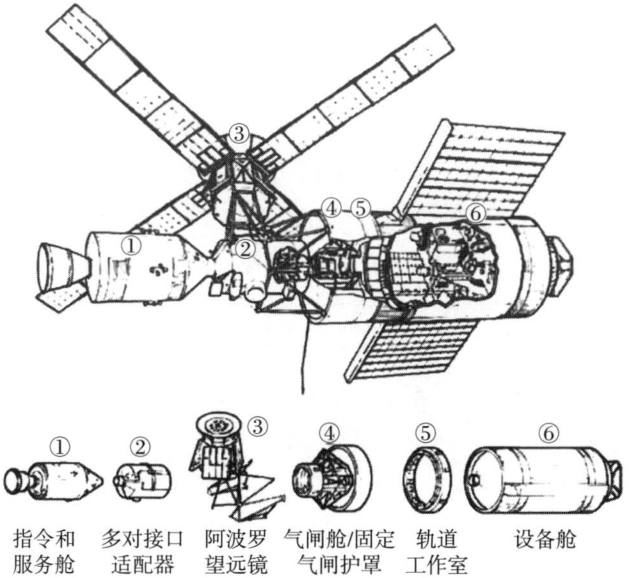

图 9.1-1　天空实验室集群（NASA 提供）

在采用“干”工作室方案之前，航天员必须进行许多个小时的舱外活动来把“湿”工作室与集群中的余下部分组装在一起。在初始构型中，工作室和气闸之间的舱门周围有 70 个螺栓，需要在舱外活动中安装并固定。早期的中性浮力测试表明，每安装一个螺栓需要一个半小时，也就是说这一项活动就需要 100 多个小时的舱外活动时间。采用具有更大的运载能力的土星 5 号就可以实现预装，大大降低了对这种乏味而累人的 EVA 的需求。

舱外活动是从天空实验室集群上的各个位置回收胶片盒、相机和实验仪器包的主要方法。舱外活动由两位乘员进行，一位执行任务，另一位站在一旁提供协助并注意脐带的情况。

天空实验室还提供了这样一种能力，即在零重力环境下进行 EVA 相关的实验，而又没有直接暴露在太空环境中的危险。轨道工作室有很大的空旷空间，便于对航天服机动系统进行评估。

9.2　压力服：站在阿波罗的肩膀上

1968 年 12 月和 1969 年 1 月，天空实验室计划人员也参加了阿波罗应用计划（AAP）的第三批压力服设计。考虑用于天空实验室的压力服包括当时主流的 ILC 阿波罗 A7L 压力服、ILC“欧米茄”压力服、汉密尔顿标准公司的美国空军 MOL 压力服、利顿公司的定容服（CVS）和 AiResearch 公司的定容服（EX－1A）。ILC“欧米茄”压力服的资金（包括制作 A8L 和 A9L 压力服样机）存在问题。由于防火能力有所不足，MOL 压力服实际上不久就出局了。1968 年的 CVS 评估，并没有产生出一个适于阿波罗延长活动周期和月球基地任务（任务后来被取消）的合格候选者，这种 CVS 配置不适于发射和返回操作。因此，天空实验室计划一开始是以 A7L 作为天空实验室压力服的基线。

1968 年到 1969 年间，“欧米茄”航天服被纳入到之前的 A9L 概念中，制成了 A7LB 的样机，用于阿波罗计划评估。在 1969 年的另一项研发活动中，利顿和 AiResearch 公司获得了开发二次迭代样机的资金支持，项目名称为先进舱外航天服（AES）。在评估还未开始之前，第三批阿波罗任务就遭到取消，不过先进舱外航天服的评估活动还是照常举行。最终，AiResearch 的先进舱外航天服成为了获胜者，因此 NASA 决定等天空实验室投入运行之后使用此航天服开展飞行试验。然而，由于天空实验室计划的预算问题，这一决定最终未能实施。

1970 年，阿波罗计划同意将 A7LB 用于阿波罗 15 号及以后的飞行任务。随着主线的阿波罗计划在改进的舱外压力服的研发、认证及使用方面的投资，天空实验室采用了 A7LB 作为其压力服。由于天空实验室对压力服的要求有所不同，NASA 指示 ILC 对阿波罗 16 号的 A7LB 配置稍作改进。为满足天空实验室的需求，对前上部的生命保障系统支架进行了修改，以改善脐带系绳连接。此外，还移除了前下部的生命保障系统支架（图 9.2－1），改进了靴子，以更好

图 9.2-1　ILC 的天空实验室压力服组件（汉胜公司提供）

地适应脚限制器。天空实验室对隔热性能的要求不那么严格，因而还同时改进了面窗组件和压力服隔热层。通过重新安置面窗外壳下的不透明中心面窗，并去掉面窗组件上的隔热外罩，从而使阿波罗14～17号月球舱外服面窗组件（LEVA）转型为天空实验室舱外服面窗组件（SEVA）。为方便脱戴，还改进了 SEVA 的连接方式。天空实验室压力服的隔热层，从阿波罗计划中薄纱罗分隔的两层镀铝聚酰亚胺薄膜和由无纺涤纶分隔的五层聚酯薄膜减少到由薄纱罗分隔的三层镀铝聚酰亚胺薄膜。为了在零重力的条件下更容易、更快速地穿脱压力服，将进入系统中的环绕式拉链重新移到躯干的更低位置。虽然这样牺牲了腰部的活动性，不过与阿波罗月面任务相比，此腰部活动性对地球轨道 EVA 的重要性并不是太大。

天空实验室 A7LB 飞行服属于“600”系列，其三位序号全都以数字 6 开头。虽然目前没有已知存在的 ILC500 系列航天服，但由于 300 和 400 系列航天服都是后期的阿波罗配置，因此可能就是其中的某套样机配置导致了天空实验室 A7LB 飞行配置的产生。此外，至少有 8 套“700”系列样机航天服被制造出来，尽管此配置的定义尚属未知，不过此设计模型也与天空实验室相关。欲了解天空实验室 A7LB 航天服的更多信息，请参见附录 A。

9.3 舱外活动生命保障系统发展：脐带回归

与航天服的选择相比，天空实验室对舱外活动生命保障系统概念的选择更复杂一些。尽管在早期阶段就对定容服（CVS）进行过规划，但不久之后，人们对将阿波罗航天服稍加改进之后便可用于天空实验室这一点不再抱有任何疑问。然而，舱外活动生命保障系统的情况却并非如此。

1967 年，至少有四个系统参加了天空实验室的 EVA/IVA 竞赛：联合 IVA 气体和电力脐带的阿波罗 PLSS/OPS 组合系统；AiResearch 的便携式环境控制系统（PECS）背包（带有一个类似的附属设备）；带有紧急供氧和脐带（同时适用舱内/舱外活动）的压力控制单元（PCU）；以及重新使用双子星 ELSS，它带有一条特殊的脐带，可提供冷却、氧气以及电力支持。

由于轨道工作室内将进行穿着航天服的 EVA 相关机动系统实验，其中一个实验装置 M－509 是装在一个背包内，致使天空实验室的 EVA 生命保障系统问题变得更加复杂。这一点就能排除阿波罗 PLSS 背包的使用可能性，而且 PLSS 需要真空环境才能保持冷却，这也是一项不利因素。如果在 EVA 中用到背包，那么穿着航天服的 IVA 也需要提供某种的增压、通风及冷却系统。

便携式环境控制系统（PECS）是这些系统中最不寻常的。多年来，它一直由乘员系统部（CSD）负责开发。最初计划用于后期双子星任务的 PECS 后来却又计划用于后期阿波罗任务。随着后期阿波罗任务的取消，乘员系统部希望能在天空实验室找到 PECS 的用武之地。PECS 带有四根氯酸钠“蜡烛”（背包的每个角落各有一根），为正常情况和紧急情况供应氧气；内置有操作脐带的设施；一个风扇加上一个喷射器；以及一个紧凑的控制模块，可以从手臂上的装载位置摘下来，并用单手操作。因为其符合人体工程学的形状，该控制模块被戏称为“狗骨头”。

这个项目最初就受到了氯酸盐蜡烛问题的困扰。为了确保高代谢率时能获得充足的氧气补给，每根蜡烛的输出被固定在一个很高的数值上，因为输出值是不变的。这就意味着，当活动代谢率较低时，氧气将会向外排出。另一个问题关于氧气纯度。氯酸盐蜡烛上带有一个点火器，点燃致密材料后，会促使氯酸钠分解，从而产生氧气。因而，氯酸盐蜡烛还必须带有过滤器，用以去除点火器燃烧产生的“脏”东西和其他化学成分。随着问题逐渐增多，进度便有所落后，权衡之后，人们还是决定采用高压（7 500 psi，510 个标准大气压）贮存气体。

在很早时候，双子星 ELSS 就被排除在考虑范围之外，主要是因为此系统的散热能力有限且任务持续时间也不长。

尽管乘员系统部和当时的阿波罗应用计划（AAP）办公室倾向于PECS，不过它的研发过程存在太多的不确定性。1968年12月，阿波罗应用计划决定在阿波罗应用计划1号和2号任务中使用压力控制单元（PCU）和脐带，之后在3号和4号任务中使用不带脐带的PLSS。然而，到了1969年1月，所有任务都将压力控制单元/脐带作为基线，而A7LB航天服和便携式环境控制系统或阿波罗便携式生命保障系统则成了可能的替代选择。

该决定启动了天空实验室航天员生命保障组件（ALSA）规范的准备工作。最初，ALSA由压力控制单元和第二氧气包（SOP）组成。60英尺长的脐带能充当冷却水、氧气（加压和通风）的供给和回流管线，此外还能用做电气和通信线路以及系绳，将由美国麦克唐纳飞机公司（现为波音公司）负责制造。

1969年1月，对航天员生命保障组件开展了初步的需求评审。到了1969年6月，马丁·玛丽埃塔公司、麦道公司以及位于加利福尼亚州比佛利山的利顿系统公司也表示对该采购项目有兴趣。AiResearch和汉密尔顿标准公司也表示有投标意向。而洛克希德公司和航空喷气公司则决定不提交建议书。

最后，只有AiResearch（现为霍尼韦尔公司）和汉密尔顿标准公司（现为汉胜公司）提交了航天员生命保障组件的建议书。1969年11月，AiResearch（不久之后因为企业合并成为联合信号公司的一部分）的设计赢得了竞争，其特点是以阿波罗指令舱环境控制系统需求调节器作为系统的核心。

航天员生命保障组件硬件和操作

如前所述，为了获得天空实验室EVA领域中的一席之地，从“始终的伴娘”PECS到阿波罗PLSS、双子星ELSS，不同的系统概念在较早阶段就展开了竞争，航天器的环境控制系统应具有泵送冷却水的能力、舱外活动路径的可预测性，还要具有承载大量氧气的能力，这些要求使人们倾向于选择比PECS或PLSS更为简单的系统，此系统还要能用于 IVA。

航天员生命保障组件概念采用一个开环的氧气流，通过航天器内的水泵实现冷却水再循环，并由航天器提供电力。最初，航天员生命保障组件由压力控制单元（PCU）和第二氧气包（SOP）组成。1970 年 6 月，联合信号公司（之前是 AiResearch，现为霍尼韦尔公司）合同中新添了生命保障脐带（LSU），作为航天员生命保障组件的一部分。

压力控制单元

压力控制单元（图 9.3-1～图 9.3-3）安装在航天服的腰部区域，上面有控制装置和显示器。压力控制单元从生命保障脐带或右腿上的第二氧气包获得氧气。生命保障脐带的供氧压力从较低的 65 psi（448 kPa）到最高值 176 psi（1 213 kPa）之间。第二氧气包的供氧压力则介于 27 psi 到 45 psi（186 kPa 到 310 kPa）之间。还可以通过从早期紧急供氧概念演变而来的一个凹嵌辅助连接器供应氧气。图 9.3-4 为压力控制单元的示意图。

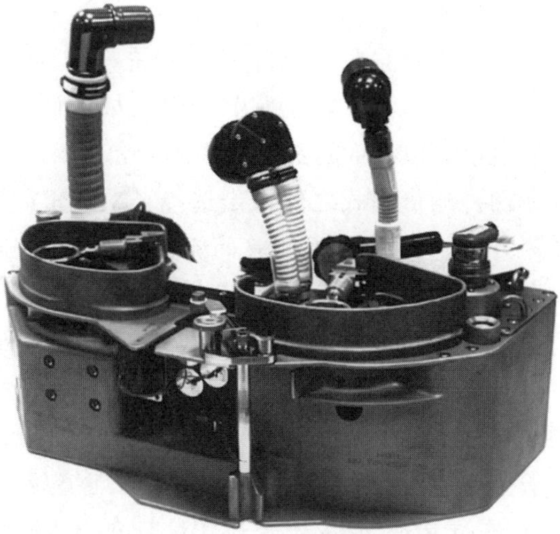

图 9.3-1　AiResearch 的压力控制单元（霍尼韦尔公司提供）

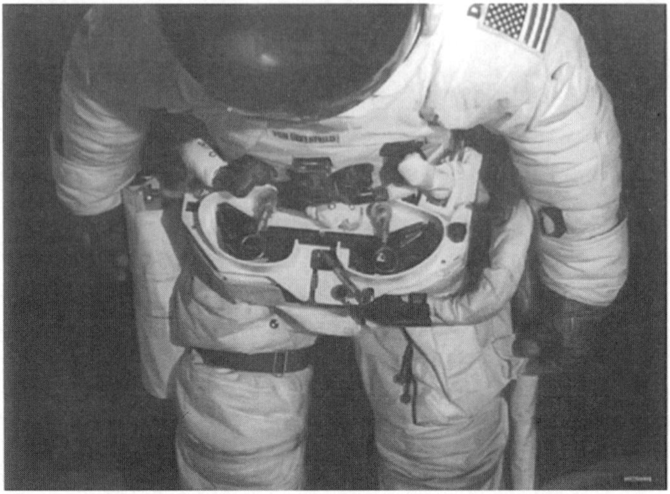

图 9.3-2　天空实验室 PCU（连接在航天服上）显示控制情况（NASA 提供）

压力控制单元与冗余设计的需求调节器系统一起运作。本质上，此调节器系统就是在航天服出口处“对”了一个校准孔。一级调节器能将航天服的压力控制在 3.42 psi 到 3.80 psi 之间（23.6 kPa 到 26.2 kPa），二级调节器则将压力控制在 3.07 psi 到 3.4 psi 之间（21.2 kPa 到 23.4 kPa）。遇到故障时，如果一级调节器能正常运作，则无需二级调节器。为了防止调节器因出故障而影响正常工作，可以选择任一调节器，或同时选择两个调节器。

乘员可以在两种运行模式之间做出选择：“ABS”代表绝对压力运作；当乘员为开展加压航天服实验而希望航天服的压力增加到正常环境压力以上时，可选择“Delta P”模式。这种控制器安装在压力控制单元的正面（航天员左侧）。如果是进行正常舱外活动，则需选择 ABS 模式。这样能使 EVA 乘员的航天服在 EVA 之前的穿着过程中保持大约 3 英寸水柱（0.75 kPa）正压，与充分受压时相比活动性更强。进行舱外活动而减压的过程中，周围环境压力降低时，无液气压（部分真空）传感元件开始作用，使航天服的压力保持在 3.61 psi（24.9 kPa）左右。

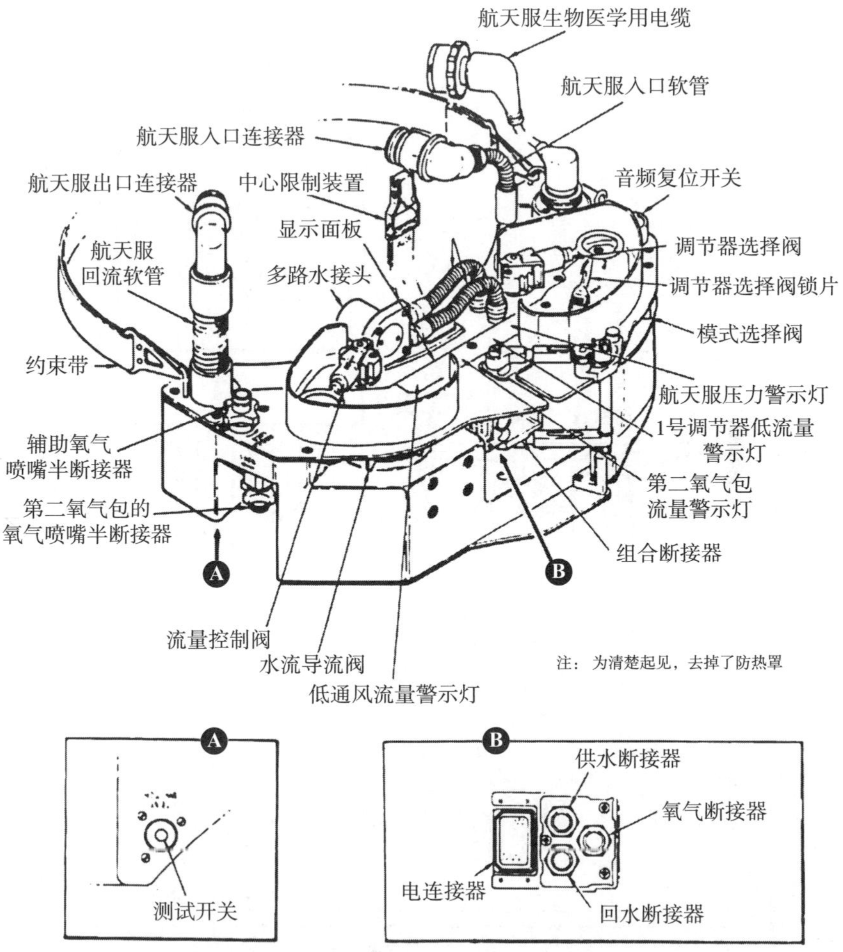

图 9.3－3　压力控制单元特征（NASA 提供）

这种双调节器组合直接利用阿波罗指令舱环境控制系统调节器，用于 EVA 时对它稍作了改进。通过移动顶部安装的调节器选择控制杆，可以选用其中一个调节器或同时选择两个调节器。实际调节器的内部配置有一个薄“皮”阀，内含一个薄硅瓣，通过一个灵敏联动的压力传感部件从细孔上掀开。这种压力传感部件能对呼吸造成的非常微小的压力变化做出响应，即使这些变化是叠加在正常恒定

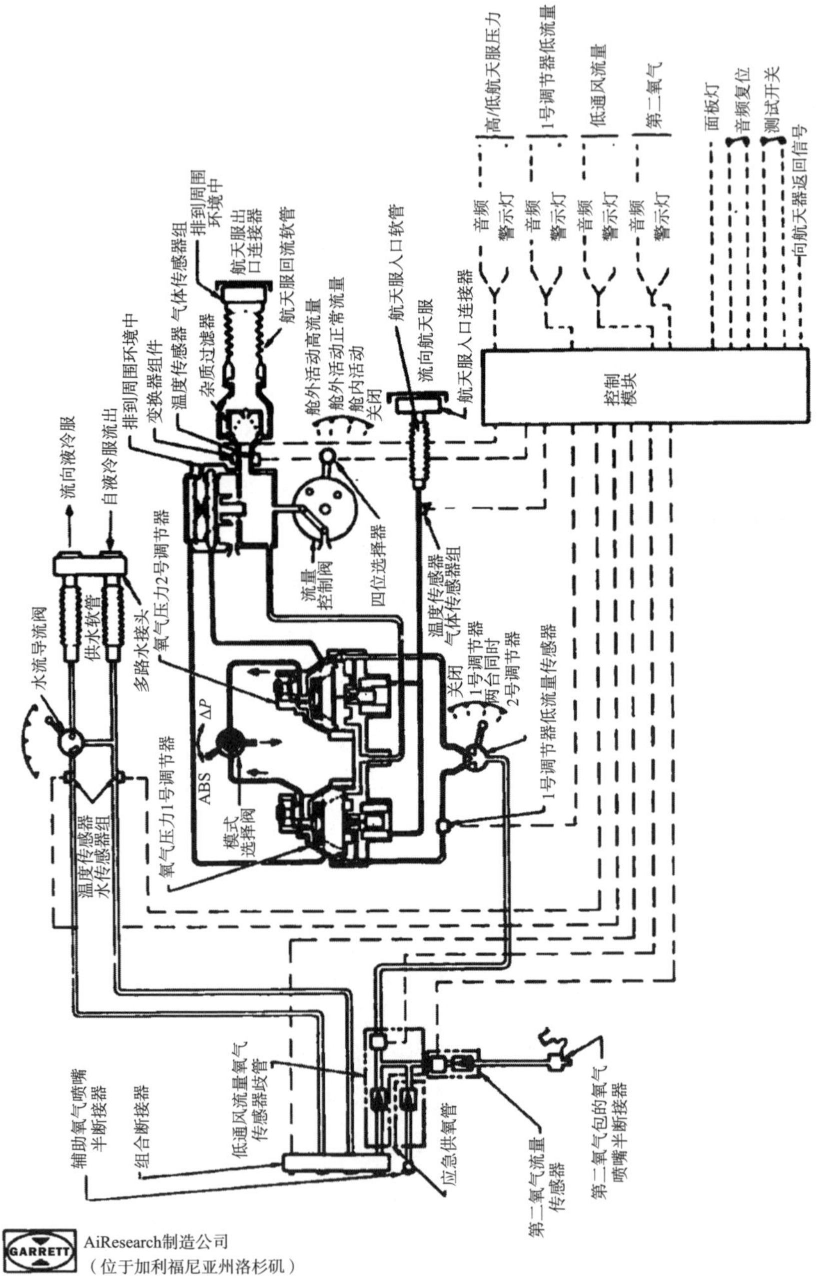

图 9.3-4 压力控制单元示意图（NASA 提供）

的流量需求上。在载人真空室研发测试过程中，这种灵敏度就更为明显，以致一名机敏的测试指导者准确地推论出作为受试者的工程师那一天存在轻微的鼻塞。他是通过对照同一个人先前的测试结果，从供氧仪器上显示的流量需求状态的差异识别出这一点的。

流出控制阀（图 9.3－3 和图 9.3－4）有三种设置供乘员选择："EVA High（高速舱外活动）"提供大约 12.5 lb/h（5.7 kg/h）的流速；"EVA Norm（常规舱外活动）"则提供大约 8 lb/h（3.6 kg/h）的流速；如果穿着加压服进行"IVA（舱内活动）"，流速大约为10 lb/h（4.5 kg/h），周围压力为 5 psia。选择杆在压力控制单元的上面。开展舱外活动一般选择 EVA Norm，一旦冷却水损失或乘员认为必要时，就可以选择 EVA High。

这种控制航天服压力和流量的方法与双子星计划或阿波罗计划都完全不同。双子星计划中，节流孔板使航天服入口处的流量固定，而航天服出口处的压力控制阀通过向外排出气体使航天服保持适当压力。阿波罗计划中，回路是闭环的，压力调节器通过补充因泄漏和代谢损失的氧气，从而保持航天服压力。而在天空实验室系统中，可以很容易地看出，如果调节器出故障或航天服被扎破，后果将不堪设想，因此需要备有冗余的调节器。

这种开环方法在去除呼吸湿气的同时还能解决二氧化碳控制问题，因为排出气体中就携带了这些成分。阿波罗计划中，闭环的便携式生命保障系统包含一个氢氧化锂盒，能将二氧化碳转化为碳酸锂和水蒸气，这种湿气伴随着呼吸产生的水蒸气通过冷凝热交换器去除。

开环（即向外排气）系统在零重力状态下会产生多余推力。双子星舱外生命保障系统试图通过使用一个提升阀，在胸包底部以360°的方式排放气体，从而消除或至少减小因排出气体产生的推力。不过，胸包底部仍然有一个净合力。在爱德华·怀特参与的双子星 4 号舱外活动以及双子星计划的其余舱外活动中，由于其他力量（如脐带扭矩、手持机动装置等）占主导地位，因而这种推力并不明显。天空实验室中，压力控制单元产生的废气经压力控制单元外壳的三个侧面排出。但是，任务规划者和实验人员担心外排气流中的微小颗粒和水蒸气会污染阿波罗望远镜座（ATM）上的灵敏仪器，因此乘员系统部的工程师们需要设计出某种偏转防护物，能将废气转移到舱外活动乘员的后方。最开始发明了一种硬质防护罩，安装在压力控制单元的前部和侧面，但是由于这种硬质防护罩的体积大，并且还会妨碍到控制装置操作，因而不具有可行性。最终确定的配置是一种软质防护罩，能有效将气流引到乘员后方，同时允许通过这种软质材料（图 9.3 - 5）操作控制装置。不管怎样，这就意味着舱外活动乘员一定会产生一个前向推力。天空实验室 4 号的第二次舱外活动中，站在 ATM 上（基本上是在一个大型杠杆臂的末端）的 EVA 乘员就有这种体验，为了保持集群方向，航天员点燃了天空实验室的姿态控制系统推力器。

图 9.3 - 5　EVA 压力控制单元杂质偏转器（图为艾伦·宾，NASA 提供）

通过压力控制单元右前方（图 9.3－2 和图 9.3－3）安装的水流导流阀可以实现冷却控制。基本上 100%的进水流量（240 lb/h 中的 204 lb/h）都能被转移到乘员穿着的液冷服（LCG）周围（需要一小部分水流来防止管线冻结）。这一点又不同于阿波罗计划中的液冷温度控制。阿波罗 PLSS 导流阀使水流分布到升华器周围，并保持流向液冷服的水流流速相对恒定，温度有所不同。天空实验室中，流向乘员的水流温度则相对恒定，流速却不同。当天空实验室的乘员操作导流阀以增加水流时，这种差异尤其明显。在水流流向液冷服的位置一定会产生一个"冷点"。双子星 4 号系统和双子星舱外生命保障系统是通过将汗水蒸发到氧气流中，以实现降温目的，虽然效果不怎么理想。

第二氧气包

第二氧气包（SOP，图 9.3－6）的最终配置是一种双贮罐包，安装在舱外活动乘员的右腿上（图 9.3－7）。这种想法并非首次提出。早在航天员生命保障组件概念阶段，设计者就建议乘员应携带一个可维持 15 分钟的小型供氧包，并在舱外活动路径上的预定地点配置可维持 30 分钟或更长时间的较大型供氧包。在早期舱外活动中，可以将几个这样的供氧包［称为"第二供氧"（SOS）］放置在预定地点，除非需要使用，不然在计划的剩余时间就一直放在那儿。专家和乘员都反对这种想法，因为他们认为如果在紧急情况下预置 SOS 出现未被检测到的泄漏故障，或者使用第二供氧时遇到困难，后果将不堪设想。最终，30 分钟供氧包（由舱外活动乘员携带）的提倡者获得胜利，因而第二氧气包配置就开始用于天空实验室的舱外活动中。

万一气闸舱（AM）不能供氧，或任何其他非标称条件导致脐带供氧压力降低，气流将自动从腿部安装的第二氧气包流向压力控制单元调节器。通常情况下，当脐带压力更高时，第二氧气包会保持关闭状态；当脐带出口处的压力降低至 27 psi（186 kPa）时，第二氧气包就开始往外送出氧气。

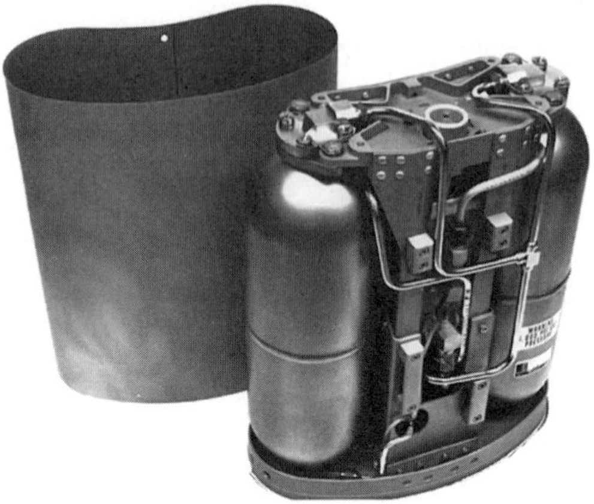

图 9.3－6　AiResearch 的第二氧气包（霍尼韦尔公司提供）

第二氧气包由两个圆柱形贮气罐组成，罐内总共装有 41 lb 可用氧气，压力大约为 6 000 psia（408 个标准大气压）。贮气罐由管道连接在一起，供氧管线先通向手动激活截止阀，然后抵达单级调节器。该调节器能将供氧压力控制在 27 psi 到 45 psi 之间（186 kPa 到 310 kPa）。在贮气罐压力最终达到约 350 psi（24 个标准大气压）之前，此范围将一直保持不变。当贮气罐压力达到 350 psi 时，会只剩下大约 3/10 lb（0.14 kg）氧气。第二氧气包在管道和调节器处分别有一个压力表。氧气包的侧面和底部都具备隔热性能。

根据压力控制单元的不同需求，第二氧气包的氧气流量可介于 2 lb/h到 13 lb/h（0.9 kg/h 到 5.9 kg/h）之间。在 EVA Norm 设置下，第二氧气包能运行大约 30 分钟；而在 EVA High 设置下，只能运行 18.5 分钟。

即使是中等流速，当贮氧压力从 6 000 psi（408 个标准大气压）降低到 45 psi（310 kPa）或更低时，因氧气膨胀产生的焦耳-汤姆逊冷却效应，需要在氧气抵达压力控制单元之前使氧气升温。因此，第二氧气包具备的两个特点，都旨在缩小温度下降幅度。每个第二氧气包的贮气罐内都有钎焊式 V 形铜质散热片（顶部指向贮气罐中

图 9.3-7　天空实验室 3 号舱外活动中欧文·加里欧特的舱外活动装置上的第二氧气包（NASA 提供）

心），紧接调节器的下游装有一个蓄热装置，内含一个铝块，上面钻有 21 个 0.25 英寸的小孔。

第二氧气包的氧气经过一根绝热的钢丝硅酮内衬软管流向压力控制单元；软管通过一个自密封快速断接器接在紧贴选择阀的上游位置（图 9.3-8，第二氧气包示意图）。

第二氧气包的安装借助了三根束带：一根上部束带以及缠绕在乘员右腿上的另外两根束带。上部束带挂在航天服现有的固定环上，能在 1*g* 条件下提供支撑；考虑到大腿的锥形问题，另外两条束带的长度有所不同。这两条束带通过一个简单的挂钩和带有调整扣的夹子就能扎牢。

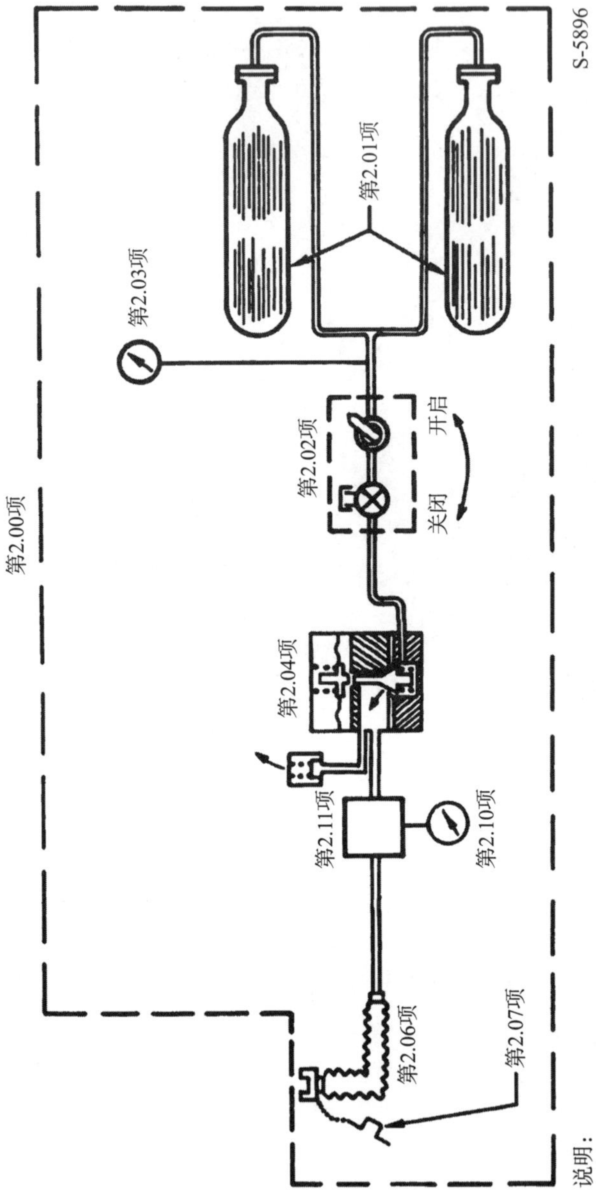

说明：
2.00 第二氧气包组件
2.01 氧气罐
2.02 注人阀和截止阀
2.03 高压仪表
2.04 高压调节器和减压阀
2.06 第二氧气包软管和断接器组件
2.07 第二氧气包断接器（装载）
2.10 低压仪表
2.11 蓄热装置

图 9.3-8　第二氧气包示意图（NASA 提供）

GARRETT AiResearch制造公司
（位于加利福尼亚州洛杉矶）

生命保障脐带

航天器由一条60英尺长的生命保障脐带（LSU）向舱外活动乘员提供重要生命保障、连接系绳以及电气连接。LSU经一根60英尺（18.3 m）长、0.25英寸（7.6 mm）直径的硅酮内衬软管提供氧气。为增强性能，在软管外部螺旋缠绕钢丝，还覆盖了一层β玻璃/氟橡胶涂层。冷却水的供应和回流管线则由直径为0.38英寸（11.4 mm）的相同结构软管制成。电气连接由23根特氟隆涂层的导线提供，其中包括航天员生命保障组件的告警系统的电源、通信以及仪表线路。气闸舱面板上不同的流体和电连接器为LSU提供服务；而在压力控制单元中，组合连接器则能同时连接供水、供氧以及电气线路（图9.3-9）。

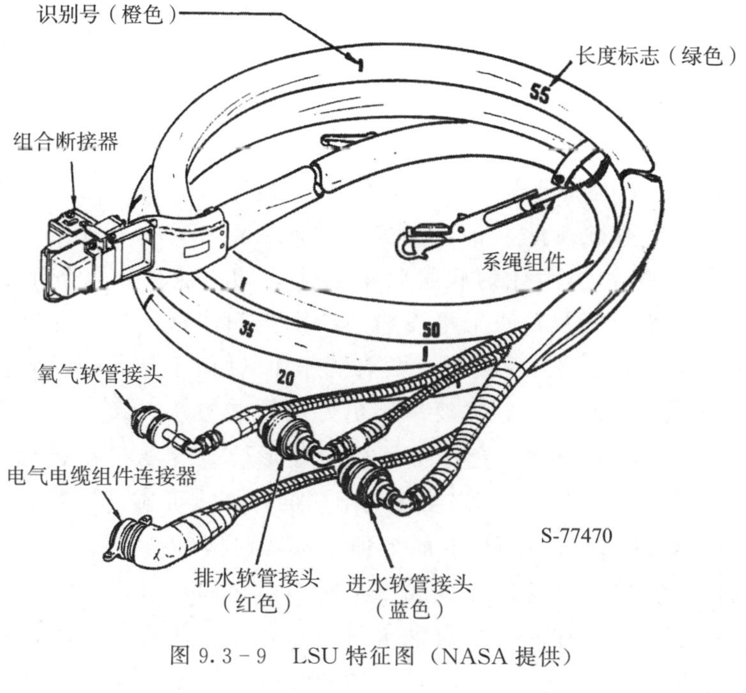

图9.3-9 LSU特征图（NASA提供）

系绳实现了结构的完整性。它由两个部分组成，有隔热防护的系绳部分横截面为矩形，采用诺梅克斯带制成，而飞船端引出 LSU 的系绳部分比较短，以 PBI 材料制成。系绳长约 58 英尺（17.5 m），可在负载下拉伸，不会使流体或电气连接器产生应变。系绳一端系在舱外活动乘员航天服一个已有固定环上，另一端系在气闸舱面板的连杆上。

软管、电线束以及系绳被包裹在一个能提供热和微陨石体防护的覆盖组件内。最外层覆盖物采用特氟隆涂层 β 织物，底下有四层镀金聚酰亚胺薄膜、六层镀铝聚酰亚胺以及两层特氟隆涂层 β 织物。为避免聚酰亚胺薄膜层之间直接接触，在中间加入了 β 薄纱罗隔层材料，从而确保聚酰亚胺的热辐射屏蔽效能。

确保舱外活动乘员能轻易辨识出每根 LSU，以及随时确定脐带（60 英尺长，18.3 m）的伸展长度是非常重要的。LSU 的识别号（如“1”、“2”）以橙色线缝制，而长度标志（5 英尺为一个增量单位）则以绿色线缝制（图 9.3－9）。

在双子星计划中，脐带的处理出现了一些令人烦恼的问题。初始的装载是在地面上做好的，尽管整个舱外活动结束之后就把脐带抛弃了，不过在此之前，需要将 25 英尺（7.6 m）到 50 英尺（15.2 m）的相当刚性的软管收集至狭小的座舱内，以备下次的 EVA 时向舱外投放，双子星飞船的狭窄空间使这一过程变得更为艰难。与之相比，天空实验室共有三根 LSU 而不是一根，而且长达 60 英尺（18.3 m），需要采用更好的装载方法。天空实验室气闸舱在集群内的位置，允许使用两个球形装载容器。容器的直径大约为 40 英寸（1 m），安装在气闸舱的外部，可通过气闸舱壁打开。LSU 的飞船端与面板上的多种连接器连接，然后将 LSU 主体塞入球形容器内。发射和装载（两次使用之间）时，将组合连接器（PCU 端）插在一个配合的卡具上。要进行舱外活动时，从装载容器内拉出所需长度的 LSU；完成舱外活动后，再将 LSU 重新装入球形容器内。

在舱外活动过程中，LSU 的伸展部分由沿 EVA“路径”放置的 V 形夹来固定。

仪表系统与告警系统

压力控制单元包含运作告警系统以及提供性能信息所需的全部仪表和电子设备。多处的传感器不仅能测量航天服压力，还能测量通风供氧回路和冷却水回路的航天服出入口温度。这些数据通过脐带传送到飞船，并最终传送到地面监视器上。除这些自动测量活动之外，还要求舱外活动乘员告知地面控制中心当前水流导流阀的设置，并随时报告流出阀设置的变动情况。

出现航天服压力过高或过低、PCU 一级调节器的流量过低、第二氧气包的氧气流量过低，以及流向航天服的通氧流量低等情况时，安全仪表会发出声光警报。气体温度和水温、导流阀设置以及流量控制阀的位置能帮助地面控制中心了解舱外活动乘员的体热状态，从而了解是否存在初期的体热问题。

如果出现紧急情况，舱外活动乘员可以采取以下措施：从两台调节器的常规设置切换到 1 号调节器或 2 号调节器的常规设置；一旦发生过热或通氧流量过低时，增加通向航天服的氧气流量；航天服压力过低时，中止航天服向外的流量。当 LSU 的供氧压力介于上述 27 psi 到 45 psi 的范围（186 kPa 到 310 kPa）时，第二氧气包会自动供应氧气。

9.4　天空实验室舱外/舱内活动经历

1973 年 5 月 14 日，无人的天空实验室集群发射升空，这就是天空实验室 1 号。起飞后约一分钟（整流罩已经抛掉），微陨石体防护罩在升空过程中不能充分地排出大气气体，导致其被分离并损坏了 2 号太阳电池翼的系紧装置。这使得 2 号太阳翼部分地提前展开，随后在火箭羽流的冲击下断掉了。虽然 1 号太阳能电池阵还在，不过因为被一条金属带几乎完全缠住，它无法在轨道上展开。没有电力供应和隔热防护，这个美国空间站的机载系统很快就会因过热遭到严重损坏。因此，舱外活动就成为空间站救援的关键元素。

天空实验室1号发射11天后，为开展救援任务，天空实验室2号（SL-2）发射升空，这相当于进行一场太空维修试验。实际上，天空实验室的首次舱外活动算是一次40分钟的“站立式EVA”，于1973年5月25日在SL-2指令舱舱外进行。乘员将指令和服务舱移至尽可能靠近轨道工作室的安全位置，航天员保罗·维兹站在指令舱的舱门位置，接受来自指令和服务舱环境控制系统的生命保障。他试图用一根15英尺（4.6 m）长、末端带弯钩的杆子拉起被缠住的电池阵［这根长杆是他在舱外活动期间使用5英尺（1.5 m）长的部分组装起来的］，结果并没有成功，因此他第二次试着用一个撬挖工具释放被卡住的电池阵列，最后也是徒劳无功。大约40分钟后，舱外活动结束了，而电池阵仍未被展开。此后，乘员将飞船与轨道工作室对接。一进入工作室，他们就将一把遮阳伞从工作室一侧的科学气闸推出去，然后将它展开。这使得工作室内部温度降低到可接受水平。

如何释放被卡住的太阳电池翼（名为“太阳能阵防护罩”）横梁（图9.4-1），是天空实验室气闸舱首次舱外活动的当务之急。这也是航天员生命保障组件在轨道上的首次使用。1973年6月7日，航天员皮特·康拉德和约瑟夫·科文开展了第二次舱外活动（SL-2/EVA2），为时约3小时25分钟。由于卸压阀内结了一大块冰，因此气闸舱在减压时出现了一些延迟。

根据地面上航天员和工程师团队成功开展的试验结果以及由上行链路发送的操作指示，轨道上的航天员利用现有工具和设备组装了一个剪带装置，它基本上就是在29.5英尺（9 m）长的杆子末端装上一个电缆剪，通过一根绳索作用。地面控制人员推测航天员还会面临另外一个问题：太阳能电池阵的液压减振器很可能被冻住，乘员需要花相当大的力气去释放它。地面中心开发的技术方法，是

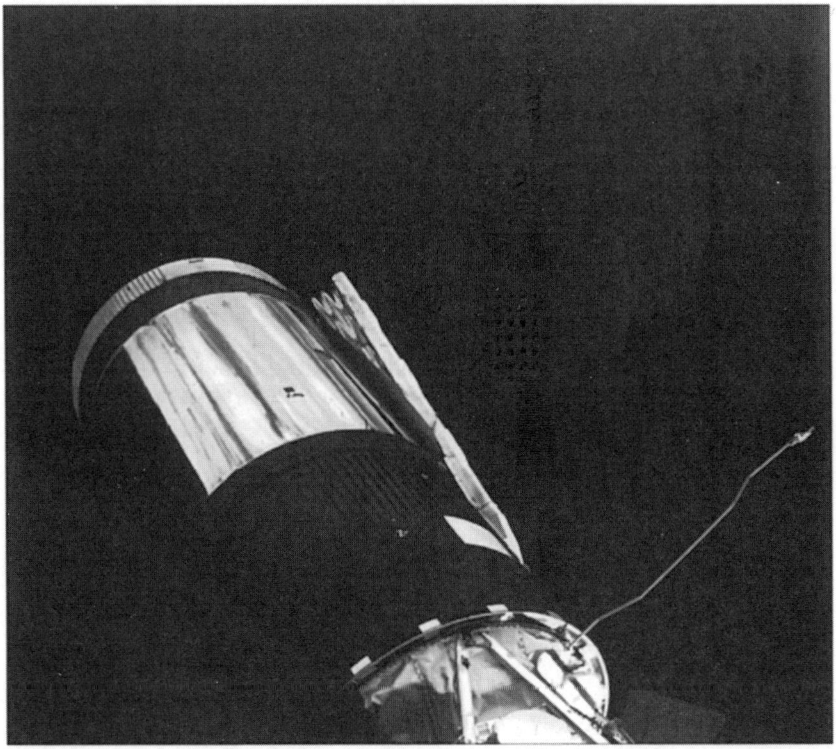

图 9.4－1　天空实验室剩下的太阳能阵防护罩横梁（NASA 提供）

让乘员用一根连接太阳能电池阵与飞船上系绳点的绳索向上拉开减振器。

实际上，电缆剪只是被用于夹住那根金属带子，然后航天员康拉德沿着杆子移动，最终用一把外科骨锯将带子割断。为了解开冻结的执行器，两位乘员向上拉紧绳索，从而放开横梁。当横梁松开时，按康拉德的话说，两位航天员都“跳起来了”。地面中心发出的简短而欢快的通告（“SAS amps!”）表明，刚刚解开的电池阵列已经开始发电了。

除了释放太阳能阵横梁外，航天员更换了远紫外日冕单色照相仪的胶片暗盒，并为 X 射线光谱望远镜打开了门。与 EVA 设备相关的问题中，唯一值得一提的就是航天员在将 LSU 重新装载回球形容器时遇到了一些困难。

1973 年 6 月 19 日，航天员保罗·维兹和皮特·康拉德开展了第三次舱外活动（SL－2/EVA3），为时 1 小时 36 分钟。这个时候，电力已处于可接受水平，舱外活动计划也回到原有目标上。此次舱外活动的主要目标是更换并取回 7 个实验仪器包的胶片暗盒。第二目标则包括尝试启动一个接触不良的电池充电器以及清理相机镜头上的污迹。乘员们仅花了 1 小时 16 分钟就处理完所有 7 个实验包，另外又花了 20 分钟，用一把锤子轻巧地使那个电池充电器恢复正常。此外，他们还清理了相机镜头。1973 年 6 月 22 日，SL－2 返回地球。

在 SL－2 任务中，舱外航天服或生命保障设备未出现任何异常情况。在返回地球之前，乘员在太空停留了 28 天，创下了一项保持时间不长的、人类在太空停留时间最长的世界纪录。

尽管在 SL－2 任务初期架设的遮阳伞使轨道工作室内部温度降低至可接受的水平，地面测试却显示遮阳伞的尼龙面料会因暴露在紫外线中而遭受损伤。此外，遮阳伞并未全部遮住轨道工作室暴露在外面的部分。因此，马歇尔航天飞行中心制造了一个隔热遮阳罩，于 1973 年 7 月 28 日随天空实验室 3 号（SL－3）一起发射升空，并安装在遮阳伞的外部。

SL－1 和 SL－2 发射升空时都带有压力控制单元和第二氧气包，在第一个系列的舱外活动中这两种装置都实现了无故障运行，因此飞行规划者决定重新安排 SL－3 上预定放置 PCU 和 SOP 的指令和服务舱存储空间，以装载工具和将在某次舱外活动中安装的一台“六件套”速率陀螺仪。最终，将 SL－3 上的第二氧气包数量减至一个的决定限制了舱内活动实验。

1973 年 7 月 28 日，天空实验室 3 号（SL－3）发射升空。1973 年 8 月 6 日，航天员欧文·加里欧特和杰克·洛斯马（图 9.3－7 和图 9.4－2）开展了一次为时 6 小时 31 分钟的舱外活动（SL－3/

EVA1)，旨在安装隔热遮阳罩并维护众多的实验仪器。不过，气闸舱的卸压阀再次被冰块部分覆盖，放慢了减压进程。

图 9.4-2 杰克·洛斯马正在进行天空实验室 3 号的舱外活动
(NASA 提供)

遮阳罩安装在两根杆 [用 5 英尺 (1.5m) 长的部分在轨组装而成] 上，固定于一个 V 形结构上面，在轨道工作室外面伸展开来，长约 55 英尺 (17 m)。因为在太空的寒冷条件下材料的硬化，隔热遮阳罩的褶皱容易粘在一起，因此在完全展开遮阳罩时遇到了一些困难。经阳光加热后，遮阳罩的材料变得柔软一些了，不过，它的风琴褶就一直没有消除。

在组装隔热遮阳罩（图 9.4－3）、检查一台实验仪器的门以及检测指令和服务舱的姿态控制推力器是否出现泄漏上面就花掉了大约 5 个小时。剩余的 1 小时 31 分钟则花在安装相机和胶片暗盒、回收一个实验仪器包以及部署一台实验仪器上面。乘组还根据指令检查了阿波罗望远镜座的控制与显示设备的冷却剂回路的泄漏情况，但并未发现什么。这一次，航天服和生命保障系统再一次平安无事地完成了任务。

图 9.4－3　天空实验室上已就位的隔热防护罩（NASA 提供）

1973 年 8 月 17 日，身处轨道工作室（SL－3/EVA1）内，航天员宾穿上自稳定机动装置（ASMU）（作为 M－509 实验设备的组成部分），同时还穿上航天员生命保障组件和加压服，模拟舱外活动状态。ASMU（图 9.4－4）是一种多功能实验运载工具，内部包含稳定姿态（未使用推力器）的控制力矩陀螺仪（CMG）、速率传感陀螺仪、一个推力器系统以及一个气源（氮气）。作为整个 M－509 实验设备的一部分，还对一型双子星手持机动装置进行了评估。在 2 小时 20 分钟的试验中，宾先在连接 LSU 的情况下进行飞行机动。在此过程中，LSU 可实现冷却、加压、通风以及通信功能。不过，LSU 的刚性不断扭转实验组件的平面位置，因而干扰了 ASMU 的运行，进而引起了控制力矩陀螺仪所谓的“饱和状态”，致使为了保持姿态不得不多次使用推力器。于是，宾又尝试在未连接 LSU 的情况下飞行，在大约 19 分钟的时间内使用第二氧气包实现加压和通风。

图 9.4－4　艾伦·宾进行 ASMU 的 IVA 测试（NASA 提供）

1973年8月24日，乘组执行了长达4小时31分钟的舱外活动（SL-3/EVA 2），此前卸压阀的隔网又出现了熟悉的结冰情况。航天员洛斯马和加里欧特进行了8项实验，包括更换和安装胶片暗盒、安装相机、部署实验仪器、回收实验仪器包和进行小型维修等。他们还安装了上述“六件套”速率陀螺仪，由于先前启用的陀螺仪出现了一些异常，因而这项工作很有必要，由此可以精细而准确地控制空间站的姿态，以便执行各项实验。实际的EVA任务包括停用目前的电缆，并在天空实验室的加压范围内安装一条24英尺长的电缆，将其连接到新的速率陀螺仪器包上。

除了消除扭结状态的一些脐带操作问题外，航天服和航天员生命保障组件的性能一切正常，顺利地利用同一套航天员生命保障组件累计执行了约16个小时的活动。

1973年9月13日，航天员艾伦·宾又执行了一次舱内活动实验（SL-3/IVA 2），期望增加关于这种EVA机动装置的知识库。这一次，他对T-020实验设备——脚部控制机动装置——进行了穿着和加压评估。与ASMU和HHMU不同的是，该装置不需要航天员使用双手。顾名思义，航天员是利用脚来操作这一控制器。他再次穿上该装置并在受压状态下进行了3小时的测试，尽管他使用的是脐带供氧，但除了氧气软管和系绳之外，所有的软管和电缆均被拆除，以降低扭矩效应。这解决了扭结问题，但穿着装备的乘员和观察员之间缺乏通信从而造成了延迟。加里欧特也执行了T-020评估，但并未穿着该装置（图9.4-5）。

令人棘手的飞船系统冷却剂泄漏问题，最终导致人们决定不在下一次舱外活动中（SL-3/EVA 3）使用水回路，让两名舱外活动乘员仅采用高流量的气体冷却，即接收约12.5 lb/h（5.7kg/h）的氧气流量，而不是正常的8 lb/h（3.6 kg/h）。1973年9月22日，航天员加里欧特和艾伦·宾执行了2小时41分钟的舱外活动，在2小时10分钟内，他们维护了10台实验仪器，剩余的31分钟则用来清理相机镜头。

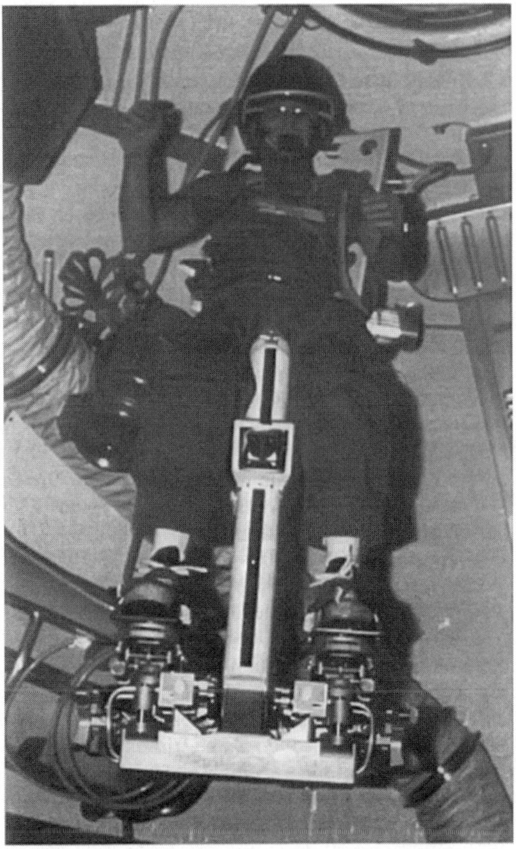

图 9.4 - 5　欧文 · 加里欧特测试脚部控制机动装置（NASA 提供）

地面监测人员担心不使用水冷却会出现过热的可能性，因此密切监视舱外活动航天员的心率，以了解他们的工作强度。航空军医将舱外活动的最长时间限定为 4 小时，并要求乘员携带一根糖棒并在头盔中放置一个 32 盎司的饮水袋（两样物品均放在嘴部够得到的地方，无需手动操作）。流量范围约为 1 000～1 300 Btu/h（252～328 kcal/h），未观察到不利影响。加里欧特指出，尽管气流模式不如液冷服的冷却效果好，但也令人满意。艾伦 · 宾表示在整个舱外活动期间他的双手都在发热，但其他方面都还不错。

舱外活动装置不存在重大问题，虽然解开 LSU 耗费了一点时间。人们注意到，乘员将 LSU 重新装入球体容器耗费了不少精力。9 月 25 日，天空实验室 3 号的航天员返回地球，他们在轨道工作室中持续活动长达 59 天之久，创下了又一个短暂保持的世界纪录。

1973 年 11 月 16 日，天空实验室 4 号（SL-4）带着冷却剂维修成套工具发射升空，三天之后乘组成功地修复了冷却回路，使用一个鞍形阀补充了冷却剂。所采用的技术与重新给闭合的空调回路补充制冷剂类似，即把一根管线插入一个密封室，并将管线夹紧，液体会在压力的作用下流入管线。尽管仍未确定并解决泄漏源，但已决定重新使用该冷却回路。

向乘员提供水冷却的能力已经恢复，舱外活动计划重归正轨。最后一次天空实验室任务的第一次舱外活动（SL-4/EVA 1）是由比尔·波格和爱德华·吉布森执行，时间长达 6 小时 33 分钟。他们在 3 小时左右的时间内维护了 10 台实验仪器，接下来的 3 个半小时用于修理天线并钉上了望远镜的门。

令人厌烦的是，LSU 再次出现了管理问题。乘组很难将两根脐带分开，并出现了一名乘员被脐带缠住的情况。尽管这些并非严重的问题，但脐带管理持续地耗费了乘员的时间和精力。舱外活动系统的其他单元均运行良好。

1973 年 12 月 25 日，航天员比尔·波格和杰拉德·卡尔执行了历时最长的天空实验室舱外活动（SL-4/EVA 2）：7 小时零 1 分钟。在减压期间，乘员注意到卸压阀隔网的 75%～80%均被覆盖，成了一个“不错的垃圾收集器”。他们没有专门提及结冰的状态，但推测隔网上的覆盖物混合着冰和各种各样的杂质。

航天员们又一次完成了 10 台实验仪器的维护作业，包括拍摄科胡特克彗星。两名航天员在舱外活动期间非常繁忙，执行这些实验任务的同时，他们还需要重新调整摄影滤光轮的自转机构。

舱外活动大约进行了 3 个小时后，乘员被要求移除织物杂质偏转器（图 9.3-5）。此时，他们正在阿波罗望远镜座回收胶卷，杂质偏转器产生的前向推力导致天空实验室姿态控制系统的推力器点火，以维持方向。在之后的舱外活动中，乘员重新装上了偏转器。

舱外活动大约持续到4小时时，卡尔报告发现压力控制单元(PCU)的前端——LSU的组合连接器与压力控制单元连接的地方——出现黄色冰晶，黄色是由水冷却回路中加有的铬酸盐基缓蚀剂所致。他感觉冷却效果没什么变化，然后报告说冰晶正在被“抛出”并附着在他的身上。

重新加压之后，杂质偏转器被移除，卡尔报告组合连接器上出现冰晶。当时推测，泄漏很可能是由于复合连接器组件内的水连接器上不经意产生的倾斜载荷所致，与先前在肯尼迪航天中心和Airesearch公司的工厂发生泄漏的情况一样。为了确保安全，航天员卡尔使用过的LSU和PCU均被停止使用，之后的舱外活动中使用的是替代硬件。这次舱外活动中航天服未出现任何问题。

1973年12月29日，航天员吉布森和卡尔执行了长达3小时29分钟的舱外活动(SL-4/EVA 3)，期间他们执行了两项实验，并对科胡特克彗星进行了更多的观测。这次并没有出现冷却剂泄漏的情况，航天服继续无故障地运行。

1974年1月17日，为了重复天空实验室3号的M-509实验，天空实验室4号上使用连同航天服的ASMU和ALSA执行了一次舱内活动(SL-4/IVA 1)。在2小时30分钟的任务中，航天员波格同时使用“被剥离的”LSU和第二氧气包作为供气装置。ASMU的电池出现了一些问题，而第二氧气包已经耗尽，因此只能使用LSU重复该项实验。

1974年1月20日，航天员波格在2小时30分钟内仅使用LSU再次执行了先前的实验程序。早先决定不再发射额外的压力控制单元和第二氧气包以支持其他的设备，导致此次任务中没有第二氧气包。

1974年2月3日，航天员卡尔和吉布森执行了天空实验室的最后一次舱外活动(SL-4/EVA 4)。在长达5小时19分钟的舱外活动中，乘员们回收了胶片暗盒和相机，维护并部署了多台实验仪器，并且回收了 AM 热/微陨石体防护罩。

他们布设了一根传送皮带（“晒衣绳”），以帮助转移胶片暗盒。在此期间，晒衣绳绊住了吉布森的 PCU 中的 LSU—PCU 组合连接器手柄上的锁片，手柄最终转动了约 5°。如果发生进一步的转动，则会导致连接器脱离，从而切断氧气、冷却水、通信和电源供应。第二氧气包将会自动启用，使乘员有 30 分钟的时间选择重新接上连接器或是中断舱外活动。这种情况下唯一的即时告警将会失去通信连接，因为压力控制单元没有配置内部电池为该告警系统供电。

舱外活动大约进行到 3 小时 21 分钟，航天员吉布森也遇到了先前卡尔在 SL-4/EVA 2 约 4 小时时首次遇到的冷却剂（“黄色冰晶”）泄漏问题。此次使用了不同的 PCU 和 LSU，吉布森调低了冷却剂导流阀的设置，从而缓解了泄漏状况。然后，他选择了 12.5 lb/h（5.7kg/h）的 EVA High 流量，而不是 EVA 期间 8 lb/h（3.6 kg/h）的正常流量。舱外活动结束时，一名乘员的第二氧气包被晒衣绳缠住，从而增加了重新装载 LSU 的难度。总之，那一天像纳税日一样令人沮丧，航天员吉布森在舱外活动结束时说道：“真是又累又饿。”

发生泄漏的 PCU/LSU 组合被留作用于可能的飞行后故障诊断。尽管倾斜载荷理论失去了可信度，但并没有继续进行在轨测试。天空实验室 4 号于 1974 年 2 月 8 日返回。

天空实验室 EVA 计划圆满地结束了，尽管水泄漏的问题未得到解决。压力服在所有的舱外活动中表现优异。

9.5 天空实验室评论

在总共 41 小时 46 分钟的 EVA 期间，天空实验室的两人 EVA 乘组不仅完成了原计划的实验仪器维护和操作，还执行了维修和装配任务（这保证了该计划的存在）。

从舱外航天服及辅助的生命保障装置的角度来看，结论是相当积极的。特别是 A7LB 航天服，有着不凡的表现。这项计划在很大程度上无疑是得益于多年来阿波罗计划的研发和飞行使用经验。

融合了双子星和阿波罗计划特征的新系统——航天员生命保障组件也获得了成功。天空实验室计划完成之后，对两次漏水的问题展开了调查，发现是因为舱外活动中 O 形密封材料在冷却之后逐渐收缩，可能在较高（松动）的一侧与公差耦合，这种泄漏在同一种硬件上重复发生了。利用收缩率较低的 O 形材料代替原来的材料后，则不会出现这种漏水现象。

关于生命保障装置的主要结论是，脐带管理费时又费力。舱外活动乘员相当大的一部分时间被用来确定脐带是否碍事，或者有缠结或绊住的危险。然而，脐带的使用大大增加了舱外活动时间的弹性——EVA 乘员可延长停留时间，无需担心携带的消耗品会用完。同样地，脐带的使用也减小了乘员自身的重量。M－509 和 T－020 实验的所有结果均非常成功，M－509 的 ASMU 为未来航天飞机计划的载人机动装置奠定了基础。

一幅约翰逊航天中心记录航天飞机计划的视图或许能够最好地总结天空实验室舱外活动计划的意义，当时航天飞机进行 EVA 的价值正处在激烈的争论之中。该图页的一半篇幅显示的是带着遮阳伞和单个已展开太阳翼的残缺的轨道工作室；另外半边纸上印着硕大的粗体字："舱外活动——你想做没有它的飞行计划？"

9.6　阿波罗-联盟号测试项目

阿波罗-联盟号测试项目（ASTP）实际的技术动机是在第一次国际载人航天飞行中将两个航天飞行大国连接起来，验证美国和苏联的飞船交会对接系统的兼容性，是对国际空间站对接系统的预演，并展现了实现国际空间救援的可能性。1970 年，初期规划包括与天空实验室对接的可能性，以及直到 1972 年考虑与礼炮号空间站对接的构想。最终选择的方案集中在美国阿波罗指令和服务舱（CSM）

与俄罗斯联盟号的一次性对接。

这一尝试面临着严峻的挑战。除了两国在政治上的对立之外，还存在语言和地域性障碍，设计生命保障系统和飞船的方法也完全不同。

除了氧气的贮存上存在差异（苏联使用过氧化钾生成氧气的化学方法，而美国人采用气态贮存的方法），座舱压力也存在显著差异。苏联技术是基于海平面的大气压和成分——即 14.7 psi（1 atm）和 80/20 的氮气/氧气比；美国人使用的是 5 psia（34.5 kPa）的纯氧环境，其中存在微量的二氧化碳和水蒸气。

苏联采用的空气混合物只有很小的火灾隐患，然而座舱失去压力时会引起减压病（DCS）。美国指令和服务舱的纯氧环境则存在极大的火灾隐患，1967 年 1 月阿波罗 1 号发生的灾难性火灾让隐患变为了现实。美国人不仅依赖于着火控制，同时也执行严格的材料选用程序，以便将发生火灾的可能性减至最小。

为了解决这一问题，苏联主动提出降低该项目中对接部分的压力。根据计划，两名美国乘员进入对接舱，然后关闭指令和服务舱的舱门，并使用氮气提高气压。联盟号将降低其压力，直至两边在约9.9 psia（68 kPa）的气压下达到平衡。

早在阿波罗-联盟号测试项目初期便考虑到执行舱外活动。1970 年，载人航天器中心提出了五个 ASTP 运行方案，从与一个第三舱对接以实现人员的转移，到舱外转移。最终被选中的是内部转移方案，无需进行预呼吸，从而不需要使用舱外活动能力。然而，直到 1974 年，舱外活动仍是 ASTP 的考虑方案。迟至 1974 年 5 月的讨论仍包含了重访天空实验室时执行一次站立式 EVA 以拍摄其状态的内容，尽管此次拍摄任务之后被取消，但在从 ASTP 中删除 EVA 之前不久，重访天空实验室仍是项目的一个选项。

由托马斯·斯塔福德、德克·斯雷顿和万斯·布兰德组成的乘组在该任务中使用的是稍加改装的阿波罗 A7L 航天服，它被正式命名为 A7LB（图 9.6－1）。由于没有舱外活动，航天服的改装主要是为了减小重量和降低成本。带有镀铝 Kapton（内有尼龙垫片）衬层的以特氟隆 β 织物制造的正常外罩防护层被特氟隆 β 聚苯并咪唑（PBI）织物所代替，增加了耐用性。此外，此次飞行中还去掉了舱外手套、航天服的正压力安全阀、舱外活动面窗，以及连接液冷服和紧急供氧系统的连接器。头盔和靴子为天空实验室所使用的类型。

图 9.6－1　唐纳德·斯雷顿（昵称“德克”）穿着 A7LB 阿波罗-联盟号测试项目航天服（NASA 提供）

1975 年 7 月 15 日，单一的 ATSP 任务发射，俄罗斯和美国飞船的对接，标志着第一次国际载人航天飞行合作的成功。1975 年 7 月 24 日返回时，乘组未能在恰当的时间启动地球着陆系统程序，导致推进剂气体流入指令舱座舱中。乘员们均没有佩戴头盔，他们在戴上氧气面罩之前已吸入了一些有毒的推进剂气体。不过，这一事件没有产生持久性的伤害；从航天服的性能来看，此次任务取得了圆满成功。

第 10 章　航天飞机计划：轨道舱外活动发展成熟

航天飞机舱外活动装置（EMU）被考虑为一种可重复使用的航天飞机航天服系统。为此，它被设计成一种综合性航天服系统，比先前所述的任何舱外活动飞行系统更坚固、紧凑，活动性、可维护性更佳，体积易于调节。然而，在航天飞机计划开始之际面临着诸多问题：它将是一种怎样的装置？谁来实现？谁将作为设计和交付认证系统的集成商？需要做多少套航天服系统？甚至是否会有舱外航天服系统？这一切都是未知数。

在阿波罗 18 号及之后的任务被取消后，出现了一种被称为航天飞机的、可重复使用的航天器概念，这一概念不过是规模更大的载人航天飞行计划中的一部分。1969 年中后期，人们预期航天飞机能够执行乘组转移、货物运输以及卫星捕获等任务。航天飞机的舱外活动仅在紧急情况下执行。当时计划在地球和月球轨道上都要建造空间站。“标准的”航天飞机将在地球轨道空间站上运行，而核动力的航天飞机则访问月球轨道空间站。月球轨道空间站将建成一个重 50 000 lb（22 727 kg）的结构，直径为 22 英尺（6.7 m），预期在 1975 年底投入运行。要建成月球轨道空间站，核动力航天飞机一年需要往返 18 次。

名为天空实验室的初步空间站成为了下一个目标，但它将尽可能利用现有的技术。因此，研发任何新的航天服系统必须与后续的任务联系起来。1970 年，美国航空航天局艾姆斯研究中心受命深入研究即将出现的航天服系统所需的技术。如果要准备的应用的顺序是对预期期望的一种反映，那么航天飞机航天服将是五个应用中的最后一个，紧随火星探索航天服系统之后。不过，到 1971 年，新的航天服系统已完全与航天飞机应用联系起来。

航天飞机舱外活动装置是在先进阿波罗系统的研发成果（见第 7 章）上发展而来，并在 20 世纪 70 年代的诸多影响下不断完善（见 10.1 节）。最终诞生了 20 世纪 80 年代和 90 年代用于航天飞机计划的“基线”EMU 配置（见 10.2 节）。20 世纪 80 年代试图引入更多的技术和较高的工作压力，起初是想通过不断改进来实现，后来则采用全新的“空间站式”先进舱外活动装置（见 11.1 节）。尽管没有成功，但这些努力所作出的改进融入到了“增强型”舱外活动装置中，在航天服系统模块的不断更新中被逐步采用（见 10.3 节）。

这种增强型舱外活动装置此后一直是美国的 EVA 航天服系统，并计划在国际空间站（ISS）的剩余时间里继续使用。

10.1 航天飞机舱外活动装置的研发（1971—1979 年）

航天飞机舱外活动装置的研发分为三个阶段：前两个阶段是要求/关键技术的研发和进行合同竞争的承包商研发；第三阶段则在授予合同之后。这是由于要求上的改变以及 NASA 根据乘员评估作出的更改所致。这三个阶段一起建立了基线的航天飞机舱外活动装置（见 10.2 节）。马丁·玛丽埃塔公司的载人机动装置研发以及 NASA/洛克希德公司的舱外活动照明和头盔电视摄像机研发工作与这些活动在同步进行。

要求和技术的发展

1971—1974 年期间，美国航空航天局研究了与航天服系统的潜在使用相关的最佳技术方案。这些方案包括：1）不使用航天服；2）像阿波罗/天空实验室任务中使用的两用发射/返回/EVA 系统；3）两套航天服系统，一套用于发射/返回，另一套用于舱外活动。航天飞机被认为能够将乘员和货物安全送入轨道，具有高度的可靠性，因此乘员生存/逃生或执行舱外活动的需要引发了争议。体积和重量的限制为一个折中的综合航天服系统提供了强有力的支持，这种航天服系统可以充分地支持 EVA 以及乘员生存/逃生。此外，预算限制要求后两种方法尽可能减少使用或不使用新技术。

这些选择方案的挑选过程，是始于美国航空航天局资助的一个题为“航天飞机舱外/舱内活动支持需求”的研究项目。1971 年，美国航空航天局为这项研究发出一份征求建议书（RFP），以确定其所定义的航天飞机概念所产生的全部要求，并对这些要求进行评估，从而提出要求更为明确的航天服系统概念，为之后的航天飞机舱外活动装置设计提供支持。联合信号公司、汉密尔顿标准公司以及其他机构纷纷提交了建议书。建议书让响应者有机会分享他们对航天飞机舱外活动装置的构想，并确定编制要求文件所需考虑的一切事项，有助于确定后来的舱外活动装置的定义。汉胜公司在这场竞争中获胜。

汉胜公司于 1973 年 4 月提交了最终的研究方案。该方案提供了关于航天飞机舱外活动装置的体积、重量、通信装置和子系统运行参数，以及加工、周期和载荷。它还提出了一种模块化的系统架构，通过适当的尺寸调节方案来均衡成本（图 10.1－1）。这些建议大多得到了认可，成为了航天飞机舱外活动装置设计要求的基线。

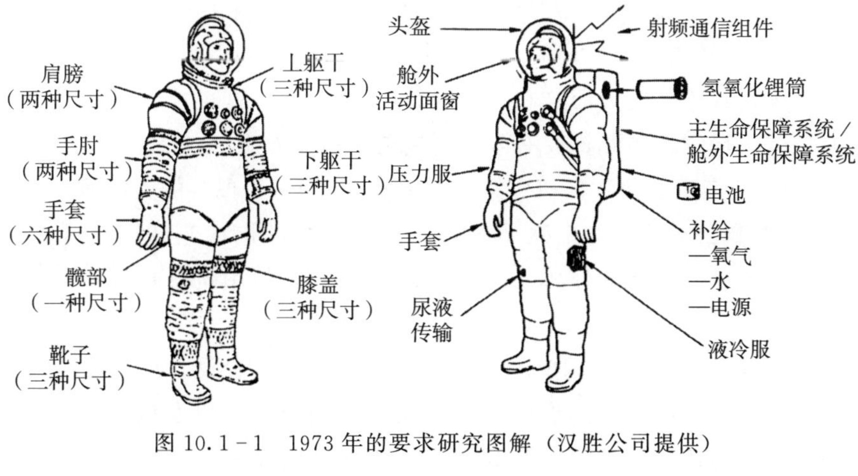

图 10.1－1　1973 年的要求研究图解（汉胜公司提供）

这项要求研究还建议采用 8 psi（55 kPa）的工作压力。这是为了能够快速降低航天飞机中的 14.7 psi（1 atm）的座舱压力，从而实现紧急舱外活动的能力，不会造成预呼吸延迟或减压病的风险。在此，预算限制和研发风险将是关键因素。通常来说，研发所面临的挑战越大，其成本就越高。这一理论恒定不变，以至于政府合同中发展出一套研发风险的公式，通过近似值法计算研发中的不可预见成本。先前可实际操作的舱外活动系统采用的是 3.7 psi（25.5 kPa）的工作压力。因此，为了最大限度地降低开发风险，初始的航天飞机 EMU 的合同要求是采用工作压力为 4.0 psi（27.6 kPa）的航天服系统。

对航天飞机舱外活动装置的发展产生影响的一个组织机构是利顿公司，但它并没有直接参与该计划。1969 年，利顿公司由内部提供资金进行平板式织物关节的试验开发，而美国航空航天局对利顿公司的平板型方法颇有兴趣，认为它是实现以较低成本制造压力服的一种潜在方式。利顿公司还制造了一套先进的 EVA 型样机（图 7.2－6），配备了硬式上躯干和中入式躯干密封口，类似于航天飞机舱外活动装置最终的样机。由于利顿公司在 1969—1970 年退出航天服的研发，美国航空航天局在 1971—1972 年期间资助太空时代控制公司（Space Age Control）和国际橡胶有限公司采用平板技术的发射/返回型样机。与此同时，1973 年，国际橡胶有限公司内部投资了一款平板式舱外航天服样机（图 10.1－2，左），这可能促成了美国航空航天局资助国际橡胶有限公司制造轨道舱外服（OES）。

OES 产生了两种样机。第一种 OES 利用一套现有的美国航空航天局/利顿公司的硬式上躯干来发展平板技术（图 10.1－2，中）。随后的则是一套全新的样机（图 10.1－2，右），使用凯夫拉纤维作为织物限制层。

1974 年，预算限制成为航天飞机舱外活动装置设计中的主要考虑因素。为了尽可能降低航天飞机舱外活动装置的研发成本，美国航空航天局约翰逊航天中心利用现场资源和阿波罗训练用生命保障组件（实物模型）对第二套轨道舱外服样机作出了改进，创造出一

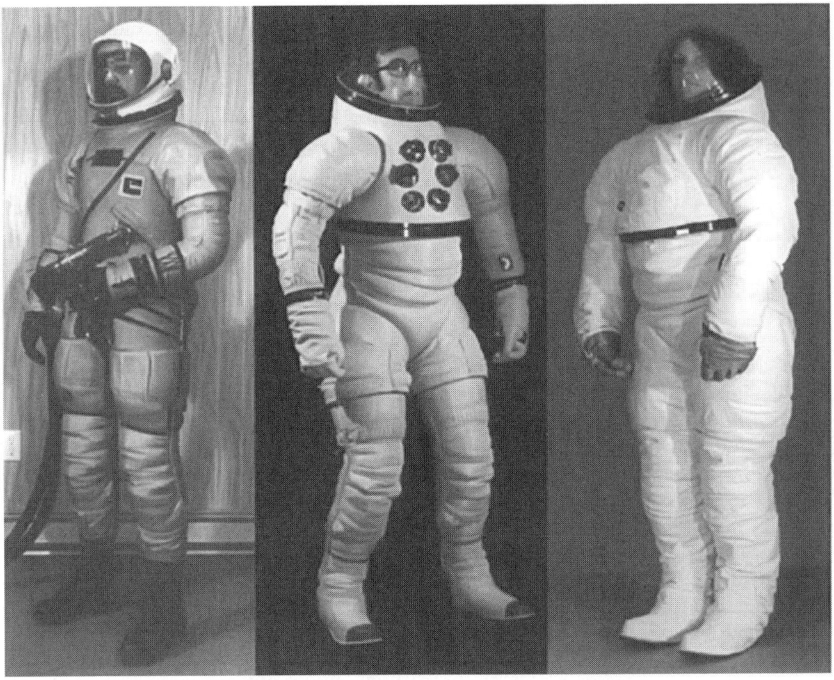

图 10.1-2　国际橡胶有限公司早期的航天飞机航天服样机

（ILC 公司和汉胜公司提供）

套全压舱外活动装置样机（图 10.1-3）。这套样机成为美国航空航天局制定航天飞机舱外活动装置合同竞争 RFP 要求的构思基线。然而，我们无法确定美国航空航天局是否与航天飞机舱外活动装置的竞争团队共享了这套最终的样机。

20 世纪 70 年代，美国航空航天局艾姆斯研究中心（ARC）研发出一种工作压力 8 psi（55 kPa）的压力服技术，它能够在14.7 psi（1 atm）的航天飞机或空间站座舱压力降低时实现零预呼吸模式。这包括潜在的手套技术和完整的样机航天服。艾姆斯研究中心资助的高压手套包括源自国际橡胶有限公司和太空时代控制公司的样机（图 10.1-4）。

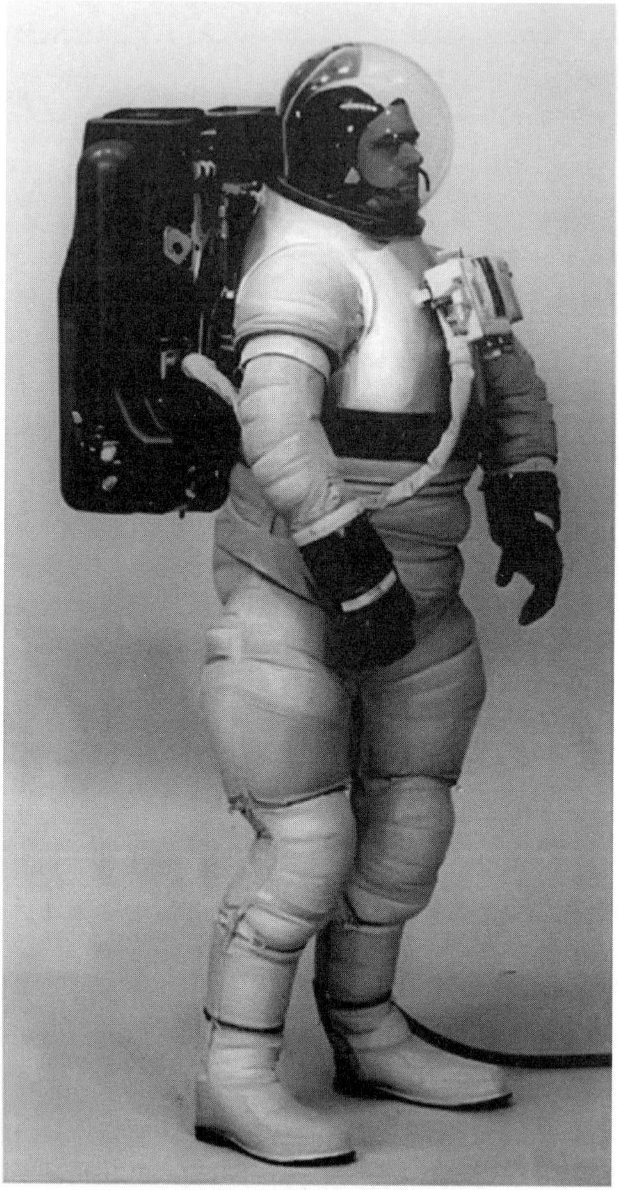

图 10.1－3　1975 年美国航空航天局约翰逊航天中心的航天飞机 EMU 样机
(哈里斯/科斯莫提供)

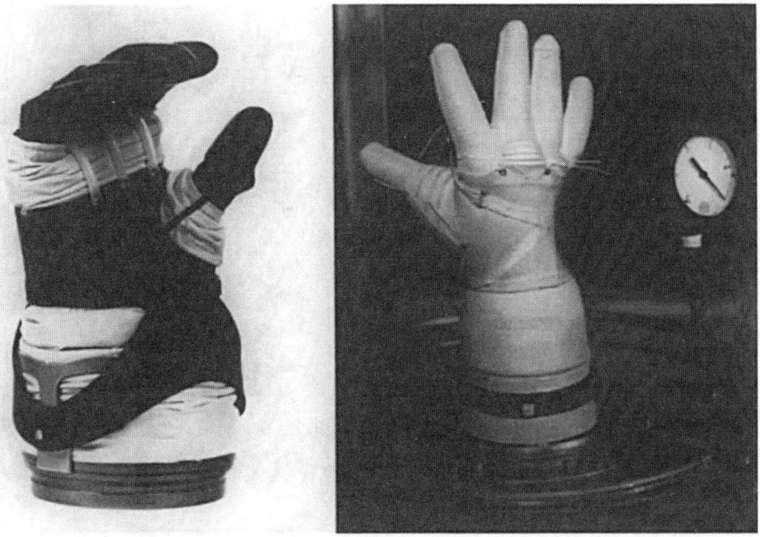

图 10.1－4　艾姆斯研究中心资助国际橡胶有限公司和太空时代控制公司研制的 8 psi 压力手套（NASA 提供）

1975 年，艾姆斯研究中心负责生产一套工作压力为 8 psi 的 AX－3 航天服，以向美国航空航天局的管理层证明更高的工作压力也可能适用于未来的航天飞机计划。身为设计师兼系统集成商，艾姆斯研究中心还制作了双层玻璃纤维上躯干和胯部结构、所有的活动关节和尺寸调节硬件，以及织物层压板所需的全部主要石膏模型。Aerotherm 公司制造了所有的织物结构和密封轴承组件，并装配了活动关节。Air－Lock 公司根据艾姆斯研究中心的设计制造了双平面躯干断接器、圆顶头盔、头盔断接器和手套断接器。AX－3使用单层压板结构织物，配有模块化的混合尺寸调节系统（图 10.1－5）。AX－3 使用了 Acurex 公司的轴承和密封设计，这种设计能显著减少泄漏，降低滚动阻力。它还联合采用了环形滚动回旋装置和多轴承活动系统。

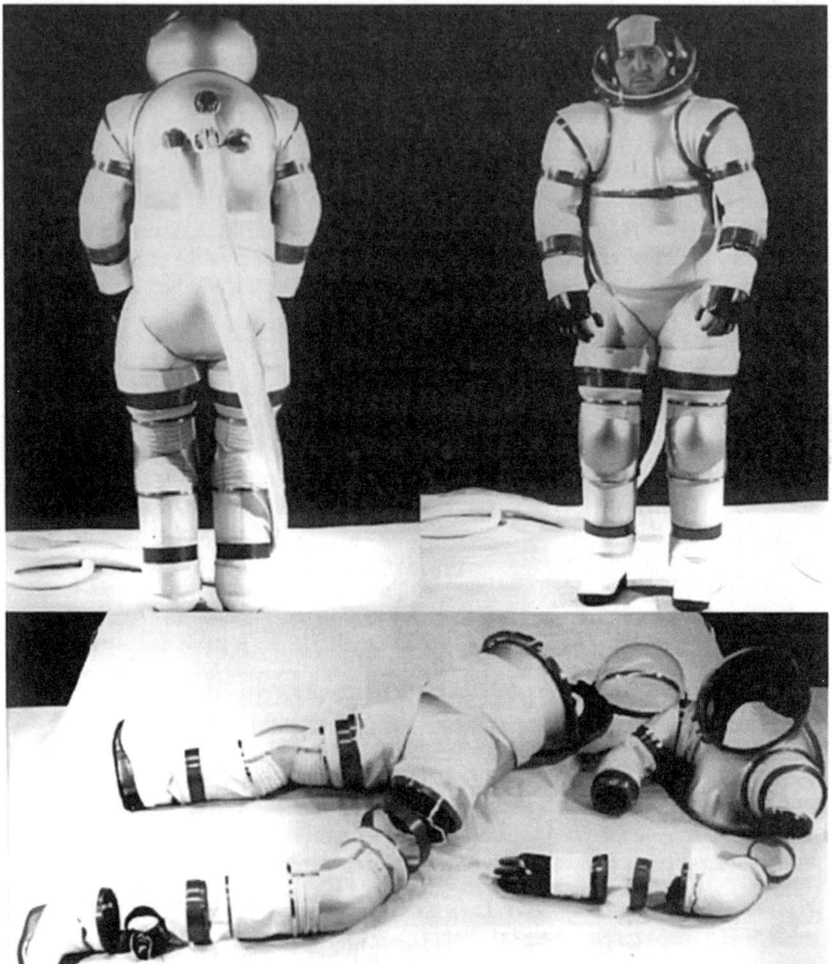

图 10.1-5　1975 年美国航空航天局载人航天器中心的 AX-3 样机
（汉胜公司提供）

航天飞机舱外活动装置合同竞争（1976—1977 年）

从很多方面来讲，1975—1976 年的航天飞机舱外活动装置竞争是过去四年中发生的诸多活动和事件的高潮。1971 年，美国航空航天局无法确定哪些机构将负责生产舱外活动装置。如果美国航空航天局将舱外活动装置作为航天器合同的一个构件，航天服系统承包商很可能会是波音公司、格鲁曼公司、洛克希德公司、马丁·玛丽埃塔公司或北美航空公司。美国航空航天局可以像双子星或后期阿波罗任务和天空实验室任务一样选择其中之一作为系统集成商，也可以选择一个承包团队，委任联合信号公司、LTV 公司、通用电气公司或汉密尔顿标准公司等机构领头。1976 年，技术要求发展成熟，正式进入航天飞机舱外活动装置的合同竞争，竞争范围逐渐缩小到两个团队，这两个团队分别由联合信号公司和汉密尔顿标准公司（现为汉胜公司）牵头。

在 20 世纪 70 年代早期，盖瑞特公司及其 AiResearch 生产部与联合信号公司合并，合并后沿用联合信号公司（现为霍尼韦尔公司）的名称。联合信号公司联手 Acurex 公司的 Aerotherm 部和大卫·克拉克公司（DCC）竞争航天飞机舱外活动装置的合同。此时，AiResearch先进压力服的前设计人员已成为了 Aerotherm 部门的核心人员。

为了参与阿波罗计划，1962 年，汉密尔顿标准公司（HS）和国际橡胶有限公司（1969 年之后为 ILC 公司）被迫一起合作。这两家组织从未曾建立有效的工作关系，到 1965 年，他们成为了航天压力服设计和制造的竞争对手。1965 年，国际橡胶有限公司打败汉密尔顿标准公司和大卫·克拉克公司，在阿波罗舱外航天服竞争中获胜。1967 年，汉密尔顿标准公司打败国际橡胶有限公司和大卫·克拉克公司赢得了载人轨道实验室航天服的竞争。具有讽刺意味的是，这为汉密尔顿标准公司和国际橡胶有限公司之间的合作奠定了基础。也是在 20 世纪 60 年代末和 70 年代初，汉密尔顿标准公司和国际橡胶有限公司的不少人员在阿波罗计划中每天都一块儿工作，最终跨越公司之间的隔阂建立了友谊。此外，随着时间的流逝以及国际橡胶有限公司母公司的多次合并，两家公司 1962—1965 年期间的高级管理层几乎完全被替换了。1974 年，ILC 公司和 Air-Lock 公司加入汉密尔顿标准公司，联手竞争航天飞机舱外活动装置的合同。

美国航空航天局发布征求建议书（RFP）意味着竞争的开始。在征求建议书中，美国航空航天局规定航天飞机舱外活动装置必须为紧凑、可重复使用、功能强大、具有成本效益且尺寸标准化的系统，能够适用于第5百分位的女性到第95百分位的男性用户。就航天飞机舱外活动装置的有效使用年限而言，其中压力服元件为6年，生命保障系统为15年。生命保障系统应具有7小时的容量以及30分钟的备用容量。为了穿过航天飞机上所有的内外舱门，需要在阿波罗舱外活动装置从前端到后端的最大尺寸的基线上削减33%。该航天飞机舱外活动装置不使用拉链方式进入。

为了降低技术、成本和进度上的挑战难度，美国航空航天局要求建议书应尽可能基于现有或经认证的技术，并考虑航天飞机舱外活动装置的最低工作压力从3.7 psi（25.5 kPa）增加至4.0 psi（27.6 kPa）。美国航空航天局还规定，由于还有现存可使用的存货，应使用阿波罗/天空实验室任务中的头盔和颈圈，同时采用平板式关节活动元件，以降低成本。由于航天服系统将以现有技术为基线，美国航空航天局决定在该次竞争中不再投资生产演示航天服系统。

联合信号公司/Aerotherm/大卫·克拉克公司团队提交了两份建议书。除了从前端到后端的尺寸以外，主建议书满足征求建议书中的全部要求。第二份建议书是针对航天服组件（SSA）/增强活动性概念（EMC）制定的。航天服组件/增强活动性概念的工作压力为8 psi（55 kPa），使用的是AiResearch/美国航空航天局艾姆斯研究中心的活动性系统，包括艾姆斯研究中心/Aerotherm公司新推出的手套系统，还配备了双轴腕关节（图10.1－6）。该建议书的理念正好展现了美国航空航天局艾姆斯研究中心近年来作为技术示范者的发展状况。

汉密尔顿标准公司/国际橡胶有限公司提交了一份建议书，达到

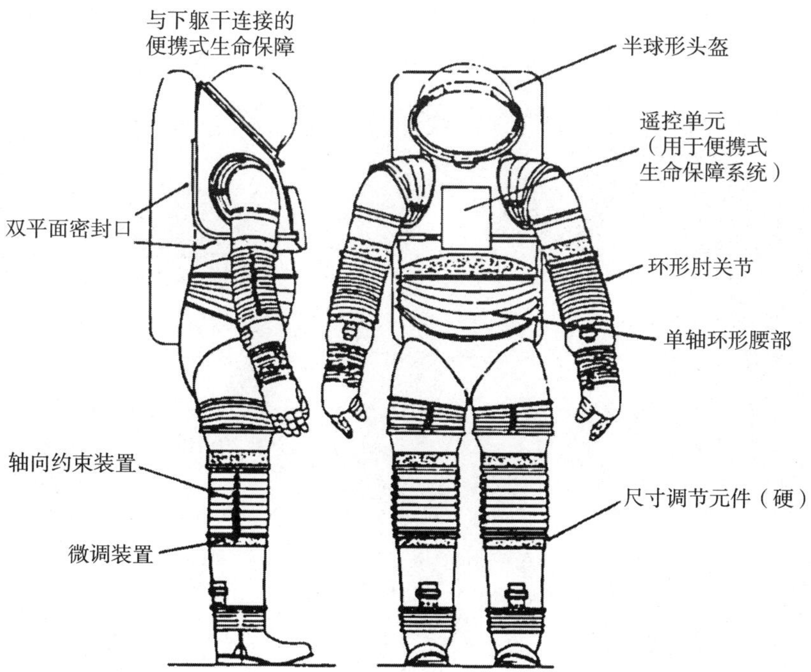

图 10.1-6　Aerotherm 航天服系统概念，根据 1976 年联合信号公司的建议制造
（哈里斯/埃尔金斯提供）

了美国航空航天局的全部要求。尽管美国航空航天局没有要求或投资任何随附的概念验证样机，汉密尔顿标准公司/国际橡胶有限公司仍决定提交技术样机。样机被命名为 SX-1（Shuttle Experimental 1）压力服。SX-1 压力服（图 10.1-7）比阿波罗和天空实验室的舱外活动装置有显著的进步。阿波罗/天空实验室计划航天服在轴向约束装置上使用钢缆。这种钢缆模锻工艺的可靠性/耐久性问题成为放弃缆绳轴向约束系统的强制性因素。缆绳/模锻接口已被证明是非冗余缆绳约束系统的薄弱点。此外，阿波罗关节系统集成的钢缆和绳束/带束波纹管是极度劳动和技能密集型的产品。SX-1 采用了无缆绳约束的凯夫拉纤维平板式约束系统，先进阿波罗样机（第 7 章）使用了配备金属元件的活动性系统，相比于平板式织物约束装置，

这些方法无论在重量还是成本上均存在弊端。SX－1演示了活动性好且更具成本效益的约束系统。

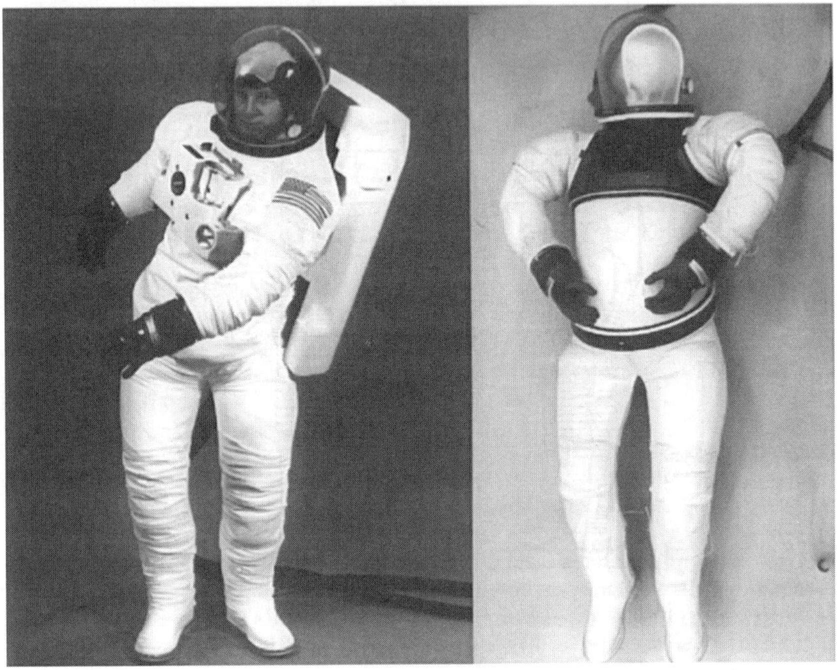

图 10.1－7　SX－1 腰部轴承和活动性系统（汉胜公司提供）

SX－1 的设计还包括为增强活动性而采用的袖孔（肩膀）和腰部轴承。它还采用了一个宽松的腰关节（图 10.1－7）。除了能够像穿上阿波罗航天服的“步行短裤”一样轻松大步行走，SX－1 还能更省力地实现比阿波罗计划航天服更好的活动性，尽管它的工作压力还要更高一点。

SX－1 的设计还包括使用年限更长的材料。对于阿波罗航天服，氯丁橡胶/天然橡胶的混合材料最多使用 3 年，而航天飞机舱外活动装置中的“非耐用品”具有 6 年的使用年限。

阿波罗航天服的热/微陨石体防护服（TMG）是根据双子星的经验发展而来，但发展程度不大，阿波罗 TMG 的使用年限非常有限。嵌套的 TMG 层也被证明是极度劳动密集型产品，因此生产成本高昂。所以，国际橡胶有限公司为航天飞机计划研发了新的热/微陨石体防护服设计。航天飞机 TMG 的外防护层采用了被称为正交织物（Ortho Fabric）的新材料，它是用戈尔－特克斯纤维（Gore－tex）/特氟龙与诺梅克斯混合凯夫拉编织而成的布料。正交织物下铺设了四层或五层（根据位置而变化）尼龙加固的镀铝聚酯薄膜。这些聚酯薄膜层与阿波罗 TMG 的防热层相似，除了涤纶网格布被航天飞机 TMG 中每一层聚酯薄膜内侧黏合的尼龙加固织物所代替以外，新的 TMG 中使用的聚酯薄膜没有穿孔。事实发现并无必要进行穿孔，因为压力平衡期间接缝中透过的气体足以消除受伤的可能。在缩减体积、减小生产时间/成本，同时显著延长使用寿命的同时，这种航天飞机 TMG 仍然能够在轨道 EVA 环境下提供充分的防护。

硬式上躯干（HUT）是 SX－1 设计的核心。它是生命保障系统和压力服的组成部分，生命保障气体和液体通过内置于壳体中的管路，在背部的主生命保障系统（PLSS）与胸前的显示与控制组件（DCM）之间流动。它不再采用阿波罗计划中使用的外软管。自从目睹航天员在月球表面的跌倒之后，去除外部软管就成为了乘员系统部詹姆斯·柯瑞尔的个人目标。去除这些软管后活动性得到了改善，能防止被突出的物体绊住，并降低了对生命保障系统的危害。汉密尔顿标准公司/ILC 公司的建议书指出，两种尺寸的硬式上躯干将充分允许乘组人员操作控制装置并执行各种活动。硬式上躯干很可能代表着汉密尔顿标准公司/ILC 公司之间的第一个有成效的合作，而在此期间，ILC 公司为汉密尔顿标准公司设计和制造这种铝制结构提供了技术输入和评估支持。ILC 公司将汉密尔顿标准公司提供的铝制主结构、Air－Lock 公司的头盔和腰部断接器与自己设计和制造的实物模型防护服组装起来。

为了简化硬式上躯干和下躯干组件的穿着，ILC 公司和 Air－Lock 公司联合开发了一套回转通风系统，集成到液冷服后形成了一套液冷通风服（LCVG，图 10.1－8）。ILC 公司创造了精密的织物系统，而 Air－Lock 公司设计和生产了十分紧凑的连接器，它可以通过单一的连接方式实现液冷和回转通风系统的配合/分离。

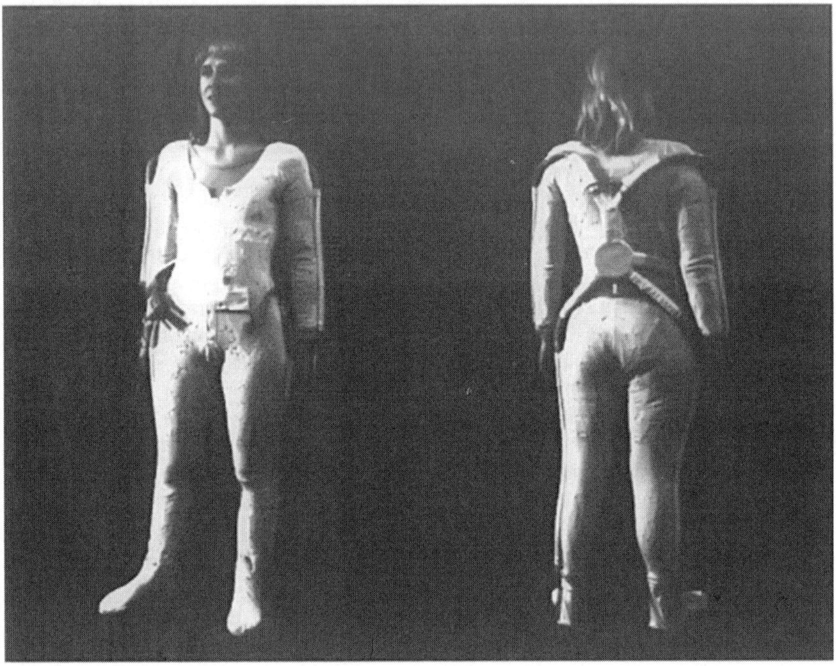

图 10.1－8　液冷通风服（LCVG）（汉胜公司提供）

SX－1 样机包括一个附带的“背包式”生命保障系统初步设计的体积模型。该初步设计附有两个汉密尔顿标准公司的生命保障技术演示器。其中一个演示了一个单电动机的风扇/水泵/脱水系统，它将阿波罗便携式生命保障系统的三种功能和两个电动机整合到了一个高度紧凑的背包中。另一个演示器是水回收系统，该系统能够回收通风回路中的湿气（水蒸气），为升华器供应蒸发冷却水。这种方法实际上是将阿波罗 PLSS 中的 3 个贮水系统合并为一个，从而大幅缩小体积并减小了重量。这些样机合并演示了满足航天飞机舱外活动装置从前端到后端的包络要求的能力。过去的经验也表明了满足这种要求的能力。1968—1969 年期间，汉密尔顿标准公司曾为美国空军载人轨道实验室设计了一套 EVA 航天服，也满足美国航空航天局对航天飞机 EMU 从前端到后端的尺寸要求，它重新封装了阿波罗的 PLSS 部件（参见 8.4 节）。在提交建议书时，汉密尔顿标准公司还提供了航天飞机轨道器的甲板和舱门的全尺寸体积模型。SX-1 能够通过航天飞机的任何舱门。

竞赛于 1976 年 2 月举行。汉密尔顿标准公司/ILC 公司/Air-Lock 公司团队获胜，1977 年 1 月 NASA 将合同正式授予了汉密尔顿标准公司。

需求变化及舱外活动装置的进一步发展（1977—1983 年）

这种 EMU 支持了 1983 年的首次舱外活动，与 1977 年实施的设计款式存在本质上的差别。除了计划设计的新型压力手套和生命保障系统，航天飞机计划开始后的多种试验又产生了很多新的需求和期望。

载人试验表明，压力服气囊和约束系统中使用的凯夫拉纤维很快就会磨损，无法满足规定的使用寿命要求。后来考虑用聚酯和尼龙作为约束织带材料，并且聚酯的性能更佳。测试证明，聚酯约束织带比钢丝绳更轻，韧性更好，循环使用寿命更长。1978 年，美国航空航天局规定，航天飞机舱外活动装置将在压力服内加入备用的“第二”约束装置。用织带而不用钢丝绳，便于设计第二约束系统。涤纶被证实是约束层材料的最佳选择。利用热封接缝，航天飞机压力服气囊层改成了聚醚型聚氨酯涂层尼龙材料。这种装配方法比之前的方法技术要求要低，质量更容易控制，成本也较低，还增强了相应的区域，以提供额外的耐磨防护。

还有一些变化与改进穿脱便利性有关。1977—1978 年间，航天员队伍接受了评估，其结果是硬式上躯干（HUT）从铝制材料变成了纤维玻璃外壳，并配备两点“铰接式”肩部系统，后来称为“回转式”设计（图 10.1-9，左图）。这种回转特点让肩部轴承可以在穿衣过程中推入顶部，手臂运动更加舒适。回转式硬式上躯干将制作五种尺寸，考虑到实施成本，只有四种尺寸会在飞行中用到。同时发生的变化还有进入密封口的转移，即从髋部处的腰部轴承到连接硬式上躯干底部的独立椭圆形密封口。该压力服还配备扎带织物尺寸调节元件，实现了轻质、低成本的尺寸调节。

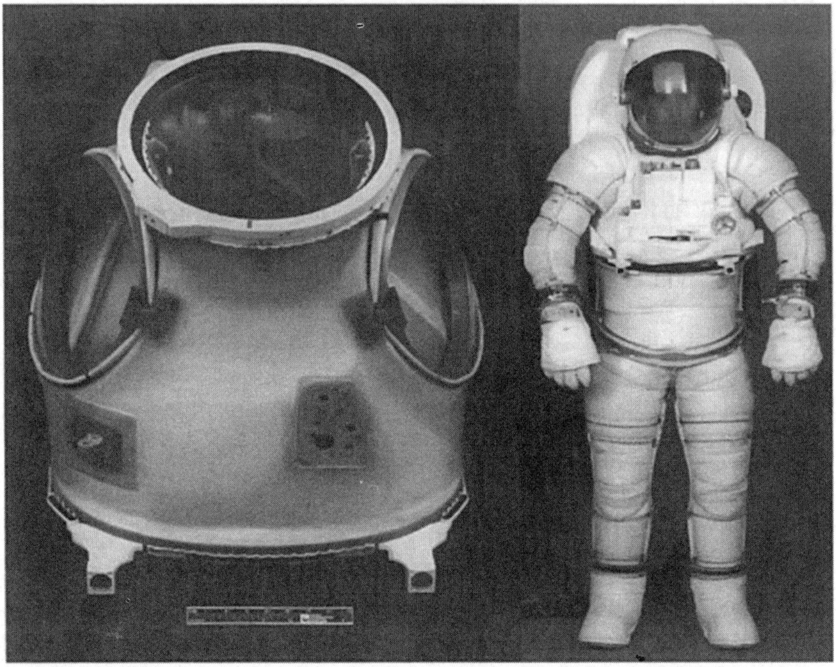

图 10.1－9　回转式硬式上躯干和基线压力服（汉胜公司提供）

美国航空航天局 1977—1979 年对基于 SX－1 的舱外活动装置样机进行的评估，导致了显示和控制组件及舱外面窗组件的改进。显示和控制组件（图 10.1－10）具备手动启动备用生命保障系统、显示器亮度调节以及主要/备用无线电通信独立音量控制的选择功能。航天飞机计划开始时配备的是天空实验室配置面窗组件。舱外面窗组件经改装，中心遮光罩由两侧拉杆启动，防护面窗永久固定在下面位置，防止使用者忘记和损坏价格昂贵的压力头盔（图 10.1－10）。

图 10.1-10　基线 EMU 演示（汉胜公司提供）

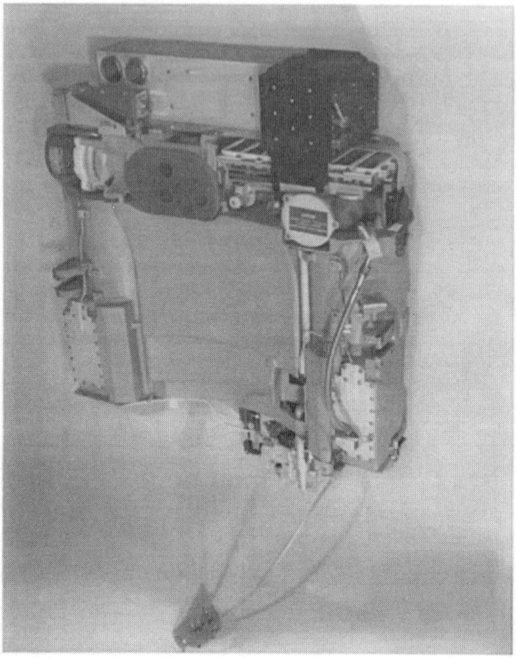

图 10.1－11　主生命保障系统（PLSS）（汉胜公司提供）

在载人航天服评估的同时，生命保障系统完成了设计。该系统包括三个模块：显示和控制组件（DCM）、主生命保障系统（PLSS）和第二氧气包（SOP）。主生命保障系统（图 10.1－11 和图 10.1－12）设计增加了一些特点，包括降低了“升华器”的成本，便于现场处理。升华器让航天服系统可以将热量排到太空中，直接从冰转化为蒸汽状态即升华。升华过程通过多孔板实现。升华器的变化包括选用低成本多孔板材料，并且易于地面维修人员拆下进行清洁。相比之下，阿波罗 PLSS 升华器多孔板则是焊接的，这就意味着不能进行清洁，会随着时间逐渐减弱性能。这里有一个重要的假设条件：升华器能力必须能够承受完全光照条件下产生的热负荷（舱外活动航天员在有效载荷舱中停留更长的时间）。这种情况与在完全光照条件下航天员在月球表面陨石坑中进行舱外活动非常相似。这个假设条件本质上倾向于令系统设计可以适应“火热”的情形，那些见证了双子星计划中冷却不充分所带来的后果的人会支持这样一种决定。然而，后来的航天飞机任务和温度较低的国际空间站热环境最终还是要求提供一种减少冷却量的手段（见10.3节）。

由于阿波罗手套材料的使用年限和周期的限制，美国航空航天局很清楚，航天飞机计划需要一个新的EMU手套设计。另外，阿波罗腕关节和压力手套是极度的劳动和技术密集型产品。航天飞机手套研发计划的目标是在一个标准的尺寸调节系统内生产出可重复使用的手套，同时保持或增强A7LB手套的活动性。由ILC公司设计的第一套航天飞机手套是1000系列手套。这款手套的特点在于配备一体式尿烷气囊、独立的聚酯约束层以及一个附装但可拆卸的TMG手套。压力手套配备装有万向接头的腕关节（图10.1-13，左图），改进了多向移动能力；还采用了加强的套筒形细网眼聚酯（之后由凯夫拉纤维取代）指尖帽，以提高压力手套的触感。关于这一点，1000系列手套保留了阿波罗式的铝制手套断接器与织物连接方式。

在阿波罗/天空实验室系列手套的TMG上，指部和手部被Chromel-R覆盖，就是一块金属布料，循环寿命非常短且价格昂贵（1966年价格大约1500美元/码）。β布用在外层手套的腕套部位，是一块非常弱的玻璃纤维织物。航天飞机TMG的室温硫化硅橡胶（RTV）指尖采用凯夫拉纤维加强，手掌和手指上采用涂硅的凯夫拉纤维，以增强其耐用性。三层镀铝聚酯薄膜垫在三层诺梅克斯毛毡之间用于隔热。手背和腕套上添加特氟隆织物外层，以延长使用寿命并增强耐磨性。另外，1000系列手套的TMG还有其他方面的改进。腕套的长度延长，前臂覆盖区域更大，增强了防热性能。像早先的阿波罗手套一样，虽然1000系列手套的TMG仍以ILC公司发明的RTV指尖帽为特点，但是在触感方面没有多少提升。这种手套的TMG被设计成用维可牢连接的连指手套，可以支持极冷或易磨损的环境。

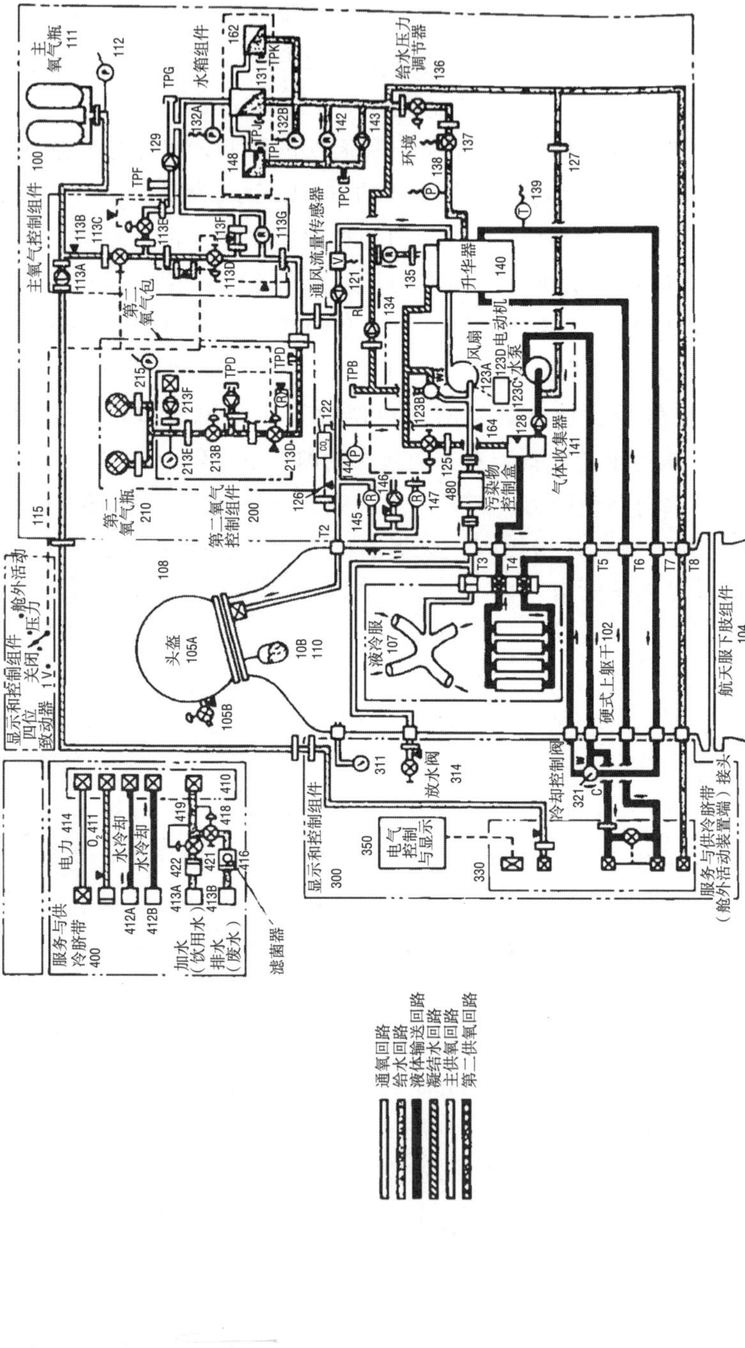

图 10.1－12 1983 年航天飞机主生命保障系统示意图（汉胜公司提供）

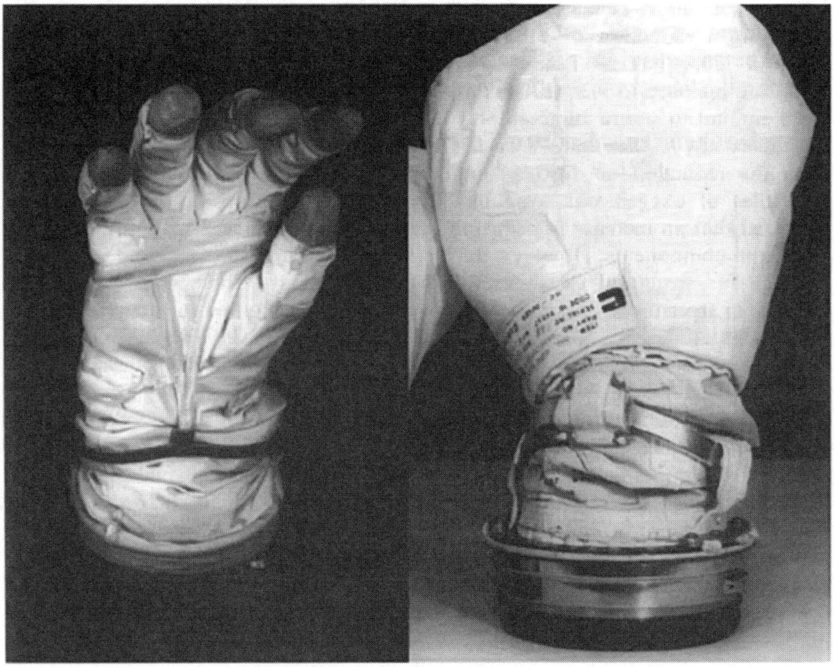

图 10.1 - 13　初始型和生产型 1000 系列手套（汉胜公司提供）

1979 年，主生命保障系统/显示和控制组件/第二氧气包都已设计完成，认证程序正在进行当中，载人试验和计划方案的详细评审结果迫使人们对原计划的 4.0 psi（27.6 kPa）工作压力进行重新考虑。任务规划人员急于减少四个小时的呼吸纯氧时间（减压至 4.0 psi才能执行 EVA）。这种解决方案是将座舱压力从舱外活动之前 24 个小时正常的 14.7 psia（l atm）降低至 10.2 psia（70.4 kPa），而 EMU 工作压力增加至 4.3 psi（30kPa）。舱外活动装置压力必须有这一少量的增加，以确保显示和控制组件的风险处于一个可接受的低水平。由于减少氮气会增加可燃性，座舱压力不能降至比 10.2 psia（70.4 kPa）还低，同时还要确保呼吸氧气的压力不低于大约 3.08 psi（21.2 kPa）。主生命保障系统设计评审表明，无需重新设计任何主要部件，就可以将压力增加至 4.3 psi（30kPa）。出于结构能力要求，压力服组件却需要重新设计。这当中最显著的一点是，手套断接器/腕部轴承和腕部万向接头（图 10.1－13，右图）的结构有一个显著增强。手套一端的断接器从铝制材料变成耐蚀钢。新型断接器的特点在于配备法兰夹具，便于更换手套气囊和约束组件。

第二氧气包配有一个高压截止阀，其下是膨胀室，最后是一个两级调压器。全部运行元件都安置在一个铝制模块内。1980 年 4 月，一个无人的舱外活动装置正准备用于载人认证试验，第二氧气包在启动的时候其压力控制组件内着火了。虽然火苗只持续了短短几秒时间，一名俯身站在舱外活动装置上方的技术人员却严重烧伤，舱外活动装置几乎烧毁。着火的具体原因尚未确定，不过经调查发现，一旦由于污染物、颗粒冲击或其他火源着火，在第二氧气包大约 5 880 psi（400 atm）的贮存压力条件下，铝可以自我维持燃烧状态。实施的纠正措施包括撤除高压截止阀和膨胀室（调压器的第一级兼作截止阀）、利用抗燃金属重新设计备用氧气包压力控制模块外壳，并编制美国航空航天局高压氧气技术规范，这就要求在高压供氧系统中提供抗燃金属材料。

另外，评估和加工经验提出了与防腐或耐用性相关的区域，很多铝制部件材料换成了耐蚀钢。尽管这有助于做出一个鲁棒的系统，却使得基线 EMU 的质量达到了 375 lb（170 kg），而最初于 1978 年设计的在 4.0 psi（27.6 kPa）压力条件下的 EMU 质量只有 312 lb（141.5 kg）。

根据评估经验还做了一些改变，进一步细化了各项要求，这也决定了舱外活动装置的最终配置。其中一个变化就是消除噪声。在研制舱外活动装置的过程中，人们认为航天服内噪声越小越好，最理想的情况是不存在可辨别的声音。很多人认为 20 世纪 60 年代的航天服“太吵”，原因是配备了软管和复杂的通风路径。航天飞机舱外活动装置的噪声要求非常严格。舱外活动装置生产部件（production items）起初很难满足噪声控制要求，后来在通风系统中引入了改型消声器。根据后来的乘员经历发现，如果是过于安静，航天员会本能地认为是生命保障系统停止了运行。乘员更希望从背景中听到通风机发出的微弱声音，它提供了一个确认一切正常的听觉信号。其结果是，舱外活动装置系统取消了消声器。

经上述修改，就产生了“基线”配置。这种配置于 1980 年广泛应用到训练中，并从 1983 年开始用于舱外活动。

载人机动装置研发

航天员在航天飞机上的机动能力并不是一项基线要求。实际上，很大程度上是由于查尔斯·维特塞特的努力，航天飞机载人机动装置（MMU）才会变为现实。当时他成立了一个小型团队——机动装置工作团队，目的是确定是否有必要给航天飞机上的航天员提供独立的机动能力。航天员布鲁斯·麦克坎德雷斯二世、维特塞特、卢拉蒙（现为波音公司员工）以及来自美国航空航天局乘员与热系统分部的乔·麦克曼都是主要成员，并得到了舱外活动装置和其他学科的支持。机动装置工作团队并不是一个正式机构，它一般在下班之后和闲暇之时开会。麦克坎德雷斯和维特塞特开始着手将其定义为卫星捕获中的一个角色，这将使载人机动装置成为一项计划资产。

载人机动装置的研发涉及两个方面。一是设计 EMU，使其能够连接 MMU 一起运行；二是建立 MMU 自身的并行活动。连接接口是根据联合的 EMU/MMU 活动来定义的。主生命保障系统设计包含 EMU 端的 MMU 连接支架。根据舱外活动装置设计包络和使用者的尺寸范围建立了接口的其他参数。马丁·玛丽埃塔公司是载人机动装置的主承包商。载人机动装置是一种自给的单乘员推进系统，可以用于人工卫星回收，并且有利于空间维护和建设。载人机动装置的特点（图 10.1-14 和图 10.1-15）包括惯性制导系统、固定的推进器系统、舱外活动期间气态氮（GN_2）再充能力以及全系统的充分冗余设计（自动防止故障运行）。有 24 个推进器的推进系统可以提供六自由度控制。按下一个按钮，制导系统可以实现自动姿态保持（停止旋转），并且载人机动装置让航天员可以在紧急情况下通过舱外活动到达航天飞机的任何外部位置。

1984 年 7 月 2 日，航天员布鲁斯·麦克坎德雷斯在 STS-41B 任务中穿上载人机动装置进行了第一次飞行（图 10.2-6）。其他用到了载人机动装置的任务还有 STS-41C 和 STS-51A。这些任务也是发生在 1984 年，演示了多项能力，包括一个用于卫星回收的捕获装置（图 10.2-7）。载人机动装置是一种优良的飞行器，但其尺寸和质量（327.1 lb，148.4 kg）不仅限制了乘员使用它的活动能力，还会带来体积和发射载荷方面的负担。载人机动装置到 STS-51A 之后就没有再飞，并于 1994 年正式停止使用。简化舱外活动救援装置（SAFER）提供了下一代的机动能力系统。

舱外活动灯和头盔电视摄像机

洛克希德航空航天公司按照与美国航空航天局的合同研发了舱外活动灯和头盔电视摄像机，作为舱外活动装置的可选附件。舱外活动灯通常叫做头盔灯，就是一个白炽灯加上电池系统，装在舱外面窗组件上，给进行舱外活动的航天员提供照明。舱外活动灯组件质量为 6.5 lb（2.9 kg），可为全阴影工作环境提供 7 个小时的照明。舱外活动灯开始是作为可选的舱外活动设备，其作用得到了证明之后便成为了一项舱外活动装置的标准配置。对于增强型舱外活动装置，美国航空航天局资助洛克希德航空航天公司研发了这一舱外活动工具的改进版。

尽管在一些应用中有潜在的需求，头盔电视摄像机实际就是一个可选附件。结合载人机动装置的能力，头盔摄像机让地面乘组可以与在轨的航天员一道看清路径，对航天飞机上的各个位置进行检查。尽管载人机动装置一直没有实现例行飞行服务，头盔电视摄像机还是保留了可选的舱外活动支持设备的位子。摄像机在地球上的质量为 13.5 lb（6.1 kg），不是在所有的飞行中都要配备这种摄像机。

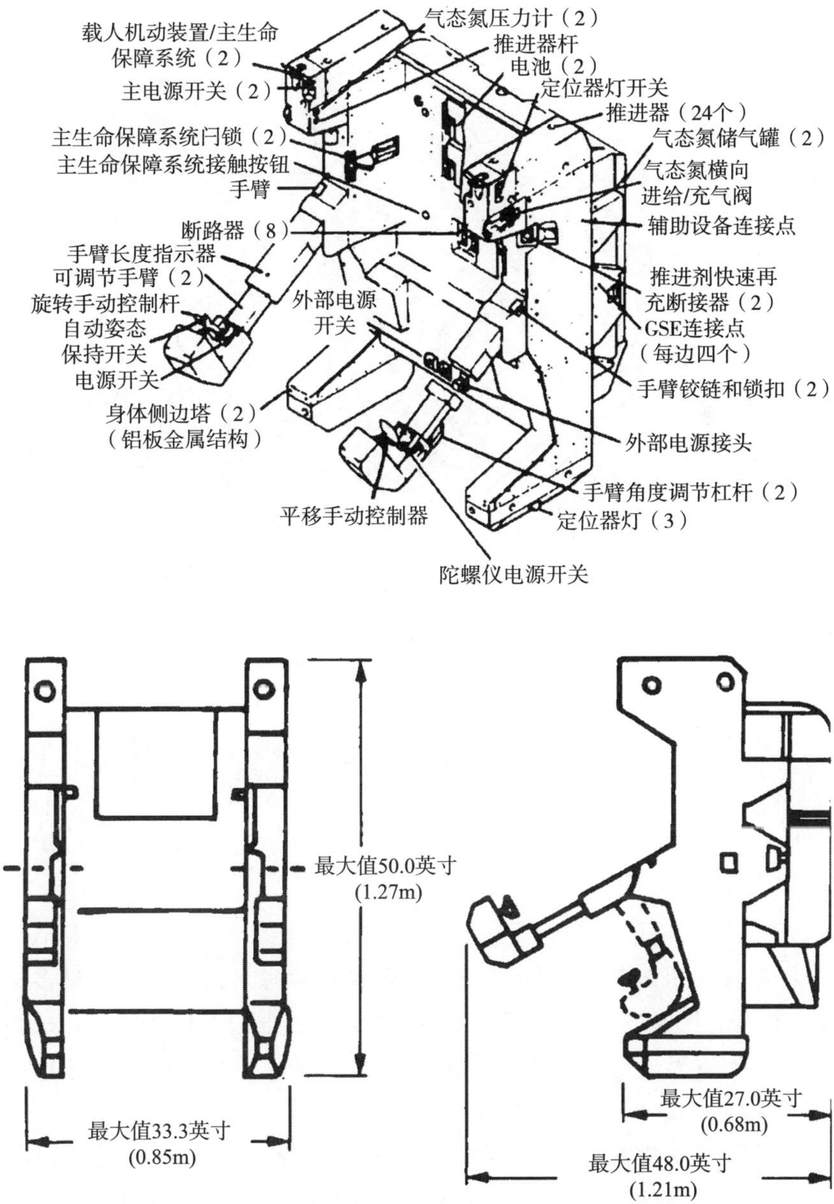

图 10.1-14　载人机动装置的特征和尺寸（NASA 提供）

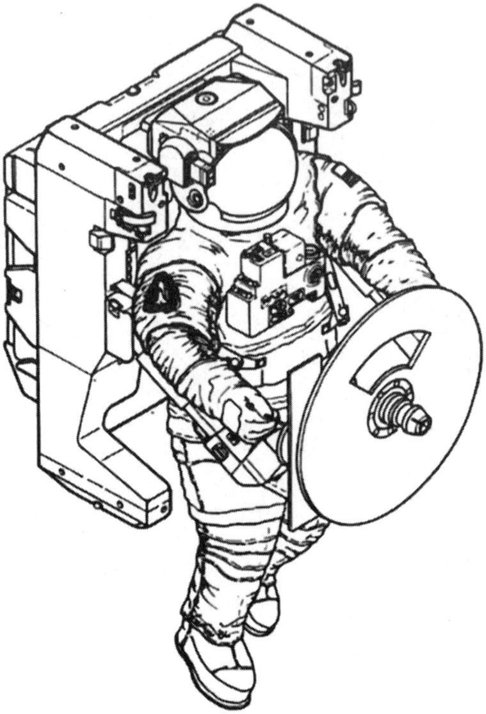

图 10.1-15 载人机动装置

10.2 航天飞机舱外活动装置：基线配置（1979—2002 年）

航天飞机舱外活动装置的基线配置针对时间相对较短、最多持续 10 天的任务进行了优化，这样尺寸调整和维护工作就可以在地面完成，使航天员完成轨道作业的时间最大化。另外，在返回地球前的短期任务倾向于采用非再生技术。

舱外活动装置与之前美国计划的航天服系统有几个方面的不同。首先，航天飞机舱外活动装置（基线型和增强型）包括称为合同尾部项目（CEIs）的组件（图 10.2-1 和图 10.2-2），这些组件混合

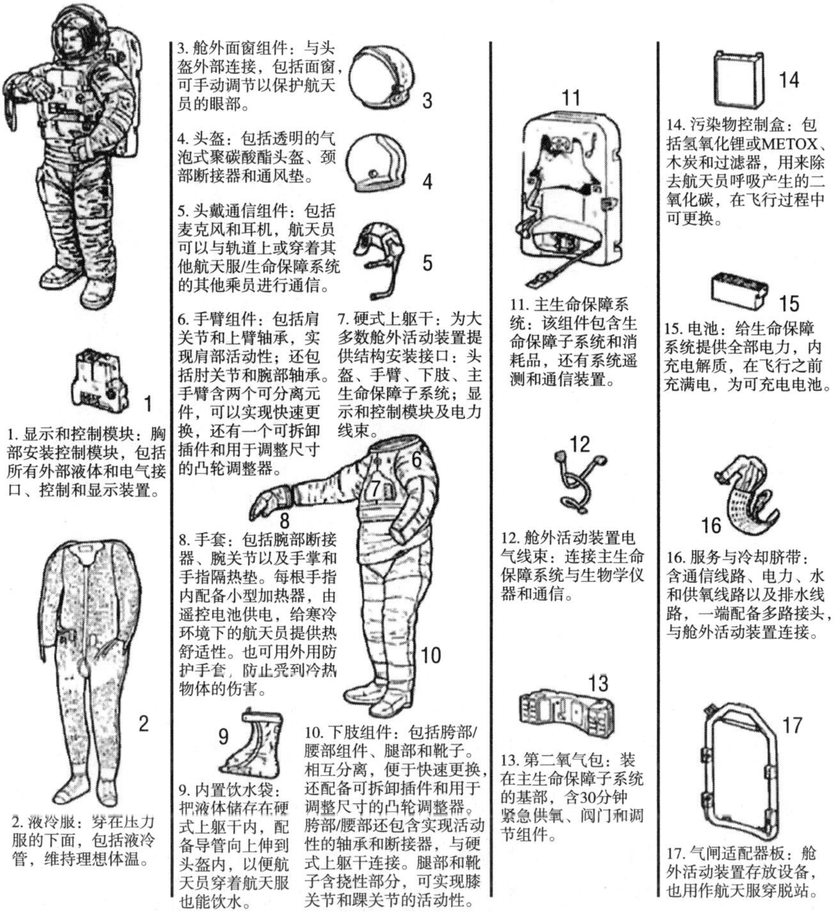

图 10.2-1　舱外活动装置模块信息（汉胜公司提供）

搭配以满足飞行需求。这些舱外活动装置 CEIs 的制造和技术支持是一种相互关联度很高的承包商团队活动。作为美国航空航天局舱外活动装置的总承包商，汉胜公司根据美国航空航天局、ILC 公司、气闸公司及其他机构的输入制定了系统级要求，舱外活动装置然后进行相关设计，以满足这些要求。汉胜公司也是生命保障系统的整合商/供应商。对于航天飞机计划，压力服或压力服组件被重新命名为航天服组件（Spacesuit assembly，SSA）。ILC 公司是航天服组件的整合商。作为航天服组件的整合商，ILC 公司要扮演多个角色，它是这种活动性系统的设计者以及 EMU 织物部分（纺织品）的制造者。ILC 公司还要负责所有航天服组件 CEIs 的最终组装、交付和系统级工程支持工作。Air - Lock 公司给 ILC 公司提供舱外活动装置压力密封轴承、断接器组件及头盔/面窗组件，同时也是汉胜公司多种 EMU 生命保障部件的承包商。自水星计划以来，Air - Lock 公司就一直是美国航空航天局航天服系统的轴承和断接器供应商。美国航空航天局也是舱外活动装置 CEIs 的供应商。从航天飞机计划开始，美国航空航天局选择通过监督和独立分包方式自己控制通信和生物医学系统、工具和附属组件（比如头盔灯），包括集成的工具架/工作台（名为迷你工作站）（图 10.2 - 3）。

舱外活动装置 CEIs 有一定的使用寿命，有些还有整修周期，这提供了以最小成本进行修改的机会。由于美国航空航天局运用这一点来进行改进，航天飞机舱外活动装置成为了一个一直在缓慢进化的系统。命名为基线的系统指的是 1990 年以前的航天飞机舱外活动装置配置，到 2002 年逐渐被淘汰。在基线舱外活动装置的使用期限中，通过渐进式改进来提高其服务能力。1990 年，决定通过改进/加强方式进一步发展舱外活动装置，以满足当时自由号空间站（现为国际空间站）的需求，结果就产生了“增强型舱外活动装置”。

1994 年，基线舱外活动装置通过飞行试验逐步演变为增强型配置，增强型 CEIs 产品于 1996 年开始用在训练当中。基线配置的服役时间比较长，成效卓著，在升级为完全“增强型”配置前创造了很多航天服纪录，而完全“增强型”配置于 1998 年开始飞行并执行 EVA 任务。2002 年，最后的基线 CEIs 产品停止了飞行，但还是继续用于休斯敦、康涅狄格州、日本和俄罗斯等地的训练。有关基线舱外活动装置，更多详情请见下文：

- 生命保障系统 CEIs；
- 航天服组件 CEIs；

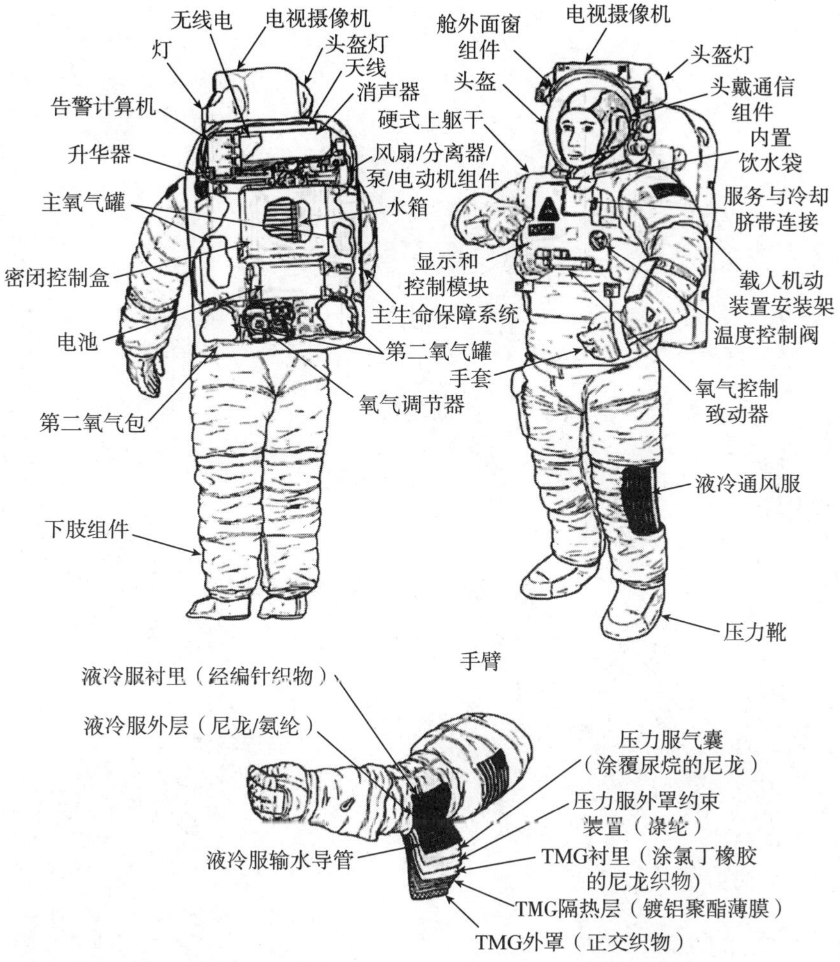

图 10.2-2　航天飞机舱外活动装置图解（汉胜公司提供）

- 配套与附属部件；
- 在 1990 年之前逐步改进航天飞机舱外活动装置；
- 基线飞行服务；
- 基线舱外活动装置小结。

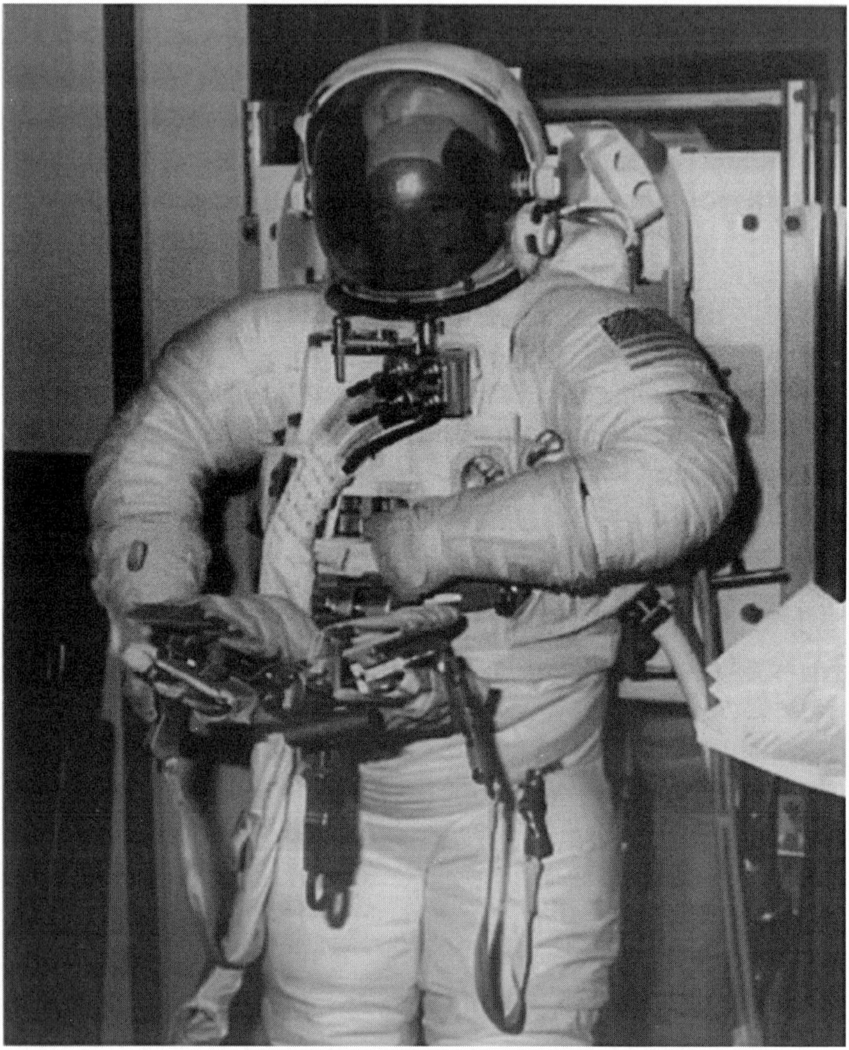

图 10.2-3 航天飞机舱外活动装置，配备迷你工作站、服务与冷却脐带

（汉胜公司提供）

生命保障系统合同尾部项目

最著名的的舱外活动装置 LSS 合同尾部项目为主生命保障系统（编号 100）、第二氧气包（编号 200）及显示和控制模块（编号 300）。主生命保障系统（图 10.1－11、图 10.2－1、图 10.2－2）提供了针对舱外活动装置的航天服加压、湿度控制、热量控制和气体环境控制。主生命保障系统包括氧气瓶、贮水箱、升华器（空间冷却系统）、风扇/分离器/泵/电动机组件、污染物控制盒、各种调节器、阀门和传感器、接口线束、通信装置、微处理器告警系统模块。舱外活动前存放在主生命保障系统中的消耗品包括 1.2 lb（0.5 kg）的氧气，在主氧气瓶中加压至 900 psi（61 atm）；10 lb（4.5 kg）的水，用于冷却，存放在三个水箱中，氢氧化锂则放在污染物控制盒中。污染物控制盒中还有少量的活性炭，用于控制气味。

第二氧气包（图 10.2－1 和图 10.2－2）在主生命保障系统出现功能故障或压力服组件出现漏气而超出系统备用能力的情况下会自动激活。自动的第二氧气包启动以后，舱外活动装置乘员告警系统为乘员和任务支持人员发出警报。此外，舱外活动装置让乘员可以在换气模式下手动启动第二氧气包，实现额外的冗余。第二氧气包存有 2.6 lb（1.2 kg）6000 psi（408 atm）氧气，可提供 30 分钟的紧急生命保障。

显示和控制模块（图 10.2－1 和图 10.2－2）直接与硬式上躯干的前端连接。显示和控制模块含有全部的舱外活动装置机械与电气操作控制件，还有穿戴舱外活动装置和头盔的航天员很容易看见的液晶显示器。显示和控制模块与主生命保障系统内的告警系统相结合，其软件程序让航天员可以通过一系列的系统校验操作来实现循环显示，从而确定各种部件的运行状态。显示和控制模块还需要与主生命保障系统连接形成接口，以支持上述功能。

虽然主生命保障系统的氧气、电池和冷却水可以再充，而二氧化碳和污染物去除系统——污染物控制盒（编号 480）——在 20 世纪 80 年代和 90 年代的任务中都是不可再生的。污染物控制盒（图 10.2－1）通过活性炭和氢氧化锂去除气味、微粒和二氧化碳。尽管污染物控制盒在任务执行过程中是不可再生的，但它是可重复使用的，其底层可以在地面进行更换。

相对不突出的生命保障系统 CEIs 是服务与冷却脐带（编号 400）和气闸适配器板（APP，编号 470）。服务与冷却脐带（图 10.2－1）和气闸适配器板（图 10.2－1）共同组成了舱外活动装置再充站，气闸适配器板还兼做穿衣台，帮助航天员在太空零重力条件下穿脱舱外活动装置。服务与冷却脐带是一根 12 英尺（3.66m）长的脐带，内含电力、氧气、再供水、冷却水循环管路和通信线路。航天员可以在舱外活动之前检查舱外活动装置，并且可以在不用主生命保障系统消耗品的条件下给航天服提供氧气。每次太空行走之后，服务与冷却脐带还可以给舱外活动装置再充消耗品，包括水、氧气和电池电量。在发射、返回和在轨过程中，APP 是一个用于 EMU 装载的固定装置，服务与冷却脐带未使用时，APP 还为其提供存放装置。

汉胜公司还制作了硬躯干外壳（HTS，编号 602）。硬躯干外壳这一名称会让人误解，它是一套比较复杂的组件，也是硬式上躯干的主要结构部件。硬式上躯干/硬躯干外壳在功能上都是生命保障系统和航天服组件的组成部分。作为生命保障系统的组成部分之一，生命保障气体和液体经硬躯干外壳内的通道在主生命保障系统与控制和显示模块之间流动。作为航天服组件的组成部分之一，硬躯干外壳还维持上躯干的压力水平，也是其他所有舱外活动装置组件连接的中心结构。在这种有趣的关系结构中，汉胜公司作为 ILC 公司的分包商，提供硬式上躯干制造所需的硬躯干外壳。ILC 公司反过来又是汉胜公司的分包商，负责提供整套硬式上躯干。

基线航天飞机硬躯干外壳的特点在于回转的手臂孔。这种回转特点使肩部轴承在穿衣过程中轻轻落入顶部，伴随手臂动作上下摆动。织物波纹管提供压力保持。回转式硬躯干外壳包括手臂孔金属部件。美国航空航天局约翰逊航天中心和汉胜公司比较担心的是

“枢轴＋波纹管”设计中固有的致命故障模式。1990 年，美国航空航天局艾姆斯研究中心给约翰逊航天中心带来了兼容于航天飞机舱外活动装置的硬式上躯干，演示了一个先进的手臂和肩部。这个试验产品没有枢轴和波纹管，但专门提供了斜面袖孔，可以插入当前的舱外活动装置手臂或先进的手臂进行评估。先进的手臂和肩部组合，虽然不能满足航天飞机的要求，但是美国航空航天局约翰逊航天中心和汉胜公司不久意识到这种方法不需要用到枢轴或波纹管。评估组件制作完成，并成功演示了其合身性和功能。因此，整个计划都采用了这种方法——由于斜面袖孔具有平面性，所以被称为平坦硬式上躯干，大大减少了舱外活动装置的致命故障模式。

航天服组件合同尾部项目

ILC 多佛公司是舱外活动装置的航天服组件整合商。作为整合商，ILC 公司就航天服组件合同尾部项目的各个方面对汉胜公司（从而还对美国航空航天局）负责。ILC 公司还是舱外活动装置非耐用品（即织物组件）的设计者和制造商。航天服组件的制造一般是从制作硬“部件”开始，通常是金属零件（由气闸公司和其他公司提供），然后交付给 ILC 公司。与此同时，ILC 公司制作非常特殊的用于完成航天服组件所需的织物组织。ILC 公司负责对舱外活动装置的航天服组件实施最后的装配、验收测试和交付工作。这些部件（图 10.2-1 和图 10.2-2）包括头戴通信组件（编号 101）、硬式上躯干（编号 102）、手臂组件（编号 103）、航天服下肢组件（编号 104）、头盔组件（编号 105）、手套组件（编号 106）、液冷通风服（编号 107）、舱外面窗组件（编号 108）和内置饮水袋（编号 109）。

为了满足第 5 百分位的女性航天员到第 95 百分位的男性航天员的尺寸要求，基线航天服组件的最终设计配备 1 种尺寸的头盔和舱外面窗组件、5 种尺寸的硬式上躯干、4 种尺寸的袖孔（肩部）轴承、6 种尺寸的上臂组件、4 种尺寸的手臂轴承、9 种尺寸的下臂组件、1 种尺寸的手套断接器、9 种标准尺寸的手套组件、5 种尺寸的下肢组件身体密封口、6 种尺寸的腰部组件、4 种尺寸的腰部轴承、2 种尺寸的靴子（配备 6 种尺寸的调整插件）。特小号航天服组件部件以及很多赋形的“边缘尺寸”子元件从来都没有在飞行中用过。通过混合搭配，航天服组件部件能够满足舱外活动航天员的尺寸需求。由于强调舱外活动作业中需要良好的手部功能，唯一可能的定制领域就是手套。

ILC 公司生产头戴通信组件（编号 101）。这种“史努比帽”可以令麦克风、耳机及相关线缆在舱外活动中保持安全、舒适的固定。美国航空航天局承包了该头戴组件的剩余元件。

硬式上躯干（编号 102）为主生命保障系统、显示和控制模块、头盔、手臂、下肢组件和舱外活动装置电气线束提供了接口。硬式上躯干的研发与生产一直是一项团队工作。气闸公司给 ILC 公司提供了硬式上躯干端的头盔断接器、身体密封口、多路水接头和水线通风管组件（WLVTA）夹具与配件。多路水接头/水线通风管组件连接硬式上躯干和液冷通风服。汉胜公司提供玻璃纤维主结构——硬躯干外壳（编号 602）。ILC 公司制造了非耐用品，比如热/微陨石体防护服、肩部背带系统、WLVTA 柔性通风部件，以及各种尺寸的小型部件。ILC 公司负责组装硬式上躯干，并开展验收试验，最后交货。

手臂组件（编号 103）包括上臂约束和气囊组件、下臂约束与气囊组件、袖孔（肩部）与手臂轴承、腕部断接器以及 TMG。轴承和断接器由气闸公司生产。总体设计、其他组件和 CEI 交付产品都是 ILC 公司生产的。对于基线舱外活动装置，手臂组件的特点在于配备了扎带约束层织物尺寸调整元件，气囊层设计可以容纳最长的调整尺寸元件，提供了一个简单、轻量又不昂贵的尺寸调节系统。

下肢组件（编号 104）包括腰部、胯部、腿部和压力靴组件，含有让躯干旋转的腰部轴承和髋部、膝盖、脚踝活动关节。如同手臂组件，基线下肢组件由 ILC 公司/气闸公司联合制造，采用的是织物尺寸调节元件系统。

头盔组件（编号 105）包括透明聚碳酸酯气泡式面窗、颈部断接器、通风垫和组合放气阀。头盔给在舱外活动中穿着航天服组件的乘员提供视野、压力保持、冲击保护和紧急换气功能。头盔最初由气闸公司为阿波罗计划设计研发。气闸公司继续在航天飞机舱外活动装置计划中给 ILC 公司提供支持。

手套组件（编号 106）是乘员与当前作业之间的主动接口。航天飞机舱外活动装置手套提供有效的手部活动性，并针对自然环境和作业场所的危险提供保护屏障。第一种航天飞机手套设计款式为 1000 系列手套，一直用到 1983 年。由于这种 CEI 对人类有效进行太空作业具有至关重要的作用，舱外活动装置手套在基线阶段还进行了另外三次迭代设计过程。

液冷通风服组件（编号 107）是一种合身可伸缩的内衣，提供降温功能，并且可以让通风气流从压力服回流至主生命保障系统。液冷通风服包括衬里组件、约束组件、通风孔增压组件与多路水接头。衬里组件由轻质尼龙经编针织物材料制成，有助于穿脱，同时在导管和乘员皮肤之间提供一层舒适层。约束组件由尼龙氨纶网丝制成，支持迂回通过的柔性水管管路，并将导管牢固固定在乘员身体上。通风孔增压组件为柔性通风系统，将通风气体从手臂和腿部返回。多路水接头是该冷却和通风系统的通断式连接器。

舱外面窗组件（编号 108）是一种整洁的消光装置（通过面窗和眼罩实现），连接并盖住头盔。舱外面窗组件提供微陨石体防护，并保护头盔不受意外冲击的损坏。外面窗有一个高反光和热透射的光学涂层，防止过度的太阳辐射进入头盔，射到面部和眼睛。内防护面窗有一个较低热透射光学涂层，防止过量的热损失，同时防止在深邃的太空环境下头盔内部可见表面区域结冰或雾化。舱外面窗组件包括外壳、TMG、中心和侧边眼罩、遮阳板和防护面窗。除了舱外面窗组件的 TMG（或非耐用品外罩）是由 ILC 公司提供之外，舱外面窗组件都是气闸公司制造的。

内置饮水袋（编号 109）是一个标刻度的饮水袋组件，把水存在硬式上躯干中。内置饮水袋包括气囊、进水阀、出水阀、饮水管和维可牢附件，与硬式上躯干的正面内部连接，为进行舱外活动的乘员提供水分。在基线阶段，内置饮水袋的可用量只有 21 盎司（595.35g）。20 世纪 90 年代中期，引入了 32 盎司（907.2g）的可选内置饮水袋容量。20 世纪 90 年代后期，一次性内置饮水袋代替了内置饮水袋。

配套与附属部件

对于航天飞机舱外活动装置，美国航空航天局决定保留对通信系统和工具的顶级管理。这种主承包商的角色实际上是阿波罗舱外活动装置职责的延续。在基线阶段，航天飞机舱外活动装置的无线电设备的正式名称为舱外通信器。舱外通信器包括主系统和备用系统，确保舱外航天员与外界的持续沟通。舱外通信器不仅传输声音通信信息，还传输实时生命保障和航天员生物医学数据。美国航空航天局的基线和增强型舱外活动装置无线电设备的供应商为洛克希德航空航天公司。为了满足更具挑战性的国际空间站通信需求，太空对太空（space-to-space）舱外活动装置无线电设备代替了舱外通信器。

通信系统的另一个重要组成部分是头戴通信组件。头戴通信组件包括头戴式麦克风、耳机、相关缆线和织物帽，织物帽确保头戴通信组件固定牢固，且在舱外活动过程中使航天员感到舒适。ILC 公司制作了头戴通信组件的非耐用品部分。美国航空航天局承包了头戴组件的制作，并与非耐用品集成形成了整套头戴通信组件。当前的头戴通信组件最初由大卫·克拉克公司设计用于阿波罗计划，几十年来只做了微小的修改。

除了头盔灯和头盔电视摄像机，美国航空航天局在基线阶段对一系列工具和工具系统进行了管理，包括迷你工作站、系绳、腕镜、袖口检查清单、Valsalva 装置和菲涅耳透镜。迷你工作站（图 10.2-3）是一个折页状工具箱平台，装在舱外活动装置的前面，使乘员在 EVA 期间可以轻松取放所需的工具。系绳是类似皮带的装置，可以保证 EMU 附着在轨道器上、工具附着在 EMU 上，防止乘员或工具飘走。系绳也能给舱外活动乘员进行舱外作业提供稳定的姿态。腕镜让航天员可以看见直线视线以外的区域，比如显示和控制模块前面的控制装置。袖口检查清单是一份简短的舱外活动程序和 EMU 显示代码检查表，系在手腕上，航天员在舱外活动时可以查看。Valsalva 装置是一个置于头盔内部的部件，在减压或增压的过程中协助航天员调节内耳的压力变化值，本质上它是一种让乘员可以关闭鼻道的装置。菲涅耳透镜是一种可选透镜，可以装在头盔内部的前方以下部位，提高戴眼镜的乘员对于近距离显示和控制模块的可见度。

1990 年之前对于航天飞机舱外活动装置的逐步改进

20 世纪 80 年代，在研发零预呼吸服和自由号空间站先进的舱外活动装置下一代装备的同时，舱外活动装置也有一定的发展。这在一定程度上是受益于航天飞机舱外活动装置模块化架构，这种架构让子系统可以在计划更换或维修时间内实现升级。这些升级整体上对于系统是不明显的变化。

手套的变化最大。1000 系列手套系统的调节性能不足，需要为很多舱外活动乘员定制手套。另外，1000 系列手套的使用寿命只有 42 个加压小时。为了解决这些问题，美国航空航天局于 1983 年对 2000 系列手套研发提供了资助。2000 系列手套通过引入可调节手指长度和二位置手掌压力系统，增强了手套的尺寸调整能力。这种设计尝试采用更轻、更柔软的尼龙/聚酯压力手套约束组件材料来提高手套的灵敏度和触感。此外，2000 系列手套重新配置了气囊材料以延长气囊使用寿命。在 2000 系列手套投入飞行之前的训练中指出了需要改进的部位，包括三位置手掌压力调节系统。经过了多次改进，3000 系列手套应运而生，并于 1984 年投入飞行活动中。

3000 系列手套采用与之前 1000 系列手套和 2000 系列手套一样

的腕部断接器和腕部万向环。为了最大限度降低成本，3000 系列手套组件的断接器和万向环都是从现有的手套拆除下来的。拇指部位增加了额外的气囊材料以增强活动性，同时改进了手指长度调节方式。在 3000 系列手套的服务期内，手套的气囊、约束件、TMG 和连指手套组件逐步得到了改进。气囊使用寿命从之前的 42 个加压小时大幅度增加至 461 个加压小时。TMG 于 1985 年实现了更耐用的硅酮手掌及手掌侧的手指罩。3000 系列手套首次在 STS－61B 飞行中投入使用，结果却不尽如人意 。一位舱外活动航天员在飞行后一段时间感觉拇指麻木，很明显是由添加的气囊附件造成的。其他乘员抱怨说手指叉有疼痛感，这是由新型手指长度调节系统的压力点造成的。

虽然 3000 系列手套实现了更长的加压使用寿命（长达 461 小时）目标，不过因为一些乘员还是感到手套与手接触的地方过于坚硬，因此从 1986 年开始对 3000 系列手套进行了进一步的改进。之后诞生的 4000 系列手套（图 10.2－4）不仅调整了样式以缓和压力点，还减少了气囊聚束（bladder bunching），同时增加了另一个掌部条形调节带，使手套更合身、更灵活。随着 4000 系列手套的推出，3000 系列手套逐渐减少使用，直至被完全消耗。不过为了最大限度地减少开支，3000 系列手套的金属“硬件”仍继续用于 4000 系列手套。截至 20 世纪 90 年代后期，许多 3000 系列手套还用于训练当中。4000 系列手套的特别之处在于它是美国太空探索史上使用时间最长的舱外活动手套型号，于 2001 年停止使用。

手套并不是唯一的改进领域。20 世纪 80 年代，人们对显示和控制模块（DCM）也进行了改进，以便减少地面处理和信息处理时间。对显示和控制模块的重新设计，创造出了两个独立的部分：编号 350 的电子设备组件和编号 385 的供氧/供水歧管组件。重新大幅设计电子设备后，印刷电路板的数量从 6 个减少到 2 个。重新设计电子设备时，电磁阀的限流器被封装到两个混合微型电路。此外，还将显示和控制模块显示器的发光二极管配置变更为液晶显示器，从而提

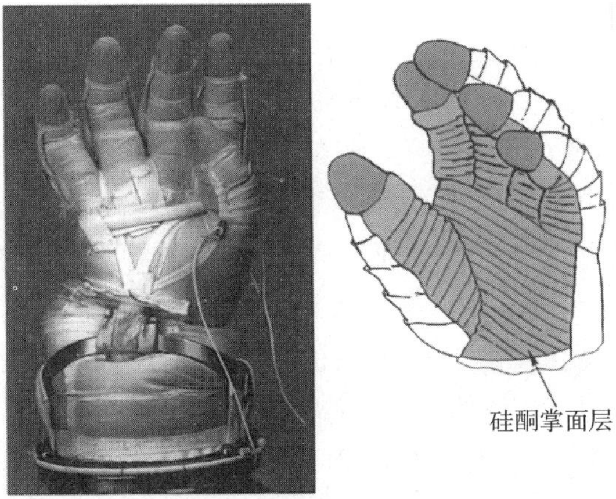

图 10.2-4　航天飞机舱外活动装置 4000 系列压力手套
（汉胜公司提供）

高了显示器在强光下的可读性。通过显示和控制模块的这些改变，可制造性和现场操作能力得到了很大的提升。

20 世纪 80 年代，为了延长使用期限，对主生命保障系统（PLSS）进行了改进。氯丁橡胶水箱贮囊固有的化学品问题，导致升华器性能过早退化。汉胜公司试图采用离子交换床提取其中的有害化学品（松香酸），不过这一短暂的实验并未成功，因此最终汉胜公司选择以氟橡胶替代氯丁橡胶，用作水箱贮囊材料，从而延长了升华器的使用寿命。主生命保障系统的主要结构元件还兼作储水箱用。由于任何一点空间都十分珍贵，生命保障系统结构包含了三个形状不规则的储水区域，但作为压力容器而言性能不佳。现场维修时，水箱结构因一个加压错误出现裂缝，因此在所有现有结构中都加入了增强元件。重新设计的一个成果，就是改变了水箱内壁涂层材料，以改善水箱抗腐蚀性能，使水箱结构的使用寿命从 15 年延长到 40 年。另外，为了消除潜在的腐蚀可能，并延长使用寿命，因此将许多与主生命保障系统水回路直接接触的元件从原有的铝结构变为耐腐蚀钢制组件。

基线飞行服务

1981 年 4 月 12 日，航天飞机基线舱外活动装置配置投入飞行服务。航天飞机舱外活动装置计划在 STS-5 任务中的初次亮相却让人十分失望。其中一个舱外活动装置，主生命保障系统风扇的运转速度未达到规定要求。另一个舱外活动装置中，航天服的回路调压器也未能达到应有的压力水平。究其原因，风扇异常是由带动通风设备、水循环以及离心式水分离器的电动机中霍尔效应速度传感器的水性腐蚀作用引起，而调压器问题则是由于调压器调节机构内缺失了螺纹锁紧嵌入件。据推测，调压器调节机构的“回退”是发射振动的结果。STS-6 任务对这两种情况都进行了改进。

1983 年 4 月 6 日，斯托里 · 马斯格雷夫和唐纳德 · 彼得森于 STS-6 任务中开展了首次航天飞机舱外活动（EVA）。两人从气闸舱出去后，没遇到什么困难就移动到了货舱尾部（图 10.2-5）。望

图 10.2-5 STS-6 任务的首次航天飞机舱外活动（NASA 提供）

着货舱外广袤的宇宙，马斯格雷夫打趣道："这比我过去下过的游泳池要深一点。"事情不会都这么顺利。在练习偶然性的手动关闭 60 英尺（18.2 m）长的有效载荷舱舱门时，绞车反绕时被缠住了。为此，两人还一度考虑要切断绞车缆索。不过，在两人耐心的坚持下，最终解开了缆索，完成了此项作业。最后，马斯格雷夫报告称手指在模拟活动中变得冰冷，彼得森也比预想的消耗了更多氧气，除此之外，4 小时 10 分钟的舱外活动都平安无事。在舱外活动后的任务报告中，马斯格雷夫称升华器可以制造出相当大的冰碎片，以致舱外活动结束后，他的双手都"湿透"了。

航天飞机舱外活动装置的混合搭配尺寸调整能力开启了女性航天员始于 STS－41G 任务的太空探索之旅。1984 年 10 月 11 日，凯茜·苏利文成为首位执行舱外活动的女性航天员。后来，陆续有 9 名女性航天员参与了共计 27 次舱外活动，在太空累计工作 187.6 个小时。

早期航天飞机舱外活动装置的另一个里程碑事件是载人机动装置（MMU）的应用。采用载人机动装置后，能使舱外活动装置变为自由飞行的单人飞船。1984 年 2 月 7 日，在 STS－41B 任务中，布鲁斯·麦克坎德雷斯首次在断开与航天飞机连接的情况下冒险进入开放的太空（图 10.2－6）。罗伯特·斯图尔特紧随其后，两位航天员使用一套载人机动装置，轮流做了回收太阳极大期卫星（Solar Max）的练习，那是下一次飞行（STS－41C）的预定任务。麦克坎德雷斯风趣地说道："这对尼尔（译者注：即阿姆斯特朗）来说可能是一小步，但对我来说可是一大步。"

麦克坎德雷斯总共完成三次太空"飞行"。第一次距挑战者号 150 英尺（45 m）；第二次飞行到达 315 英尺（96 m）的位置；最后一次在返回之前到达了大约 325 英尺（99 m）的地方。然后，斯图尔特连上了耳轴销连接装置（图 10.1－15），它将用于捕获 Solar Max，而麦克坎德雷斯则在货舱内练习靠近并连接一个 Solar Max 模型。载人机动装置比仿真试验耗掉了更多的氮推进剂，麦克坎德雷

图 10.2－6　1984 年 2 月 7 日载人机动装置首次飞行（NASA 提供）

斯还报告了一个让人“战栗”的场景，当他飞离有效载荷舱时，感到心中一寒。除此之外，麦克坎德雷斯的飞行旅程实现了预期的结果。

很快斯图尔特也有了配备载人机动装置飞行的机会。此次飞行持续了大约 65 分钟，顺利地带着斯图尔特到达距航天飞机 306 英尺（93 m）的位置。

此次舱外活动中，麦克坎德雷斯还收获了另一项第一，他站在遥控操纵系统（RMS）机械臂末端的脚限制器上进行了作业位置模拟测试。经舱外活动证明，该操纵臂比预想的更加稳定。这些“预演”为随后的 STS - 41C 任务做好了准备。

1984 年 4 月 8 日，STS - 41C 成功进入轨道运行，当时的航天员乔治·尼尔森配备了载人机动装置。进入太空后，他试图与 Solar Max 卫星对接。此次舱外活动中，詹姆斯·范·霍夫腾是尼尔森的合作伙伴。尼尔森总共尝试了三次，但是三次都失败了。他的每次努力都会加剧 Solar Max 的慢速旋转，进而导致下次尝试变得更加复杂。最后一次尝试中，他用手抓住卫星的一个太阳能电池阵。虽然这样改变了 Solar Max 的旋转方向，但却导致卫星发生翻滚。此时，载人机动装置的燃料已快耗完，因而当天无法做进一步的尝试。后来，人们发现之所以无法完成对接，是因为 Solar Max 的金属扣眼是阻塞的，这在设计图中显示不出来。

幸运的是，负责运行 Solar Max 的 NASA 戈达德航天飞行中心能稳定住该卫星，因而能够再次进行尝试。1984 年 4 月 10 日，STS - 41C 的乘员在首次尝试中就借助遥控操纵系统捕获到 Solar Max，并成功将此卫星放到有效载荷舱的维护支架上。当天晚些时候，配备舱外活动装置的航天员范·霍夫腾和尼尔森进行了舱外活动，成功替换掉卫星的 500 lb（227 kg）姿态控制和主电子设备箱。之后，遥控操纵系统使卫星回到自由运行轨道，以恢复使用。不过，这并不是最后一次的 MMU 卫星回收任务。

1984 年 11 月 12 日的 STS - 51A 任务中，约瑟夫·艾伦从发现号航天飞机出舱进行了载人机动装置舱外活动。艾伦驾驶载人机动装置，首次成功与 1 222 lb（555 kg）Palapa 8－2 卫星（图 10.2－7）对接。载人机动装置的自动姿态控制功能轻易地停止了卫星的旋转。艾伦的舱外活动伙伴戴尔·加德纳当时正在遥控操纵系统末端的脚限制器上。艾伦朝加德纳移动卫星，但是加德纳未能连上 8 英尺（2.44 m）长的 A 形架，此装置旨在将 Palapa 放置到发现号的有效载荷舱内。尝试多次后，加德纳最终获准执行卫星的手动捕获。加德纳捕获到卫星后，由遥控操纵系统操作员安娜·菲舍尔将卫星移到有效载荷舱内的维护位置上。除加德纳的手套有些磨损外，此次操作并未产生其他不良影响。对 A 形架不能进行卫星捕获操作的原因展开了调查，随后发现 Palapa 卫星的波导管发生了伸展，这在卫星设计图上是不会显示出来的，就是这个原因阻碍了捕获操作。后来，对该卫星进行了维修，并使其重新回到轨道，继续运行。

然而，经再三考虑，1985 年 8 月的 STS－51I 任务可能会使舱外活动装置进入一种新的承载状态。舱外活动乘员詹姆斯·范·霍夫腾（昵称“公牛”）固定在脚限制器上，通过反复抓住和松开卫星上的一根杆，成功停止住慢速旋转的 LEASAT 卫星（美国海军租赁卫星计划）。霍夫腾称当卫星的质量拉伸他的身体时，他从头到脚都感受到了，因此 EVA 领域开始重新研究人致载荷（human－induced loads）和卫星产生的载荷，舱外活动装置在这一运动系统中起链接作用。这凸显了 EVA 领域相关经验的分歧。阿波罗计划就曾开展了人致载荷测试，测试数据表明人致载荷要远远低于当时航天飞机舱外活动装置的要求，然而其他数据来源则显示载荷可能更高。持续存在的疑问，使人们对航天飞机舱外活动装置内的人致载荷和人-卫星载荷进行了仪器测试。测试中观察到的载荷水平通常与当时的要求相同，但在某些情况下要大于当时的要求。因此，人们将设计载荷值上调。最终的航天服组件的能力提升体现在了增强型舱外活动装置配置中。任务结果还显示，即使将冷却能力调到最小，舱外活动过程中乘员仍感觉太冷。为了有助于保持体温，其中一名乘员关

图 10.2-7 航天员约瑟夫·艾伦正借助载人机动装置回收卫星（NASA 提供）

掉了供水，但因为湿气积聚出现了头盔蒙雾的现象。在最后一次舱外活动快要结束的时候，航天员范·霍夫腾被吓得一惊，因为他的二氧化碳含量过高，发出了警报，排气阀也因此首次（也是唯一的一次）打开。后来据透露，首次舱外活动后霍夫腾的污染物控制盒（CCC）没有更换，并继续使用了 10 小时以上，这也因此说明了设计裕量的大小。

1992 年 5 月的 STS-49 任务中，进行了另一个具有历史意义的人工捕获卫星活动。1990 年 3 月，国际通信卫星 6 号因助推系统故障滞留在近地轨道。缺乏帮助卫星抵达正确轨道的助推力，将导致卫星无法发挥原有作用，此外卫星高度也会下降，在进入地球大气层时就会烧毁。STS－49 任务的目的就是加装一台 23 000 lb (10 455 kg) 的固体燃料远地点发动机，帮助卫星抵达地球同步轨道上的正确位置。此任务的首次舱外活动中，皮埃尔·苏厄特和理查德·赫布将负责连接捕获装置，并将 17 英尺×12 英尺（5.2 m×3.2 m）的国际通信卫星固定在航天飞机货舱内，方便安装加速发动机。捕获装置在地球模拟试验中发挥了极好的作用，但因轨道上多轴环境的动力学问题，捕获装置在太空中却无法运行。航天员们为此总共尝试了三次，每次尝试都会加剧卫星的晃动，最后因为晃动太明显，因而未能进行第四次尝试。

第二天，苏厄特和赫布再次进行舱外活动。这次舱外活动中，苏厄特加倍小心地确定位置，并减小往捕获杆上施加的力量。苏厄特又尝试了五次，希望连上捕获杆。但是，捕获杆无论如何都没能拴上，每次尝试后卫星的晃动还在不断加剧，直到最后舱外活动结束。后来，苏厄特评论道，抓住卫星要比“训练的情况困难得多”。

两天之后，第二次舱外活动于 5 月 13 日进行。此次舱外活动是首次也是唯一一次三人出舱活动，由托马斯·阿克斯、苏厄特及赫布一起进行。由于轨道器一次只能给两套舱外活动装置充电，因此为了在出舱前尽量减少消耗，三名航天员密友似地“共享”充电脐带。三人使用脚限制器/系绳建立了安全的工作位置，并一起用手捕获国际通信卫星 6 号（图 10.2－8）。接着，他们又手动将捕获杆固定到卫星上，以便能将卫星放至维护位置。此次舱外活动还创造了另一项世界纪录：此舱外活动持续了 8 小时 29 分钟，打破了 1972 年阿波罗 17 号创造的纪录。第三次舱外活动中，安装了远地点发动机；5 月 15 日，国际通信卫星 6 号开启了耽搁已久的地球同步轨道之旅，并投入运行。此次任务的第四次也是最后一次舱外活动由航天员凯西·桑顿和托马斯·阿克斯进行。这次舱外活动中，他们开展了以 EVA 方法组装空间站（ASEM）试验，以演示验证“自由”

号空间站的维护和装配能力。因国际通信卫星的救援活动，ASEM 的太空行走计划从两天缩短到一天。依靠地面监测数据和良好的通信能力，航天员桑顿被允许在 DCM 不能正常显示的情况下进行了这次舱外活动。

图 10.2－8　STS－49 任务的舱外活动中阿克斯、苏厄特及赫布正在手动捕获国际通信卫星（NASA 提供）

毫无疑问，航天飞机计划中最著名的卫星救援任务当属 STS－61 和哈勃太空望远镜的维修活动。1990 年，哈勃望远镜在 STS－31 任务中发射升空。哈勃望远镜开始运行之后，人们发现图像总是模糊不清。人们推测可能是因为十年之前反射镜未得到正确研磨的缘故。幸运的是，为提高其探索能力，已决定用航天飞机对望远镜进行定期维护和升级。人们为航天飞机舱外活动装置和遥控操纵系统设计好了进入望远镜内部的维修通路。因此，首次维护任务变成了一项维修和保养作业，而全世界都将注意力放在维修过程上。

1993 年 12 月 2 日，STS - 61 发射升空。此次任务承载着人们的雄心壮志，其主要目标是替换掉大量项目：太阳能电池阵列、2 号和 3 号速度传感装置、广域/行星相机、磁传感系统（MSS）1 号磁力计、电子控制装置、太阳能电池阵列驱动器 1 号电子设备；此外，还将用空间望远镜光轴补偿校正光学仪器（COSTAR）替换戈达德高速光度计。校正光学组件构成了此次任务的维修部分。此外，如果时间允许，此次任务还将安装电源冗余套件，为主计算机安装 386 协处理器，替换 2 号磁传感系统、速度传感装置的插塞式保险丝以及 1 号电子控制装置。所有这些都将在 11 天内通过 5 次舱外活动完成。因这 5 次舱外活动，创下了航天任务最多舱外活动的纪录。

为了最大限度地提高此次任务的成功几率，所选乘员在自己将要负责的方面都是经验丰富的老手。航天员斯托里 · 马斯格雷夫和杰弗利 · 霍夫曼负责进行第 1、3 和 5 次舱外活动；第 2 和第 4 次舱外活动则由凯西 · 桑顿和托马斯 · 埃克斯进行。克劳德 · 尼科里埃尔是遥控操纵系统的操作员，他在航天飞机内负责执行了哈勃最初的捕获活动，支持航天员围绕脚限制器移动来开展维修作业，以及所有五次舱外活动的替换部件的搬运工作。作为一名欧洲航天局（ESA）的航天员，因移动精确以及具备在舱外活动乘员要求调整位置之前预见其移动需要的能力，尼科里埃尔获得了“魔术师”的绰号。

首次舱外活动中（图 10.2 - 9 和图 10.2 - 10），一个即兴的调整节约了宝贵的舱外活动时间。马斯格雷夫个子比霍夫曼矮，所以他能够从哈勃的遮光罩（及太阳能电池阵）下钻进去够到速度传感装置，因而就不需要拆除遮光罩，节约了大约 1 个小时的舱外活动时间。这次舱外活动的大部分过程中，马斯格雷夫和霍夫曼都早于预定的时间。当航天员要关闭速度传感装置的舱门时，遇到了此次舱外活动的首项也是唯一一项挑战。哈勃此前在太空停留的三年时间里，舱门因暴露在极热和极冷交替循环的环境中出现了变形。为此，马斯格雷夫在底部用力推，而在遥控操纵系统的脚限制器上的霍夫曼则同时从顶部使力，最终两人合力解决了舱门问题。

任务的第二次舱外活动一开始，凯西·桑顿的无线电装置就无法接收到奋进号或地面传送的信号。不过因为阿克斯可以将通信信号中继给桑顿，因此这也未被视为一项约束条件，航天员们仍获准进行舱外活动。在舱外活动进行到大约 3 小时 15 分钟时，桑顿的无线电装置就全面恢复了通信；可就在舱外活动快要结束的时候，它又再度失去了接收传入通信的能力。此次舱外活动中，除无线电装置带来的不便外，进展过程仍比预想的更为顺利。

除第四次舱外活动中桑顿遇到的持续性通信问题外，第 3、4 及 5 次舱外活动都进展得非常顺利。此次任务完成了所有的主要和次要目标。在第 5 次舱外活动结束时，望远镜收到展开太阳能电池阵列的指令，不过展开过程遇到了一些困难，因此马斯格雷夫和霍夫曼不得不帮助展开电池阵列。有了航天员的帮助后，每块电池阵列都在 5 分钟内展开，成功完成了此次任务的所有活动。此次舱外活动遇到的部分通信问题，导致大部分舱外活动生物医学数据未能获得。第 5 次舱外活动（航天飞机计划的第 65 次舱外活动）完成后又创造了一项纪录，此次任务的舱外活动总时间达到 35 小时 28 分钟，是单项任务达到的最长时间。

第二天，尼科里埃尔运用遥控操纵系统将望远镜从奋进号有效载荷舱内移出，并将望远镜放置在方便太阳能电池充电的姿态位置。地面控制中心指挥望远镜展开了高增益天线支架并打开了镜头光圈门。一切准备就绪后，尼科里埃尔就释放了望远镜。与此同时，科维和鲍尔索克斯驾驶奋进号移开，并注意不让轨道器转向喷出的羽流冲击到哈勃太空望远镜。在返回之前，乘员在中部甲板上对航天服进行了评估，并收起遥控操纵系统。奋进号于 12 月 13 日在佛罗

图 10.2－9　航天员霍夫曼和马斯格雷夫正在出舱工作（NASA 提供）

里达州着陆。经光学校正、更新及改进后，哈勃太空望远镜又开始捕捉宇宙的奥秘。

从 1994 年 9 月的 STS－64 任务开始，航天飞机舱外活动装置的基线配置就成为了增强型配置或空间站配置模块的飞行试验平台。

图 10.2-10　STS-61 执行首次哈勃维修任务（NASA 提供）

首个增强型舱外活动装置模块就是舱外活动简易辅助救援装置(SAFER)。1995 年 9 月，STS-69 任务对加热手套的早期配置进行了测试，此手套旨在不借助臃肿笨拙的保温连指手套的情况下处理太空中的寒冷物体。

1996 年 1 月，STS-72 任务测试了一种增强型舱外活动装置的无源加热系统，该系统被称作“液冷通风服（LCVG）旁路”。这次在轨测试的同时还评估了新一代的加热手套。这种组合经证实能高度有效地保证航天员在极寒环境下的舒适度。

作为国际空间站（ISS）彩排工作的一部分，7 名美国航天员成为了和平号空间站的乘员，航天飞机与该空间站进行了 9 次对接。当航天飞机第 3 次抵达和平号空间站时，即 STS－76 任务，基线舱外活动装置在一个外国的空间站上开展了首次美国舱外活动。此次舱外活动中，理查德·克利福德和琳达·戈德温放置了一台和平号环境效应有效载荷（MEEP），以收集相关的轨道环境数据，ISS 也将采用这种轨道。这一想法源于俄罗斯拜科努尔航天发射场和美国肯尼迪航天中心的相对位置。肯尼迪航天中心距离赤道较近，借助地球的自转，易于将更大的有效载荷送入轨道，不过利用这种效应发射的航天器会进入更靠近赤道的轨道，并且不会飞越拜科努尔。从拜科努尔发射场发射后，俄罗斯的航天器就不得不进入向南北两端运行的轨道内。由于美国能够发射航天器进入俄罗斯式轨道，而俄罗斯却无法使航天器进入典型的美国轨道，因此国际空间站决定采用俄罗斯式轨道。对于美国而言这是一个新的环境，轨道碎片和阳光对材料的作用都因此变得不同，因而需要使用 MEEP 来收集数据。为了在和平号空间站的外部放置 MEEP，舱外活动装置配备有与和平号空间站扶手匹配的更大的系绳挂钩，还试验了可同时用于美国和俄罗斯的航天服的脚限制器。1997 年 9 月，航天飞机 STS－86 飞行任务中，MEEP 将返回地球，接受评估。

STS－82 任务（即第二次哈勃维修任务）中，为了证明航天飞机有能力修理世界上最具价值的望远镜，再次用到了基线舱外活动装置。1997 年 2 月，两个舱外活动小组开始了维修任务，经过 33.2 个小时的无故障舱外活动，这架望远镜变得更好、更强大。

1997 年 9 月的 STS－86 任务中，航天飞机第 7 次前往和平号空间站。基线舱外活动装置被用来收回位于和平号空间站外部的 MEEP。此次舱外活动由斯科特·帕拉兹斯基和弗拉基米尔·蒂托夫于 1997 年 10 月 1 日进行，是首个身着美国航天服工作的美俄航天员舱外活动小组，同时也是如此组合进行舱外活动的第二个小组。首次美俄组合舱外活动发生于 1997 年 4 月 29 日，由俄罗斯航天员瓦西里·齐布利耶夫和美国航天员杰瑞·林恩格身着俄罗斯海鹰号航天服（图 11.1－2）在和平号空间站外进行。

于 1998 年 12 月进行的舱外活动具有多个方面的历史意义。在此之前，1998 年 11 月，俄罗斯质子号火箭将国际空间站的首个组件送入轨道。这个组件就是曙光号功能货舱。曙光号在地球上质量为 42 600 lb (19 363 kg)，可为空间站提供电源和初始推进力。接着发射升空的国际空间站模块是 1 号节点（Node 1），即团结号节点舱(Unity)。团结号节点舱是 1998 年 12 月 4 日由奋进号航天飞机送入太空的，也就是航天飞机 STS－88 任务。团结号节点舱将负责连接国际空间站的生活区和工作区。团结号节点舱长 22 英尺，直径 15 英尺，有 6 个舱门可作为其他模块的对接端口。美国建造的团结号节点舱与俄罗斯曙光号功能货舱的对接，突显了为时 7 天的 STS－88 任务的重要意义。此次对接需要 3 次舱外活动完成，这些舱外活动同样也具有重大的历史意义。

STS－88 飞行任务的舱外活动首次采用了增强型舱外活动装置(见 10.3 节)。每次进行舱外活动（总共 3 次）时，两个舱外活动装置中只有一个会采用增强型配置（图 10.2－11）。此次任务同样具有历史意义，它完成了国际空间站的初始组装（图 10.2－12）。随着基线舱外活动装置逐渐被淘汰，混合搭配的舱外活动装置配置将变得常见，这种配置成为乘组的优先选择，也是因为增强型配置不像基线配置那样有全部尺寸可供选择。基线舱外活动装置有四种尺寸的硬式上躯干（HUT），并且辅助组件（CEIs）的尺寸选择范围也较大，而最初采用的增强型配置只有两种尺寸的硬式上躯干，其他合同尾部项目组件的尺寸选择也很少。这主要是为了限制新配置的开发和储备成本。作为一种参照，俄罗斯舱外航天服系统只有一种尺寸的硬式上躯干，手臂也只有一种配置，下肢则具有内置（在轨）调节尺寸的能力。在 STS－88 任务的 3 次舱外活动中，空间站的组装过程显得常规而轻松。

图 10.2－11　STS－88 任务中正借助基线（近景）和增强型舱外活动装置组装国际空间站（NASA 提供）

STS－103 任务中，为维修哈勃太空望远镜，采用了一套特大号的基线舱外活动装置以及 3 套增强型舱外活动装置。维修过后，哈勃太空望远镜能持续使用到 21 世纪，并且搜索能力要比以往任何时候都强。尽管人们倾向于在没有安排舱外活动的任务中使用基线舱

图 10.2-12　组装国际空间站的第一步完成（NASA 提供）

外活动装置，这种配置却还将用于另外 5 次任务的舱外活动中。2002 年 4 月，基线配置在 STS-110 任务中完成了最后一次飞行和舱外活动。此次任务中，一位经验丰富的航天员优先选择了这种大号的基线航天服组件。因此，随着第 78 次航天飞机舱外活动（美国进行的第 116 次舱外活动）的完成，基线舱外活动装置结束了飞行服务。

基线舱外活动装置总结

从1983年到2002年，基线舱外活动装置支持了56次舱外活动（其中17次联用了增强型舱外活动装置），在载人航天器外共计活动594.1人时。这些年来，许多乘员在舱外活动后提交的任务报告中都提到，进行舱外活动的过程中基线舱外活动装置是“无形的”，乘员意识不到舱外活动装置的存在，舱外活动装置只是在那儿不动声色地干自己的活。部分原因是由于乘员在舱外活动装置内接受过大量的训练，身着航天服作业已经成为乘员存在的一部分。然而，乘员每隔一天频繁地开展长达7、8个小时或更长时间的舱外活动，期间未出现任何有害影响和能力问题，这就很好地证明了基线舱外活动装置的性能。虽然基线舱外活动装置未能满足舱外活动领域在质量和能力方面提出的全部要求，不过上述内容就已经能够证明这种航天服系统具备的良好性能。

阿波罗/天空实验室期间，对食物和水的携带方法进行了改进，不过结果仍未能完全让人满意。航天服内置饮水袋和食物条（food bar）消除了传递过程的安全隐患，但在航天飞机计划的早期，食物条经常破碎，碎屑就在航天服内部四处漂浮。尽管随后的配方改进了这种状况，食物条仍然有些凌乱，有时还无法食用。在航天服内置饮水袋的曲折发展史中，饮水袋曾出现过泄漏状况，还曾无法满意地取水。最终，饮水袋演变成了一次性的，先前存在的大部分问题似乎都因此得到了解决。

虽然航天飞机舱外活动装置的飞行配置已被升级为增强型配置，不过训练用基线配置仍在使用当中。此外，有4套训练用基线舱外活动装置也被改进成和增强型装置一样的感觉和功能。其中2套装置存放在约翰逊航天中心（JSC），另外2套装置于20世纪90年代末被送往俄罗斯，用以支持航天员训练活动。在训练能力方面，基线配置已在加压状态下运行了32 000人时，并还将继续用于训练当中。

10.3 国际空间站的增强型舱外活动装置（1990 年至今）

国际空间站（ISS）在舱外活动方面提出了重大挑战。建设国际空间站需要的太空行走次数比此前全世界所有太空计划的总和还要多。如果用图表显示所有舱外活动，我们就会发现国际空间站的舱外活动十分突出，并因此被称为“舱外活动之墙”。在建造国际空间站的美国部分时，财政限制是棘手的问题，尤其是当 NASA 试图在航空和其他太空领域保持领先地位时。因为这些限制，NASA 于 1990 年改进（增强）了航天飞机舱外活动装置（EMU），而不是研发一种全新的先进舱外活动装置。

基于航天飞机相对较短的任务时间跨度，基线配置的设计能为航天服的地面处理提供多种机会，包括调整航天服组件（SSA）的尺寸、检查关键的系统组件、替换二氧化碳脱除材料（氢氧化锂）以及污染物控制盒（CCC）内的除味活性炭。

考虑到计划舱外活动的次数，与将新的污染物控制盒送上国际空间站和返回用过的控制盒相关的（运载工具）额外储存容量和重量负担是不允许的。同样，为了避免在轨道上放置完整的舱外活动装置，主要组件应能由空间站乘员替换，以尽量减少在轨库存。具备这种可替换性的装置被称为轨道更换设备（ORU）。

虽然国际空间站/航天飞机联合活动采用的增强型舱外活动装置在外观上只有些许变化，但是舱外活动装置的子组件几乎全都进行过改进和完善。除了 ORU 以及前述的头盔灯和头盔摄像机外，还配备了新的无线电设备（空间对空间的 EMU 无线电，SSER），以解决在国际空间站上出现的接收问题。此外，还增添了一些新系统，包括舱外活动简易辅助救援装置（SAFER），航天服组件电源线束以及充电式舱外活动电池组件（REBA）。这些系统在后文都有相关内容说明。航天飞机舱外活动装置的航天服组件还提高了安全性和耐用性，能在轨道上轻松调整尺寸，同时配备了主动式手套加热系统，手套也更灵活、更合适。另一个主题则详细说明了增强型舱外活动装置的被动式加热系统、在轨可再生二氧化碳脱除系统、更长使用寿命的电池以及在生命保障方面做出的各种细微改进。

增强型舱外活动装置时代另一个需要提及的方面是机构变革。以前，NASA 约翰逊航天中心都是针对舱外活动装置合同尾部项目的制造/技术支持、舱外活动通信/工具、乘员训练以及现场处理舱外活动硬件等各个方面分别订立合同。2002 年，NASA 开始将这些活动集合在同一份合同中，以提高工作效率并为管理问责提供唯一联系点。这一过程于 2004 年 9 月达到高潮，当时 NASA 约翰逊航天中心任命汉胜公司为所有舱外活动的主要承包商，负责航天服、所有相关工具和乘员援助、训练支持以及现场工程。根据这项新订立的舱外活动合同，汉胜公司、ILC 多佛子公司、海洋工程空间系统公司、联合太空联盟公司以及波音公司将继续承担各自的任务，但必须基于共同的目标来分担责任。

通过支持国际空间站，航天飞机舱外活动装置在世界范围内得到了广泛的应用。日本为支持训练活动购入了舱外活动装置，NASA 也在俄罗斯永久部署了两套中性浮力舱外活动装置。俄罗斯航天员也经常作为 EVA 双人组中的一员，执行国际空间站的维修和组装任务。从这些活动的详情和相对较短但已完成的维修记录（相关内容见后文和附录 A）来看，增强型舱外活动装置得到了大量应用，因为该装置满足了 NASA 在 21 世纪初的舱外活动需求。

系统级的增强

首个投入飞行的舱外活动装置增强项目是舱外活动简易辅助救援装置（SAFER）。随着空间站计划的逐步发展，需要舱外活动乘员在系绳约束失效导致漂离时具备返回国际空间站的能力。尽管航天飞机会出现同样状况，不过轨道器依靠机动能力可以追踪和救援断线的乘员。然而国际空间站却不具备这种能力，因而需要配备备用救援系统。

虽然就断线的舱外活动乘员应配备何种个人救援装置曾有过多种想法，包括爱德华·怀特的手持移动装置和某种载人机动装置，最终是洛克希德公司的三位员工提出了 SAFER 的想法。1987 年，前航天员约瑟夫·科文加入了洛克希德公司，成为该公司的舱外系统项目经理，负责为自由号空间站提供硬件。1988 年，科文与查尔斯·西蒙兹以及格雷戈里·克里斯汀一起提出设计一种可由乘员穿在身上的小型喷气背包，这就是 SAFER 的最初构想。

装载起来后，舱外活动简易辅助救援装置十分紧凑，体积只有 2 立方英尺（57 L），发射升空时仅重 65 lb（29.5 kg）。SAFER 配备推力器双塔结构，打开后能提供 24 个固定位置的推力器，这些推力器托住了穿着航天服的乘员重心，能保证有效的姿态控制和移动能力（图 10.3－1）。SAFER 利用现有舱外活动装置的连接点，因而无须再重新设计任何舱外活动装置支持组件。SAFER 的航空电子系统可提供六自由度控制和自动姿态保持功能，能使失控航天员在按下按钮后立刻停止旋转。该系统可实现 12 ft/s（3.6 m/s）的速度增量，并允许在舱外活动过程中进行氮气再充和电池更换。虽然 NASA 选择自己设计和制造 SAFER，但在项目的关键部件上它还是选择了多个承包商。SAFER 的突出之处在于它是首个实施飞行的 EMU 相关的空间站系统。

1994 年 9 月 16 日，STS－64 任务中 SAFER 实现了首次飞行（图 10.3－2）。当时的乘员马克·李曾这样形容："它工作起来就像一个冠军。"该装置的控制功能十分精确，李还说自己能转"直角"弯呢。航天员卡尔·米德也参与了这次飞行，他还评价称 SAFER 表现得比模拟时的效果更好。此次飞行取得了极好的结果。

虽然最初设计 SAFER 时是打算与美国舱外活动装置一起使用，但在 1995 年年底，NASA 却和俄罗斯航天局（RSA）达成一致，即为了满足国际空间站对所有舱外活动硬件（美国或俄罗斯）的安全要求，应为海鹰号 EVA 系统开发出"俄罗斯版 SAFER"。在俄罗斯

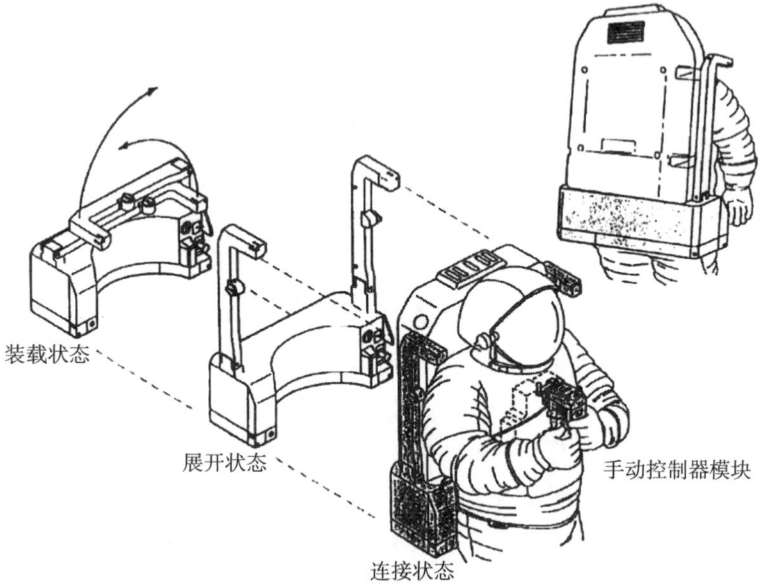

图 10.3－1　SAFER 构想（NASA 提供）

版 SAFER 的研发工作达到高潮时，2002 年一家合资企业因此诞生了，相关内容见 11.1 节。

舱外活动简易救援装置（SAFER）

自由号空间站的先进舱外活动装置的主要特点就是增添了轨道更换设备（ORU）。1990 年，因人们赞成使用经改进（如增强型）的航天飞机舱外活动装置，就取消了先进舱外活动装置的使用。轨道更换设备作为一种增强型设计，最初并未从业务型 EMU 计划得到投资。到 1992 年，人们普遍意识到使用航天飞机舱外活动装置原有配置的弊端。1992 年到 1993 年间，人们针对如何满足空间站舱外活动装置物资供应需求的方式展开了研究。这个研究报告指出，一旦主生命保障系统（PLSS）、第二氧气包（SOP）、显示和控制模块（DCM）、硬式上躯干（HUT）或手臂出现故障，整个舱外活动装置都将不能运行。因此为了支持舱外活动，空间站上就需要准备多个

图 10.3-2　增强型舱外活动装置的 SAFER（NASA 提供）

备件。

该研究报告总结称，为满足国际空间站构建和维修任务对舱外活动提出的高强度要求，航天飞机舱外活动装置需要配备“轨道更换设备”。基线配置的硬式上躯干使用期满，促进了这种轨道更换设备系统的实施。基线舱外活动装置的“回转式”硬式上躯干于 1978 年设计，有效使用期为 6 年。为了最大限度地利用现有硬件，1986 年、1991 年、1992 年及 1994 年通过分析、检查及测试分别使回转式硬式上躯干的使用期延长到 8 年、11 年、12 年以及 14 年，之后因为材料限制终止了使用期的延长过程。在试图延长使用期的同时，作为汉胜公司/ILC 公司 / 气闸公司对舱外活动装置联合研发工作的组成部分，还试图研发一种价格更低、性能更强的硬式上躯干。重新设计硬式上躯干后，极大地简化了轨道更换设备的连接过程，因为硬式上躯干提供了足够的空间，可供螺栓紧固适配器连接主生命保障系统与显示和控制模块（亦有相应的设计，以配合硬式上躯干以及硬式上躯干端的 ORU 接口）。评估了多种构想和硬式上躯干材料后，最终选择了带有固定的（“平面”）手臂开孔且使用期限更长的 ORU 硬式上躯干。

“平面硬式上躯干”经过样机设计和评估过程后，产生了一种轨道更换设备机制，具有冗余安全性能，以及配备“拖车挂接装置”的主生命保障系统安装支架，简化了更换过程。本设计中的“拖车挂接装置”包含一个蘑菇形的主生命保障系统端底座，由硬式上躯干背部的一个槽口捕获。这样在硬式上躯干的底部插入，然后在顶部对齐以实现简化连接。

许多因素使研发轨道更换设备成为一项艰巨的任务。轨道更换活动不得不在没有现场处理中常见的专门工具和装备的情况下进行。布置在硬式上躯干外面和 TMG 里面的主生命保障系统到显示和控制模块的电缆和线束使情况变得更加复杂。轨道更换设备后来被调整为许多并行的增强型舱外活动装置研发工作的一部分（图 10.3 - 3）。训练型的平面硬式上躯干和主生命保障系统/显示和控制模块改型系统于 1996 年 3 月交付。1996 年 10 月，又交付了首批 I 类（飞行类）认证单元。同年 12 月，交付了首批 I 类飞行用硬式上躯干和改型套件。1998 年 12 月，STS - 88 飞行任务中用到了平面硬式上躯干和轨道更换设备套件（图 10.2 - 11）。

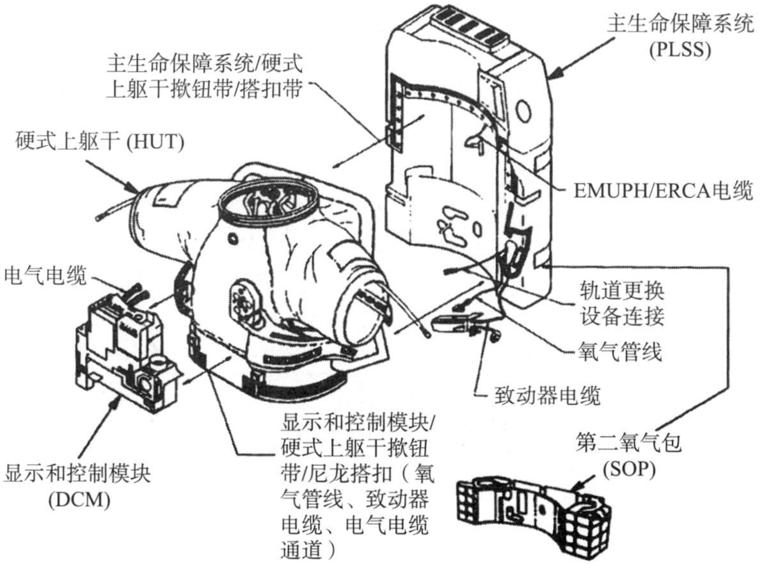

图 10.3-3　轨道更换设备（ORU）概念（汉胜公司提供）

NASA 还决定设计航天服组件电源线束和可再充舱外活动电池组件（REBA）。舱外活动装置内置电池没有多余电力可带动手套加热器，因此为支持手套加热（加热的手套 TMG），需要在舱外活动装置上的某个地方安装电力电缆和电池，还因此产生了航天服组件电源线束的初始需求。由于头盔灯和头盔电视摄像机采用了单独的电池系统，并且这二者都将做重新设计，NASA 决定使用自己设计的可再充舱外活动电池组件（图 10.3-4）对手套、灯以及电视摄像机进行远程供电。可再充舱外活动电池组件位于主生命保障系统/第二氧气包的底部/背部，在舱外活动简易辅助救援装置（图 10.3-15）的上方，设计安装在一个 TMG 袋内，该 TMG 袋最初是用于装载从未使用过的离子交换床。

在增强型舱外活动装置盛行的年代，美国并非唯一一个运用舱外活动装置的国家。为了支持俄罗斯的训练活动以及美国与俄罗斯之间的技术交流，NASA 为莫斯科附近的加加林航天员训练中心配备了两套半增强型舱外活动装置。“半增强型”是指这种舱外活动装置是一种基线装置，但经过改进和部分升级后，这种装置也能像增强型舱外活动装置那样发挥作用。

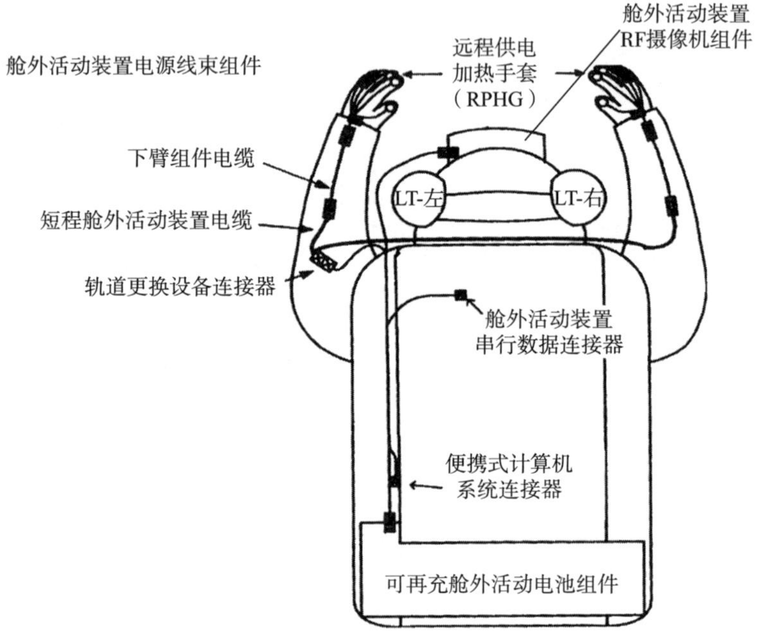

图 10.3－4　舱外活动装置电源线束和 REBA 示意图（汉胜公司提供）

压力服的增强

航天服组件（SSA）增强设计和发展（图 10.3－5）是根据汉胜公司/ILC 公司/气闸公司联合签订的舱外活动装置合同进行的。增强航天服组件、手套 TMG（或外层防护手套）、压力手套（手套组件中的内层手套）、手臂、航天服下肢组件（LTA）、硬式上躯干（HUT）和内置饮水袋等均被重新设计，以更好地支持国际空间站。

手套 TMG 发展为一种“低扭矩”配置，电力加热作为一个备用选择。在 1979—1994 年间，在极寒条件下控制物体的方法是利用防热连指手套，这种手套能够在舱外活动时套在手套 TMG 的外面。在太空中，如果没有与其他物体的物理接触，热量增益或损失均是通过辐射传导。因而，握住物体就会形成一个热损失的直接传导路径，就像拿着冰块一样。在太阳光的直射下，物体的暴露部分会吸热膨胀，在阴影区，物体冷却收缩。为了维持尺寸控制，在轨卫星的维护和国际空间站（ISS）的组装程序逐渐更多地选择在阴影区或当轨道进入“阴面”时进行（此时温度达到−95.5℃）。戴上笨重的连指手套执行组装操作会增加难度。意识到这一点之后，1994 年夏季，ILC 公司内部出资研发出一种加热手套样机。该样机在手套 TMG 的指尖部位（指甲区域）安装了加热元件，并在手背 TMG 的表面配备开关和电池组。这种设计使乘员能够手动开关加热元件。该设计中的低扭矩 TMG 元件对手掌区域作出了改进，以减小握住工具或执行控制时的体积和作用力。

1994—1995 年间，在美国航空航天局的资助下进一步研发和测试了一款概念验证手套。这个详细测试对象利用现货部件降低了开发成本。这套测试手套成功完成了在美国航空航天局约翰逊航天中心进行的真空室测试任务，并于 1995 年 9 月毫无差错地完成了 STS－69飞行任务的评估。该系统的缺点在于电池组的体积会影响腕部的活动性。因此，这种手套配套电池被取消了，而是采用航天服组件的电源线束（图 10.3－6，左图）。不过，手套方面的增强并不止这一点。

1989 年，自由号空间站（SSF）先进舱外活动装置手套（图 11.3－5）的研发被转移到航天飞机舱外活动装置计划中，成为 5000 系列手套。5000 系列手套的研发包括一个低扭矩的压力手套拇指和 TMG 外层防护手套。5000 系列手套的目标是能随意升级到工作压力更高的手套系统，并提升舱外活动乘员的作业能力。

1991 年 4 月，5000 系列手套在航天飞机 STS－37 飞行任务中由一名舱外活动乘员投入了飞行，它在有限的认证情况下被作为一个详细测试对象接受了评估。飞行评估结果令人失望，因为左手手套

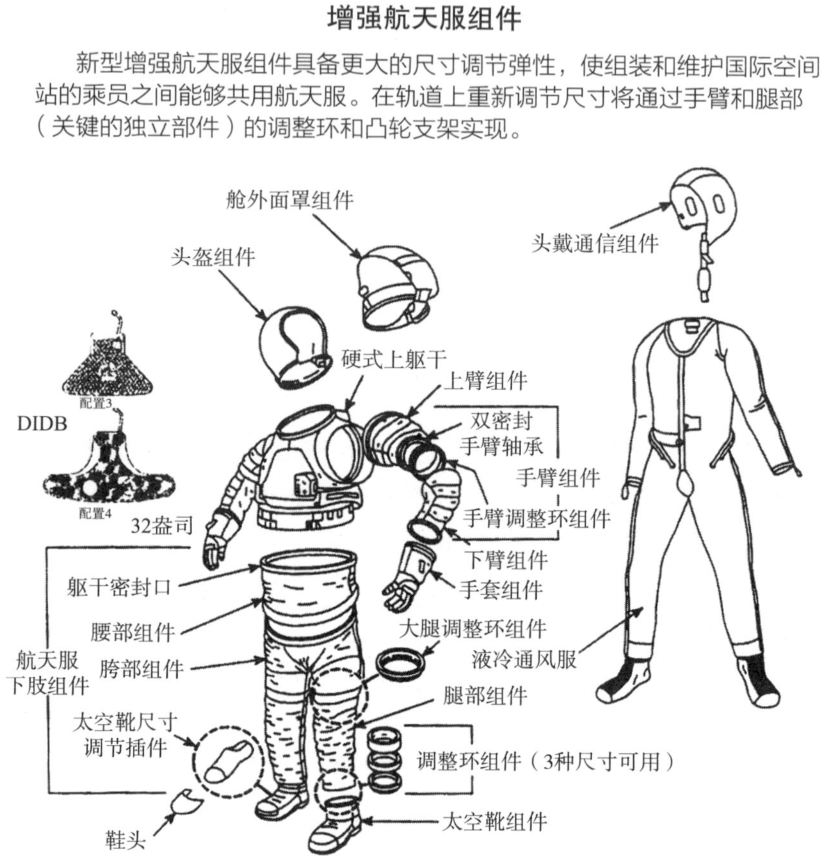

图 10.3－5 增强型舱外活动装置/航天服组件图解（汉胜公司提供）

的手指部位过紧，导致乘员手指有些麻木，这种状态在舱外活动结束之后仍持续了一段时间。气囊也有点隆起，这进一步加重了该问题。另一个问题出现在另一名舱外活动乘员穿着的 4000 系列右手手套上。舱外活动结束之后，发现右手手套的掌部拉条——能够弯折以减少手掌部位的膨胀，并为抓握物体提供了一个褶皱——已经变形，致使突起部位实际上穿透了限制层和气囊深入到了乘员的手部。所采取的纠正措施包括使用保护性缝纫方式以防止刺穿。

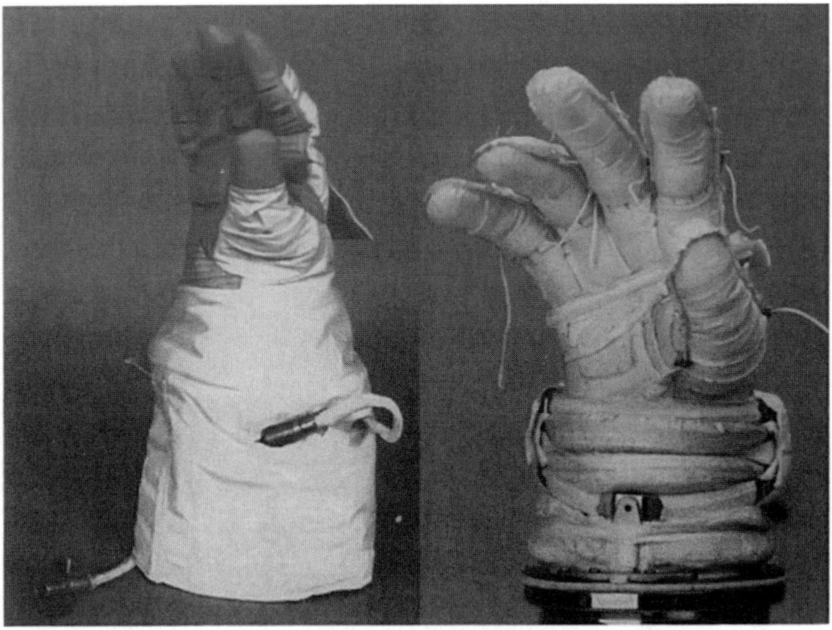

图 10.3-6　加热的手套 TMG 和第六阶段的压力手套
（左和右分别由 NASA 和哈里斯公司提供）

虽然 5000 系列手套没有被应用到实际的飞行任务中，但对 4000/5000 混合系列方案进行了讨论。一个 5000 系列手套的附产品取得了成果，它将灵活性更高、触觉更敏感的低扭矩 TMG 与 4000 系列压力手套结合起来。1992 年 5 月，该手套被应用到 STS-49 飞行任务中，之后取代 4000 系列飞行手套成为乘员的选择。采用这种混合配置的手套被命名为 4750 手套。STS-49 任务的航天员凯西·桑顿戴上配有 4750 TMG 的手套执行任务，飞行结束之后她对这种改进表示满意，她的双手没有感到疲劳。

舱外活动装置计划决定不采用 5000 系列手套之后，ILC 公司继续内部出资研发该系统，相信它能够推动国际空间站的组装。根据该配置生产出的最终手套被命名为第六阶段（Phase Ⅵ）手套，因为该配置代表了手套持续研发的第六个阶段。

第六阶段手套与 4000 系列和 5000 系列有着本质的不同，因为它是第一套完全采用电脑辅助设计研发完成的舱外活动手套。电脑辅助设计能够缩短开发周期，提高精确度并降低开发成本。作为该研发工作的一部分，ILC 公司发展出一套激光扫描程序，它能够存储乘员手部信息的三维数据库，从而能够以较低的成本快速制造保形模具。3D 模型易于调整，从而获得最适宜的形状。保形模具在最大程度上缩小了体积，从而能够减少执行任务的体力消耗。第六阶段手套采用了打褶的轻质聚酯约束织物。手指和拇指活动关节被设计成全织物组件，从而降低了扭矩，增加了指尖的触感。一体式尿烷气囊设计被集成到手套中时其起皱程度比先前的设计要低，因此显著提高了合身性和作业能力。第六阶段手套还包括低扭矩腕部轴承和增强型滚动回旋腕关节，其中采用了俄罗斯海鹰航天服的双万向环系统。这种设计能减少使用时的体力消耗，而与 5000 系列手套腕部相比，它通过简化腕部设计的复杂度提高了可生产性。第六阶段压力手套（图 10.3－6，右图）也对连接方法进行了改进，以便能够在轨道上快速更换 TMG。

第六阶段手套参与的第一次飞行是 STS－88 任务（1998 年 12 月），在单一任务认证情况下接受评估。第六阶段手套在 STS－99（2000 年 2 月）任务中才完成了全部的飞行认证。第六阶段手套执行认证时，舱外活动乘员被指定戴上为其他乘员定制的“贴身”手套来做合身性检查。此次任务获得了一些很合身的配合，因此消除了为很多人定制手套的必要性。

航天服下肢组件和手臂组件的增强从三个目标开始。第一（也是首要）目标是增强地面和轨道的尺寸调节能力。在腰部安置可拆卸式尺寸调整环和可调式托架（图 10.3－7，左）能实现这一目标。第二目标是进一步降低工作扭矩，这可以通过降低轴承扭矩，（使用 Spectra 织带和改良样式）改进织物航天服来实现。第三目标是增强轴承压力密封的潜在安全性/可靠性，将单密封轴承设计改为双密封系统可实现该目标。如果航天服组件中的主密封结构发生故障，则这种方式可以提供备用旋转轴承密封。

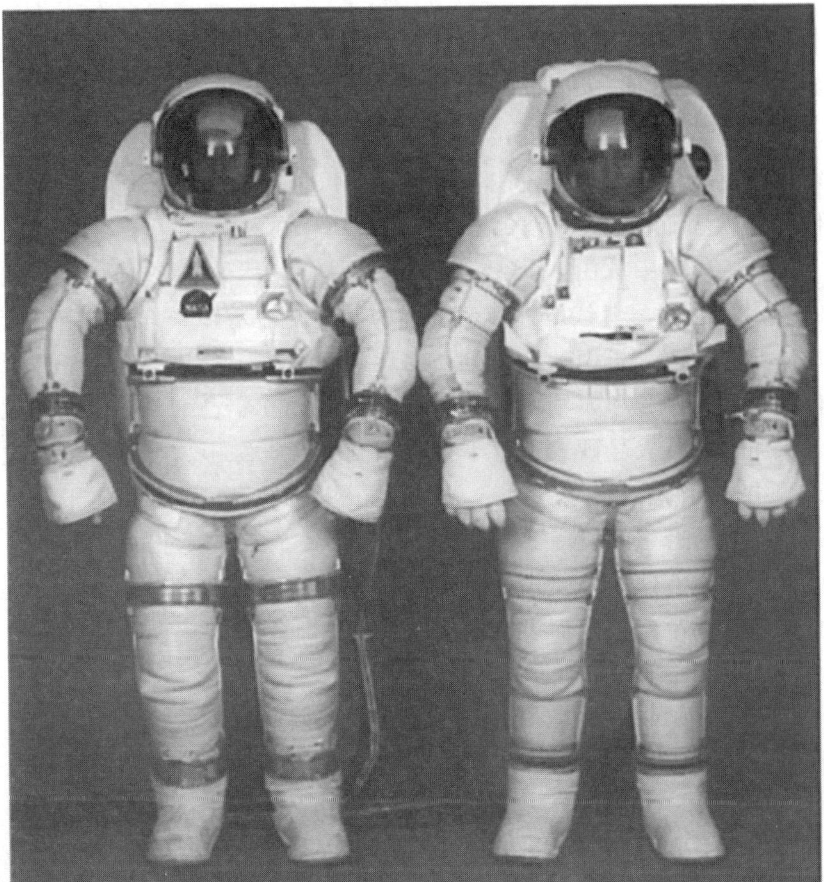

图 10.3－7　增强型（左）和基线（右）航天服组件对比（汉胜公司提供）

最初的增强航天服组件计划是建造四种尺寸的硬式上躯干（HUT）和下肢组件（LTA）的躯干密封口（BSC），正如基线舱外活动装置执行的那样。然而，恰逢美国航空航天局此时正积极与俄罗斯航天局展开合作。俄罗斯人只有一种在轨可调的、基本尺寸的舱外航天服系统。俄罗斯采用的方法是基于他们穿着所提供的舱外航天服时能有效地工作来选拔潜在的 EVA 航天员。这种方式以及空间站预算的限制致使尺寸调节方法和 EVA 乘员的选拔都发生了改变。1994 年，美国航空航天局决定继续生产两种基本尺寸的硬式上躯干（使用一种尺寸的下肢组件躯干密封口），以减少下肢组件的子元件。保留下来的这两种尺寸的硬式上躯干作出了尺寸调整，以获得一个更宽的赋形范围，能够支持那些可能因尺寸问题而被排除的使用者。然而，这种方法也未能彻底解决存在的问题。

特大体型乘员在空间站组装任务中具备身体优势，导致 20 世纪 90 年代末特大号基线舱外活动装置的使用空前增多。美国航空航天局决定采用一种折中的特大号增强型硬式上躯干，其手臂和下肢组件的尺寸与中号和大号硬式上躯干相同。2000 年，第一套增强型航天服组件的特大号硬式上躯干被应用到飞行训练中。小号增强型航天服组件的研发被重新考虑，并获得了短期经费。手臂和躯干较短的受试者所产生的独特压力服限制条件导致了特殊尺寸的活动元件。此外，在只有这两种硬式上躯干尺寸的时期，用于空间站的系统是根据较长的手臂范围而设计的。这些因素加上经费限制，最终导致小号 EMU 还未完成研发和认证便中止了。

也是在 1993—1994 年期间，对密封材料和气囊结构的重新设计成为了增强工作的一部分。通过一种化学增强工艺，断接器和轴承中聚酯/聚氨酯压力密封件的使用年限成功地从 3 年延长至 8 年。除了航天服下肢组件的腰部组件外，手臂和航天服下肢组件气囊的使用寿命均从 6 年延长到了 8 年。由于采用了粘合加固的法兰和带子，腰部组件的使用寿命被限制为 6 年。

模块化舱外活动装置系统的好处在于，增强的航天服组件可以轮流投入使用，替换过期的飞行部件，也容易获得飞行机会，让轨道实践成为可能。第一次将配备增强型手臂和航天服下肢组件的舱外活动装置用于飞行是在 1996 年 9 月的 STS－79 任务中。第一次将尺寸调节能力用于轨道飞行是在 1997 年 2 月的 STS－82 任务中。

对于增强型舱外活动装置，内置饮水袋被更换为一次性内置饮水袋。这一转变是从 ILC 公司对地面处理内置饮水袋的成本分析开始的，研究结果表明，对美国航空航天局而言，扔掉一次性内置饮水袋比带回到地球上翻新的成本要低。为了增加使用前的储水量，支持持续时间长的国际空间站任务，充分利用一次性内置饮水袋，它们被设计成允许在轨加水，还可能重复加水。一次性内置饮水袋于 2000 年 10 月的 STS－92 飞行任务中得到了应用。

生命保障系统的增强

生命保障系统（LSS）为飞行任务进行的第一个增强功能为无源航天服加热技术，被称为“液冷通风服旁路”。自 20 世纪 60 年代的舱外活动开始，航天服中的镀铝聚酯薄膜绝缘层就有效保护了乘员们不受太空和月球的极端温度（＋257°F ～ －130°F）的影响。一般而言，这使得排出航天服中的代谢热成为一个问题。正如前文所述，舱外活动装置冷却系统主要适用于极热环境，而非极冷环境。从 20 世纪 90 年代开始，在寒冷的环境中执行服务和维修活动成为了舱外活动中的一种趋势。加之在国际空间站中更为寒冷的环境下，乘员的舒适性和保暖性成为了一个问题。解决方案是，特意保持身体和电气部件的热度。液冷通风服旁路曾被作为天空实验室冷却系统方法的备用方案，让冷却剂由旁路通过航天服。然而，更改这种方案以适应于航天飞机舱外活动装置却是一种挑战。

为了保持体积不变并简化系统，航天飞机舱外活动装置起初采用的设计是让航天员和电子设备在同一个冷却回路中冷却。尽管航天员冷却可以通过显示和控制模块正面的温度控制阀（TVC）进行调节，但整个系统中必须留有最低流量的冷却水以供电子设备冷却之用。这种方式使寒冷环境中的航天员感觉更加寒冷。液冷通风服旁路方案可以对带有温度控制阀的航天飞机舱外活动装置进行改装，使航天员的液冷通风服中的冷却流完全断开，并在主生命保障系统和硬式上躯干之间安装一块薄的转接板。转接板上设有旁路接口，使得温度控制阀完全关闭时冷却水流能够流入舱外活动装置的电子设备中。温度控制阀的改变和转接板的安装都易于操作，拧上就行，可现场改装。这种改装使航天服可以作为一种无源热沉来保留和维持乘员的体温。

液冷通风服旁路在 STS－69（1995 年 9 月）和 STS－72（1996 年 1 月）任务中进行了系统测试。测试结果非常乐观，导致在有限的认证情况下，液冷通风服旁路便成为 1997 年 7 月 STS－85 任务中的飞行必备品。15 年使用年限的认证是在飞行应用的同时进行的，并于 1998 年 2 月完成。

生命保障系统投入飞行的第二个增强部件是增容电池。起初的基线航天飞机舱外活动装置中使用的氧化银/锌电池的设计和认证使用期限为 90 天。根据多年来获得的数据，该使用期限被延长至 170 天，可重复充电 6 次。然而，这一延长的使用期限也不能满足国际空间站的需求。解决方案是使用大容量电池（ICB），仍采用了已被验证的氧化银/锌技术。大容量电池的设计和认证充电次数为 32 次，激活之后使用期限为 425 天，在干燥环境下的保质期为 15 年。生产这种新型大容量电池所面临的挑战是，它必须适用于主生命保障系统，而不是重新设计主生命保障系统的其他部件，也不能在装载或充电/穿着时与气闸舱壁发生碰撞。发射载荷的增加进一步加大了大容量电池槽和系统的技术难度。直到 2001 年 4 月，这些技术挑战都被克服，适用于国际空间站的大容量电池在 STS－100 飞行中首次得以应用。

另一个生命保障系统的增强功能是金属氧化物“METOX”可再生二氧化碳去除系统。1995 年 11 月，国际空间站任务规划显示，支持国际空间站组装需要 70 个可在地面翻新的（不是轨道上可再生的）基线 EMU 氢氧化锂污染物控制盒（CCC）。这将大幅增加加工成本和飞行中的储存量。为设计国际空间站可再生二氧化碳去除系统，美国航空航天局发起了一次合同竞争。1996 年 1 月，汉胜公司以一个最小开发系统（图 10.3－8）的方案在竞争中获胜，采用的是金属氧化物（METOX）二氧化碳吸附剂，这种 METOX 可再生舱外系统（MORES）与自由号空间站先进 EMU 的技术体制是系统适配的。这项成果主要包括研发舱外活动装置兼容滤盒和气闸舱兼容再生装置。

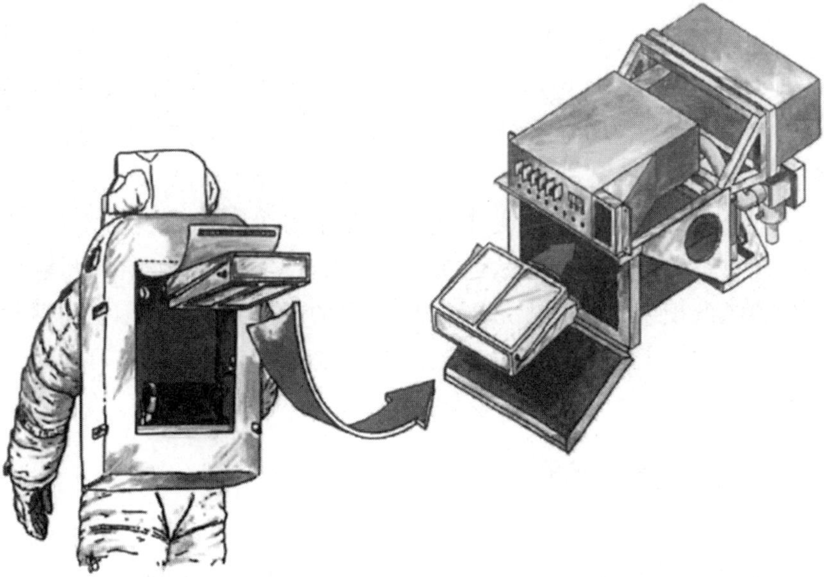

图 10.3－8　METOX 可再生二氧化碳去除装置（汉胜公司提供）

可再生 METOX 滤盒是为了满足国际空间站中更严格的代谢要求，以便能够在舱外活动期间去除通风回路中的二氧化碳和微量污染物。在设计上，滤盒也可以用于不着航天服在 ISS 气闸舱“野营”（低压排氮）时的二氧化碳去除。金属氧化物滤盒包括一个状态指示器，能够直接观察验证滤盒是否完全再生，从而能够避免用过的二氧化碳滤盒的再次使用（STS－51I 任务就出现过这种情况）。经过验证，滤盒一次至少可去除 1.48 1b（0.5 kg）的二氧化碳，最少可重复使用 55 次。

根据设计，METOX 再生器是在国际空间站气闸舱中使用，每次可再生两个金属氧化物滤盒。滤盒再生需要 10 小时才能完成。1998

年5月，金属氧化物系统完成了飞行认证。该系统首次用于飞行是2000年5月的STS-101任务（国际空间站组装任务7A）。

除了轨道更换设备、液冷通风服旁路、大容量电池和METOX以外，主生命保障系统（PLSS）也进行了升级和改进，例如红外二氧化碳传感器，25次舱外装置使用年限的延长或升级，过滤器增强，保证EMU可用性（AEA）部件使用年限延长计划，以及增强型告警系统。红外二氧化碳传感器技术是因其稳定性和精度而获选。

舱外活动装置最初被认证在两次地面维护之间可以执行三次舱外活动。但是对国际空间站的初步估计显示，一套舱外活动装置生命保障系统硬件需要在轨完成多达25次的舱外活动。国际空间站对不用地面维护实现在轨工作一年或25次舱外活动的需求，可通过寿命延长或部件升级来实现，该任务于1992年完成。

尺寸的考虑因素和应用

对于基线舱外活动装置，已设计的有五种尺寸的硬式上躯干（HUT），配有各种辅助航天服组件（SSA）部件，不过基于成本方面的考虑，只有四种尺寸的舱外活动装置被应用到飞行中。在舱外活动装置增强计划开始时，纳入计划中的原本有四种尺寸的舱外活动装置，但在该过程开始不久之后，美国航空航天局指定采用两种尺寸（中号和大号）以缩减实施成本。由于很大一部分的航天员体型过大，在增强型舱外活动装置应用到飞行中之前重新采用了特大号尺寸的硬式上躯干。而需要小号航天服的EVA任务专家则呼吁再次引入小号舱外活动装置。1999年，美国航空航天局对此进行了评估。额外的辅助航天服组件存货成本以及为更多大体型人员提供硬件的最终影响导致小号EMU没有纳入考虑范围。

当小号EMU还在考虑之中时，美国航空航天局决定与全球特效公司（Global Effects, Inc.）（以为电影产业快速制造航天服复制品而闻名）签订合同，同时采用创新性概念进行小号舱外活动装置硬式上躯干样机的设计。全球特效公司总裁克里斯·吉尔曼在各种人体保护系统的应用上具有丰富的经验。吉尔曼转而请求与丹尼斯·吉列姆合作。吉列姆是一位航天服历史学家及航空工程师/经理。美国航空航天局对该项目的基本要求是只需重新设计硬式上躯干和头盔。重新设计的硬式上躯干必须与现有的航天飞机舱外活动装置组件（如手臂、航天服下肢组件、主生命保障系统以及显示和控制模块）相配套。此外，重新设计的硬式上躯干必须满足关键性的前后尺寸要求，使穿着航天服的乘员能够采用航天飞机应急返回方法。

在 8 周的时间内，吉尔曼/吉列姆团队采用新型肩膀轴承配置设计并制造出一种硬式上躯干，航天员移动手臂时硬式上躯干外壳的手臂开口位置能够有效变化。这种设计使硬式上躯干可根据每个乘员的体型自我调节尺寸以达到合身效果。此外，还增加了内部尺寸调节系统，使航天员能够在不打开硬式上躯干的情况下调整身体在硬式上躯干中的位置。该硬式上躯干中集成了半球形头盔，打破了传统的航天飞机/阿波罗头盔下方和头顶上方的视线限制。独特的遮阳板概念使半球形圆顶获得了完整的视角，装载的位置也使得上方视线不受限制。配有防冲击罩的遮阳板组件可在轨道上更换。由于这种硬式上躯干的尺寸不随压力变化，因此不需要开发可耐压的硬式上躯干用于重新设计的航天服评估。这也允许使用低成本的航天服软性部件实物模型（图 10.3－9），因为它们不是硬式上躯干尺寸调节能力和可视范围评估的一部分。尽管这种硬式上躯干不可耐压，设计中加入的通风系统提供了通风气流循环，增加了航天服评估受试者的舒适性。最终形成的模拟航天服系统于 1999 年 1 月交付给美国航空航天局以供评估。尽管它被顺利地接收，但美国航空航天局并未要求进一步开发。

1999 年，小号增强型舱外活动装置再一次没有入选，美国航空航天局终止了所有其他的开发。

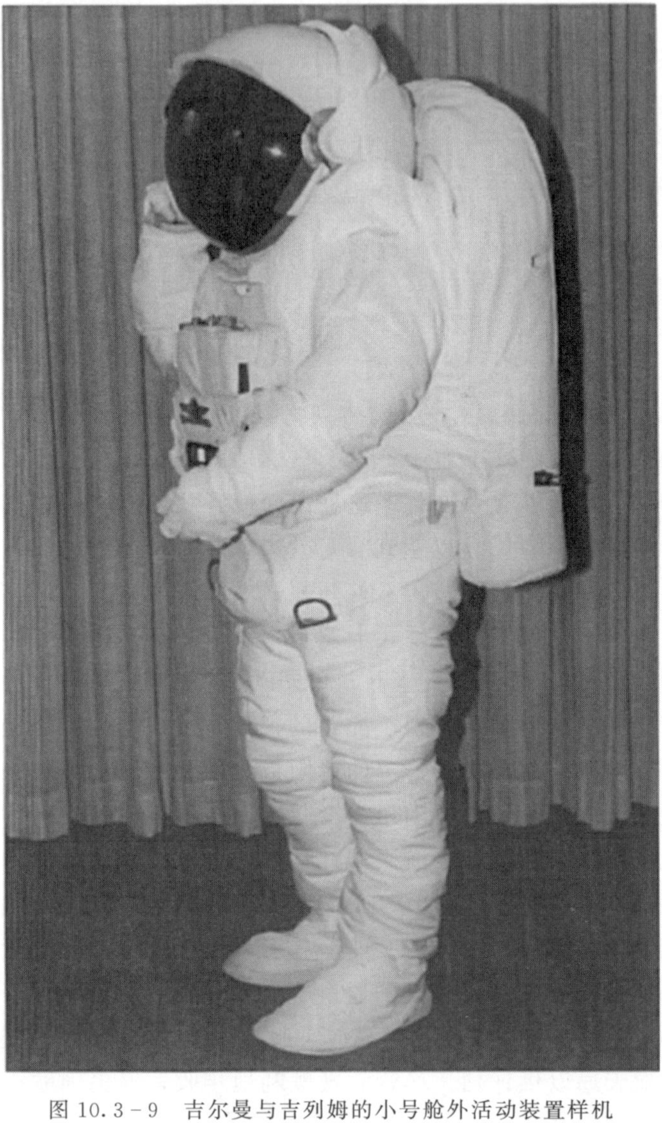

图 10.3-9　吉尔曼与吉列姆的小号舱外活动装置样机

（全球特效公司提供）

日本购买美国舱外活动装置

日本是国际空间站（ISS）的主要参与者，提供了日本实验舱（Japanese Experiment Module）。作为其太空计划的一部分，日本构建了用于载人太空探索的整套设施。该综合体中有一个设备为失重环境测试系统（WETS）（图 10.3-10），用于中性浮力模拟（图 10.3-11）。为此，航天飞机舱外活动装置首次向外租出或外借。根据与川崎重工业株式会社（KHI）签订的合同，汉胜公司/ILC 公司负责制造/生产日本的第一套航天服，是一套训练用的半增强型航天飞机舱外活动装置。该“半增强型”舱外活动装置采用了增强型平面硬式上躯干，配备的却是基线手臂和航天服下肢组件，这在平衡预算限制的同时为乘员提供了增强型硬式上躯干的合身性和感觉。

图 10.3-10　JAXA 的中性浮力设施（汉胜公司提供）

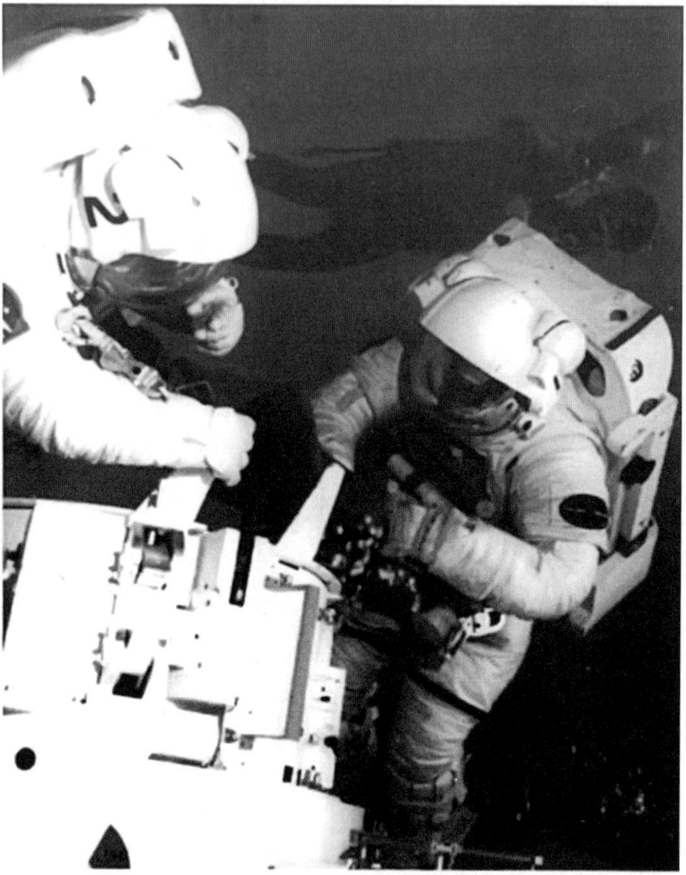

图 10.3-11　在 JAXA 的设施中进行训练（汉胜公司提供）

尽管日本宇宙开发事业团（NASDA，当时的日本航天局）的内部人员希望购买完整的第二套 WETS 舱外活动装置，但预算限制令这一想法破灭了。取而代之的是，NASDA 购买了足够的舱外活动装置 CEIs，以组装中号或大号的 EMU。对于第二套舱外活动装置，NASDA 依赖于从美国航空航天局借用或从汉胜公司租赁一套舱外活动装置。2003 年 10 月 1 日，NASDA 被重新命名为日本宇宙航空研究开发机构（JAXA）。

增强型舱外活动装置的飞行经历

增强型舱外活动装置作为国际空间站组装中的一个关键部件表现出了卓越的性能。在超过 20 次的国际空间站飞行和三次哈勃太空望远镜维修任务中，增强型舱外活动装置完成了 7000 个小时的训练以及 1650 人时的太空舱外活动。尽管这些舱外活动任务几乎变成了例行事务，但仍然值得一书。

团结号节点舱（1 号节点舱）任务是第一次利用完全增强型舱外活动装置进行舱外活动的任务（图 10.3－12）。1998 年 12 月，在众所周知的国际空间站计划 2A 任务和航天飞机计划 STS－88 任务中，长 22 英尺（6.7 m）、直径为 15 英尺（4.6 m）的团结号被对接到长 41.2 英尺（12.6 m）、宽 13.5 英尺（4.1 m）的曙光号功能舱上。配有两个长 35 英尺（10.7 m）、宽 11 英尺（3.4 m）的太阳能电池阵的曙光号一个月之前在哈萨克斯坦拜科努尔发射升空。此次联合是国际空间站的开始（图 10.3－13）。

在之后的三年多时间内，舱外活动中频繁地混合使用基线和增强型舱外活动装置。一共有 17 次舱外活动采用一套基线舱外活动装置和一套增强型舱外活动装置。起初采用这种方式是一种谨慎的做法，同时也是希望能够增加关于新系统的经验。不过，基于硬件的可获得性以及乘员对更多的尺寸方案或熟悉程度的个人偏好，基线配置继续被用于飞行任务中。

国际空间站组装不是航天飞机舱外活动装置在该时期支持的唯一太空作业。1999 年 12 月，刚刚在一次提供设备和补给品的国际空间站舱外活动任务之后，下一个便是 STS－103 任务中的另一次哈勃太空望远镜维修活动。STS－103 任务中的三次舱外活动总共持续 8 小时以上，使用的是一对混合的基线/增强型舱外活动装置（图 10.3－13）。由于乘员不断地训练/努力，再加上硬件性能卓越，此次活动像往常一样顺利完成。

从 2000 年到 2002 年 2 月，舱外活动装置支持完成了 11 次国际

图 10.3－12　1998 年第一次 ISS 组装任务中的增强型舱外活动装置（NASA 提供）

空间站任务，一共进行了 23 次舱外活动。这些舱外活动完成了 ISS 主体结构舱段的最终连接（如美国的命运号实验室），并安装了多种多样的空间站系统，为后来的人员驻留做好了准备。此外，舱外活动装置还支持了在国际空间站外部的临时存储区放置补给品和设备的活动。尽管太空作业似乎已开始有点平淡了，但一般而言，不出现故障就证明了航天飞机 EMU 和 EVA 系统的价值。这个时期见证了第一次全部使用增强型舱外活动装置的舱外活动（2000 年 5 月的 STS－101）以及舱外活动持续时间标杆的不断上升。在阿波罗 17 号

图 10.3-13　1999 年 STS-103 哈勃太空望远镜维修任务
(NASA 提供)

第二次舱外活动中，塞尔南和施密特执行探索任务长达 7 小时 37 分钟，创下了世界纪录，舱外活动的持续时间由此到达了一个顶峰。后来随着航天飞机 EVA 持续时间的不断攀升，这个记录直到 1992 年才被 STS-49 任务打破，任务困难导致三名航天员到舱外手动回收一颗卫星，为了完成卫星和工具的装载，舱外活动持续了 8 小时 29 分钟，之后国际空间站任务 5A.1/航天飞机任务 STS-102 再次刷新了这一纪录。

在航天飞机任务 STS－102/国际空间站任务 5A.1 的第一次舱外活动中，新选出的远征队 2（Expedition 2）乘员詹姆斯·沃斯和苏姗·赫尔姆斯执行了 8 小时 56 分钟的舱外活动，再一次刷新世界纪录（图 10.3－14）。这次超过标称持续时间的舱外活动是在地面密切监视 EMU 消耗品和 EVA 乘员状态的情况下完成的。这个额外的持续时间获得许可后，航天员准备将一个大型加压对接适配器（PMA）结构从团结号节点舱中移走，以便为多功能后勤舱腾出空间。多功能后勤舱是国际空间站的加压货运飞船，可以运载美国实验室所需的设备。这种太空抢座位游戏也要求沃斯和赫尔姆斯移走通用接驳装置上的天线，从而为临时装载那个 PMA 腾出空间，而多功能后勤舱被连接到国际空间站开始卸载。这次舱外活动中还移走了航天飞机货舱中的实验室托架组件，并安装到美国实验室中。安装到美国实验室的实验室托架组件为下一次航天飞机任务 STS－100 中将要运载的大体积机械手臂/吊车结构奠定了基础。

STS－100 任务不仅完成了航天飞机/国际空间站的建造工程量，还反映了舱外乘员典型的好心情。载人航天器的窗户一般是用来观察外部情况的，然而在 STS－100 任务中的某个闲暇时刻，斯科特·帕拉兹斯基的动作表明情况并不总是这样（图 10.3－15）。也是在这一期间，空间站气闸舱于 2001 年 7 月的 STS－104（ISS 7A）任务中抵达。

气闸舱是用于支持美国和俄罗斯航天服系统。它使国际空间站能够在没有航天飞机的情况下继续组装活动，并执行常规的空间站维护工作。研发气闸舱必须克服严峻的挑战。俄罗斯和美国舱外航天服系统具备不同的外形、接口以及氧气/水/电补充要求。美国航空航天局重资鼓动美国承包商团队，并与俄罗斯航天局齐心协力，才克服了这些难题。2001 年 7 月 20 日，在 STS－104 任务的第三次也是最后一次舱外活动中，迈克·格恩哈特（图 10.3－16）和吉姆·雷利获得了从国际空间站启动第一次舱外活动的殊荣，从而完成了气闸舱的认证。

图 10.3 - 14　2004 年詹姆斯·沃斯和苏姗·赫尔姆斯（图中）创下新的舱外活动时间纪录（NASA 提供）

俄罗斯和美国航天服同时出现在国际空间站，不仅在一种配置需要维护或出现技术问题时多了一种选择，而且也更加方便。由于两种航天服系统通常存放在不同的气闸舱内，航天服选用有时与在国际空间站执行舱外活动的位置有关。事实证明，基于诸多因素（包括增强型舱外活动装置二氧化碳排放系统的再生能力），美国航天服系统在支持国际空间站的成长过程中发挥了更大的作用。2010

图 10.3 - 15　2001 年 STS - 100 任务的航天员斯科特·帕拉兹斯基在窗户外朝内微笑（NASA 提供）

年 5 月的航天飞机 STS - 132 任务将一套集成搬运工具和俄罗斯制造的迷你研究舱- 1 运到国际空间站（图 10.3 - 17），从而完成了世界上最大的空间结构（图 10.3 - 17）。

增强型舱外活动装置在哈勃太空望远镜维护任务中发挥了重要的作用。哈勃太空望远镜是世界上第一颗实施太空作业的人造卫星。从一开始，维护任务就是哈勃太空望远镜运行计划的一部分。一共有五次任务。第三次任务是 1999 年 12 月的 STS - 103，在哈勃太空望远镜的维护作业中引入了增强型 EMU 配置。特别地，四名航天员中有三名使用增强型舱外活动装置执行维护任务。最后两次哈勃太空望远镜任务则专门使用增强型舱外活动装置。感谢这些维护活动，哈勃太空望远镜得以利用当初发射时尚未开发的技术成功升级。哈勃太空望远镜的设计使用年限为 15 年，它本应该于 2005 年成为

图10.3-16　2001年迈克尔·格恩哈特（图中）和吉姆·雷利从ISS上执行第一次舱外活动（NASA提供）

历史，由于2009年5月的最后一次维护任务，预期哈勃太空望远镜将继续帮助人类扩大对宇宙的认识，直到2014年或更久的未来。

自从载人航天飞行开始以来，增强型航天飞机/空间站舱外活动装置已支持完成了全世界44%以上的舱外活动。在2011年国际空间站建成且航天飞机退役之后，预期增强型舱外活动装置将继续支持国际空间站的日常外部维护，至少持续到2020年。因此，增强型舱外活动装置在舱外活动中的使用比重只会日益显著。

图 10.3－17　2010 年 STS－132 离开已建成的国际空间站
（NASA 提供）

航天飞机舱外活动装置总结

双子星舱外活动系统使用了一种附加绝热层的舱内航天服，混合使用开放式和半开放式净化脐带系统实现通风、增压、冷却、除湿以及二氧化碳控制等功能。阿波罗采用的是一种截然不同的技术方法，使用舱外活动专用的定制航天服，以及自主式水冷却背包用于生命保障和环境控制。仅仅使用数次之后，这种背包会被留在月球表面。天空实验室再次恢复使用脐带方法，不过增加了阿波罗计划中的水冷却功能，并采用了一套改进型阿波罗航天服。由此，一套根据过去的教训并使用已验证的装置的系统设计方法建立起来了。已往计划的另一个特点是具备可预见的周期和步骤。在下一个系统正在开发时当前的计划便已结束。不过航天飞机和国际空间站的舱外活动装备计划改变了这一点。

航天飞机 EMU 采用了阿波罗计划中的自主式背包方法，但选择了混搭式航天服部件以适应于各种体型的乘员。背包采用紧凑型设计，可以在数年内多次重复使用。

当国际空间站（ISS）开始建设时，先前选择最新型航天服和生命保障系统设计的模式发生了改变。生命保障系统性能和使用年限的固有优势，以及其支持技术升级的能力——如影响最小的 METOX 可再生二氧化碳滤盒——意味着同一基础的 EMU 生命保障系统可以支持这两个计划。模块化压力服的坚固设计亦提供了相同的能力。航天飞机舱外活动装置被用于开发组装太阳系最大的人造卫星——国际空间站（图 10.3-17）的 EVA 系统技术，也是该组装任务中主要使用的航天服系统。使用舱外活动装置进行的五次哈勃太空望远镜维护任务让人类拍摄难以置信的宇宙景象成为可能。在美国 90％以及全世界 61％以上的太空行走中，工作在恶劣的太空环境下的人们都穿上了这种舱外活动装置。美国航空航天局计划航天飞机/空间站舱外活动装置至少会运行到 2020 年，这一纪录还远未结束。

第 11 章　未来舱外活动与行星探索计划

随着人类开始探索太阳系，航天服的设计者和使用者将面临怎样的挑战？即将面临的将是什么样的任务和工作环境？航天服系统的设计方法必须根据需求作出回应。如果是在零重力状态下执行任务，并且舱外活动是从与地球上 14.7 psi（1 atm）标准大气压类似的环境中（如国际空间站）发起的，那么重量将不是一个限制因素。然而，无需预呼吸氧气和实时通信能力则可能是迅速应对突发的紧急情况所必不可少的。用于月球、火星或其他天体表面任务的运输车和基地很可能需要采用比地球大气压更低的环境压力，以减少发射重量，降低长期泄漏率。这一点对工作压力较低的航天服非常有利，更易于实现重量更小、活动性更好的航天服。在类似于月球和火星的工作环境下，要求使用耐久而坚固的系统，能够在极端的尘土环境下运行。在火星上，引力大于月球重力，四处尘土飞扬，加上火星大气的对流传热作用，进一步加大了重量、可靠性和功能上的挑战。小行星或木星卫星任务也会有其独特的要求，这也是塑造航天服系统的约束条件。对于远距离的航行而言，发射重量和存放体积也是关键的考虑因素。满足这些要求的航天服系统尚待开发。早期的美国和俄罗斯太空计划仅使用一套航天服进行发射/返回以及舱外活动。随着运载火箭发展到可以支持两个系统的重量和体积，美国和俄罗斯航天管理机构均改用独立的航天服系统。如今是否有可能开发出一套能够有效实现这一切的系统？

然而，太空计划中存在着固有的限制因素。载人的太空计划包括运载器系统或空间站。完成这一计划所面临的预算挑战十分严峻，而航天服系统仅仅是其中的一个支撑部分。历史上，这些计划都是对适应特定的最小需求的航天服能力提供经费。这些挑战性的要求越多，制造系统的成本也就越高，所需周期也越长。具有挑战性的要求也可能会导致系统错综复杂，反而会对可靠性和耐久性产生不利影响。这些考虑因素会趋向于促成一个最低限要求的设计。

新型航天服系统的研发一直是 NASA 未来计划配套项目的工作内容。NASA 退役航天飞机并研发新型运载系统的计划需要研发新型航天服系统。2006 年 8 月，这种新型发射系统和运载系统分别被命名为战神（译者注：原书为 Aries，即白羊座）和猎户座。如同阿波罗/土星计划，战神/猎户座计划将采用 Block1 和 Block2 配置。Block1 猎户座密封舱将由战神-1 火箭（乘员运载器）发射，在 2014 年之前运载六名航天员登陆国际空间站。Block2 猎户座系统包括猎户座服务舱、更大的战神-5 火箭（货物运载器）、地球出发级“助推器”以及 2020 年前完成登月任务的月球表面着陆舱。NASA 进一步的计划是建设 Block2 系统，在 2030 年之前实现载人登陆火星的目标。这些活动都需要航天服。

过去，人们付出巨大的成本才能把几个人送入太空呆上那么几天的时间。其结果是，每次太空活动（尤其是 EVA）都需要在地面排练几周或几个月的时间，以最大程度地提高受时间限制的实际太空作业的效率。国际空间站投入运行后，来自很多国家的人员目前正在太空生活和工作。随着人类进入太空的频次日益增加，太空人员可能需要在未事先进行地面训练的情况下应对各种挑战。今后，随着人类开始必须在某些我们还未经历过的环境下进行探索和工作，事先进行训练的机会越来越少。由于需要对不可预见问题作出反应的情形变得日益普遍，传送信息和提供工具/补给品的能力就越来越重要。

对于星座航天服系统（CSSS），NASA 决定自己来领导实现可适应的航天服系统的远景目标，以支持新时代的太空探索任务。特别地，NASA 还担当了系统整合者，就如同其在水星计划、双子星计划、大多数阿波罗计划以及全部天空实验室计划中的角色一样。2009 年，星座计划成功发射了运载火箭第一级的样机，但是在 2010 年，奥巴马政府决定 2011 年不给星座计划提供资金。美国重返月球并进军火星的时间表越来越不明朗，而航天服的研发与人类的深空探索愿望还在不断向前推进。

11.1 具有持续影响力的零重力环境下的航天服研发

自 1979 年以来，很多机构针对下一代航天服做了大量工作或合作研究。这些工作主要反映了 NASA 当时在载人探索领域的下一步远景规划以及预期任务的功能需求。20 世纪 70 年代早期，随着航天飞机舱外活动装置构想的形成，美国航天服技术团队希望把工作压力设置为 8.0～8.3 psi（55～57 kPa），因为美国的研究表明，在不预先吸氧的情况下，舱内人员可以经受从预期航天飞机座舱压力 14.7 psi（1 atm）快速降低至 8.0～8.3 psi，仍然能防止减压病的发生。

然而，新的航天飞机最初的功能之一是把天空实验室推进到较高轨道，然后支持飞往该空间站的载人任务。要在其进入地球大气层并被毁之前到达天空实验室，这对新的航天服系统的研发提出了时限要求。这一点加上 8 psi（55 kPa）以下压力的舱外活动系统的丰富经验，以及高压力装置的高额研发费用，最终，航天飞机舱外活动装置开始的工作压力定为 4.0 psi（28 kPa），后来改成了 4.3 psi（30 kPa）。

20 世纪 80 年代早期，有一个设想是保留先进阿波罗计划的研发成果，将航天飞机舱外活动装置发展为一个更高压力的零预呼吸航天服系统，这样可以更快地响应可能发生的紧急情况，并且让航天员在太空可以更有效地利用时间。与阿波罗计划在月球引力下的探索不同，这里的轨道作业环境是零重力。也就是说，相比于发射重量所花费的成本，系统本身的质量不是什么问题。另外，由于基础物理因素，在零重力条件下工作将面临更多的困难。每一名乘员移动时会产生一个大小相同、方向相反的作用力。此时，航天服系统更大的质量实际上也可能是一个优点。较高的工作压力需要更大的外壳结构，20 世纪 80 年代，更高压力的航天服系统预计其质量会比阿波罗或航天飞机舱外活动装置要大（在地球上的质量）。

与此同时，美国国家航空航天中心艾姆斯研究中心受命研发一种样机压力服，它将体现艾姆斯研究中心最好的高压力活动性技术，结果产生了 AX－5 压力服样机。

自由号空间站后来成为了国际空间站，该计划将提供推动力和资金，将航天服设计方向改成名为先进舱外活动装置（AEMU）的全新航天服系统。使用 NASA 约翰逊航天中心所认为具有最佳适用性的活动性技术，先进舱外活动装置计划研发了它自己的高压压力服。最后，针对自由号空间站的应用，相关人员对艾姆斯研究中心和约翰逊航天中心的压力服设计进行了比较测试。遗憾的是，由于自由号空间站的预算压力，先进舱外活动装置计划在艾姆斯研究中心/约翰逊航天中心测试报告编制完成之前就终止了。由于终止了先进舱外活动装置计划，有利于采用更加合算的方式来“增强”当前的航天飞机舱外活动装置，一些与 AX－5 和 AEMU 相关的技术成果会影响增强舱外活动装置。

关于躯干的高压服活动性研发工作基本上在 1990 年初就停止了，高压手套的改进工作则一直向前推进。手部区域最难应付，不仅因为手指的直径小，手掌的形状不规则，还因为手部运动通常都很复杂，手的形状又因人而异。为什么航天飞机/空间站增强舱外装置内不采用较高的工作压力呢？原因之一就是这样做会在 8 个小时以上的舱外活动过程中增加手部的疲劳。由于这些原因，NASA 一直到今天还在继续研发高压手套。

20 世纪 80 年代还开启了国际间的合作，这种合作始于冷战时期围绕自由号空间站的有和平倾向的联合。随着冷战的“解冻”，双方相应的技术领域开始建立联系，各自的政府和航天机构紧随其后，结果就产生了国际空间站和有限的下一代航天服研发工作。

20 世纪 90 年代的中心任务是“返回月球和火星”，这带来了难以克服的挑战。很长持续时间的任务和在部分重力环境下进行的难度非常大的操作，要求航天服具备质量小、活动性好以及非常耐用等关键属性。

20 世纪 90 年代，还出现了一些新人企业的有意思的航天服研发活动，这些活动不属于传统的 NASA 领地。尽管多数人认为这些活动中产生的一些硬件不太可能用于航天计划的样机，但毕竟它们给未来的潜在发展增加了新的元素。

零预呼吸服研发工作（1982—1985 年）

20 世纪 80 年代早期，在改进轨道 EVA 能力方面有三个领域得到了发展。零预呼吸服（ZPS）由两部分组成，较大部分的重点在于 8 psi 的躯干/四肢的活动性，较小部分涉及的是 8psi 的手套。与此同时，NASA 投资研发了长前导期的可再生生命保障技术。这项工作的关键在于不排出水蒸气的排热系统。虽然这些工作利用了美国航天服领域相关部分的成果，但是由于不同技术领域存在的细微差别，它们是独立进行的。

零预呼吸服活动系统研发工作（1982—1984 年）

为了实施零预呼吸服计划，NASA 约翰逊航天中心和艾姆斯研究中心于 1982 年合并资源，美国航天服领域此时对于高压力舱外活动压力服系统的兴趣达到最高潮。然而，从艾姆斯研究中心计划制作的 AX－4 压力服样机来看，与零预呼吸服相关的研发工作已经在进行当中了。到 1981 年，AX－4 压力服的研发工作已经在活动元件设计上取得了进展。为了支持 NASA 约翰逊航天中心和艾姆斯研究中心联合的 ZPS 研发，AX－4 压力服的研发工作被推迟了。设计用于 AX－4 压力服样机的带内部约束装置的环形回转关节将装在零预呼吸服内进行评估。

两家研究中心也找到了一些支持机构，包括佐治亚理工学院、大卫·克拉克公司、汉胜公司、ILC 公司、生命保障系统公司和 Suitech 公司。这一人才混合团队包括三位来自航天服界不同领域的资深高级工程师：约瑟夫·科斯莫（来自约翰逊航天中心）和休伯特·维库卡尔（来自艾姆斯研究中心）都是 NASA 的工程师，从 NASA 早期开始就把毕生精力投入到新一代航天服的研究当中。维库卡尔（图 7.1－3、图 7.2－7 和图 11.1－2）在 NASA 工作了 40 多年，于 2000 年退休。科斯莫（图 4.4－1）继续在约翰逊航天中心负责新一代航天服的研发活动。威廉·埃尔金斯来自一家私营部门，20 世纪 50 年代作为一名压力服测试者参与了利顿公司早期的 Mark Ⅰ 压力服研发项目。埃尔金斯（图 7.2－13）发展成为利顿公司的设计师，后来在成为 Aerotherm 公司人员系统部的经理之前一直为 AiResearch 公司效力。

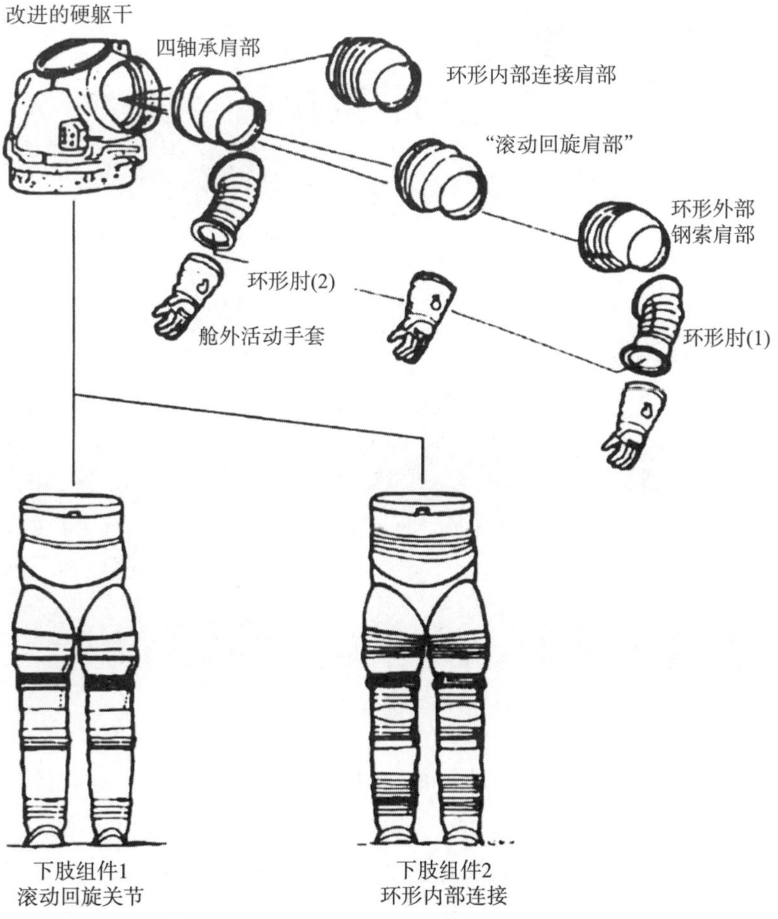

图 11.1－1 零预呼吸服附件示意图（汉胜公司提供）

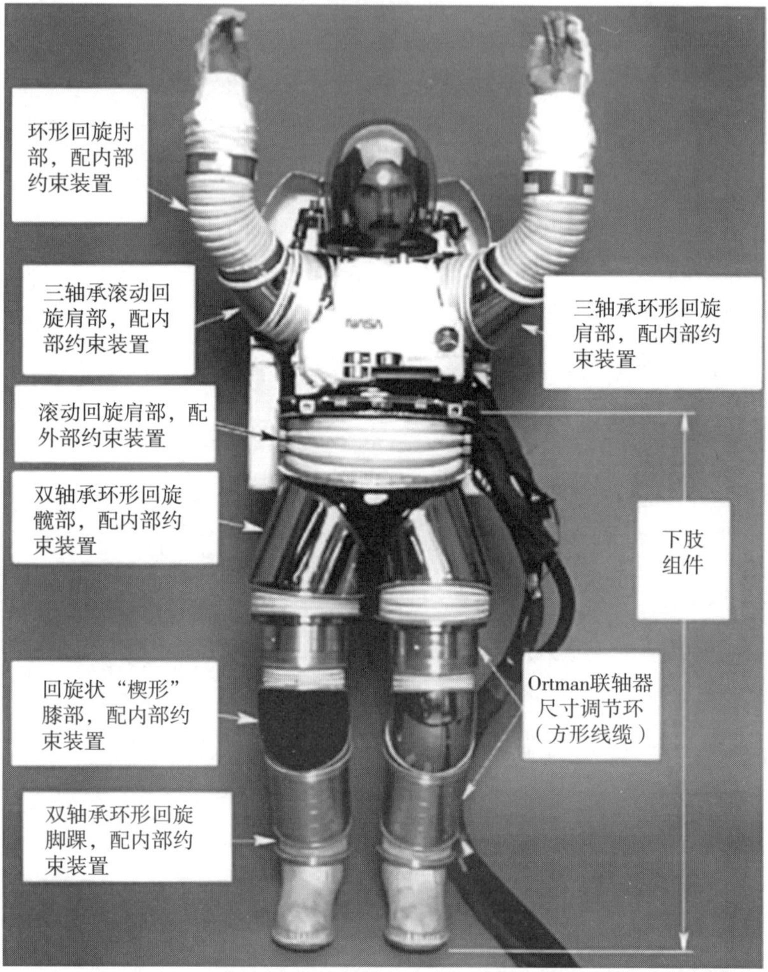

图 11.1－2　典型的零预呼吸服测试配置（汉胜公司提供）

对于零预呼吸服，约翰逊航天中心在多个制造任务的管理和系统测试方面都处于领先地位。艾姆斯研究中心提供了大多数关节概念和许多潜在制造技术的初始设计。零预呼吸服将整合不同技术元素，在一种样机试验台（testbed）压力服上接受评估。这项工作将有意见分歧的美国航天服界之前相互竞争的元素整合到一起。许多人共同的目标就是将航天飞机舱外活动装置发展成为压力更高、更先进的航天服系统。其他研发目标包括延长使用寿命、关节更易弯曲、扩大可达范围、更轻便的轴承、改进再生性、提高可靠性并加快尺寸调节速度。零预呼吸服的一个前提在于，航天服组件接口必须与基线舱外活动装置保持一致，这样零预呼吸服组件就可以逐步引入。零预呼吸服的 8.3 psi 硬式上躯干通过改装基线 4.3 psi 的硬式上躯干制作而成。这就验证了将现有的硬式上躯干改装成较高压力的训练装置的潜在可能性，从而降低了未来实施零预呼吸服的费用。

各种肩部、肘部、腰部、胯部、膝部以及尺寸调节元件、脚踝和靴子由 ILC 公司和生命保障系统公司（LSSI）制造，以用于评估（图 11.1－1 和图 11.1－3）。汉胜公司编制了技术规范，内容包括安全规范和性能参数，如范围、扭矩和压力。针对 ZPS 航天飞机 EMU 可能的后续生产，汉胜公司还进行了成本和技术风险研究。

ZPS 本质上评估了三种活动系统方式，其中一种方式的特点在于配备压力密封轴承的、硬的楔形部件。在这种继承自艾姆斯研究中心 AX－1/AX－2 压力服（图 7.2－7）的概念中，楔形部件以方向的组合转动来实现关节活动性。第二种方式是滚动回旋关节（图 11.1－4，上图），利顿公司按照先进的阿波罗压力服研发工作对其进行了修改。第三种方式是 AiResearch 公司研发的环形关节（图 11.1－4，下图），用作滚动回旋关节的备选方案。

最终的零预呼吸服研发工作证实，舱外活动装置的工作压力可以提高。相比于航天飞机舱外活动装置平板式关节 4.3 psi 的压力约束，零预呼吸服的部分元件在 8 psi 条件下可以比较轻易地活动。然而，1985 年关于研发一套用于自由号空间站的全新的先进舱外活动装置的决定，将零预呼吸服贬为了历史陈迹。

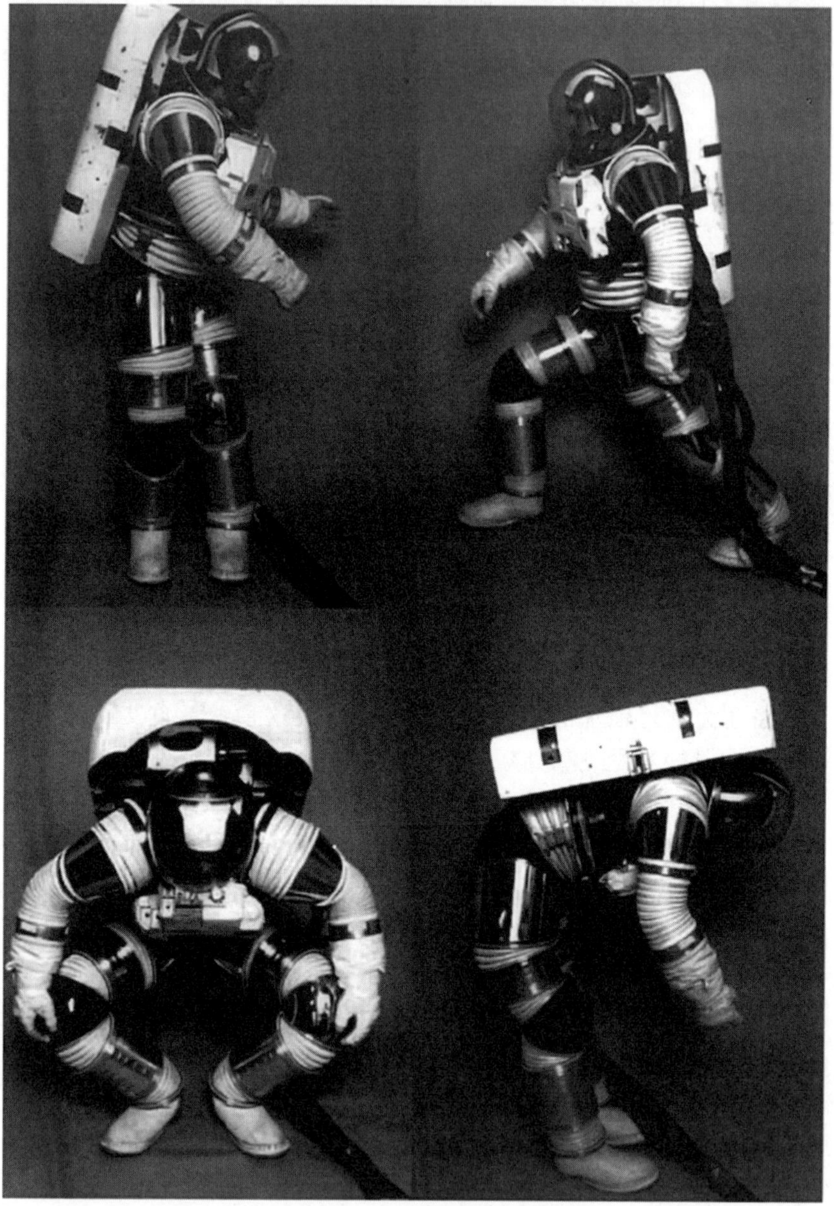

图 11.1－3　零预呼吸服弯曲、转体、蹲坐和跨步行走（汉胜公司提供）

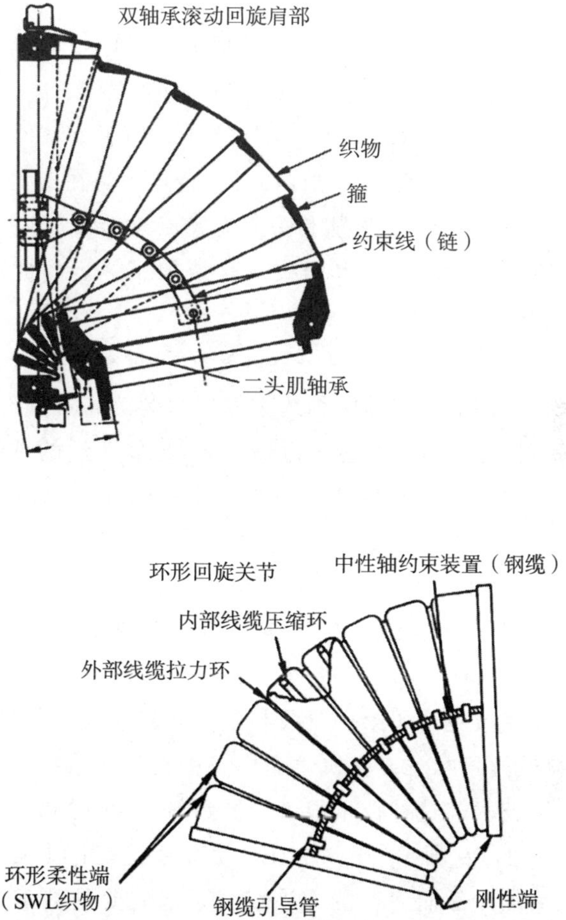

图 11.1-4 滚动和环形回旋状系统（汉胜公司提供）

与零预呼吸服相关的手套研发工作（1982—1984 年）

与零预呼吸服相关的手套研发工作中，大卫·克拉克公司、ILC 公司、生命保障系统公司和 Suitech 公司都是支持承包商。另外，这段时间还对汉胜公司/ILC 公司/百得（Black & Decker）公司的末端执行器（代替手套的工具）进行了研发。

在大卫·克拉克公司第一阶段和第二阶段的 8 psi 压力手套的研

发过程中，该公司采用了 Link - net 手指，这种手指能够调节长度。Link - net 比其他技术的保形性更好且更舒适。1983 年的第一阶段样机手套研发工作证明，大卫·克拉克公司最初于 20 世纪 50 年代中期研发的 Link - net 技术在 8.3 psi（57kPa）的压力条件下可让手套有效活动。第一阶段手套（图 11.1 - 5）特点也是在于强大的掌部拉条可以承受更高的零预呼吸服工作压力，以及装有万向接头的近恒定体积腕关节。第一阶段手套研发工作取得了一定的成功，于是进入第二阶段的研发。

第二阶段，NASA 和大卫·克拉克公司对滑动约束软绳掌部关节进行了探索。接受评估的两种约束软绳材料为特氟隆纤维（褐色，近黑色）和诺梅克斯（自然色，近白色）。经修改后的掌部拉条配置要有助于扩大拇指的活动范围。另外，手指帽作了修改以提高触感和耐用性。第二阶段手套于 1983 年完成了制造和评估。第二阶段的另一个元件是 TMG，根据大卫·克拉克公司的试验，TMG 外部手套手掌和手指部分的灵活性比当时航天飞机舱外活动装置手套 TMG 的更好。

在大卫·克拉克公司第一阶段和第二阶段研发工作进行的同时，ILC 公司生产了两种 8 psi 样机手套。一种设计是依据艾姆斯研究中心提供的手套技术，这种技术很可能受到 Suitech 手指研发工作的影响（图 11.1 - 6，左图）。另一种 ILC 手套系统是作为与零预呼吸服相关工作的后续产品而生产的。该手套系统主要是基于 ILC 公司的 2000 系列航天飞机手套，但特点在于一个多万向节腕关节，就如同 ILC 公司后来的高压手套。

第三家提供零预呼吸服手套的机构是生命保障系统公司。该公司专业技术的核心在于原来的 AiResearch/Aerotherm 公司的“穿衣人（suit people）”。最终的那副压力手套（图 11.1 - 6，右图）演示了之前在 1976 年联合信号公司/Aerotherm 公司/大卫·克拉克公司对于航天飞机 EMU 的建议书中提议的微回旋柔性关节技术。

按原计划，Suitech 也要提供手套用于零预呼吸服的评估。由于

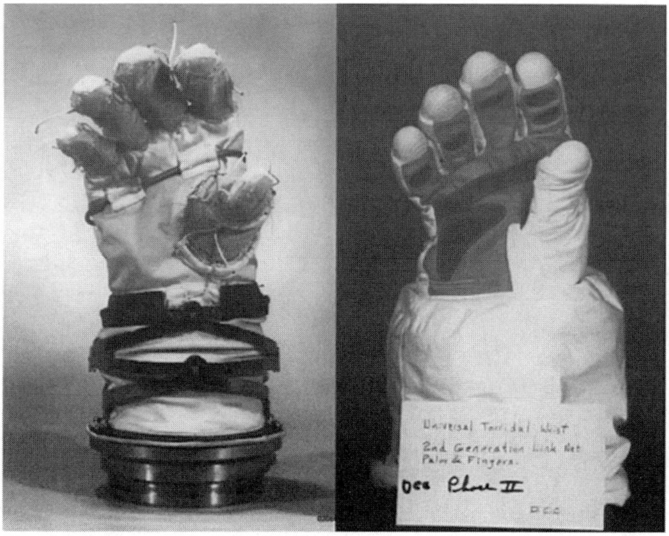

图 11.1-5　大卫·克拉克公司零预呼吸服第一阶段手套
（大卫·克拉克公司提供）

预算有限，Suitech 公司只能在减少并停止其研发工作之前提供手指部分。

另一个有意思的非手套的研发项目是末端执行器，由汉胜公司、ILC 公司和百得公司的承包商团队负责。助力手套末端执行器系统（PAGE）探索了两种方法，一种方法是将工具直接与手套断接器连接，代替压力手套。这种“hand-in-a-can”概念提供了好像没穿航天服的活动力和控制自由，摆脱了压力手套的限制。在一个压力室（也是该工具的一部分）中可以用光着的手抓住压力室部分的工具控制装置。这一工具具有可更换的末端驱动器，可以固定或拆除螺母、螺栓，或者钻孔、切割。

第二种方法是在压力手套内加入触发机构，配备外部触点，适用于各种电动工具。这种方法包括研究潜在的粘扣带/束带约束系统，让航天员的手不用持续用力就能够抓住工具。经过评估，最终产生了第三种更为传统的概念，它与常规的舱外活动手套相结合。

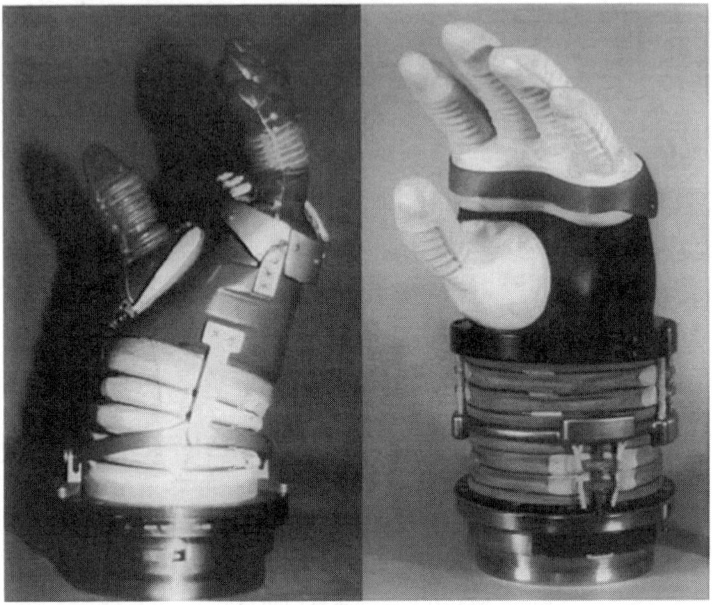

图 11.1-6 ILC公司（左图）和生命保障系统公司（右图）带有掌部关节的手套（分别由 ILC 多佛公司和汉胜公司提供）

按照“末端执行器代替手套”的理念，该工具具有可更换的末端驱动连接附件，是一种独立的工具，特点在于配备一个护手，与压力手套的手指握住手柄时的形状一致，因此可以零作用力握住工具。唯一需要用力的是启动机构。

无排气的可再生散热器（1982—1986 年）

轨道上放置材料的费用非常昂贵，每磅要花费数千美元。因此，每次舱外活动都要蒸发数磅的水来给航天服降温的冷却系统有着很高的运行费用。在轨道上水的存放与管理又进一步增加了这种费用。此外，这还涉及到敏感的实验仪器，比如有些实验仪器需要用到低温冷却的红外传感器，它们可能会被水蒸气污染。

在零预呼吸服的研发过程中，汉密尔顿标准公司获得了用于太空便携式生命保障系统的热电蜡散热器的设计与研发合同。这是一种无排气的可再生散热系统，可实现航天服内的热量和湿度控制。样机系统（图 11.1－7）装在现有的航天飞机舱外活动装置主生命保障系统外部，进行了真空室测试。来自舱外活动装置的热量被存储在石蜡中，然后散发到模拟太空的真空室中。该样机的散热面积大约有 13.5 平方英尺。然而，这个测试也说明了这种可再生方法的一个问题，即显著增加了整个系统的体积。

图 11.1－7　无排气的可再生热控子系统（汉胜公司提供）

艾姆斯研究中心 AX－5 硬压力服（1983—1989 年）

20 世纪 60 年代到 90 年代后期，在载人航天器中心（后改为约翰逊航天中心）进行与航天计划相关的航天服研发的同时，NASA

让艾姆斯研究中心负责先进技术航天服的研发工作。1982年，美国空军詹姆斯·亚伯拉姆森将军当时担任NASA副局长，主管太空运输系统，他指示艾姆斯研究中心创制了一套样机，体现了该中心认为最具发展潜力的高压服活动技术。美国空军最终为这项研发工作提供了大约三分之一的资金，其结果就是艾姆斯研究中心的AX-5压力服。

AX-5（图11.1-8）为维库卡尔设计，与之前的航天服技术方法相比，该设计有它的独特之处。AX-5为全硬压力服，配备球面

图11.1-8　零重力（中性浮力）环境下的AX-5压力服展示
（哈里斯/艾姆斯研究中心提供）

关节，其特点在于压力密封轴承采用球面轴承内圈，可以轻易活动。压力服设计在非弯曲部位配备尺寸调节元件，便于在不同使用者之间快速进行调整。AX－5 压力服样机制作了两套。

尽管 AX－5 最开始是一项技术研发项目，并不涉及具体的计划应用，但其设计仍要考虑用做自由号空间站的压力服。虽然自由号空间站先进舱外活动装置计划在最后的比较试验报告完成之前就被终止，但是 NASA 所做的这些工作对增强型航天飞机舱外活动装置起到了非常重要的作用。AX－5 和 Mark Ⅲ压力服评估的间接结果就是，受到高度评价的 AX－5 压力服的四轴承肩部被集成到与艾姆斯研究中心的压力服尺寸相当的航天飞机硬式上躯干上进行评估。气闸公司负责安装了手臂硬件并对组件进行了涂装，最终的这种不可加压的硬式上躯干模型配备一个约翰逊航天中心的训练用显示和控制模块。压力服穿脱和活动范围评估在艾姆斯研究中心和约翰逊航天中心进行，评估取得了成功。尽管 AX－5 压力服的肩部和肘部并没有应用于增强型舱外活动装置，但艾姆斯研究中心的这种模型表明，如果硬式上躯干中加入了角度准确的袖孔轴承，就不需要用到枢轴。

固定在硬式上躯干的多层玻璃纤维外壳内的枢轴是 NASA 一直关注的问题。如果长期暴露在湿气中，枢轴支承件与玻璃纤维之间的粘合就会被削弱，可能导致支承件变松，失去保持力，进而会使硬式上躯干手臂的压力密封波纹管发生破裂，后果非常严重。后来发现在规定的尺寸调节范围内，不用枢轴就可以实现充分的合身性，结果引发了一系列的改进，产生了增强型航天飞机舱外活动装置的平面型硬式上躯干，既没有枢轴，也没有波纹管。值得注意的是，最终的平面型硬式上躯干袖孔轴承的角度与艾姆斯研究中心的模型相差不到 1°。

最终，NASA 艾姆斯研究中心向国家航空航天博物馆捐赠了两套 AX－5 压力服，以保存其技术遗产。

自由号空间站的先进舱外活动装置（AEMU）（1985—1990 年）

1984 年，里根总统向国会陈述了一种新的航天计划构想，即自由号空间站。1985 年，国会批准了关于自由号空间站的大量并行工作项目，包括研发自由号空间站先进舱外活动装置。NASA 在实施这项任务时，首先是研发先进舱外活动装置需要的关键技术。这也产生了众多的并行项目，最后以一份整合合同来完成最终的压力服系统。

先进舱外活动装置进入架构研究（1985—1988 年）

1985 年，NASA 希望确定高压（8.3 psi 或 57kPa）零预呼吸先进压力服的研发方向，并制作一套完整的样机。NASA 发布了征求建议书。ILC 公司的建议书拔得头筹。在这份建议书中，汉密尔顿标准公司是 ILC 公司的子承包商，负责该系统硬式上躯干部分。这项工作的目标之一是确定航天服的最佳进入方式，另一个目标是确定基本的压力服的概念。当时的竞赛服为全硬压力服（比如 AX-5)、硬/软混合压力服（比如航天飞机舱外活动装置）或软式压力服（比如航天飞机发射/返回服，以及从水星到天空实验室的压力服）。

本项目开始的时候，NASA 约翰逊航天中心评审了所有已知的航天服进入方式。经评估，两种方式脱颖而出：双平面式（图 11.1-9,上图）和背入式（图 11.1-9，下图）。针对这两种进入方式，汉密尔顿标准公司研制了一种 1.0 psi（7kPa）的玻璃纤维硬式上躯干。硬式上躯干设计连接 NASA 现有的零预呼吸服组件。这些组件后来被用于零重力评估（图 11.1-10）。其结果是，NASA 选择了背入式硬式上躯干，与俄罗斯海鹰航天服和艾姆斯研究中心的 AX-5压力服的概念一样。

MarkⅢ 压力服（1987—1990 年）

1987 年，NASA 和 ILC 公司准备制造第二种全套的零预呼吸压力服样机。1985—1987 年间，NASA 对可能的压力服架构进行了广泛研究与评估，这可以追溯至 Mark Ⅱ压力服，虽然 Mark Ⅱ压力服并未经制作出来，其后继的一种先进压力服样机就是 Mark Ⅲ压力服（图 11.1－11）。

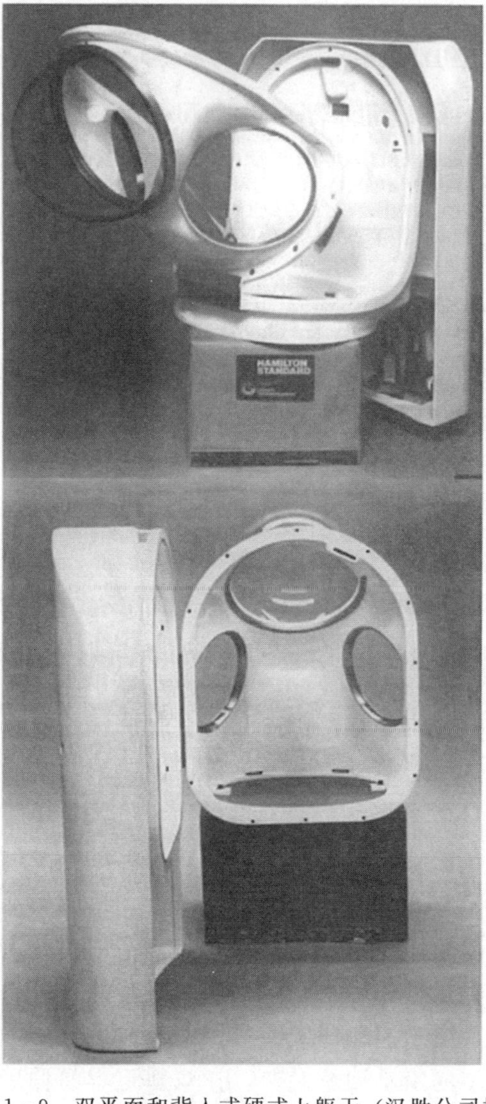

图 11.1－9　双平面和背入式硬式上躯干（汉胜公司提供）

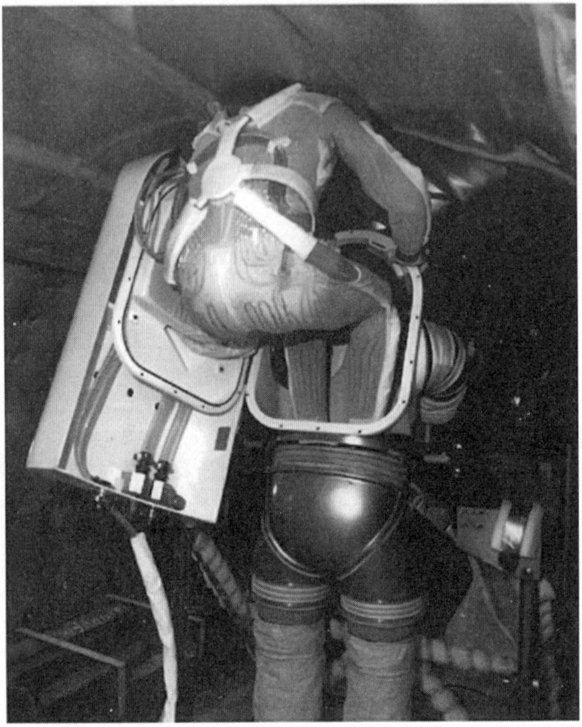

图 11.1－10　Mark Ⅱ正在进行进入比较试验（哈里斯提供）

汉胜公司第二种背入式硬式上躯干的设计过程融入了从架构研究中获得的评估反馈信息。由于材料特性原因，汉胜公司选用精铝来制作这种 HUT。对于肩部设计，NASA 选择 ILC 公司来负责制作利顿公司的先进舱外航天服滚动回旋肩部的一种派生产品。对于下臂，NASA/ILC 公司选用了类似于航天飞机舱外活动装置的平板系统。对于腰部设计，NASA 决定放弃曾经用在航天飞机舱外活动装置上的腰部轴承，三轴承（每侧三个）胯部将可以提供充分的转动活动性。腰采用了滚动回旋关节，便于前后弯曲。胯下两侧每条腿配备一个较短的滚动回旋关节，让双腿更容易伸展或并拢。腿部的余下部分利用了类似于航天飞机舱外活动装置的平板元件。脚踝也采用了平板关节。

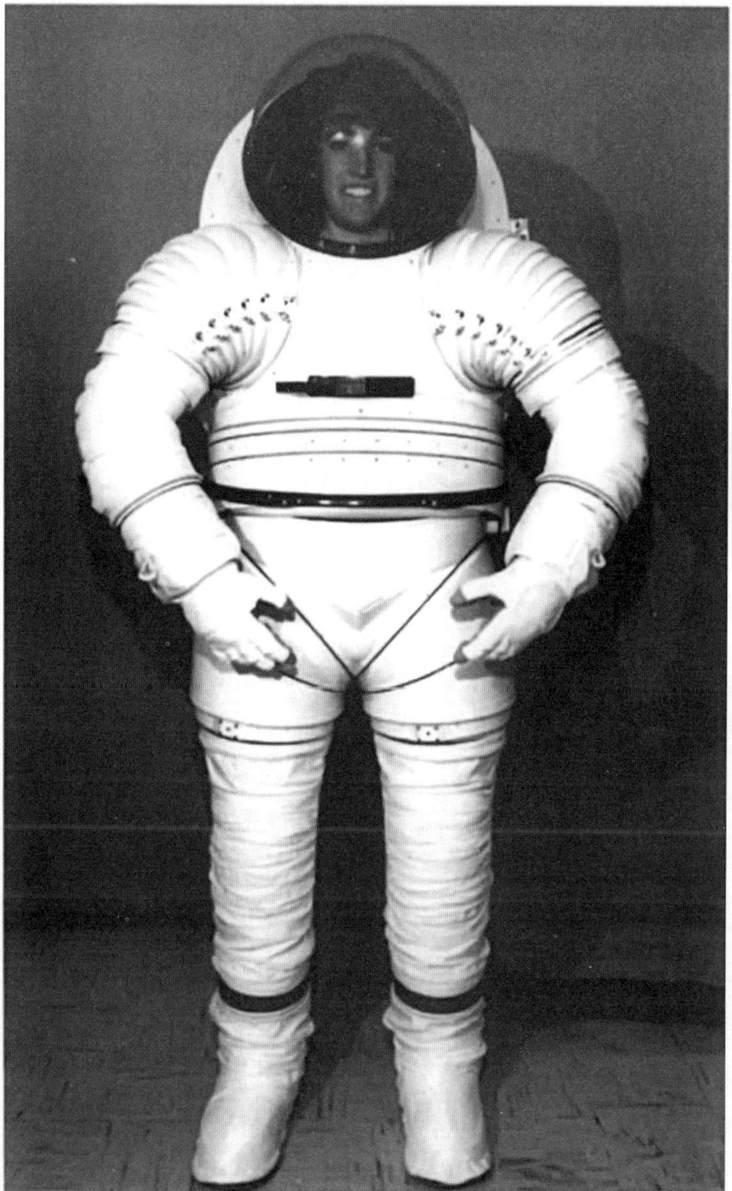

图 11.1 - 11　Mark Ⅲ压力服（NASA 提供）

MarkⅢ压力服采用模块化设计，各部分是可分离的，通过类似于零预呼吸服用过的 Ortman 线缆连接。除了手臂和腿部模块具有多种尺寸外，附加的尺寸调节能力通过手臂以及腿部两个部位的渐增式间隔环来提供。这些元件也是通过 Ortman 线缆连接器连接。由于错误地使用了尺寸过小的线缆，Mark Ⅲ关节受压时出现了故障，让人不禁对 Ortman 线缆连接方式的可靠性产生怀疑，这有可能是人为失误，也有可能是因磨损而减小了尺寸。

1989 年，美国航空航天局资助气闸公司利用铸铝生产硬式上躯干，选用铸铝材料是为了降低成本并加快生产速度。作为这项研究的成果之一，气闸公司生产了一套铸铝 Mark Ⅲ硬式上躯干。四年后，NASA 对气闸公司研发夹层石墨复合材料的制造方法提供了经费，生产了另一种 Mark Ⅲ硬式上躯干。20 世纪 90 年代早期到中期，Mark Ⅲ演变成为混合型或“H”型压力服（后文将予以讨论）。

压力手套研发（1985—1987 年）

从零预呼吸服研发工作中得出的结论之一就在于：压力手套是 8 psi（55 kPa）压力服系统中起决定性作用的技术。因此，NASA 继续通过大卫·克拉克公司和 ILC 公司对压力手套进行研发。1985 年，NASA 对大卫·克拉克公司第三阶段手套的研发提供了经费。第三阶段手套（图 11.1－12，左图）的特点一是配备了坚固的枢轴式（或铰链式）掌指骨关节/手掌拉条系统；另一个特点是配备了低磨损腕关节。因此，大卫·克拉克公司继续研究特氟隆 Link－net 手指。第三阶段手套的 TMG 还具有成本低、扭矩较小和触感较强等特点（图 11.1－12，右图）。

1987 年，NASA 还资助了 ILC 公司的 Mark Ⅲ压力手套的研发。这种 8.3 psi（57 kPa）的手套继续了多万向节滚动回旋腕关节（图 11.1－13）的研发工作。手套的约束层采用了更为简易的平板式指尖，而航天飞机舱外活动装置用的是凯夫拉纤维网眼加固型指尖帽。这种手套一个有意思的特点在于采用 Link－net 滑移网眼技术的多向拇指关节。尽管 NASA 由于预算原因没有实施自由号空间站先进舱

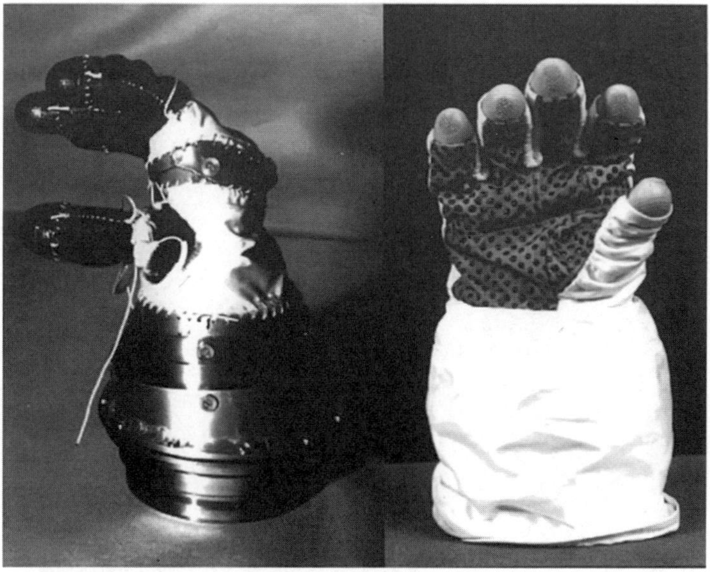

图 11.1-12　大卫·克拉克公司 1985 年第三阶段手套和 TMG
（大卫·克拉克公司提供）

外活动装置计划，Mark Ⅲ压力服没有投入生产，但航天飞机舱外活动装置计划在继续研发这种手套的衍生产品，即增强型舱外活动装置 5000 系列手套。

生命保障系统研发（1985—1990 年）

除了继续研发无排气的可再生热控子系统技术，NASA 还资助了一项热控系统研究项目，以满足自由号空间站先进舱外活动装置的低运行成本、最少维修、最少飞行保养、最少地面保养和长使用寿命的要求。

从 1985 年开始，汉胜公司在随后两年的研发工作中占得先机，成功研制了一种压力服样机，可以对计划中的自由号空间站先进舱外活动装置主生命保障系统的备选热控技术进行比较评估，包括研究、选择和设计各种备选排热、水管理、湿度控制和水输送子系统。

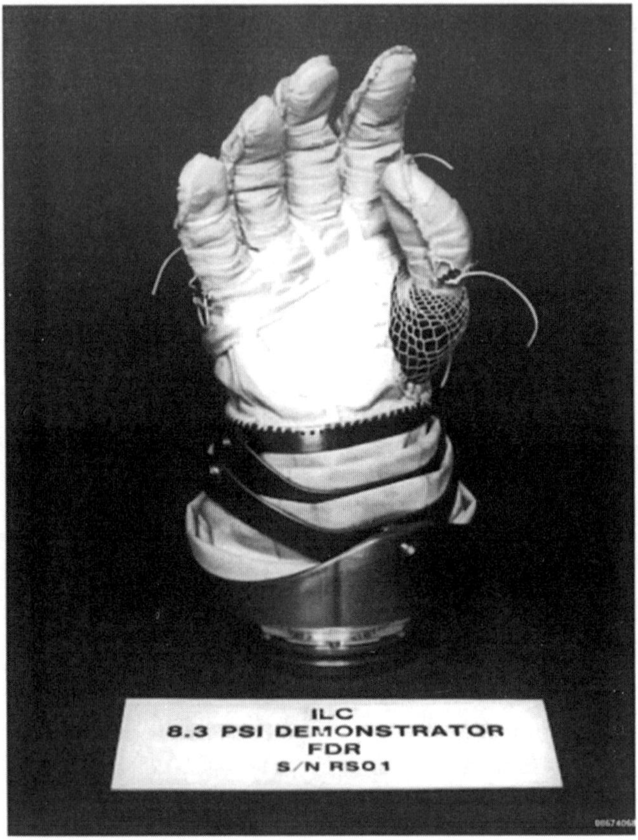

图 11.1-13 ILC公司的 MarkⅢ 8.3 psi 压力手套（汉胜公司提供）

湿度控制系统研究涉及的很多项目都具有相互依存性，包括 CO_2 去除系统、散热系统和除湿技术（干燥剂层或冷凝器/分离器）。

接下来的工作是制造并检测各子系统及可能的技术组合系统。这种热控系统（AEMU 相关的并行研发项目）研究的子系统元件包括可再生散热器、湿度与二氧化碳混合控制系统（使用固体胺吸附剂）以及自动冷却控制系统。可再生散热器包括热腊加冰—水试验系统，可对多种相变浆体材料（如水/盐）进行评估。其结果是，NASA 可以为随后的自由号空间站 AEMU 合同选择合适的技术。

对于自由号空间站，非再生轨道 CO_2 去除盒（就像用在阿波罗或航天飞机舱外活动装置上的）在重量和体积上不能满足发射要求，也是空间站的装载能力所不能接受的。1987 年，汉胜公司以其金属氧化物可再生舱外系统（MORES）的概念获得了在轨可再生 CO_2 去除系统研发合同。这项工作设计、制作和检测了一个全尺寸反应器和滤罐系统。样机系统达到了其性能目标，并计划成为自由号空间站先进舱外活动装置合同的内容之一。自由号空间站先进舱外活动装置计划于 1990 年终止时，NASA 继续资助了该系统，直至其完成。这一系统最终应用于国际空间站中，被称为“金属氧化物（METOX）系统”。

通信方面的改进（1985—1988 年）

航天服系统生死攸关的元素会延伸至压力外壳和生命保障系统以外，通信和控制装置不仅对实现有效作业具有非常重要的作用，还关系到航天员的生命安全。认识到这一点，自由号空间站先进舱外活动装置相比于过去的舱外活动系统前进了一大步。这包括航天员在不中断太空作业的情况下获得实时显示视觉信息的能力。另外，作为自由号空间站先进舱外活动装置概念的内容之一，NASA 希望取消航天飞机 EMU 所采用的前面安装的显示和控制模块。这个挑战的长前导期部分就是要研发替代显示方法。NASA 于 1986 年发布了征求建议书，汉胜公司的头盔显示器（HMD）建议书拔得头筹。

头盔显示器概念（图 11.1－14，左图）就是提供虚拟的透明图像。为此，汉胜公司的航天部门与其飞行系统部门联手，对大量的可能配置和技术进行了评估，最终选用了配备液晶显示器的头盔显示器。液晶显示器是一种低功耗图像生成设备，能够通过微小的图像元素（像素）显示多种形式的信息。在研发过程中，研发人员制作了两套全尺寸的模型组件。根据航天飞机舱外活动装置头盔几何尺寸，第一套组件于 1986 年完成，不久便研发了第二套模型组件，可以适应 Mark Ⅲ压力面窗。该技术演示装置（图 11.1－14，右图）交付给美国航空航天局评估，其特点在于三个级别的透明度，更方便评估。

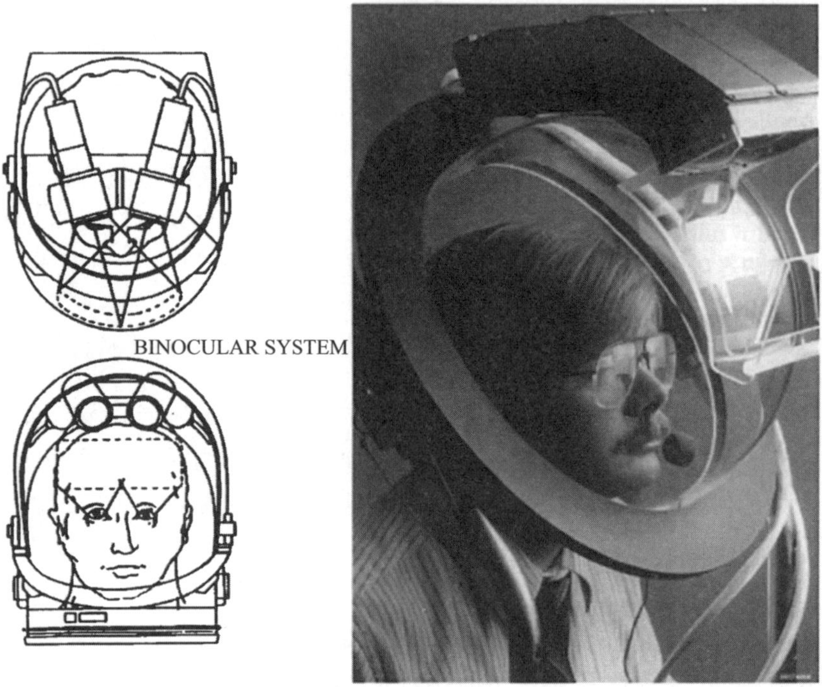

图 11.1－14　头盔显示器概念和演示器（汉胜公司提供）

考虑将艾姆斯研究中心的 AX－5 压力服用作自由号空间站的压力服

为了成功研制自由号空间站先进舱外活动装置，NASA 约翰逊航天中心一直在研发 MarkⅢ压力服。1988 年，艾姆斯研究中心和约翰逊航天中心建议对艾姆斯研究中心的 AX－5 全硬压力服和约翰逊航天中心的 Mark Ⅲ压力服进行比较评估。1989 年，通过在约翰逊航天中心的载人比较试验，Mark Ⅲ压力服和 AX－5 压力服（图 11.1－15）进行了广泛的评估。不过，自由号空间站先进舱外活动装置计划在上述结论作出之前就取消了。最终报告却显示，这两种压力服其实旗鼓相当，只是 AX－5 压力服的肩部具有潜在优势。

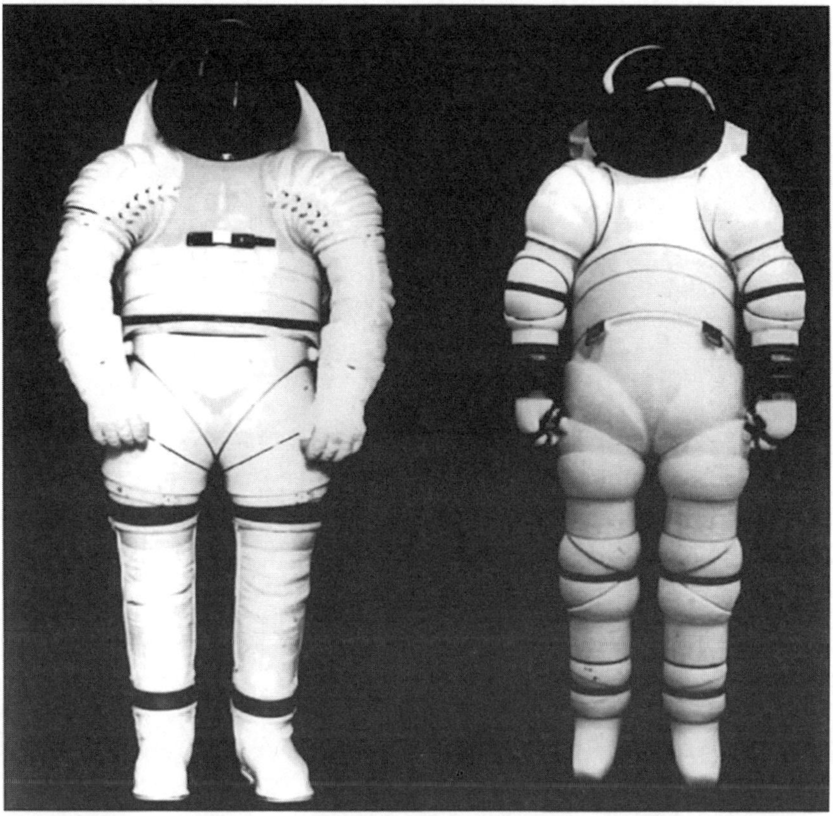

图 11.1－15　约翰逊航天中心的 MarkⅢ（左图）和艾姆斯研究中心的 AX－5 航天服（右图）（汉胜公司提供）

自由号空间站先进舱外活动装置（AEMU）执行合同（1988—1990 年）

对于自由号空间站，洛克希德航空航天公司担任 NASA 的主承包商。1988 年，洛克希德公司曾争夺先进舱外活动装置的开发和集成分包合同。最终，由汉密尔顿标准公司、ILC 公司及气闸公司三家公司组成的团队赢得了该项合同。该团队成员的角色和职责分工与其在航天飞机舱外活动装置计划中的一样。NASA 从先前的技术开发成果中选择了无排气的可再生散热器（热蜡）、自动冷却控制装置、金属氧化物可再生二氧化碳去除系统以及头盔显示器，用于自由号空间站先进舱外活动装置（图 11.1－16）。

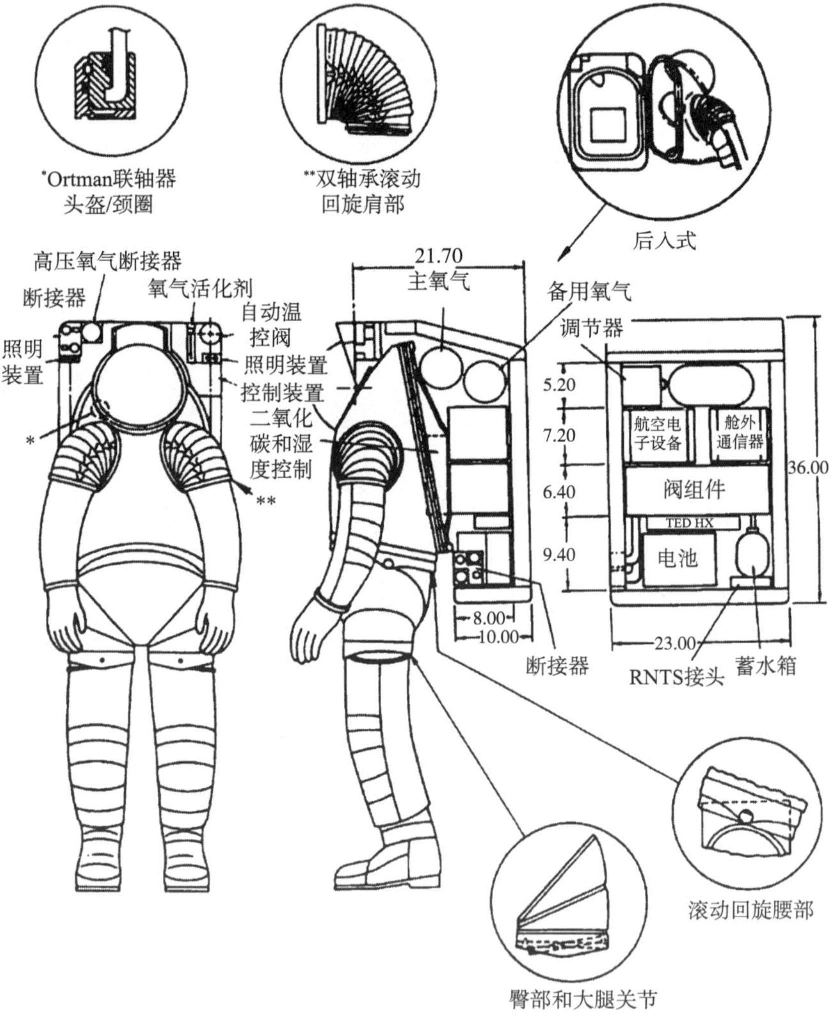

图 11.1－16　1989 年先进舱外活动装置示意图（汉胜公司提供）

这一研发工作的挑战就在于完善、开发、认证并交付一个满足 NASA 体积约束条件、完全可再生（不运载消耗品）的 8.3 psi (57 kPa)（无需预呼吸）舱外航天服系统。该航天服系统不带外部系统控制装置，因而需要开发一种交互式语音识别系统。而这种系统的问题就是一旦语音激活电路出现故障，就需要接入一个手动备份装置。因此，原本认为可从该方法中得到的好处就无法实现。此外，该系统还将配备模块化生命保障子系统，即“轨道更换设备”（ORU），旨在轨道上实现维修或更换。轨道更换设备系统将包括语音识别系统、检查服务和维修系统、电源协调模块以及数据管理模块。

1989 年，由于自由号空间站的预算削减，洛克希德公司决定自己承担集成先进舱外活动装置的角色。同年，面对预算限制问题，NASA 出资开展了两项独立的成本/收益研究，并进行了内部成本评审。1990 年 2 月，这些评审完成之后，先进舱外活动装置计划宣告结束，因为人们认为对 4.3 psi (30 kPa) 的航天飞机舱外活动装置进行改进后即能满足空间站的需求。先进舱外活动装置计划仅产生了一个完整的航天服系统，即基于 Mark Ⅲ 的中性浮力实验室评估装置（图 11.1－17）。

从自由号空间站先进舱外活动装置直接转移/延续到增强型航天飞机舱外活动装置的一项产品就是可再生 METOX 二氧化碳去除系统，它用于空间站服务，还可作为航天飞机飞行的一种选择。

自由号空间站先进舱外活动装置的一个不太直接的影响是在手套方面。ILC Mark Ⅲ型手套被考虑用于航天飞机舱外活动装置，即 5000 系列手套。尽管该项配置并未达到全面飞行服务的阶段，但此设计的衍生型继续发展成为了第六阶段手套。第六阶段手套接着成为当前增强型舱外活动装置采用的压力手套系统。

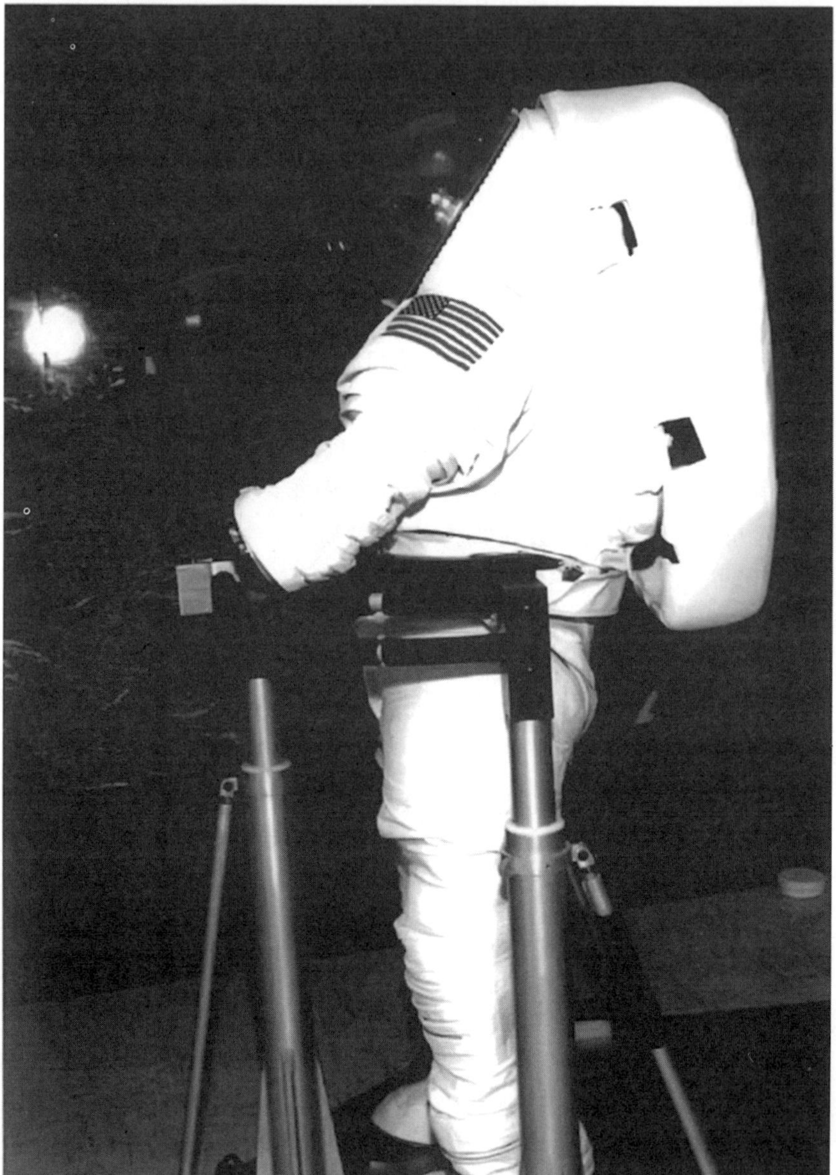

图 11.1-17 （基于 Mark Ⅲ）最终版自由号空间站航天服样机（NASA 提供）

继续先进压力手套的研发工作（1991—1999 年）

在自由号空间站 AEMU 计划终止时，NASA 对高压活动性的研发工作并未随之结束。当时，人们考虑到可以通过提高工作压力（5.3 psi，36.5 kPa），对航天飞机舱外活动装置进行可能的“增强”，不过这一想法并未付诸实践。之所以未提高工作压力，其中一个关键原因就是乘员对长持续时间的手套的评估不满意。

1991 年，NASA 资助大卫·克拉克公司开发了第四阶段手套。与 1985 年的第三阶段手套相比，这种样机手套系统对腕部和掌部区域进行了改进。第四阶段手套的研发工作包括一种 TMG 防护手套，手掌和指根部分都用硅酮制成，实现了绝佳的柔性，并减小了抓握扭矩。在此之后，1992 年，NASA 又资助大卫·克拉克公司开发了第五阶段手套。

凭借第五阶段手套，大卫·克拉克公司向世界展示了其开发有效的高压手套的能力，其中采用的平板式指部约束设计与大卫·克拉克公司的双子星和高空压力服手套类似。后来，通过逐步改进手套的手掌和腕关节，大卫·克拉克公司完成了此次研究。第五阶段手套的研发过程中，也曾广泛探索低扭矩手套的 TMG。

20 世纪 90 年代中期，虽然新一代航天服系统和子系统将重心主要放在月球/火星相关技术上，但是实现高压下不易疲劳的活动性仍被视为一项重要的需求。为了满足该需求，1999 年，NASA 又资助大卫·克拉克公司开展了第六阶段手套的研发工作。

在第六阶段，大卫·克拉克公司重新采用诺梅克斯 Link - net 指部约束系统制作手指部分。第六阶段开发过程最终制造出两副手套，用于进行比较测试。比较测试的焦点在于腕部技术，具体地说，就是“软质”与“硬质”腕部的区别。“软质”腕部是大卫·克拉克公司进一步探索双万向节/回旋腕部技术（图 11.1 - 18，上图）的成果，与该公司的第一阶段手套以及采用 5.8 psi（40 kPa）工作压力的俄罗斯现代 EVA 系统类似。然而，“硬质”腕部是从大卫·克拉克公司第三、四、五阶段手套的腕部系统演变而来。为了完善对整个手套系统的评估，第六阶段还对低扭矩手套的 TMG 提出了一项改进（图 11.1 - 18，下图）。不过，在过去 15 年时间里，不只有大卫·克拉克公司在高压手套方面进行过研发。

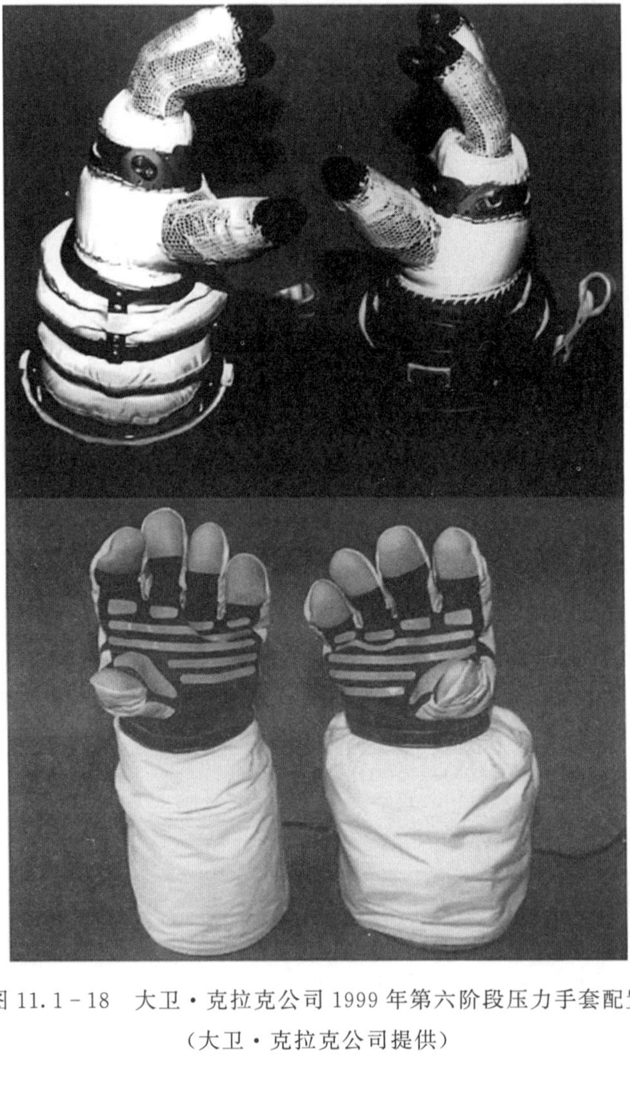

图 11.1 - 18　大卫·克拉克公司 1999 年第六阶段压力手套配置

（大卫·克拉克公司提供）

1999 年，在联邦的大学/工业界拨款的支持下，马里兰大学太空系统实验室与 ILC 合作开发了一个自主的动力辅助致动系统。本研究的目的在于促进戴手套后掌关节的活动性。为了对抗疲劳问题，在手套背部一个不显眼的位置配置了一个致动器（图 11.1－19）。致动器产生的扭矩可以抵消加压手套的回弹特性，进而提高手的活动性，同时减少疲劳。

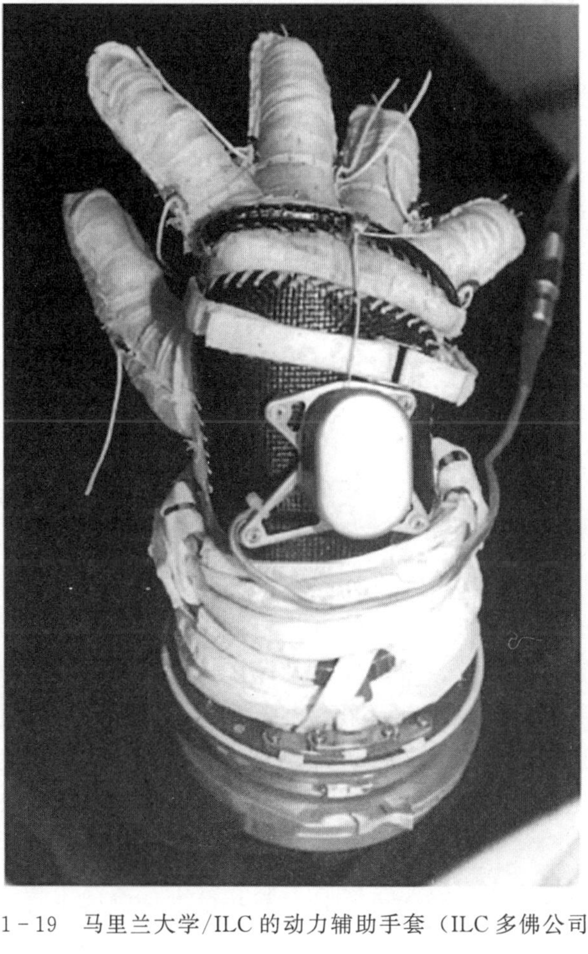

图 11.1－19　马里兰大学/ILC 的动力辅助手套（ILC 多佛公司提供）

海洋工程空间系统（OSS）公司——新加入的参赛者（1988年）

国际海洋工程公司（母公司）成立于1964年。最初，该公司主要在墨西哥湾经营空气和混合气体潜水业务，后来逐渐发展成为多元化的全球深海潜水技术供应商。1977年，公司内有一名专业深海潜水员兼项目工程师，名叫迈克尔·格恩哈特（哲学博士）。1984年，格恩哈特加入了公司管理层；1988年，他升任该公司的特殊项目副总裁。同年，他创立了海洋工程空间系统（OSS）公司，并成为该公司的首位副总裁。成立该公司的目的是为了向NASA太空计划传授水下技术和操作经验。从1988年到1992年被NASA选拔成为一名航天员期间，他一直致力于开发可供航天员和机器人在自由号空间站（SSF）上兼容使用的新型工具。海洋工程空间系统公司后来逐步成为舱外活动工具的主要承包商。

同样始于1988年，基于低温氧气的生命保障和散热技术，海洋工程空间系统公司提出了一种可用于舱外活动的新型主生命保障系统（PLSS）。尽管未获得NASA的资助，但该系统却引发了与自由号空间站（SSF）相关的兴趣 。

1991年，就当时自由号空间站的构想而言，它需要舱外活动航天员在空间站衔架内从一个位置移动到另一个。然而，在地球上的中性浮力水槽（使用传统的脐带生命保障系统）中进行练习却不是一件容易的事情。采用脐带的方式可能导入训练差异，进而可能影响人的在轨执行能力。1991年，NASA资助海洋工程空间系统公司开发中性浮力便携式生命保障系统样机。1992年，NASA借助海洋工程空间系统公司提供的样机，在约翰逊航天中心和其他地方的水下设施成功开展了载人测试。由于资金限制的关系，以及自由号空间站转变为国际空间站（计划全部采用外部的EVA横越）的缘故，中性浮力便携式生命保障系统宣告终止，不过海洋工程空间系统公司的研发仍在继续。

11.2　国际合作与相互影响

航天服研究的发展表明，地球是一颗多么小的行星，航天服界的国际合作是一个自然趋势。20 世纪 60 年代，苏联的航天服研究紧跟着美国航天服的研发步伐。20 世纪 70 年代，有关美国航天服的影响的首个实物证据是 ILC A7L 阿波罗式手套出现在了俄罗斯航天服样机中。据说，1972 年美国航天员迈克尔·科林斯曾向苏联航天员维塔利·赛瓦斯田诺夫展示过阿波罗手套。随后，赛瓦斯田诺夫又向担任俄罗斯航天服制造厂首席设计师的盖伊·塞韦林展示该手套。于是，塞韦林立即要求工厂制造出手套的复制品，并对该复制品进行了评估。后来，阿波罗式手套就被用到两种俄罗斯航天服中。

1977 年 12 月 20 日，阿波罗手套的俄罗斯复制品作为俄罗斯海鹰-D 和海鹰-DM 舱外航天服手套系统的内层压力手套，执行了礼炮号空间站的首次舱外活动（EVA）。海鹰航天服手套与阿波罗手套的不同之处在于，前者采用了俄罗斯设计的断接器。从海鹰-DM 航天服一直到 1988 年引入的海鹰-DMA 航天服，由俄罗斯自己设计的断接器一直持续运用到和平号空间站。海鹰-DMA 航天服的前两次舱外活动中，一次使用了俄罗斯设计的全新内层手套，另一次采用的仍是基于阿波罗的手套设计。

阿波罗式的手套设计还出现在 1973 年启用的俄罗斯鹰 KV-2 救援服（发射/返回/舱内活动）样机中。除了采用俄罗斯设计的航天服手套断接器，简化了单轴腕部约束装置并替换了一些材料外，这种阿波罗式的手套设计于 1980 年用于飞行当中，成为俄罗斯 KV-2手套。随着冷战的结束，这家先前负责生产航空压力服和其他航空相关系统并成为苏联唯一航天服生产商的俄罗斯工厂（1952 年创立）于 1994 年变成了星辰科学研究所（NPP Zvezda）。2003—2004 年，随着 Zvezda 设计的全新压力手套的引入，鹰 KV-2 救援服逐渐停止了使用基于阿波罗的手套设计。为提高活动性、耐用性以及制造性，Zvezda 手套采用了气囊和约束层分开的设计。

美国和俄罗斯的影响是相互的。20 世纪 60 年代，俄罗斯开发的后入式开口，成为 20 世纪 70 年代至今俄罗斯舱外航天服的一大标志。从 20 世纪 80 年代开始，美国开展的多项研发工作意识到前述方法的好处，并开始运用该方法。

俄罗斯并非美国航天服技术的唯一影响对象。截至 20 世纪 70 年代末，中国开发的太空压力服就曾采用过大卫·克拉克公司/双子星式的后部进入系统和类似 Link - net 的约束系统。此外，美国对中国航天服技术的另一间接影响发生在 20 世纪 90 年代初，当时中国为加强太空计划购入了俄罗斯的太空技术，这给中国创造了获得更多俄罗斯技术（包括俄罗斯 KV - 2 救援服）的机会。中国首次载人航天飞行（神舟五号）上使用的航天服，本质上是俄罗斯 KV - 2 救援服的翻版，同样也采用了当时受到阿波罗影响的手套设计。一直到今天，中国神舟计划的发射/返回/舱内航天服仍在使用基于阿波罗的手套设计。

随着自由号空间站的建立，西方世界开始相互交流太空技术。欧洲航天局（ESA）雄心勃勃地想要加入自由号空间站。它计划不仅要为自由号空间站提供舱段，还意图建立单独的、小一些的载人和不载人轨道空间平台，作为哥伦布计划的一部分。为支持这一系列活动，欧洲航天局将设计属于自己的可重复使用航天飞机（命名为“赫尔墨斯”），并开发一套 EVA 航天服（称为“欧洲航天服系统”）。

1986—1987 年，针对首个欧洲航天服系统开展了多项可行性研究。1987 年，道尼尔公司（Dornier）被选定为计划的主承包商和生命保障子系统承包商，拉本公司（Laben，意大利）被选定为胸包/数据管理和通信子系统承包商，达索公司（Dassault，法国）则被选定为压力服子系统承包商。尽管这种压力服从未达到完全加压状态，从已发布的航天服系统的技术说明来看，该压力服采用了 NASA/ILC Mark Ⅲ型的设计和类似航天飞机舱外活动装置的约束系统。此外，道尼尔公司选择了美国公司即汉密尔顿标准公司担任系统和生命保障子系统的子承包商。

欧洲航天服系统（图 11.2－1）的工作压力将设定在 7.25 psi (50 kPa)，同时还将带有一个后入式开口。然而，此系统的开发过程受到 1990 年苏联解体的影响，欧洲航天局与 Zvezda（俄罗斯航天服系统供应商）订立了合同，希望 Zvezda 为系统工程和航天服外层结构设计提供支持。1992 年，因为预算问题，欧洲航天局重新评估了欧洲航天服系统计划。评估过后，诞生了名为“舱外活动航天服 2000”的新计划。在此计划中，欧洲航天局与俄罗斯航天局（RSA）一起合作，道尼尔公司和 Zvezda 成为舱外活动航天服 2000 计划的联合承包商。新航天服系统的工作压力降低到 6.1 psi (42 kPa)。

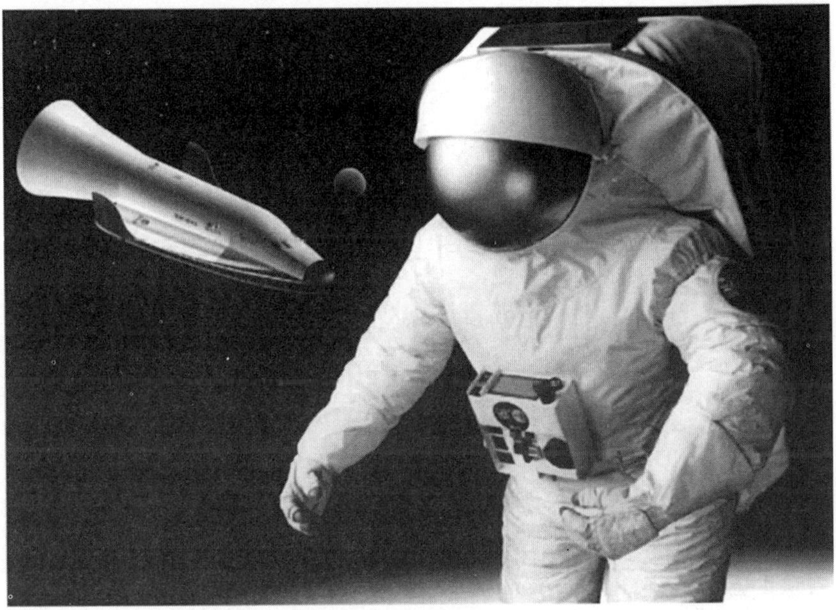

图 11.2－1　欧洲航天局的舱外航天服系统概念（斯库格提供）

1990 年，冷战态势逐渐消退。当时世界范围内只有有限数量的太空生命保障和航天服供应商。在美国航天界，汉密尔顿标准公司成为首个认识到美国和苏联在太空业务领域合作可能带来的相互利益并主动促成这种合作的公司。1990—1991 年间，汉密尔顿标准公司与包括 Zvezda 在内的多个俄罗斯航空航天公司签订了工作和业务协议。1993 年 9 月，通过谈判和出资租赁海鹰-DMA 航天服，汉密尔顿标准公司为美国带来了当前俄罗斯航天服技术的首个样本。海鹰-DMA 是俄罗斯用于和平号空间站舱外活动的航天服。汉密尔顿标准公司对该航天服进行了技术评估，并与美国技术界共享这一过程获得的知识，此外还将 DMA 航天服提供给 NASA，用于进行更多的评估。海鹰航天服具备的一项特征让 NASA 约翰逊航天中心很感兴趣，即由 Zvezda 研发的双万向节腕关节。这一特征影响了 20 世纪 90 年代美国手套的发展，并最终将其运用到增强型航天飞机舱外活动装置第六阶段手套的设计中。

1993 年，俄罗斯航天局受邀加盟后，自由号空间站被扩展为国际空间站。接着，欧洲航天局和俄罗斯航天局游说美国提供支持，基于舱外活动航天服 2000 计划联合开发一种新型航天服，以作为所有国家在国际空间站上使用的唯一航天服系统。然而，美国当时的增强型舱外活动装置已远超该想法。最终，舱外活动航天服 2000 计划因为预算问题而摇摇欲坠，不过在此之前，该计划已成功测试了首个加压样机。由 Zvezda 和道尼尔公司联合开发的俄罗斯国际空间站航天服（海鹰-M），具备了舱外活动航天服 2000 计划的多项特征。

从 1997 年开始，俄罗斯的 Zvezda 和汉密尔顿标准公司就联合开展了一系列以行星探索为目的的研究和开发活动。最初，汉密尔顿标准公司内部资助 Zvezda 开展了行星探索下躯干研究。然而，需要提醒的是，苏联曾经有过自己的月球舱外活动航天服开发计划，虽然该计划诞生的航天服系统成为了轨道舱外服系统，就是我们现在所知的海鹰航天服，它的制造商 Zvezda 也曾考虑过行星行走功能，不过这些功能未在实现轨道飞行的海鹰航天服上体现出来。这项研究旨在向俄罗斯提供可能的行走下躯干系统的相关建议。尽管俄罗斯考虑了这些建议，最终也未制造出一套下躯干样机。虽然如此，它仍是后来的靴子/

脚踝活动性样机的先驱。

Zvezda 和汉密尔顿标准公司将靴子/脚踝活动性研究重点放在提高脚部和脚踝的活动性与安全性上面（在倾斜不平的地形上行走）。1998 年，为确定一种候选配置，用于进行载人压力服测试，两家公司开展了部件级设计研究和测试。1999 年，汉胜公司资助 Zvezda 制造一种已预先选定多向踝关节和轴承的测试靴。载人测试在汉胜公司位于康涅狄格州温莎洛克斯的试验设施内进行，使用了该公司拥有的两套美国航天飞机训练用舱外活动装置中的一套。为了这项测试，该公司还专门制造了一个试验设施。借用此设施，几乎可以模拟各种角度的斜坡地形，并且能在行走路径上放置各种不规则形状的物体（图 11.2－2）。测试由一系列任务组成，包括在斜坡上站立、上下坡行走、评估行走速度和稳定性、在不平坦的表面上行走、以最快的速度作 360 度转弯，以及在腰部轴承锁定和脚部固定的情况下转动躯干。该研究证实，在靴子上加入多向踝关节是一种可能并可行的做法。这些特征还表明了在行星表面的行走活动性能有效保障舒适度、安全性及行走速度。该活动性还使身穿压力服的航天员能够更加自然地行走：航天员无需花费更多时间学习如何行走，并且行走时也无需特意集中精力。随后，汉胜公司与 NASA 以及国际技术界分享了此次研究结果。2001 年，汉胜公司继续资助先进靴子的进一步研发，航天服界给出了积极的响应。

航天服系统有一个领域，NASA 与俄罗斯航天局可以共同开发，这就是俄罗斯舱外活动简易救援装置（SAFER）。作为增强型舱外活动装置的组成部分，舱外活动简易救援装置最初是美国开发的。之所以需要舱外活动简易救援装置这样的系统，是因为人们意识到，当连接乘员与空间站的主约束系绳失效时，由于国际空间站无法像航天飞机轨道器那样通过机动来展开营救工作，根本就没有备用方法可以救回乘员。采用冗余的系绳又会过于累赘，并且还容易缠在一起。1994 年 9 月 16 日，航天飞机 STS－64 飞行任务的舱外活动中用到了舱外活动简易救援装置（图 10.3－2）。1995 年年底，

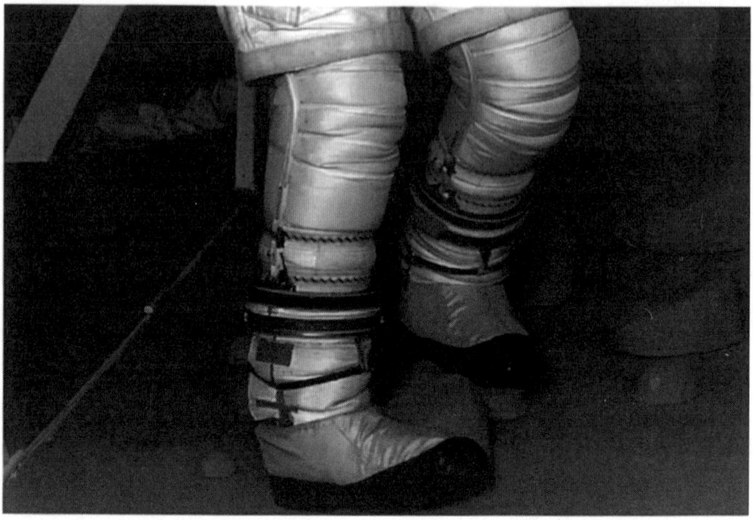

图 11.2-2 不平坦地形上的行走研究（汉胜公司提供）

NASA 与俄罗斯航天局达成一致，认为保证国际空间站的安全需要开发俄罗斯版的舱外活动简易救援装置，与俄罗斯的海鹰舱外活动系统配合运作。自此，NASA、俄罗斯航天局、Zvezda（海鹰航天服制造商）与汉胜公司（为 NASA 提供联络和技术支持）之间开始相互作用，相互影响。

基于舱外活动简易救援装置的要求和海鹰航天服的图纸，NASA 提出了让俄罗斯舱外活动简易救援装置与海鹰航天服（当时是 DMA 型）配合的初步概念。随着海鹰-M 航天服逐渐完成了开发和认证，俄罗斯舱外活动简易救援装置模型因此在美国进行了多次迭代设计。与此同时，俄罗斯航天局和 Zvezda 评审了 NASA 的设计，并开始开发他们自己的版本，以满足俄罗斯航天局的要求。2002 年，Zvezda 完成了俄罗斯版舱外活动简易救援装置系统的开发，它将与海鹰-M 航天服一起使用。随后几年，Zvezda 又生产出有限数量的训练和飞行单元，但俄罗斯航天局最终推迟将这些装置交付给国际空间站进行飞行测试。

20 世纪 90 年代末，汉胜公司出资与 Zvezda 一道开展了有限的行星探索航天服研发工作。

1997 年 4 月 29 日，当海鹰-M 航天服首次执行 EVA 时，美国航天员总是使用美国的航天服、俄罗斯航天员总是使用俄罗斯的航天服的日子即宣告结束。这是世界上由俄罗斯/美国乘员联合进行的首次舱外活动（俄罗斯第 78 次舱外活动，美国第 77 次舱外活动）（图 11.2-3）。自此以后，美国航天员与俄罗斯航天员就更加频繁地交换使用航天服系统。2004 年 4 月，经过又一次身份转换后，俄罗斯航天局改名为俄罗斯联邦航天局（FSA）。俄罗斯联邦航天局还常被称为 Roscosmos。

图 11.2-3　Zvezda 的海鹰-M 航天服用于首次美国/俄罗斯联合舱外活动（NASA 提供）

11.3 不同于星座计划的重返月球与火星登陆计划

20 世纪 90 年代初，人类重新燃起重返月球（图 11.3－1）和登陆火星（图 11.3－2）的兴趣。这种兴趣带来了新的参与者，以及 NASA 资助与内部投资混合的研发工作。这些研发工作预期将为下一代航天服系统的研发打下基础。这最终导致了 NASA 的星座航天服系统（CSSS）。而与此同时，非 CSSS 的月球/火星航天服研发活动也在继续。尽管星座航天服系统能否幸存下来仍不清楚，如果能幸存下来的话，也不知道会是什么样的形式，不过本节的内容表明人类在深空探索方面一直未停止脚步。

图 11.3－1　月球原位资源处理（NASA 提供）

企业针对舱外航天服的研发工作（1989 年至今）

重返月球和登陆火星飞行的远景吸引了传统的 NASA 航天服领域以外的新加入者。虽然不太清楚这些企业家将在舱外活动史上扮演什么角色，不过可以确定的是他们的加入为舱外航天服历史增添了许多色彩。

从 20 世纪 80 年代以来，最有意思的美国航天服构想大概要数

图 11.3-2 火星原位资源处理（NASA 提供）

富有前瞻性的布兰德·格里芬的指令/控制压力服。1989—1990 年间，格里芬曾是波音公司先进民用航天系统的项目经理。作为一种独立的追求，格里芬曾和保罗·哈德森一起设想航天服系统应具有一个“便携式指令中心”硬式上躯干（HUT），即所谓的“刚性上躯干/头盔”。这种硬式上躯干（头盔）采用平板玻璃窗格，带有一次性防刮层，以防止被月球尘埃磨损。而可调百叶窗和可拆卸镀金面板罩则能抵御强烈的太阳光。硬式上躯干内部的框架上将安装彩色液晶屏，在航天员的前额位置显示地图、航天服数据、远程摄像机图像、检查清单及其他信息。

和先前 NASA 自由号空间站的先进舱外活动装置一样，为避免进行纯氧预呼吸，该航天服系统将工作压力设定在 8.3 psi (57 kPa)。此外，该航天服还将配备后入式开口和语音激活控制装置，因而无须在胸部区域安装笨重的控制箱。在后部开口处还将设置模块化、可更换、可互换的生命保障系统背包的连接点。

格里芬负责的项目逐步发展，进入到硬式上躯干模型的创建阶段。该模型旨在与现有 ILC 航天飞机舱外活动装置的手臂、手套和下躯干组件配合使用。格里芬从 NASA 借到训练用舱外活动装置组件后，就装配了一套通风压力（低于 1.0 psi/6.9 kPa）演示样机

(图 11.3-3)，包括阿波罗 17 号航天员哈里森·施密特在内的多名航天员都试用过该装置。在返还 NASA 的航天服组件以及此构想的技术评估快要结束之前，格里芬使用 NASA 的 KC-135 飞机，在月球和火星的重力条件下分别对此演示样机进行了评估。然而，该指令/控制压力服的最大能见度仍未得出。为举办名为“下一站去哪，哥伦布?”的太空探索展览，史密森学会国家航空航天博物馆需要一套火星服，并因此联系了格里芬和哈德森。他们为此制造了两套航天服复制品，将其捐赠给博物馆作静态展览用。其中一套装置已在该博物馆展出了十年。

20 世纪 90 年代初，为《先进舱外航天服的起源和技术》一书所做的研究使作者加里·哈里斯成为韦弗航空航天公司（Weaver Aerospace）的发射/返回航天服设计师。虽然他的任务只是负责设计舱内航天服，不过他设计的测试台样机（图 11.3-4）却配备有后入式硬式上躯干，这种硬式上躯干似乎更加切合其著作的主题。后来，哈里斯与一位名叫帕布罗·德莱昂的航空航天工程师合作，一同开展了航天服研发工作，相关内容请参见本章后面部分以及第 4 章。

1990 年，利用麻省理工学院培养的人才和技术，美国马里兰大学创立了太空系统实验室。与此同时，马里兰大学还在直径 50 英尺（15.2 m）、深 25 英尺（7.6 m）的水槽基础上，开始了中性浮力研究设施（空间模拟）的研发。该设施于 1992 年投入使用。1996 年，马里兰大学太空系统实验室开始了中性浮力航天服系统的研发，并将该系统命名为 MX-1。到 1999 年，通过大学的内部投资和学生的努力，最终研发出了这一航天服系统。MX-1 演示了在创制功能性中性浮力航天服模拟系统方面遇到的挑战，同时也为随后 MX-2 的研发提供了经验。截至 1999 年，马里兰大学还与 ILC 多佛公司一起研发了动力辅助太空手套，并帮助 NASA 完成了航天服内置生物仪器研发项目的相关研究工作（这些仪器旨在用于测量身体关节角度和神经肌肉的活性）。

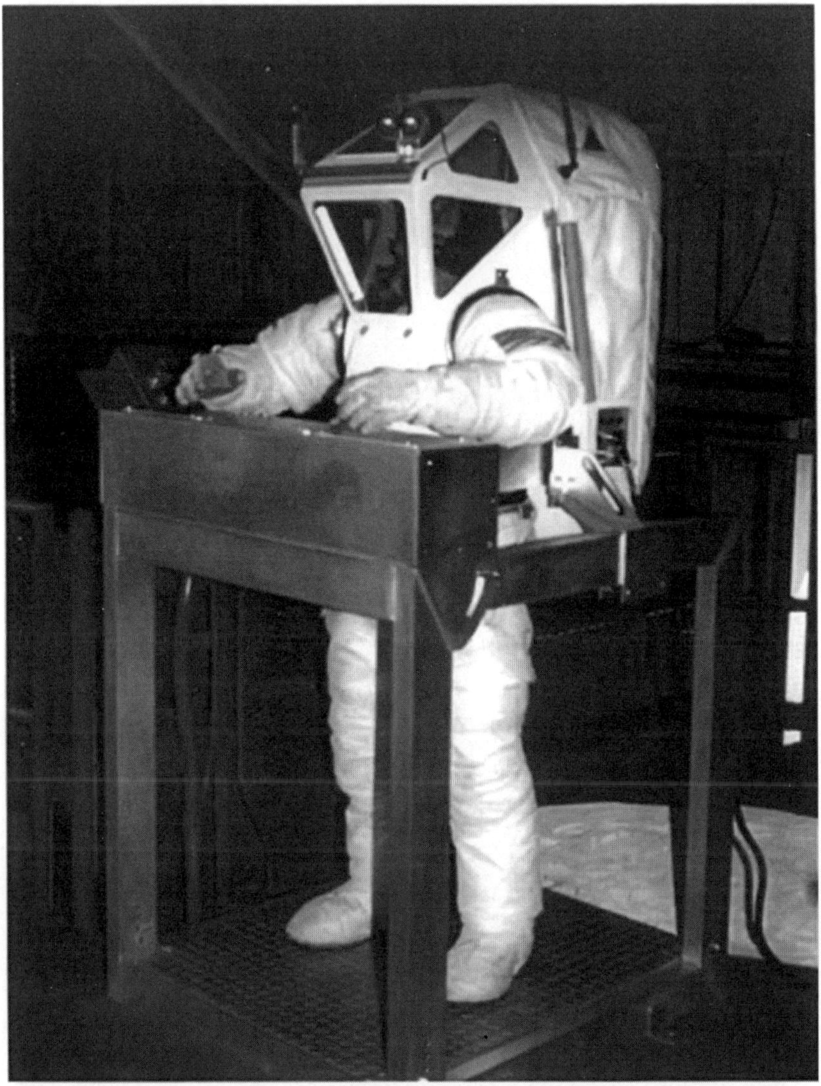

图 11.3-3　1990 年格里芬制造的指令/控制压力服上躯干样机
(哈里斯/格里芬提供)

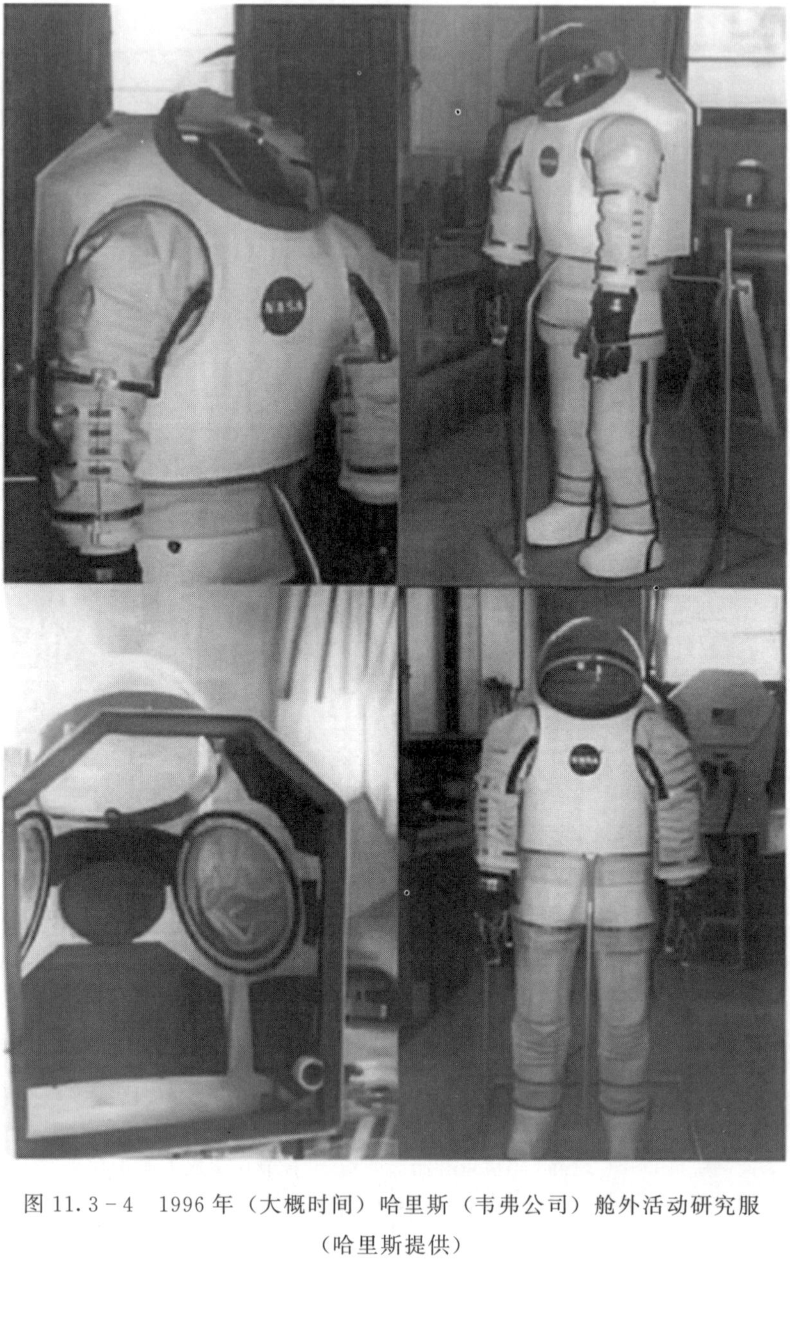

图 11.3－4　1996 年（大概时间）哈里斯（韦弗公司）舱外活动研究服（哈里斯提供）

1999 年，马里兰大学开始了第二个中性浮力实验室航天服系统（MX－2）的研发。MX－2 航天服模型的身体部分包括采用手工树脂和玻璃纤维制成的硬式上躯干、集成的半球形头盔及后入式开口，这些都是直接采用了 MX－1 的设计。手臂和下躯干的三个非耐用品层分别为聚氨酯涂层尼龙压力气囊、尼龙限制层以及整体的压载外套（ballast garment）。MX－2 的设计工作压力为 3psi（21 kPa），它将为实际运行的压力服的外壳和关节约束结构提供一个评估。此外，它还能输出逼真的视觉听觉环境，并能保持仪器内部“干燥”。2002 年，单关节的干燥表面测试比较了 MX－2（图 11.3－5）与 EMU 的肘部关节力矩。2004 年，马里兰大学研发出了 MX－2 的脐带开环生命保障系统。2005 年，在马里兰大学的中性浮力研究设施内，MX－2 根据内部标准完成了载人评价。

图 11.3－5　2002 年 MX－2 航天服（马里兰大学提供）

2005 年，北达科他大学（UND）加入了航天服研发者队伍。它聘请帕布罗·德莱昂在太空研究系担任首席研究员，负责研究载人航天飞行组件。以前，德莱昂曾在阿根廷中性浮力航天服研发工作中担任过相同的职务，该研发工作于 20 世纪 90 年代成功制造出一系列航天服样机，这些样机的配置与美国航天飞机舱外活动装置配置类似。2002 年，德莱昂移民美国，在那儿他遇到了加里·哈里斯。哈里斯著有《先进舱外航天服的起源和技术》一书，并曾在韦弗航空航天公司的短期研发工作（相关内容见第 4 章）中担任航天服设计师一职。

2004 年，为加强太空相关的研究工作，北达科他大学聘用德莱昂担任项目经理，初期的项目之一就是样机航天服的研发工作。北达科他大学最初将其航天服项目称为北达科他实验行星航天服。2005 年，该项目获得了 100000 美元的 NASA 航空航天工作能力发展拨款。此外，汉胜公司和 NASA 还对该项目进行了技术监督。2006 年 4 月，该项目制造出一套双平面中入式样机，并将它命名为“北达科他实验 1 号”（NDX－1）航天服。DNX－1 在大荒地（Bad lands）测试中首次露面（图 11.3－6，左图；注意图中成为背景的德莱昂）。该航天服的非耐用品组件（图 11.3－6，右图）由哈里斯负责设计制作；头盔和其他各种航天服组件则由教师和学生制造。虽然无人压力测试是在 5 psi（34.5 kPa）的压力下进行，但出于安全考虑，载人测试被限制在只有 2 psi（13.8 kPa）的压力。尽管 NDX－1 航天服样机得到了世界媒体的好评，不过时间终将证明它只是一个迭代步骤而已。

2004 年，在德莱昂技术有限责任公司的赞助下，德莱昂和哈里斯再次合作开发了一个样机，此样机被命名为 DL－H1，相关内容见第 4 章。

2008 年，在北达科他大学的资助下，德莱昂和哈里斯开始了第二种行星舱外航天服的设计研发。不同于 NDX－1 航天服，NDX－2 得到了 NASA 的经费支持，不包含由学生项目完成的结构元件，这导致最终的结构存在技术上的妥协。学生仅参与了装配和改进。

图 11.3 - 6　2006 年 NDX - 1 航天服样机（左为有外罩，右为无外罩）
（北达科他大学提供）

到 2009 年底，NDX - 2 航天服作为一种复杂的后入式系统出现在世人面前。该系统配备有软式上躯干和肩部（图 11.3 - 7）。NDX - 2航天服的工作压力为 4.5 psi（31 kPa），在地球上重 105.8 lb（48 kg），显示出了执行月球和火星探索任务的潜力。当然，北达科他大学并非唯一一所从事月球/火星航天服研究的大学。

在麻省理工学院（MIT），航空航天和工程系统教授达瓦·纽曼博士推动了航天服替代方案的发展。麻省理工学院研发的生物航天服与压力服不同，它采用了机械反压法，而这种方法是由保罗·韦伯博士在 20 世纪 60、70 年代研发“紧身航天服”时提出的（图 7.2 - 16和图 7.2 - 17）。不过，纽曼博士还受到了另一位航天服先驱

图 11.3－7　2010 年 NDX－2 航天服（无外罩防护服）（北达科他大学提供）

研究者亚瑟·伊伯拉尔及其“非扩展线”理论的影响。此前机械反压航天服的研发曾受到压力不均问题的困扰，因而纽曼博士试图开发出能向周身均匀施加机械反压的系统，并能根据肺部和头盔内部气压调节反压力。虽然当时的研发工作仅限于元件层面，不过纽曼博士另外创制了一套航天服系统模型，用以说明航天服的结构和功能（图 11.3-8）。

图 11.3-8　2009 年麻省理工学院的生物航天服概念

（麻省理工学院提供）

NASA 资助的研发工作最终诞生了星座计划（1994—2007 年）

起初，面对行星压力服系统的需求，NASA 提出了两种方法。一种方法是使先前自由号空间站 Mark Ⅲ型航天服变得足够轻便，以支持月球/火星探索的需要。NASA 在混合航天服研发工作中就运用了这种方法。另一种方法则是投资进行软质航天服研究。第一种 EVA 航天服就是一种质量小、设计简便并且价格（单价）便宜的软质航天服，这种航天服同时还能支持发射/返回活动。NASA 重新做这种研究，就想验证轻质面料压力服是否可以做得具有充分的活动性、耐用性及可靠性，满足行星探索的要求。1997 年，NASA 出资研发了两种样机，命名为“I”和“D”航天服，分别由 ILC 多佛分公司和大卫·克拉克公司制造。对于这些研发工作，NASA 明确要求样机应采用不带拉链的中入式设计，还要尽可能轻便，同时应能和双子星/阿波罗航天服一样在 3.7 psi（25.5 kPa）的工作压力下使用。比较这三种航天服后发现，它们的外罩防护服都不具备火星或月球绝热性能。

NASA/ILC 公司的混合式“H”航天服研发工作（1994—2000 年）

“H”这一名称源于这种航天服是软硬元件的混合体（hybrid）。这套航天服原本是 20 世纪 80 年代末 NASA 的先进样机 Mark Ⅲ航天服。20 世纪 90 年代，Mark Ⅲ开始向更轻质的系统转变，以应对重力环境。在这一转变过程中，金属部件系统地被先进复合石墨纤维制成的部件所取代，同时增加了一个腰部轴承。这些石墨纤维替换件包括气闸公司制造的石墨纤维/蜂窝夹层的硬式上躯干以及 ILC 公司制造的石墨纤维航天服下肢组件的硬质元件。NASA 约翰逊航天中心则提供了腰部轴承

由此制造的 H 航天服样机（图 11.3－9）是 NASA 在 20 世纪 90 年代中期出资生产的三套先进航天服（H、I 和 D 航天服）之一，它也参与了比较试验，包括 KC－135 飞机模拟火星和月球重力环境的评估（图 11.3－10）。NASA 使用专门改装的 KC－135 飞机上升

到最大高度，然后在一段精确控制的下降之后，则能够在不到一分钟的时间内使重力有效降低到火星（$\frac{3}{8}g$）和月球（$\frac{1}{6}g$）上的重力或者零重力。这种方法能够在地球上执行有些短暂但却很精准的非地球环境条件测试。迄今为止，H 航天服是三套航天服中最重的一套，但活动性最佳。H 航天服的测试配置远未达到可能的最小重量。在筹集到研发经费之后，H 航天服在继续向前发展。

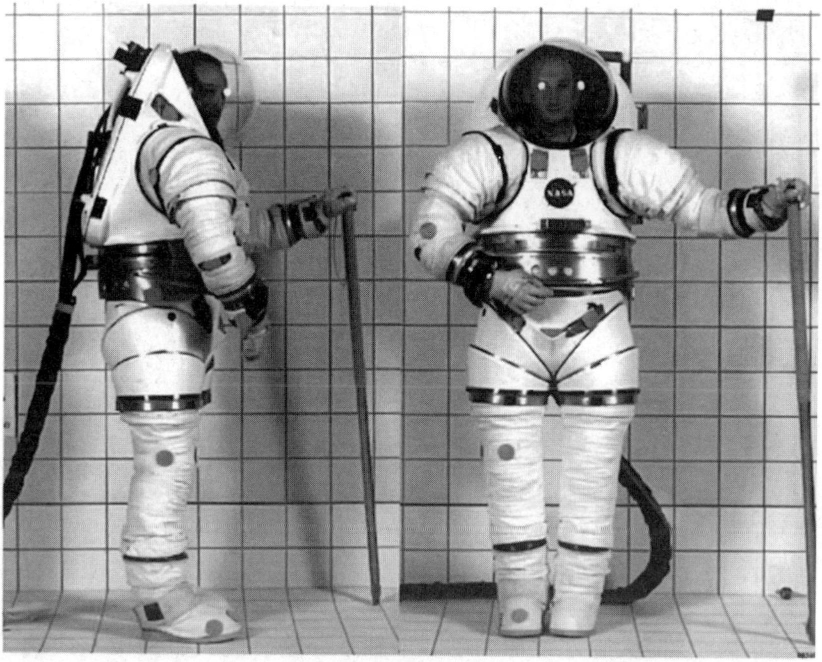

图 11.3－9　NASA/ILC 公司的硬/软元件混合式 H 航天服
（NASA 提供）

ILC 公司（NASA 出资）的航天服（1997 年）

在研发期间，“I”航天服（ILC）也被称为“L”航天服（ILC 公司的阿波罗登月航天服命名）或“M”航天服（火星任务航天服）。I 航天服（图 11.3－11）基本上是一款软式航天服，但肩膀、

图 11.3－10　“H”航天服在月球/火星重力下的行走测试（NASA 提供）

上臂以及髋部/大腿部位加入了多个轴承。这套航天服为中入式航天服（类似于航天飞机舱外活动装置），但它采用软式上躯干（SUT），取代了坚硬的玻璃纤维组件。

头盔（不包括面窗组件）和航天服一侧的头盔断接器分别采用了航天飞机舱外活动装置和后期阿波罗计划/天空实验室航天服的设计。

软式上躯干是采用航天飞机约束织物和气囊层布料制成，配有内部约束系统，以固定腰部、袖孔和头盔环的位置。软式上躯干的

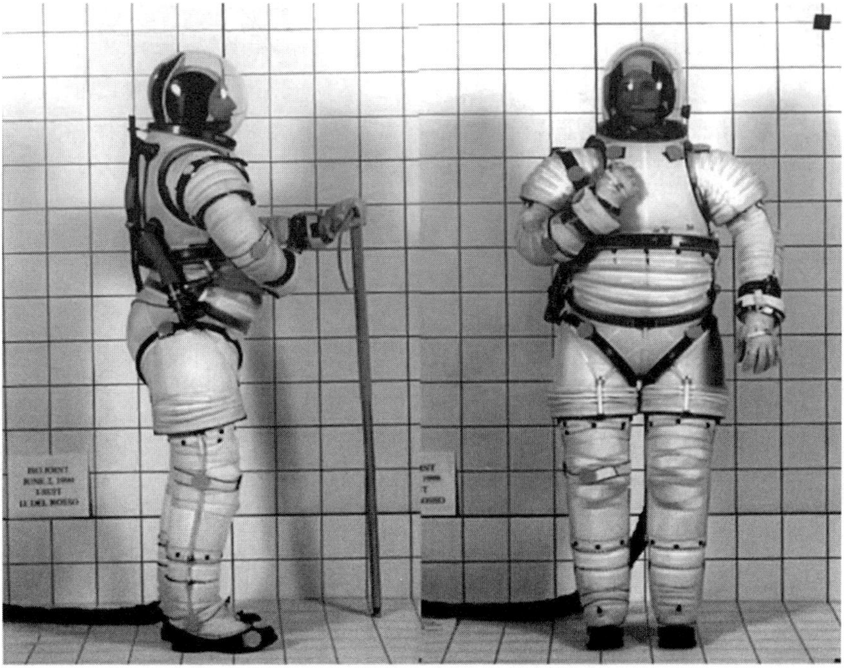

图 11.3－11　ILC 公司的软式 I 航天服（月球/火星）
（NASA 提供）

背部安装了三个气闸公司制造的阿波罗式脐带断接器。其中两个分别用于进气和排气，第三个连接器同时配有入口和出口，为液冷服提供冷却水。

ILC 公司设计和制造的躯干密封口提供了软式上躯干和航天服下肢组件（LTA）之间的接口。开口的形状和尺寸基本相当于大号的航天飞机舱外活动装置。这套航天服的肩部、腰部、大腿和脚踝均采用对称回旋织物关节（缝制部件），配有轴向约束系统。腰部也采用织物关节，利用缝制织物部件形成类似于肩部设计的开口/折合点。腰关节也采用了一个薄膜气囊。这套 I 航天服与 H 航天服类似，采用多轴承设计，使下躯干的活动性明显超过航天飞机和阿波罗舱外活动装置。在这方面，ILC 公司在开始设计之前便已从艾姆斯研究中心获得了关于各种胯部设计的资料。腿部与基线航天飞机舱外活动装置的极为相似。靴子开始采用可以商购的工作靴，不过经过了广泛的改进，采用可膨胀的气囊用于脚部尺寸调节，并与压力服的踝关节相连接。该I航天服的工作压力为3.75 psi（25.8 kPa）。

肩部和手臂在与航天飞机舱外活动装置相同的位置上安装了轴承。这种轴承属于商业元件，被安装在与织物部件连接的外壳上。下臂类似于航天飞机EMU，但配有调整尺寸的环圈。大多数位置上的气囊材料采用的是航天飞机舱外活动装置上涂有聚氨酯的橘色尼龙布，但ILC公司在大多数的回旋部位尝试使用新的、自主研发的真空成型尿烷薄膜。该航天服使用的是航天飞机舱外活动装置手套。

在H、I和D航天服的KC－135飞机测试中，I航天服（图11.3－12）的整体活动性仅次于H航天服，是三套压力服中重量居中的一套。除了NASA资助的研发工作外，ILC公司内部出资继续进行了第二代I航天服（见第11.2节）的研发工作。

大卫·克拉克公司（NASA出资）的D航天服（1997年）

在方案/研发过程的早期，有的人将这套航天服称为C航天服（大卫·克拉克公司的双子星/阿波罗航天服命名），有的人称为D航天服，不同的人群有不同的叫法。D航天服是官方/最终的命名。D航天服是根据20世纪60年代末的先进阿波罗织物航天服概念制成（图7.2－11）。与I航天服和航天飞机舱外活动装置类似，D航天服（图11.3－13）为中入式，仅在手肘上方的手臂部位安装了轴承。由于没有安装外罩防护层，黑色的外层约束织物使这套航天服看起来是三套样机中最有活力的一套。D航天服所使用的头盔是NASA提供的阿波罗气泡式头盔，与阿波罗颈圈相配套。

D航天服上躯干所采用的活动性技术与H或I航天服大不相同。外层约束织物是一种非常轻薄的合成材料。胸部的Link－net约束系统的底部与躯干密封口相连，但可以自由浮动。肩部缆绳约束装置采用的是20世纪60年代的金属线缆系统，实现了肩部的活动性。

图 11.3-12　I 航天服在月球/火星重力下的行走测试（NASA 提供）

每条肩部缆绳从背后安装板的顶端伸出，绕过肩膀到达胸前安装板，然后再次绕过肩部，最终固定在背后安装板上。上躯干的气囊材料与航天飞机发射/返回航天服一样。手臂采用回旋活动性关节，配有

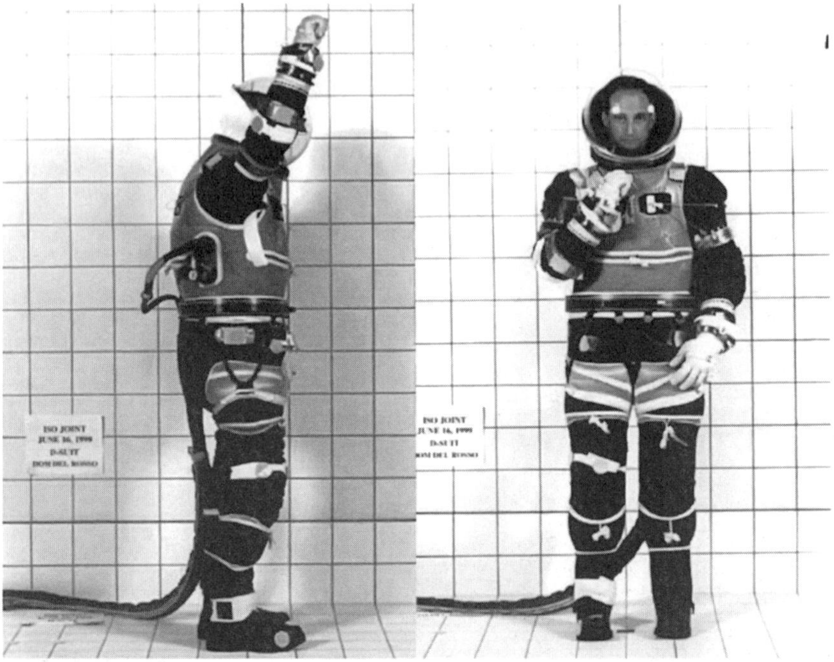

图 11.3－13　大卫·克拉克公司的软式 D 航天服（月球/火星）
（NASA 提供）

织带轴向约束装置。生命保障连接器均按照 NASA 的规定安装在背部。中入式躯干密封口（BSC）是由气闸公司（大卫·克拉克公司的全资附属公司）制造，是从大号 EMU 的躯干密封口演变而来。D 航天服的躯干密封口与 EMU 的不同之处在于，上躯干为铝制结构，没有设置小型工作站底座，而航天飞机舱外活动装置的躯干密封口前面有突出物，以便与舱外活动装置的工作台和工具箱系统连接。除了系绳连接点外，H、I 和 D 航天服均未设置携带工具的装备。

航天服下肢组件使用了与手臂类似的约束和活动性配置。气囊材料采用试验性聚合物材料。太空靴是从冬季登山靴发展而来，改装后加入了压力踝关节。

在 H、I 和 D 航天服的 KC－135 飞机测试中，发现 D 航天服

(图 11.3 - 14) 的活动性不如其他两套压力服。然而，如果坐在月球车的运载工具中或在发射/返回模式下，预期 D 航天服会在舒适性上更胜一筹。在这三套航天服中，D 航天服的质量最小，仅重 22 lb (10 kg)，包括头盔、手套和外套模型的重量。

图 11.3 - 14　D 航天服在月球/火星重力下的行走测试 (NASA 提供)

海洋工程空间系统公司的舱外生命保障系统（ELSS）（1997 年至今）

从 1996 年起，NASA 开始资助海洋工程空间系统公司（OSS）开发先进低温便携式生命保障系统（AC PLSS），用于月球/火星任务现场模拟。NASA 利用先进低温便携式生命保障系统连同其混合式系统或 H 航天服（原 Mark Ⅲ航天服）于 1997 年完成载人测试，并于 1998 年在亚利桑那州沙漠进行了先进低温便携式生命保障系统评估。在超过两周的时间内，NASA 用其自造的航天服以及海洋工程空间系统公司生产的背包完成了 8 次 2 小时的载人测试。该系统的名称最终演变为舱外生命保障系统（ELSS）。先进低温便携式生命保障系统或舱外生命保障系统将与 I 航天服以及 H 航天服的配置一起使用，以支持之后的各项评估，如未来几年里的“沙漠之鼠”（图 11.3－15）。

图 11.3－15　2006 年进行“沙漠之鼠”评估的海洋工程空间系统公司 ELSS（NASA 提供）

在 2007—2008 年期间，人类重返月球和火星的愿望再次掀起了制造航天服的竞争；这一次被命名为“星座航天服系统”（CSSS）。海洋工程空间系统公司的 ELSS 在跨越十年之久的时间内为几乎所有的 NASA 航天服研发活动提供了战略支持，这可能在很大程度上促使海洋工程空间系统公司在这次星座航天服系统竞争中胜出。

霍尼韦尔公司/大学机械反压的发展（2000—2002 年）

自 1960 年以来，机械反压（MCP）在航天服领域已被认为具备实现轻松穿着、几乎不受限制的活动范围以及排热简单的潜能。对机械反压航天服的追求并没有随着 20 世纪 70 年代初的最后一套“韦伯航天服”（图 7.2 - 16 和图 7.2 - 17）而中止，直到 20 世纪 80 年代和 90 年代，加利福尼亚大学圣迭戈分校（UCSD）及其他地方仍继续对机械反压进行研究，不过一直停留在实验室水平。

与此同时，霍尼韦尔公司有兴趣将机械反压发展成可实行的航天服系统技术。学术界、NASA 及霍尼韦尔公司的兴趣转化为一个 NASA 资助的 3 年期研究项目，霍尼韦尔公司和加利福尼亚大学圣迭戈分校成为了合作伙伴。许多人将机械反压航天服称为“皮肤式航天服”，其技术方法与传统的全压服完全不同，因为它以压缩服取代了充气式航天服外壳。该研究的第一个成果是机械反压手套（于 2000 年接受测试，图 11.3 - 16），并被继续应用到其他肢体元件。这项研究深入了解了机械反压对人体生理的影响，以及这一技术在未来发展的潜在可行性。

NASA 约翰逊航天中心“沙漠之鼠”先进航天服现场研究（1999 年至今）

NASA 的沙漠调查和技术研究小组（由科学家和工程师组成的团队）在亚利桑那州辛德湖（Cinder Lake）陨石坑区域定期开展先进航天服的现场研究，因为该地区能够作为替代的行星表面。该小组主要由约翰逊航天中心（JSC）先进航天服实验室的人员领导，吸引了很多的承包商为他们提供支持。通过这种方式，该小组能够在挑战性的行星模拟环境中获得实际经验，并测试试验系

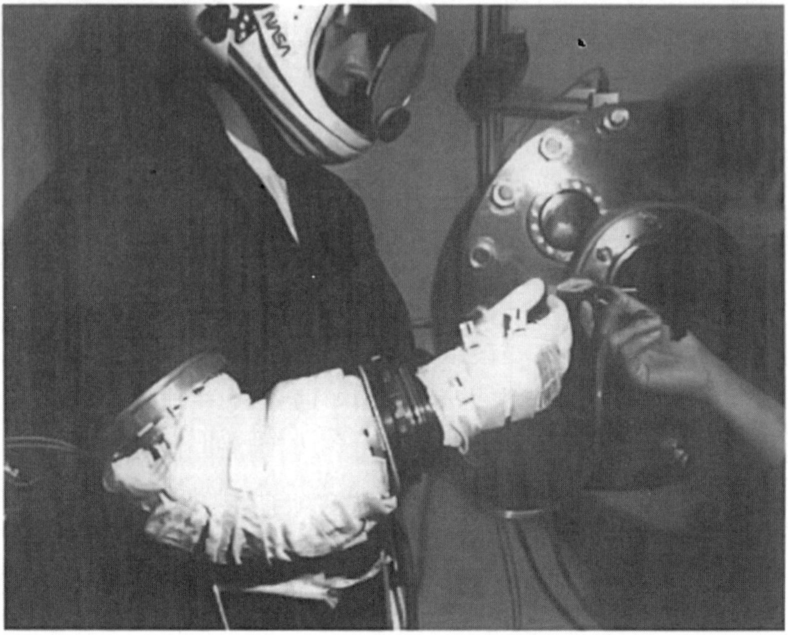

图 11.3－16　霍尼韦尔公司的机械反压（MCP）手套（NASA 提供）

统（图 11.3－17）。沙漠之鼠试验中使用的压力服几乎全部是 NASA/ILC 公司 H 航天服和各种 I 航天服的迭代产品。这些试验是由前述自动的（非脐带式）海洋工程空间系统公司的舱外生命保障系统提供支持。

为了加强先进航天服现场研究，NASA 约翰逊航天中心还开始建造了一个进行实时评估的“岩石堆”，为全尺寸的现场试验做准备。2003 年，该岩石堆获得了一些重要的升级，这是创建高保真火星模拟试验整体计划的一部分。

2007 年，NASA 向全球特效公司订购了带航天服端口（suit port）的模拟通风压力服（Mark Ⅲ航天服的电影道具复制品的派生型），以支持其第二年的小型压力月球车的评估（图 11.3－18）。

图 11.3-17　NASA 的 H 航天服与现场科学团队（NASA 提供）

图 11.3-18　2008 年 NASA 的小型压力月球车，使用全球特效公司的航天服（NASA 提供）

NASA 霍顿火星计划（1999 年至今）

20 世纪 90 年代，NASA 艾姆斯研究中心（ARC）曾在霍顿致力于火星模拟研究。帕斯卡尔·李，当时作为 NASA 艾姆斯研究中心的博士后研究员，提议对加拿大北极地区德文岛的霍顿陨石坑展开调研。霍顿陨石坑是一个 15 英里宽的撞击坑，是 2300 多万年前一块大型陨石坠落时形成的。该陨石坑的独特之处在于，它的环境条件与火星非常相似：寒冷，多风，尘土飞扬，岩石堆积，通常情况下气候干燥，是人类几乎没有涉足的地方。撞击坑是非常合适的探索地点，因为它们提供了到达行星基岩的通道，并且可能有液态水的活动，至少在陨石坑形成之时是这样。除了陨石坑之外，德文岛的周边地形也提供了广泛的其他模拟特征：峡谷、溪谷网络以及冲沟。

意识到该地点对科学探索具有非凡的价值之后，NASA 艾姆斯研究中心正式建立了 NASA 霍顿火星计划（HMP），以研究火星模拟地形，并评估地质学家、生物学家及其他探索者在执行行星表面（无论是月球或火星）科学探索时需要执行的任务。霍顿火星计划中的研究项目与可预期的早期火星探索是基本相似的，包括科学内容、地质背景以及后勤支持的局限性。1999 年，为了建立 NASA 霍顿火星计划基地及之后的年度研究工作，艾姆斯研究中心与 SETI 研究所（地外文明研究所）及其他许多（公共或私有、国内或国际）的组织机构展开合作，包括加拿大航天局、汉胜公司以及各类学术机构和非营利性组织。

霍顿火星计划为观察火星航天服的潜在使用者在真实的环境中进行探索和工作的情形提供了难得的机会。这些研究包括穿着和不穿着航天服的活动，如现场地形的生物学评估，地质勘探和现场工具的使用，评估现场运输过程中航天服系统—运输车的作用，测试先进现场通信和信息显示系统，以及整体的行星表面操作和活动性系统。

这些研究中所使用的航天服一直采用了汉胜公司的火星概念航天服（图 11.3－19）和火星学会的航天服复制品。2001 年，火星学会的帆布复制航天服（图 11.3 - 20）制成，以支持霍顿火星计划的研究时间表，并使“霍顿航天员”在有限的程度上体会到穿上航天服执行行星表面探索活动的真实状态。复制服重约 25 lb（11.3 kg），在他人的协助下需要花 30～40 分钟穿上。这套服装的重量和厚手套提供了阻碍、感官限制以及一定限度的穿着航天服的感觉。事实上，复制航天服的活动性要大大优于全压服。然而，航天服的电池供电风扇仅能提供有限的通风流量，很可能会出现与压力服中类似的湿度和二氧化碳难题。此外，穿上复制航天服所需的时间与冒险进入太空之前充分检查真正的航天服所需的时间接近。这些研究增加了人类对火星舱外活动系统要求的认识，并证实了行星航天服的功能（如活动性、集成性和减轻的重量等）还未得到充分的开发。这些帆布航天服在同年夏季也被用于公共的外展活动中。

图 11.3 - 19　评估运输工具/航天服界面（汉胜公司提供）

图 11.3-20　地质学家采集难以接近的样本
（NASA 霍顿火星计划/帕斯卡尔·李提供）

前瞻性的承包商研发工作（1996 年至今）

为了响应航天界重返月球和登上火星的目标，两家 NASA 承包商选择在星座计划开始之前自费进行月球/火星航天服的研发，然后与星座计划同步进行。这两家承包商分别为汉胜公司和 ILC 公司。尽管在很大程度上，这些研发工作是沿着不同路径的独立活动，但它们似乎分享了一个共同的或互补的未来愿景。

汉胜公司的研发工作（1996 年至今）

从 1994 年开始，汉密尔顿标准公司（HS，现为汉胜公司）以重返月球和登上火星为目标，在航天服系统的研发上投入内部资源。1996 年，汉密尔顿标准公司正式成立一个团队，并于 1997 年投资制造一套系统级航天服样机。NASA 资助的活动主要集中在全压服的研发工作上，汉密尔顿标准公司则主要致力于开发潜在的月球/火星航天服系统的其他元件，如总体架构、通信装置、与运输车/居住舱/机器人保障车连接的接口，以及生命保障系统。火星任务被认为是最严峻的技术挑战，因此专门为它构造了一个样机系统（图 11.3-21 和图 11.3-22）。

图 11.3-21　1998 年汉密尔顿标准空间系统国际公司（HSSSI）的火星居住舱构想（汉胜公司提供）

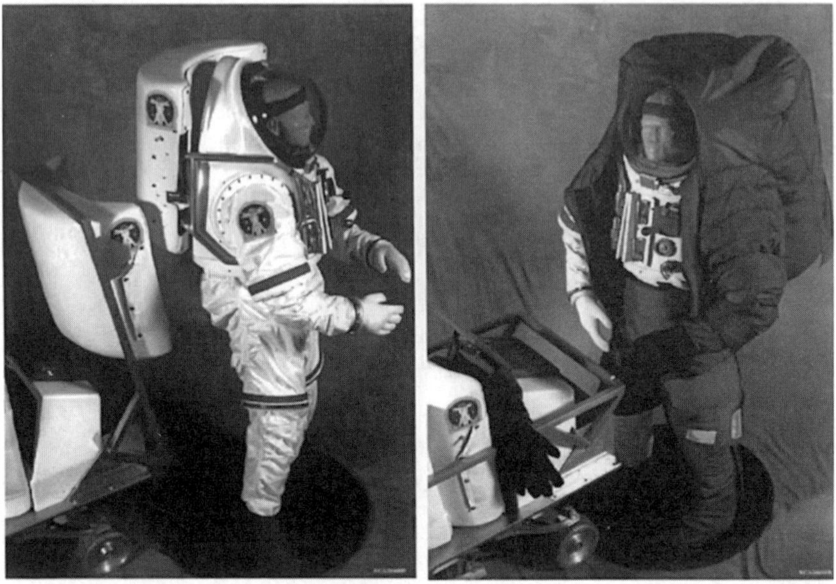

图 11.3－22　可更换 PLSS 和可拆卸外罩模型（汉胜公司提供）

1998 年完成的样机（或实物模型）是一个通风压力（小于 1.0 psi 或 7 kPa）系统，以求在构想一套行星探索航天服的同时最大限度地降低成本，提高安全性。航天服部分采用的是创新的（顶部）后入式概念，开口实际上比硬式上躯干（HUT）的更宽。这种方式可以在开口周围实现防爆裂的机械固位。该航天服采用了闭环控制，以演示在增加或脱去防热外罩时借助寒冷的火星环境实现散热，从而控制内部温度的能力。背包生命保障系统采用了极简概念，能够提供在任务期间可更换的接口，重量小（即气体再循环系统中无电池或活动部件），并配备了可再生二氧化碳去除系统（无需更换滤盒）。回想双子星舱外生命保障系统（ELSS），它是由呼吸氧气驱动的喷射器提供通风气流，少量气体被排放到体外，从而实现湿度控制并降低了二氧化碳的去除需求。该航天服系统还采用了语音识别系统（VRS）通信装置，以控制航天服的功能，同时控制机器人保障车。该保障车的全称是“完全独立式运行消耗品运输车”（FIDOE）。

FIDOE 的车载制导系统使运载器能够在规定的距离内跟随乘员，并帮助避开障碍物。FIDOE 也会根据语音指令停止（停留）或移动。汉密尔顿标准公司制造了两个版本的试验台。第一版本是可以演示的工作“模拟板”实验室系统。由于该实验室系统常被拆卸用于进一步的研发，因此汉密尔顿标准公司为此制造了一个实物模型，帮助参观者和客户理解这一概念。该试验台后来被追溯命名为“汉密尔顿月球-火星航天服概念 1 号”（LMS-1）。

1997 年到 2001 年期间，汉密尔顿标准公司内部出资与俄罗斯航天服制造商 Zvezda 联手进行了行星航天服脚踝组件和太空靴的研发（已在 11.2 节中论述）。

1999 年，汉密尔顿标准公司投资继续进行月球/火星航天服研究，最终想生产一套成本更低、具备先进的行星和轨道运行特征的中性浮力实验室航天服。为了缩减成本，在可能的情况下会使用商用部件，这始于一项最新的需求评审，它从先前的月球/火星试验台研发工作中得到了启发，并将进一步对适应这些需求的、所有可能的航天服系统变化进行比较分析。然后，这项研究选择了一种航天服系统架构，进行初步设计之后开始构建全压服样机。1999 年的目标是生产该航天服的硬式上躯干（HUT）元件。该硬式上躯干比航天飞机舱外活动装置中的相同部件质量更小，制造成本也更低。该硬式上躯干与汉密尔顿标准公司先前设计的不同之处是，它采用了基于俄罗斯海鹰航天服配置的后入式开口。按照人体比例最终成型的硬式上躯干样机满足这些需求，并具备支持“两种尺寸适用全部（two-size-fit-all）”的尺寸调节系统和行星航天服背带系统的特征。然而，下一代航天服远景的改变却导致该活动于 2000 年不再获得资金支持，这个短暂的研发项目有时被称为 LMS-2。

也是在 1999 年，作为 1996—1998 年月球/火星集成试验台的便携式生命保障系统（PLSS）的后继者，汉密尔顿标准公司内部出资进行了另一套先进便携式生命保障系统的研究。这项研究的目的是对几种有前景的先进生命保障技术的性能和集成方法进行评估，并利用这些技术设计、组装和测试可在太空真空环境或火星环境中使用的集成便携式生命保障子系统。在这项研究中，汉密尔顿标准公司生产了一套适用于未来生命保障技术集成研究的柔性台式试验台。该试验台中最显著的技术元件包括低温贮氧系统、持续可再生二氧化碳去除系统以及超声速喷射器通风驱动。低温贮氧系统演示了回热加热的压力控制方式，这种方式既实用，又比相同的气态贮氧系统节省了相当一部分的重量。持续可再生二氧化碳去除子系统被证明能够在轨道、月球、火星环境中操作运行。超声速喷射器通风驱动证明了利用可变几何形状在无电池或风扇系统的低成本航天服内形成气体循环的可行性。

2000 年，汉密尔顿标准公司改进了他们的 1998 年火星通风压力服样机，以支持霍顿火星计划（HMP）的各项研究。由此产生了一套完整的“火星航天服”（图 11.3－19），重 70 lb（32 kg）（与真正的火星航天服的感觉重量一致），可以支持接口和需求研究。当然，由于缺乏全压服的刚性，穿着者无法体验到完全真实的阻碍状态。然而，在加拿大北极区运输和维护一套通风压力服样机的后勤工作比全压服系统所要求的条件容易得多。2001—2004 年期间，汉密尔顿标准公司将该航天服的上躯干作为航天服的平台，以支持通信装置研究（图 11.3－23）以及一系列的接口研究工作，这些研究工作旨在确定现场探索过程中可利用的数据显示方式和信息内容。

为了进行霍顿火星计划评估，汉密尔顿标准公司于 2004 年、2005 年和 2006 年每年设计和制造一套新的航天服复制品，以展示进入和接口架构。它们均是不加压体积航天服系统模型。2004 年的 LMS－3 经历了评估过程，但所具备的技术特征未曾公开过。2005 年的 LMS－4 和 2006 年的 LMS－5 采用了后开口，生命保障系统像徒步旅行者的背包，必须在航天服的其他部分之前最先穿上。在 2006 年到 2008 年的霍顿火星计划期间，它们被一起用于救援模拟试验。

2006 年 8 月，汉密尔顿标准公司和 ILC 公司达成了星座航天服系统（CSSS）合作协议。为了创建一个更具竞争力的契约组织，汉

图 11.3－23　先进通信装置测试（NASA 霍顿火星计划/帕斯卡尔·李提供）

密尔顿标准公司和 ILC 公司多佛成立了一个财团，名为探索系统和技术（EST）。

在 2009 年的霍顿火星计划中，汉密尔顿标准公司重新启用 LMS－2 硬式上躯干航天服端口模型以及大部分的构架。经过完善，该模型发展为一套通风压力服系统，即有一些改进的 LMS－2A 配置，航天服端口被集成到一辆霍顿火星计划悍马车（Humvee）的后面，用于模拟压力月球车和现场评估（图 11.3－24）。为了向 2009 年霍顿火星计划提供第二套模拟航天服，汉密尔顿标准公司推出了它的 LMS－5 模型航天服系统。

在 2010 年的霍顿火星计划中，汉密尔顿标准公司研发并完成了第六套通风压力服模拟航天服系统（LMS－6），它也包括一个航天服端口。LMS－6 是根据 2009 年霍顿火星计划的反馈信息改造而成。此外，LMS－2A 提供了第二套航天服和航天服端口，以支持完成 NASA 的 2010 年霍顿火星计划。

图 11.3-24　2009 年汉密尔顿标准公司的第五套火星概念模型在北极区进行评估（汉胜公司提供）

ILC 公司的下一代航天服研发活动（2000 年至今）

在美国航天服发展历史中，国际橡胶公司一直通过内部资金致力于航天服的研发工作，并且在下一代航天服的研发活动中自始至终都是推动者/参与者。1998 年以后，ILC 公司继续致力于下一代航天服的研发活动，发展了四种 I 航天服配置。第一套于 2000—2001 年问世，是 ILC 公司内部出资制造的第二代（中入式）I 航天服。该航天服（图 11.3-25）的首要目标是调整和改进他们的最新设计，以便能够与现有的 4.3 psi（30 kPa）航天飞机生命保障系统配套使用，从而可能进入飞行服务中。为此，与先前航天服设计中的阿波罗头盔和颈圈有所不同，ILC 公司开发了一种“颈部楔子（neck wedge）”，采用了椭圆形战斗机座舱罩式的压力面窗。ILC 公司将该样机作为活动性系统和特征（可能支持发射/返回任务）的试验台。

图 11.3－25　2000 年 ILC 的第二代 I 航天服
（ILC 多佛公司提供）

第三代 I 航天服于 2005 年问世，采用了后入方式（图 11.3－26）。其 2001 年的内部样机改装了一个行星航天服式的软式上躯干（图 11.3－27）。ILC 公司开发这套后入式系统和软式上躯干的目的是为了设计一套小重量系统，从而支持在大于月球引力的火星环境中执行探索任务。为了尽可能地减小重量，用制造气囊和约束装置的"超级织物"替代了大部分软式上躯干，仅留下后开口框架以及压力面窗、手臂和航天服下肢组件（LTA）的接口等金属结构。所使用的航天服下肢组件与腰部进入式I航天服类似，但增加了超级织物制成的护膝。

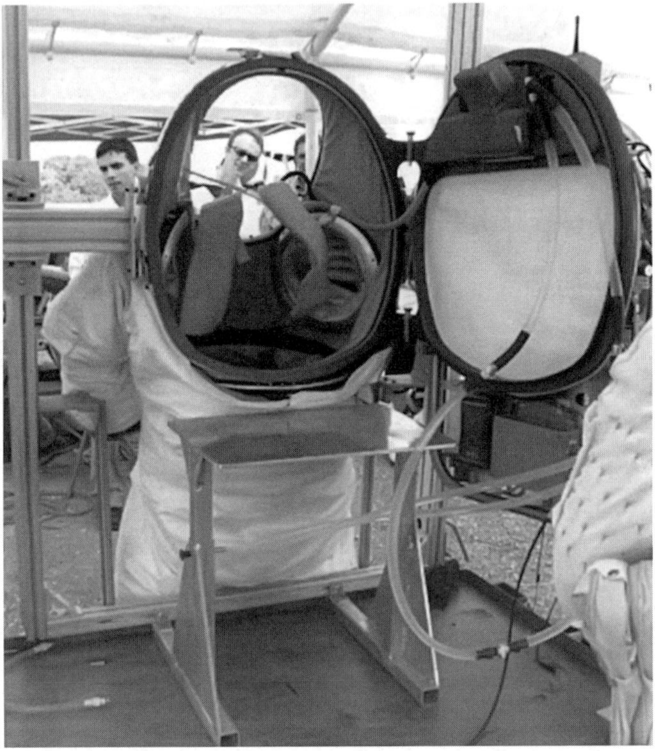

图 11.3－26　2005年ILC公司的后入式第三代I航天服
（ILC多佛公司提供）

2006年，ILC公司与汉胜公司联手实施星座航天服系统计划，这一财团被命名为探索系统和技术（EST）。为支持EST的方案，ILC公司内部投资了第四代I航天服样机，采用经提议的发射、返回和中断（LEA）以及紧急舱外活动航天服配置（图11.3－28和图11.3－29）。这并不是征求建议书的要求，也不是征求建议书禁止的内容。这种压力服样机的特点在于配备了ILC公司早先按照星座航

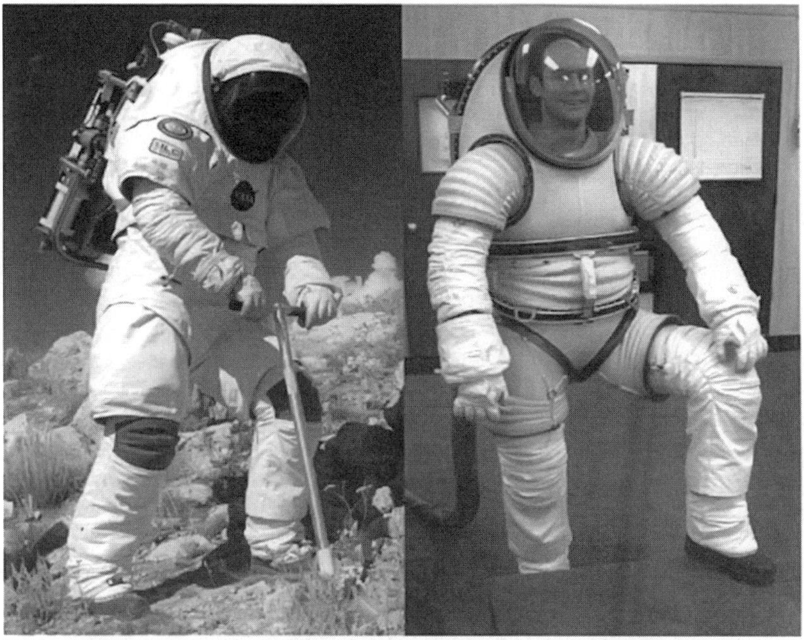

图 11.3-27　第三代行星压力服的活动性（ILC 多佛公司提供）

天服系统计划竞赛前研发合同研制的翻转压力面窗（图 11.4-3），并具备 ILC 公司认为支持发射、返回和中断以及舱外活动所必要的特点。这种设计采用模块化自适应架构，通过最少的模块转换，可以将航天服重新配置成为“初期登月”后入式航天服系统。EST 在星座航天服系统竞赛中铩羽而归。不过，合同的授予引发了争议（见 11.4 节），美国航空航天局宣布重赛。

在重赛过程中，第一阶段星座航天服系统的压力服要求发生了改变，这使 ILC 公司 2007 年的星座航天服系统样机变得有些过时。由于预知到了这种可能性，ILC 公司内部投资了第五代 I 航天服的研发，其特点在于配备了全软躯干和肩部，并配备中部拉链进入系统，以此应对星座航天服系统的重赛（图 11.3-30）。

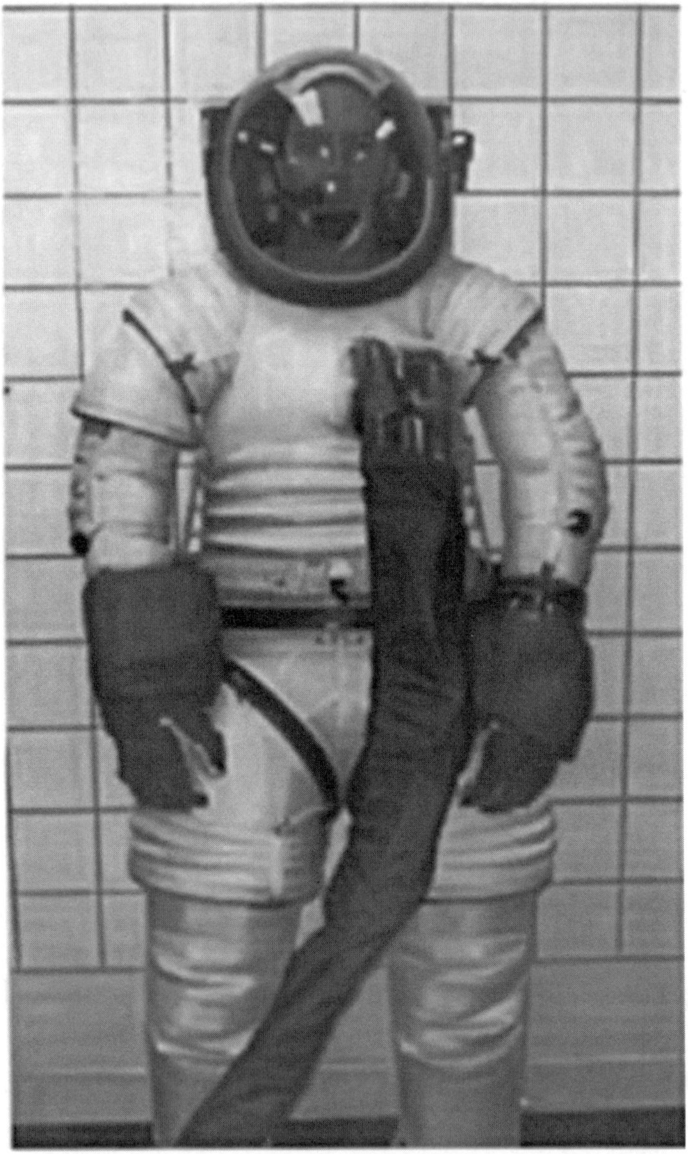

图 11.3－28　2007 年 ILC 公司第四代 CSSS 竞赛 I 航天服
（由 ILC 多佛公司提供）

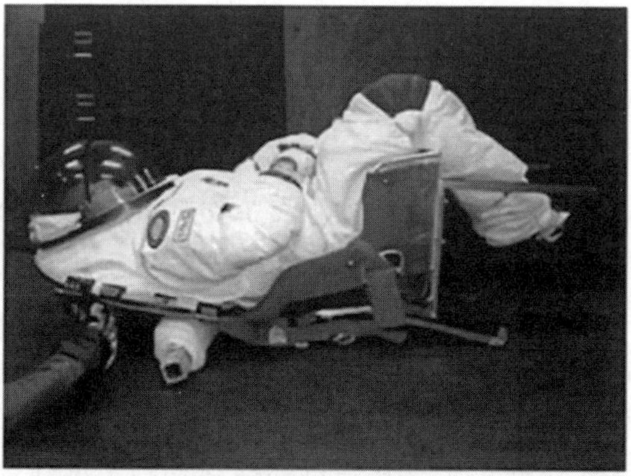

图 11.3-29　ILC 公司第四代 I 航天服的发射舒适性演示
（ILC 多佛公司提供）

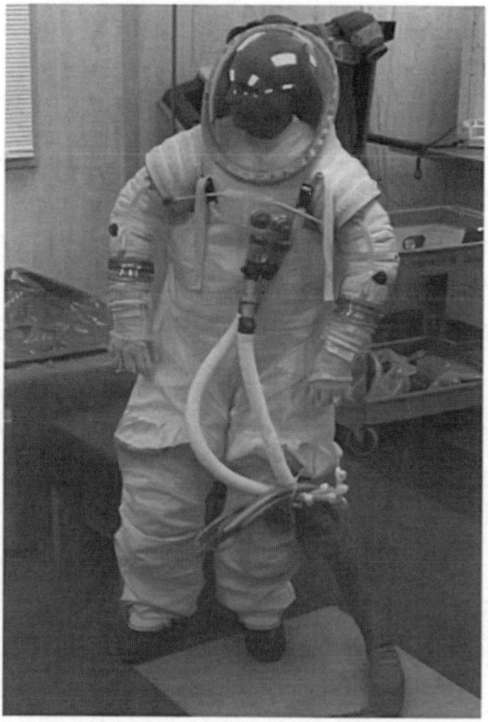

图 11.3-30　2008 年第五代重赛用全软 I 航天服（ILC 多佛公司提供）

11.4 星座航天服系统（2007—2010年）

如11.1节所论述的一样，20世纪的最后25年见证了研发新一代航天服所做的努力，但大部分研发工作都聚焦于行星探索，没有一种超越样机水平的航天服投入太空服务。新千年，美国航空航天局的人类太空探索活动以“星座计划”开始，继续远航。这项计划的目的是研制新一代航天器，主要包括战神1号和战神5号运载火箭、猎户座乘员舱、地球出发级与月球表面着陆舱。这些航天器将能够实施一系列任务，从空间站再补给到登月，再到登陆火星。为支持这些任务，美国航空航天局选择实施一种适应性强的航天服系统——星座航天服系统。

星座航天服系统竞赛之前的研发工作

三份主要的星座航天服系统合同于2006年10月授予，其中一份合同是关于两种飞船-航天服脐带系统的设计和样机制作。这两种飞船-航天服脐带系统中，一种是连接舱内乘员和飞船生命保障系统，乘员可以在发生座舱失压或飞船内大气环境被污染的情况下维持生命。另一种则是EVA脐带系统。IVA脐带本质上是一根连通线，而EVA脐带必须发挥美国航空航天局当前的航天飞机舱外活动装置生命保障系统的所有功能（即通风气流、供氧、CO_2去除、湿度控制、乘员及可能的电子设备热控）。海洋工程空间系统公司获得了该脐带合同。

第二份合同是小重量轴承研发合同，气闸公司（大卫·克拉克公司的子公司）获得了这份合同。气闸公司是美国航空航天局自双子星计划以来全部航天服的轴承与断接器供应商，从20世纪90年代早期开始一直从事先进复合材料航天服部件的研制工作。

第三份是关于先进乘员逃生服的增强活动性衍生型（EM-ACES）（图11.4-1和图11.4-2）的研发合同，授予了大卫·克拉克公司。这代表了星座航天服系统的第一种配置，将支持发射、返回和应急舱外活动。EM－ACES 与之前的大卫·克拉克公司的航天飞机航天服不同，它的工作压力为 4.3 psi（30kPa），其活动性系统既可以支持舱外活动，也可以在发生舱内紧急事件时提供有效的乘员逃生和救援。这种航天服系统样机包括两种头盔配置：一种是传统的发射和返回配置，用在航天飞机乘员逃生服上，带有活动的压力面窗；另一种是全气泡式聚碳酸酯头盔（图 11.4－2），将与舱外面窗系统一起用于太空行走。这种航天服系统样机还包括独立穿着的乘员逃生装置，配备自动充气膨胀装置，用于水上着陆救生。

在战略重要性较小的研发合同中，美国航空航天局对 ILC 公司研发鲁棒的翻转压力面窗提供了经费，这种压力面窗可以支持发射、返回和中断（LEA）配置的航天服。最终的设计安装在现有的 I 航天服样机上进行了测试。美国航空航天局还资助 ILC 公司按照该公司 2005 年的 I 航天服后入式配置升级 NASA 现有的 1998 年的中入式 I 航天服。其间，美国航空航天局还资助了气闸公司为该公司的 H 航天服生产较轻的硬式上躯干。这些合同为接下来的竞赛打下了基础。

星座航天服系统竞赛、授予合同和撤销合同

星座航天服系统计划充满了意外事件，它于 2007 年以一场常规竞赛拉开了序幕。这次竞赛的目的是获得一种可适应的航天服系统。通过更换航天服系统的各个部分，这种航天服可以适应三个非常不同的使用阶段。合同的基线或第一阶段是一套发射、返回和中断压力服，这种压力服可额外支持应急舱外活动和脐带系统。第二阶段（方案 1），作为基线合同的延续（不竞赛），方案 1 将在基线合同航天服的基础上生产一种适应月球 EVA 的派生型，以支持美国重返月球。第三阶段（方案 2）是合同的又一个延续（不竞赛），它是方案 1 航天服的适应性派生型，支持人类对火星进行探索。

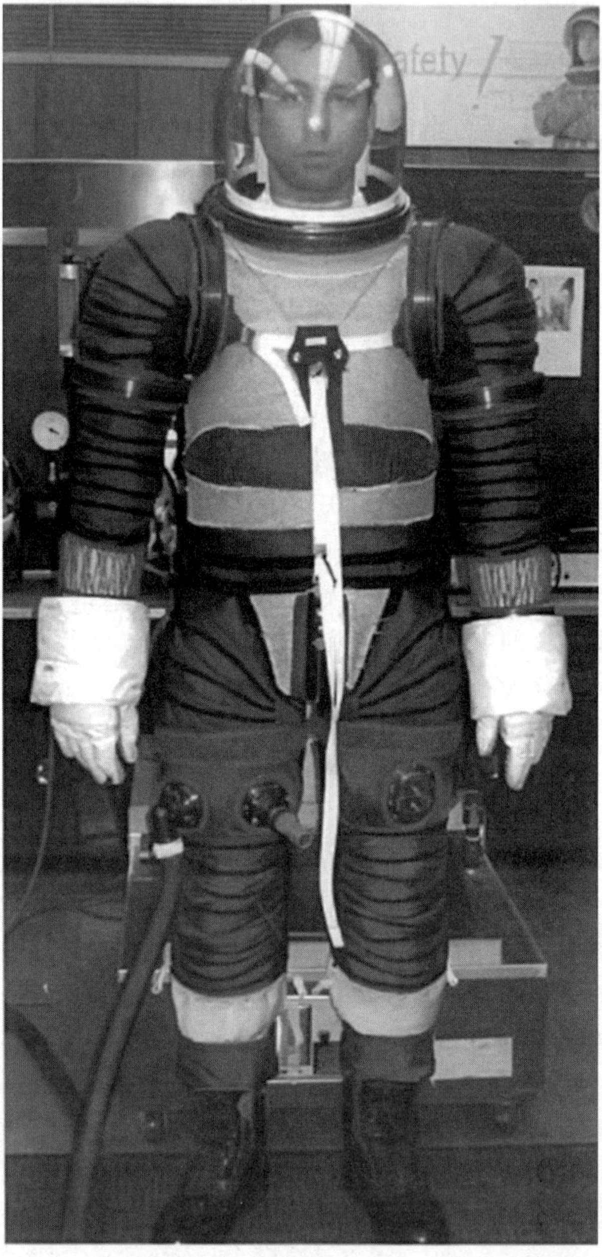

图 11.4-1　增强活动性先进乘员逃生航天服（大卫·克拉克公司提供）

图 11.4-2　配备躯干外罩的 EM-ACES（大卫·克拉克公司提供）

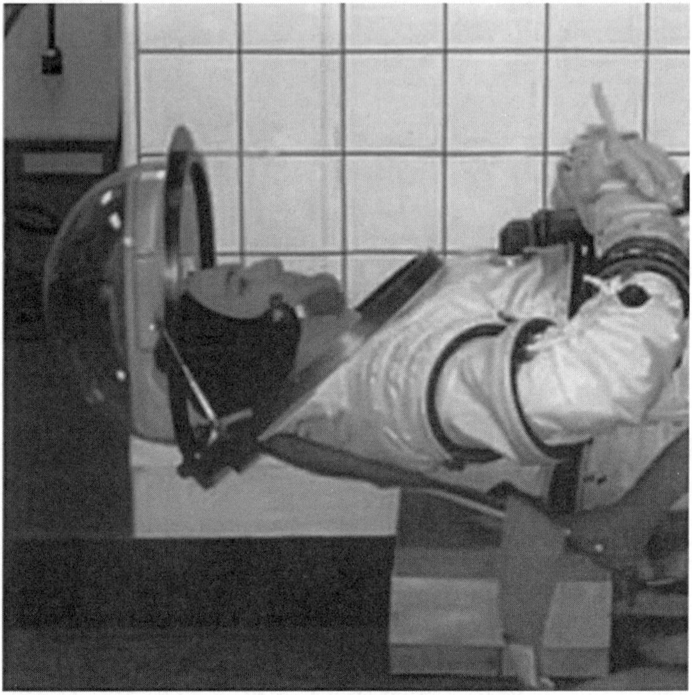

图 11.4－3　ILC公司研发的星座航天服翻转面窗
（ILC多佛公司提供）

目前，航天服的故事远远不止织物、其他非金属和金属部件这些内容，研发机构也是一个重要部分。首先，美国航空航天局并不是一块独石，这是一家由持不同观点的人员组成的大型机构。美国航空航天局位于华盛顿的总部给它的各个中心指定了不同职责范围，这些中心都有行政、技术和质量管理职能。中心的管理层给员工分配计划或任务，但并非所有人都赞成这些活动的完成方式。比较美国航空航天局对于航天飞机舱外活动装置和星座航天服系统计划的实施方式，我们就能看出这一点。

航天飞机舱外活动装置计划开始实施时，美国航空航天局决定自己只负责通信和工具。美国航空航天局将该航天服计划其他方面的协调任务授予给了一家带领一支子包商队伍的承包商。1977 年，这家承包商是汉密尔顿标准公司。1985 年，美国航空航天局决定从汉密尔顿标准公司合同中取消乘员训练和舱外活动硬件现场处理项目，改由约翰逊航天中心一个独立的子单位负责，希望得到更好的管理。波音公司赢得了现场处理合同，它后来成为了联合太空联盟（United Space Alliance，USA）的成员。约翰逊航天中心一个子单位负责制造和技术支持，另一个子单位负责现场处理和飞行支持，于是，协调工作就变得困难，也增加了成本。美国航空航天局最后选择将全部 EMU 研发活动（包括通信和工具）合并为一个计划，于 2004 年授予汉胜公司。按照这个合同，汉胜公司和 ILC 公司负责给美国航空航天局提供 EMU 部件和行政支持，海洋工程空间系统公司负责提供工具，联合太空联盟负责现场处理。此项目作为航天飞机计划的一个独立合同开始实施，后来又延续到空间站计划。

对于星座航天服系统，美国航空航天局采用了不同的管理方式，并担负了系统整合者的角色。这种做法与其在水星计划、双子星计划、大部分阿波罗任务和整个天空实验室任务中的做法一样。因此，美国航空航天局必须负责所有的计划管理和协调工作。这种管理方法在加利福尼亚喷气推进实验室负责的 NASA 卫星计划中运用得很成功。美国航空航天局航天服领域的很多人都认为这种方法可以以更低的成本实现同等的质量。2007 年，美国航空航天局针对星座航天服系统合同发布了征求建议书，两个承包商团队在 12 月份递交了建议书。

其中一个承包商团队由汉胜公司和 ILC 多佛公司联合领导，另一个团队由海洋工程空间系统公司牵头。为了获得星座航天服系统合同，汉胜公司和 ILC 公司合作组成了一个名为探索系统和技术的财团。汉胜公司/ILC 公司建议书中的其他团队成员包括洛克希德·马丁公司、雷神公司和卡尔顿生命保障系统公司。为支持这份方案，ILC 公司内部投资制作了一套其设想的星座航天服系统第一阶段航天服的样机（图 11.3－28 和图 11.3－29）。

另一个由海洋工程空间系统公司牵头的星座航天服系统竞标团队包括大卫·克拉克公司、联合太空联盟、霍尼韦尔公司和 Paragon 公司，对于这次竞赛，海洋工程空间系统公司承包商团队并未制作出一套压力服样机。

这种政府合同制度步骤很多，方案评估过程几乎花了半年的时间。美国航空航天局方案评估团队拒绝对国际橡胶公司的样机压力服进行评估，理由是需要维持承包商团队之间的公平竞争。

2008 年 6 月 12 日，美国航空航天局宣布海洋工程空间系统公司为星座计划航天服系统的承包商。在正常情况下，这就意味着海洋工程空间系统公司、大卫·克拉克公司以及团队的其他成员将继续研制用在猎户座飞船、重返月球任务以及人类对火星的探索任务中的航天服。不过，意想不到的情况发生了。

至于为什么会落选，探索系统和技术财团（即汉胜公司和 ILC 公司）要求与美国航空航天局就这一问题进行交流。这是政府合同制度中赋予未中标投标人的权力，也是一种很普遍的做法，承包商可借此机会了解如何在以后的竞标中做出更好的方案。后续事件的大部分细节都没有公开，但随之发生的事情则不同寻常。2008 年 7 月 15 日，探索系统和技术财团向政府审计署提交了一份对美国航空航天局的合同授予结果的抗议，于是政府审计署开始进行初步调查，预计时间持续 100 天。在 2008 年 8 月 14 日递交给政府审计署的文件中，美国航空航天局声明不会对政府审计署的询问给出答复，“因为已经决定采取纠正措施”。2008 年 8 月 15 日，美国航空航天局撤销了海洋工程空间系统公司的合同。2008 年 9 月底，美国航空航天局宣布重新竞赛。

重赛的征求建议书于 2008 年 11 月发布，第二个月就要交付建议书。由于征求建议书没有公布全部的章节，这就限制了改变结果的机会。

与此同时，美国航空航天局的研发工作还在向前推进。对废弃的航天服的测试让美国航空航天局相信，星座航天服系统的第一种配置不能配备肩部轴承和硬质中入式密封口，ILC 公司 2007 年研制的星座航天服系统于是遭到淘汰。考虑到了这种可能性，ILC 公司投资研发了一套配备中入式拉链系统的全软竞赛服（图 11.3 - 30）。

另一个意外事件发生于 2008 年，当时经 NASA 同意，国际海洋工程公司（海洋工程空间系统公司的母公司）、汉胜公司和 ILC 公司宣布联手，由海洋工程空间系统公司牵头，合作支持星座航天服系统。这样就完全不用重赛了。2009 年 2 月，星座航天服系统合同再一次正式授予了海洋工程空间系统公司。

有关星座航天服系统的最后一个意外事件发生在 2010 年，当时奥巴马政府发布了 2011 年财政预算，其中并未给星座计划提供资金支持，而是偏向于增加对商业的、不太规范且不太成熟的航天器供应商的投资，以求将航天员和国际空间站货物送至近地轨道。由于太空计划是由国会参众两院的共同决议案（即国会法案，两个政党承诺提供长期支持）确立的，这就将星座计划和星座航天服系统的命运交付给了政治谈判。

奥巴马政府最初想保留星座计划的猎户座乘员舱这一部分，只是将其作为国际空间站的逃逸舱。这样的话，该乘员舱最有可能设计成接入非 EVA 式俄罗斯航天服。

谈判形成了一个“猎户座之光”最低成本折中计划。这个计划令乘员舱可以继续作为完整航天器进行研发，但是研发预算减少，并且将以现有的运载系统发射。星座计划和星座航天服的预算于 2010 年 10 月 11 日正式终止。尽管星座航天服系统样机已经完成了，由于时间的限制，所研发的航天服相对于以前的航天服体现的技术来说只是较小发展的衍生型。由于星座航天服系统计划受限于国防部技术信息制度，所以解密星座航天服系统样机并实现公开讨论的时间尚不清楚。

为了挽救猎户座飞船主体的最低成本要求，似乎令猎户座计划撤销了舱外活动，这样星座航天服系统将会是一个舱内航天服系统（第 4 章中已讨论）。美国太空探索计划中重返月球部分的取消排除了数年来对于行星舱外航天服的需求。航天飞机退役后，增强型航天飞机舱外活动装置预计将支持国际空间站至少运行到2020年。由于航天飞机停止了飞行，一直要等到具有返回能力的货运飞船投入运行，舱外活动装置才能返回地球进行整修。如果这种方案未能按照计划实现，不能使用的舱外活动装置将由像俄罗斯进步号飞船一样的货运飞船运载，这种货运飞船没有配备防热罩和再入热控装置，返回时将在太平洋上空烧毁。这将会最终减少增强型舱外活动装置的库存，产生更换轨道舱外活动航天服的需求，并增加获得新型配置的机会。

尽管舱外活动未来的短期前景并不明朗，然而，只要太空中有人类工作的身影，舱外活动航天服就有用武之地。

后　记

短短四十年，人类实现了从短暂的太空飞行到在太空生活工作的巨大飞跃。这一艰辛的太空探索历程始于国际竞争，后来又发展成为国际合作。在国际空间站的建设和后续的维护过程中，俄罗斯人、美国人和其他国家的人员交替使用俄罗斯和美国航天服，这个新兴的国际航天服界的人们相互影响，俄罗斯航天服和美国航天服之间的技术差异开始变得模糊起来了。迄今为止，人类在太空只能同时安置10个人，未来这个数字会增加。人类已经有三十多年未涉足月球了。除了造访月球，人类今天的梦境之地也将成为明天的目的地!

航天服系统是太空项目的组成部分，也是整个太空计划的重要内容。人类的火星探索仍在计划当中。相比于月球探索，火星计划面临更大的挑战。为了应对火星探索的挑战，更多的航天服设计将会出现，它们是未来美国航天服故事的元素。

未来无疑将会以过去的经验为基础，美国航天服已经为数以百计的航天员的太空之旅保驾护航。迄今为止，航天员在广袤的太空中穿着美国航天服进行探索或工作的时间累计达到2500人时（全世界范围内的总时长为3700小时）。

附录 A　美国航天服系统概览

水星计划舱内航天服（图 A－1）

简述：水星航天服由 B·F·古德里奇航空航天公司（位于美国俄亥俄州阿克伦市，现为古德里奇公司，总部位于美国北卡罗来纳州夏洛特，纽约证券交易所代码：GR）设计生产，目的是在飞船减压的紧急情况下保持大气压力环境。

研发和运行时间：评估/选定/合同授予时间是在 1959 年，内容是关于改装现有的高空压力服设计，以便用于太空飞行的舱内活动。1961 年到 1963 年间，这种设计支持了 6 次飞行。

技术性能

功能：	舱内航天服
工作压力：	3.7 psi（25.5 kPa）
压力服组件质量：	22 lb（10 kg）
主生命保障系统：	航天器提供
备份生命保障系统：	航天器提供

生产数量：至少生产了 4 套研发组件和 32 套飞行配置的压力服。

图 A-1　B·F·古德里奇公司的水星舱内航天服（NASA 提供）

X－15 A/P 22S－2 航空/航天服（图 A－2）

简述：X－15 压力服组件由大卫·克拉克公司（位于美国马萨诸塞州伍斯特）设计生产，目的是在飞船下降到可呼吸高度之前保持大气的压力环境。

研发和运行时间：竞赛和合同授予时间是在 1957 年。第一套 X－15压力服 MC－2 于 1959 年开始用在航空飞行服务中，后来是 A/P 22S－2 于 1962 年用在飞行服务中，早于同年 X－15 的首次“太空飞行”。八名飞行员在 X－15 计划中获得了航天员飞行徽章。1967 年，X－15 最后一次进入太空（第 11 次亚轨道太空飞行），并在 199 次飞行后于 1968 年停止运行。

技术性能

功能：	航空压力服和舱内航天服
工作压力：	3.5 psi（24.1 kPa）
压力服组件质量：	25 lb（11.3 kg）
主生命保障系统：	航天器提供
备份生命保障系统：	航天器提供

生产数量：至少生产了 20 套 A/P 22S－2 航天服。

图 A-2 大卫·克拉克公司的 A/P 22S-2 X-15 航空/航天服（NASA 提供）

双子星 G3C 航天服（图 A－3）

简述：双子星 G3C 舱内航天服由大卫·克拉克公司（位于美国马萨诸塞州伍斯特）设计生产。该航天服系统包括降落伞和漂浮系统，以增强乘员的生存能力，在飞船减压的紧急情况下能保持大气压力环境。

研发和运行时间：合同授予时间是在 1962 年，这是一种派生于 X－15 A/P 22S－2 压力服设计的后入式舱内航天服。该型号支持了 1965 年 3 月的双子星 3 号飞行活动，但由于需要另外配备舱外活动能力，该型号不久就被淘汰了。

技术性能

功能：	舱内航天服
工作压力：	3.7 psi（25.5 kPa）
压力服组件质量：	23.5 lb（10.7 kg）
主生命保障系统：	航天器提供
备份生命保障系统：	航天器提供

生产数量：在 G3C 配置之前至少生产了 15 套评估配置的压力服（GX1C 和 G1C 型）和 31 套训练配置的压力服（G2C 型），G3C 生产了 14 套压力服组件。

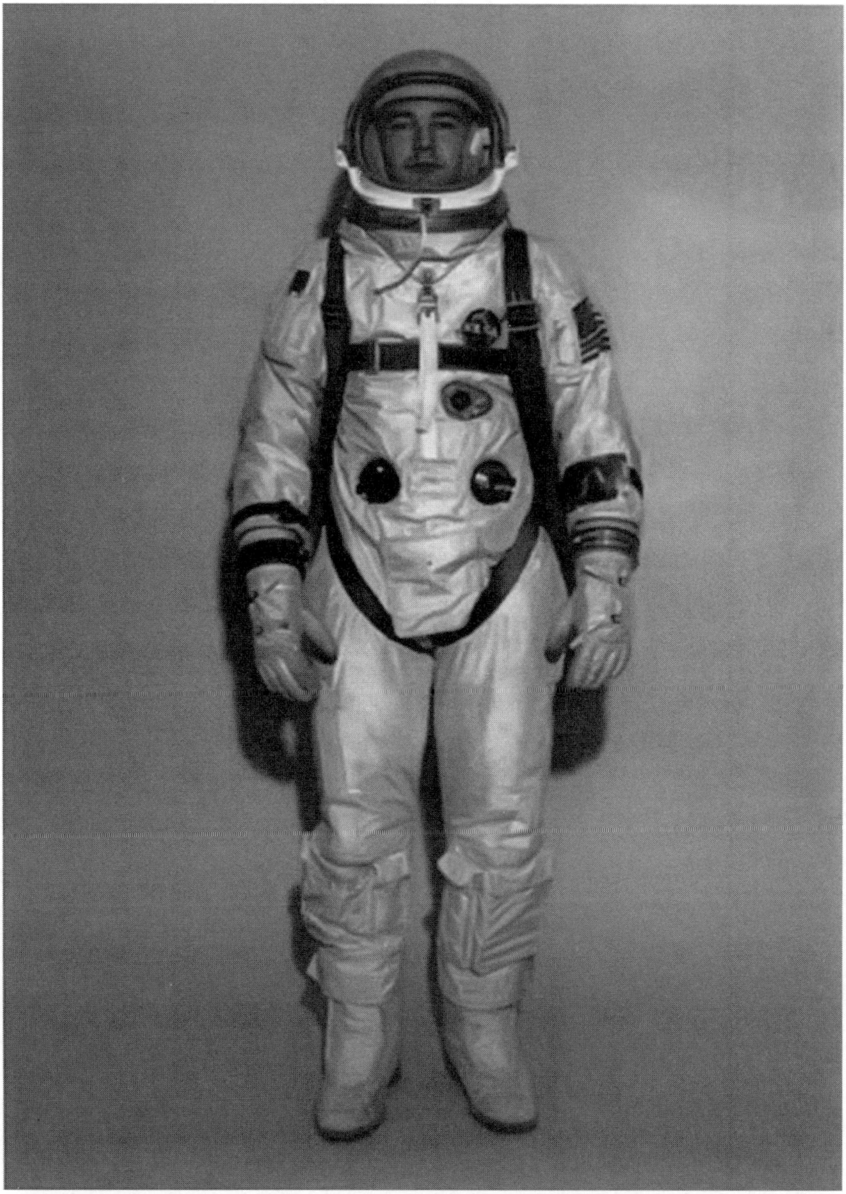

图 A-3　大卫·克拉克公司的双子星 3 号 G3C 舱内压力服

（NASA 提供）

双子星 4 号舱内/舱外航天服系统（图 A－4）

简述：双子星 4 号航天服系统由 G4C 航天服和 NASA/AiResearch 公司的通风控制模块（VCM）组成。对于双子星 4 号任务而言，G4C 的特殊配置以及通风控制模块的生命保障系统都是独一无二的。

研发和运行时间：此航天服系统于 1965 年 3 月开始研发，尽可能地使用已有的设计和硬件。双子星 G4C 舱内/舱外航天服由大卫·克拉克公司（位于美国马萨诸塞州伍斯特）设计并制造，可支持舱外活动（EVA）以及发射/返回/救援等多项功能。和 G3C 一样，G4C 航天服系统也包括降落伞和漂浮系统。双子星 4 号 G4C 与双子星 3 号 G3C 的不同之处在于，G4C 还包含隔热防护服和头盔遮阳面窗，可进行舱外活动。作为对苏联成为世界首个开展航天员舱外活动（航天员莱昂诺夫）国家的回应，NASA 负责了系统级集成，并利用现有设计开发了通风控制模块，还在可能的情况下使用 AiResearch 公司提供的脐带制作出了硬件。通风控制模块和脐带在美国首次舱外活动任务中为航天员爱德华·怀特提供了生命保障。1965 年 6 月，此系统投入了飞行，并成功实现了为时 36 分钟的舱外活动。

技术性能

功能：	舱内/舱外活动
工作压力：	3.7 psi（25.5 kPa）
压力服组件质量：	34 lb（15.4kg）
舱外活动主生命保障系统： 通风控制模块	脐带，没有时间限制
舱外活动备份生命保障系统： 通风控制模块	9 分钟
通风控制模块质量：	7.75 lb（3.52 kg）

生产数量：由于随后所有的任务（双子星 7 号除外）都用到了 G4C 航天服，而双子星 4 号任务中的非飞行航天服则被投入到其他

计划用途中，因而无法确定双子星 4 号的航天服数量。因此，在本附录后面部分出现的“双子星 5 号、6 号、8～12 号舱内/舱外航天服系统”综述中给出了航天服数量。据悉，通风控制模块仅制造了 3 套。

图 A-4　双子星 4 号任务中由大卫·克拉克公司制造的 G4C 航天服和 NASA/AiResearch 公司的通风控制模块（NASA 提供）

双子星 5 号、6 号、8～12 号舱内/舱外航天服系统（图 A－5）

简述：基本的双子星 5 号到 12 号（不包括 7 号）航天服系统都采用 G4C 航天服和舱外生命保障系统（ELSS）来支持舱外活动。G4C 航天服是由位于美国马萨诸塞州伍斯特的大卫·克拉克公司生产制造。除双子星 5 号和 6 号采用普通隔热防护服外，所有其他 G4C 防护服都是为任务特制的。舱外生命保障系统是由位于美国加利福尼亚州托伦斯的 AiResearch 公司（现为霍尼韦尔公司）研发和制造的。第 8 号到第 12 号任务中都用到了舱外生命保障系统。NASA 是舱外活动系统的整合商。舱外生命保障系统设计目的在于，在脐带之外，可以选择采用航天服自带的氧气和电源提供自主舱外活动能力。舱外保障包（ESP）就是 NASA 为双子星 8 号开发出的自主供氧系统背包装置 。另一个供氧系统则由汉密尔顿标准公司开发，是 LTV 公司研发的航天员机动装置的组成部分。由于任务的困难之处并不在于这些自主供氧系统，因此这些非脐带供氧配置在舱外活动中都没有用到过。

研发和运行时间：1965 年 3 月，开始了 G4C 航天服的开发过程；1965 年 6 月，G4C 航天服被用于双子星 4 号飞行任务中。最初，双子星 5 号和 6 号的 G4C 航天服还没有舱外活动面窗、防护服以及防护手套。后来，双子星 8 号到 12 号的 G4C 航天服都采用了为任务特制的防护服。舱外生命保障系统的开发活动属于双子星计划内容，始于 1963 年，但在开发过程中经过了大量改进。舱外生命保障系统的首次飞行是双子星 8 号任务，而后在双子星 9A 号中实现了首次舱外活动。该系统被四名航天员使用，四次舱外活动共计达到 11 小时 49 分钟。

技术性能

功能：	舱内（无 ELSS）/舱外活动（包括附件）
工作压力：	3.7 psi (25.5 kPa)
压力服组件质量：	34 lb (15.4 kg)

舱外活动主生命保障系统：ELSS	脐带，没有时间限制
舱外活动备份生命保障系统：ELSS	30 分钟
ELSS 质量：	47 lb (21.3 kg)

生产数量：为支持双子星 4 号到 6 号任务以及双子星 8 号到 12 号任务，G4C 航天服至少生产了 42 套，其中 16 套用于飞行。还制造了 8 个胸包，其中 4 个用到了舱外活动中。舱外活动中使用的所有胸包都在返回之前丢弃在太空中。

图 A－5　双子星 5 号到 12 号中由大卫·克拉克公司生产的 G4C 航天服和 AiResearch 公司的舱外生命保障系统（NASA 提供）

双子星 7 号 G5C 舱内航天服（图 A-6）

简述：双子星 G5C 舱内航天服由位于美国马萨诸塞州伍斯特的大卫·克拉克公司设计并制造。此航天服系统包括一个降落伞/漂浮背带系统，能够在航天器减压之时提供大气压力环境，从而提高乘员的生存能力，不过为了减小重量，该系统还是尽量去除了很多坚硬部件，以便提高双子星 7 号 206 圈/14 天任务中航天员的舒适度。

研发和运行时间：1965 年 4 月，在 G4C 的基础上，开始了此航天服系统的开发过程，1965 年 12 月，投入飞行。

技术性能：

功能：	舱内航天服
工作压力：	3.7 psi (25.5 kPa)
压力服组件质量：	16 lb (7.2 kg)
主生命保障系统：	航天器提供
备份生命保障系统：	航天器提供

生产数量：至少制造了 11 套 G5C 航天服，其中两套应用于飞行。

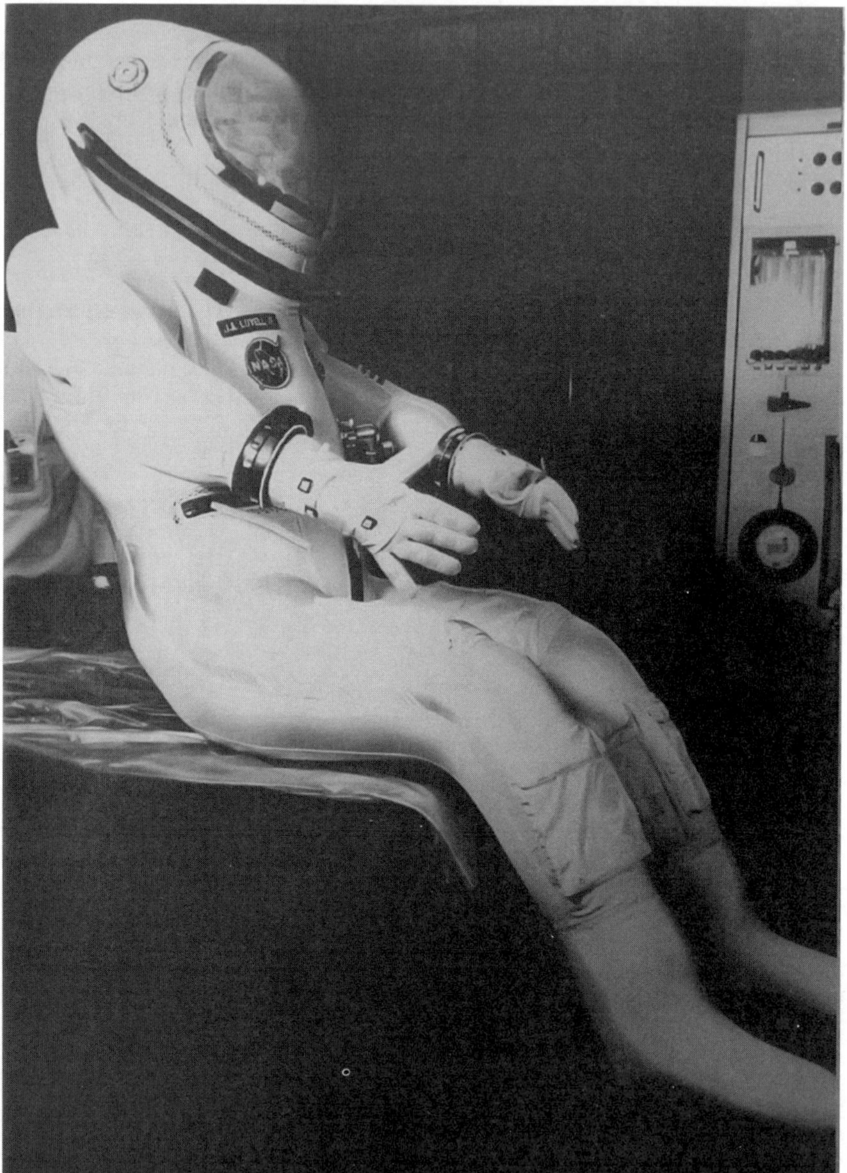

图 A－6　大卫·克拉克公司的双子星 7 号 G5C 舱内航天服（NASA 提供）

阿波罗 7 号到 10 号的舱外活动装置（图 A－7）

简述：阿波罗 7 号～10 号的舱外活动装置有两种配置。一种适用于登月舱乘员进行舱外活动，另一种则适用于指令舱驾驶员(CMP)。前一种配置包括阿波罗 7 号～10 号的 A7L 压力服组件(PSA)、“－5”便携式生命保障系统（PLSS）以及“－1”氧净化系统（OPS，备用生命保障）。阿波罗舱外活动装置是一种模块化系统。不带舱外附件时，压力服组件作为舱内航天服，可支持发射和返回活动。如果再装上面窗组件、舱外手套、月球防护靴、便携式生命保障系统以及氧净化系统，阿波罗舱外活动装置就能转化为一种舱外航天服系统。而 CMP 配置只是一种压力服组件，与前一种配置的区别在于，CMP 航天服只有一对生命保障连接器，没有手臂轴承，防护服的绝热性能也更弱。A7L 的压力服组件由位于美国特拉华州多佛的国际橡胶公司设计和制造。便携式生命保障系统/氧净化系统则由位于美国康涅狄格州温莎洛克斯的汉密尔顿标准公司开发和制造。

研发和运行时间：计划竞争和合同授予是在 1962 年。1968 年，此配置开始用于飞行服务，并在阿波罗 9 号上开始了首次也是唯一一次舱外活动。该型舱外活动装置可支持四次舱内活动飞行和一次舱外活动（一个便携式生命保障系统，一个脐带）飞行，在太空中的作业时间共计 1.5 人时。

技术性能

功能：	舱内/舱外活动（带便携式生命保障系统和附件）
工作压力：	3.7 psi (25.5 kPa)
舱内活动压力服组件质量：	62 lb (28 kg)
舱外活动压力服组件质量：	76 lb (34.5 kg)
生命保障系统质量：	125 lb (56.7 kg)
舱外活动系统质量：	200 lb (91 kg)

最小舱门尺寸：	30 英寸×30 英寸 （762 mm×762 mm）
舱外活动主生命保障系统： 便携式生命保障系统	认证使用期为 6 小时， 最长使用时间为 46 分钟
舱外活动备份生命保障系统： 氧净化系统	认证使用期为 30 分钟， 从未用于飞行

生产数量：由于随后所有的任务都用到 A7L 航天服，而阿波罗 7～10 号中的非飞行航天服则大批投入到其他计划用途中，因而无法确定“阿波罗 7～10 号”的航天服数量。因此，在随后出现的“阿波罗 11～14 号”综述中给出了航天服数量。阿波罗的便携式生命保障系统从一种配置改型到了下一种配置，其总数在阿波罗 15～17 号综述中给出了说明。

图 A－7 阿波罗 9 号和 10 号的舱外活动装置（国际橡胶公司的 A7L 航天服，汉密尔顿标准公司— 5 便携式生命保障系统）（汉胜公司提供，图示为研发/认证舱外活动装置）

阿波罗 11～14 号的舱外活动装置（图 A-8）

简述：阿波罗 11～14 号的舱外活动装置有两种配置。适用舱外活动的配置包括阿波罗 11～13 号或阿波罗 14 号的 A7L 压力服组件（PSA）（带 EV 附件）、“-6”便携式生命保障系统（PLSS）以及“-1”氧净化系统（OPS，备份生命保障系统）。阿波罗 11～14 号的指令舱驾驶员压力服组件与前一种配置的区别在于，指令舱驾驶员的航天服只有一对生命保障连接器，没有手臂轴承，绝热性能也更弱。A7L 的压力服组件由位于美国特拉华州多佛的国际橡胶公司（ILC）设计和制造。阿波罗便携式生命保障系统/氧净化系统则由位于美国康涅狄格州温莎洛克斯的汉密尔顿标准公司开发和制造。

研发和运行时间：压力服组件和便携式生命保障系统是在阿波罗 7～10 号系统的基础上逐步改进的。为了支持阿波罗 11～13 号飞行，压力服组件的面窗组件添加了外壳层和隔热防护层。为了支持阿波罗 14 号飞行，面窗组件进行了再次改进，增加了一个外部不透明的中心遮光罩，阿波罗 15～17 号舱外活动装置中也将用到这个。阿波罗 11～14 号中，改进了便携式生命保障系统的遥控装置——胸部安装的显示和控制单元，使得带上压力手套后操作起来更方便，并在遥控装置的前面安装了摄像头。这种配置实现了 5 次双人舱外活动，在飞船外共计活动了 39.1 人时。

技术性能

功能：	舱内/舱外活动（带便携式生命保障系统和配件）
工作压力：	3.7 psi（25.5 kPa）
舱内活动压力服组件质量：	62 lb（28 kg）
舱外活动压力服组件质量：	76 lb（34.5 kg）
生命保障系统质量：	125 lb（56.7 kg）
舱外活动系统质量：	201 lb（91.3 kg）
最小舱门尺寸：	30 英寸×30 英寸（762 mm×762 mm）

舱外活动主生命保障系统：便携式生命保障系统	认证使用期为 6 小时，最长使用时间为 4.8 小时
舱外活动备份生命保障系统：氧净化系统	认证使用期为 30 分钟，从未用于飞行

生产数量：至少制造了 105 套 A7L 航天服。这些航天服支持了阿波罗 7～14 号任务，以及阿波罗 15～17 号中指令舱驾驶员的飞行。阿波罗的便携式生命保障系统从一种配置改型到了下一种配置，其总数在阿波罗 15～17 号舱外活动装置综述中给出了说明。

图 A-8　阿波罗 10～14 号舱外活动装置（国际橡胶公司的 A7L 航天服，汉密尔顿标准公司—6 便携式生命保障系统，阿波罗 11 号航天员奥尔德林）（NASA 提供）

阿波罗 15～17 号舱外活动装置（图 A-9）和阿波罗联盟号测试项目（ASTP）航天服

简述：阿波罗 15～17 号的舱外活动装置（EMU）有两种配置。其中，适用舱外活动的配置由侧入式/中入式阿波罗 A7LB 舱外压力服组件（PSA）、“－7”便携式生命保障系统（PLSS）以及“－2”氧净化系统（OPS，备份生命保障系统）组成。A7LB 舱外活动配置的创建，是为了支持月球车的使用，实现更有效的月面探索。大部分阿波罗 15～17 号指令舱驾驶员（CMP）的 A7LB 压力服组件是翻新的 A7L 舱外压力服组件；只有有限数量的 A7LB 压力服组件是新制的，用于支持阿波罗 17 号。这些 A7LB 指令舱驾驶员压力服组件与 A7L 一样，都属于后入式航天服。对于阿波罗联盟号测试项目，NASA 选择使用阿波罗 15～17 号 A7LB 指令舱驾驶员压力服组件的稍加修改版本。A7LB 压力服组件由位于美国特拉华州多佛的国际橡胶公司（国际橡胶公司部分拥有的独立业务实体）设计和制造。阿波罗的便携式生命保障系统/氧净化系统则由位于美国康涅狄格州温莎洛克斯的汉密尔顿标准公司开发和制造。

研发和运行时间：1968 年，此配置的开发过程启动，对先前的系统进行了逐步改进。1971 年，此配置首次用于飞行。最后的阿波罗舱外活动装置实现了 3 次飞行，13 次舱外活动（12 次为双人舱外活动，1 次为单人站立式舱外活动），在飞船外共计活动了 127.8 人时。

技术性能

功能：	舱内/舱外活动（带便携式生命保障系统和配件）
工作压力：	3.7 psi（25.5 kPa）
舱内活动压力服组件质量：	64.6 lb（29.3 kg）
舱外活动压力服组件质量：	78 lb（35.4 kg）
生命保障系统质量：	134 lb（60.8 kg）

舱外活动系统质量：	212 lb (96.2 kg)
最小舱门尺寸：	30英寸×30英寸（762 mm×762 mm）
舱外活动主生命保障系统：便携式生命保障系统	认证使用期为7小时，最长使用时间为7.62小时
舱外活动备份生命保障系统：氧净化系统	认证使用期为30分钟，从未用于飞行

生产数量：为了支持阿波罗计划，至少有30套侧入式/中入式A7LB舱外航天服被制造出来。虽然大部分A7LB指令舱驾驶员(CMP)航天服都只是在A7L舱外航天服的基础上进行改进，但还是有4套以上的A7LB指令舱驾驶员航天服是新制的。1965—1972年，为满足开发、认证、培训以及任务的需求，34个阿波罗便携式生命保障系统被制造出来。为满足阿波罗联盟号测试项目的需求，至少有9套后入式A7LB压力服组件被制造出来。

图 A-9　阿波罗 15～17 号舱外活动装置（国际橡胶公司的 A7LB 航天服，汉密尔顿标准公司-7 便携式生命保障系统）（哈里斯提供）

天空实验室舱外活动装置（图 A－10）

简述：天空实验室舱外活动装置的配置包括侧入式/中入式阿波罗 A7LB 舱外压力服组件（PSA）的改进版本和航天员生命保障组件（ALSA）。A7LB 压力服组件由位于美国特拉华州多佛的国际橡胶公司设计和制造。位于美国加利福尼亚州托伦斯的盖瑞特航空航天公司 AiResearch 分公司赢得了航天员生命保障组件的竞争，并因此获得了合同。在开发航天员生命保障组件的过程中，通过企业合并，AiResearch 成为联合信号公司（现为霍尼韦尔公司）的一部分。这个位于托伦斯的部门则继续担任航天员生命保障组件的制造商。

研发和运行时间：1969 年进行了计划竞争和合同授予。1973 年，天空实验室舱外活动装置首次用于飞行。

技术性能

功能：	舱内/舱外活动（带航天员生命保障组件和附件）
工作压力：	3.7 psi（25.5 kPa）
舱内活动压力服组件质量：	64.6 lb（29.3 kg）
舱外活动压力服组件质量：	72 lb（32.7 kg）
生命保障系统质量：	71 lb（32.3 kg）（压力控制单元和第二氧气包）
舱外活动系统质量：	143 lb（64.9 kg）
最小舱门尺寸：	梯形形状；顶部近 15 英寸（380 mm）宽，底部近 22 英寸（560 mm）宽，高 30 英寸（762 mm）
舱外活动主生命保障系统：航天员生命保障组件	舱外活动最长时间为 7 小时 1 分钟
舱外活动备份生命保障系统：第二氧气包	认证使用期为 30 分钟，从未用于飞行

生产数量：为满足天空实验室的需要，至少有 35 套天空实验室 A7LB 航天服和 16 个航天员生命保障组件被制造出来。航天员生命保障组件由压力控制单元、第二氧气包和生命保障脐带组成。

图 A-10 天空实验室舱外活动装置（国际橡胶公司的 A7LB 航天服，AiResearch 公司的航天员生命保障系统）（NASA 提供）

航天飞机弹射逃生航天服（图 A-11）

简述：航天飞机弹射逃生航天服（EES）由位于美国马萨诸塞州伍斯特的大卫·克拉克公司设计和制造。此航天服系统包括降落伞和漂浮系统，能提高乘员的生存能力。此外，此系统还能在遇到航天器减压的情况时提供大气压力环境。

研发和运行时间：1978 年，在美国空军的 S1030 型飞行员防护组件基础上开发出来的舱内全压服获得了生产合同。这种弹射逃生航天服支持了 STS-1 到 STS-4 的飞行任务，在航天飞机完成了认证任务后被淘汰。

技术性能

功能：	舱内航天服
工作压力：	2.7 psi（18.6 kPa）
压力服组件质量：	40 lb（18 kg）
主生命保障系统：	航天器提供
备份生命保障系统：	航天器提供

生产数量：为满足航天飞机计划需求，13 套弹射逃生航天服被生产出来。其中，5 套在后来被转换为 S1030 型压力服，用于美国空军的 SR-71 飞行。

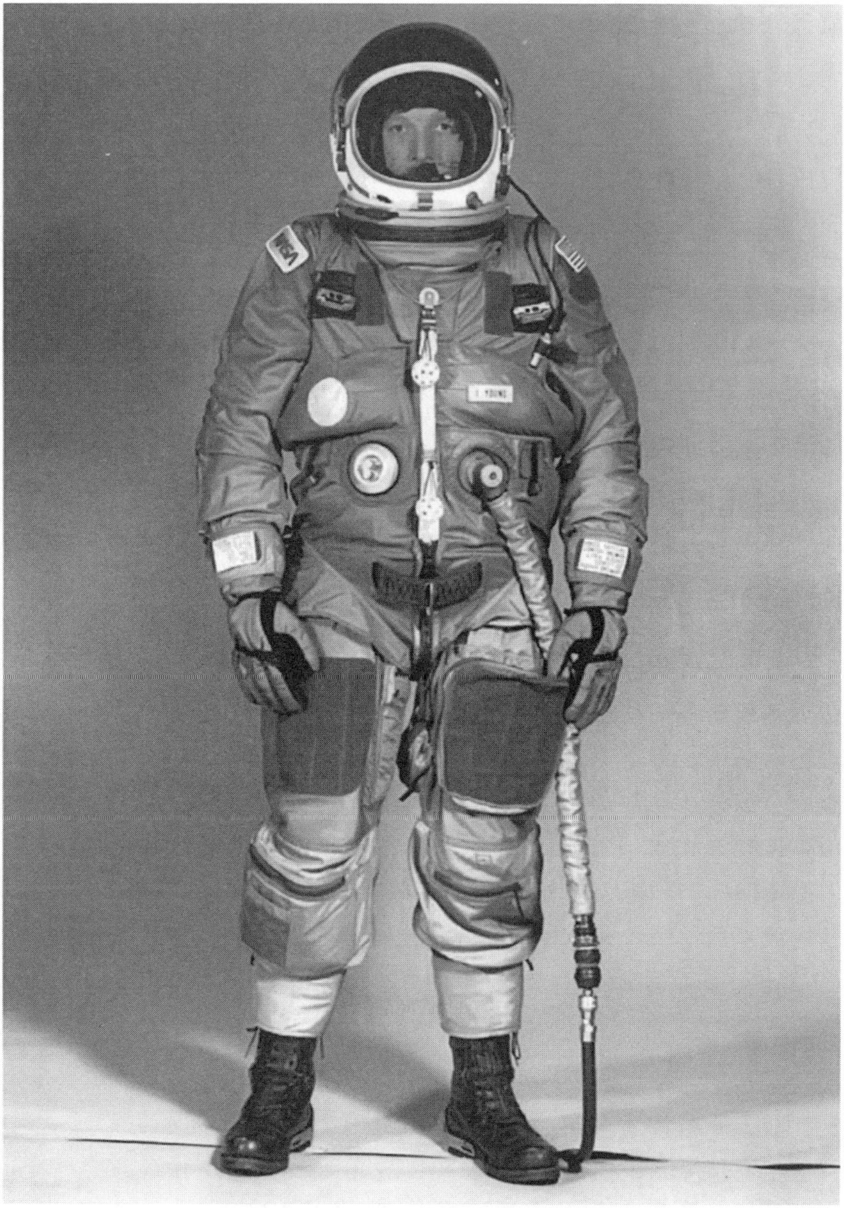

图 A-11 大卫·克拉克公司的航天飞机弹射逃生舱内航天服（NASA 提供）

航天飞机基线舱外活动装置舱外航天服系统（图 A－12）

简述：航天飞机基线舱外活动装置是首个用于飞行的美国专用舱外航天服系统。此舱外活动装置并非一个航天服组件，确切地说，应该是一个模块集合，称为合同尾部项目（CEI），分别按所需数量交付以支持飞行任务，并通过混合搭配，为乘员提供近似定制的航天服。航天飞机舱外活动装置的压力服部分被称为航天服组件（SSA），为了尽量缩减体积而进行的系统整合，导致航天服组件无法在生命保障系统（LSS）CEI 未就位的情况下单独进行加压和运行。在 1999 年汉密尔顿标准公司转变为汉胜公司之前，NASA 的舱外活动装置承包商和系统整合商一直是汉密尔顿标准公司（HS），该公司位于美国康涅狄格州温莎洛克斯。汉密尔顿标准公司还是生命保障系统 CEI 的供应商。航天服组件 CEI 的整合商和主设计/制造商是 ILC 公司（位于美国特拉华州弗雷德里卡）。1984 年，ILC 完全脱离国际橡胶公司，变为独立存在的实体。

研发和运行时间：1974 年，汉密尔顿标准公司/ILC 内部出资开始了基线舱外活动装置的开发过程，之后于 1976 年，开展了航天飞机舱外活动装置竞赛。1977 年授予生产合同。1981 年，该装置（具有应急舱外活动能力）实现了首次飞行。1983 年，在 STS－6 任务中，该装置完成了首次舱外活动。1998 年，该配置开始慢慢淘汰，人们更倾向于增强型舱外活动装置配置。2002 年，在 STS－110 中，基线舱外活动装置完成了最后一次飞行和舱外活动。

技术性能

功能：	舱外活动
工作压力：	4.3 psi（29.6 kPa）
航天服组件质量：	109 lb（49.4kg）
生命保障系统质量：	145 lb（65.8 kg）
舱外活动装置质量：	254 lb（115 kg）
最小舱门尺寸：	20 英寸×30 英寸（508 mm×762 mm）

舱外活动主生命保障系统： 主生命保障系统	标称使用期为 8 小时， 最长使用时间为 8.48 小时
舱外活动备份生命保障系统： 第二氧气包	认证使用期为 30 分钟， 从未用于飞行

生产数量：在基线舱外活动装置盛行的年代，总共有 52 个航天服组件（基于硬式上躯干的数量）和 17 个生命保障系统被生产出来。通常情况下，航天服组件 CEI 最开始都是作为飞行装置发挥作用，随后会被降级用作训练。一般而言，无论何时都需要有 24 个航天服组件和 12 个生命保障系统来支持飞行。

图 A－12　汉密尔顿标准公司/国际橡胶公司的航天飞机基线舱外活动装置
（NASA 提供）

航天飞机发射/返回航天服舱内航天服系统（图 A-13）

简述：从 STS-26 任务开始，每位乘员都会配备乘员逃生系统（CES）航天服和配套装备。直到 1994 年，乘员逃生系统才纳入了一种部分压力服系统（S1032 型），称为发射/返回航天服（LES）。发射/返回航天服是专门适用舱内活动（IVA）的航天服，由位于美国马萨诸塞州伍斯特的大卫·克拉克公司设计和制造。这一组件的压力服部分主要采用了 12 种标准尺寸系统（1 种为定制尺寸）中的 9 种尺寸进行制作。此航天服系统包括降落伞和漂浮系统，能提高乘员的生存能力。此外，该系统还能在遇上航天器减压情况时提供大气压力环境。

研发和运行时间：1986 年，合同授予在现有美国空军 S1031 型压力服系统的基础上开发出的舱内分压服。从 1988 年到 1995 年末，发射/返回航天服一直支持着飞行任务；1994 年，由于先进乘员逃生航天服的引入，发射/返回航天服逐渐被淘汰。

技术性能

功能：	舱内航天服
工作压力：	2.7 psi（18.6 kPa）
航天服质量：	30 lb（13.6 kg），近似值
降落伞和生存系统：	64 lb（29 kg），近似值
主生命保障系统：	航天器提供
备份生命保障系统：紧急供氧系统	10 分钟

生产数量：1987—1989 年间，为支持航天飞机计划，49 套发射/返回航天服被生产出来。

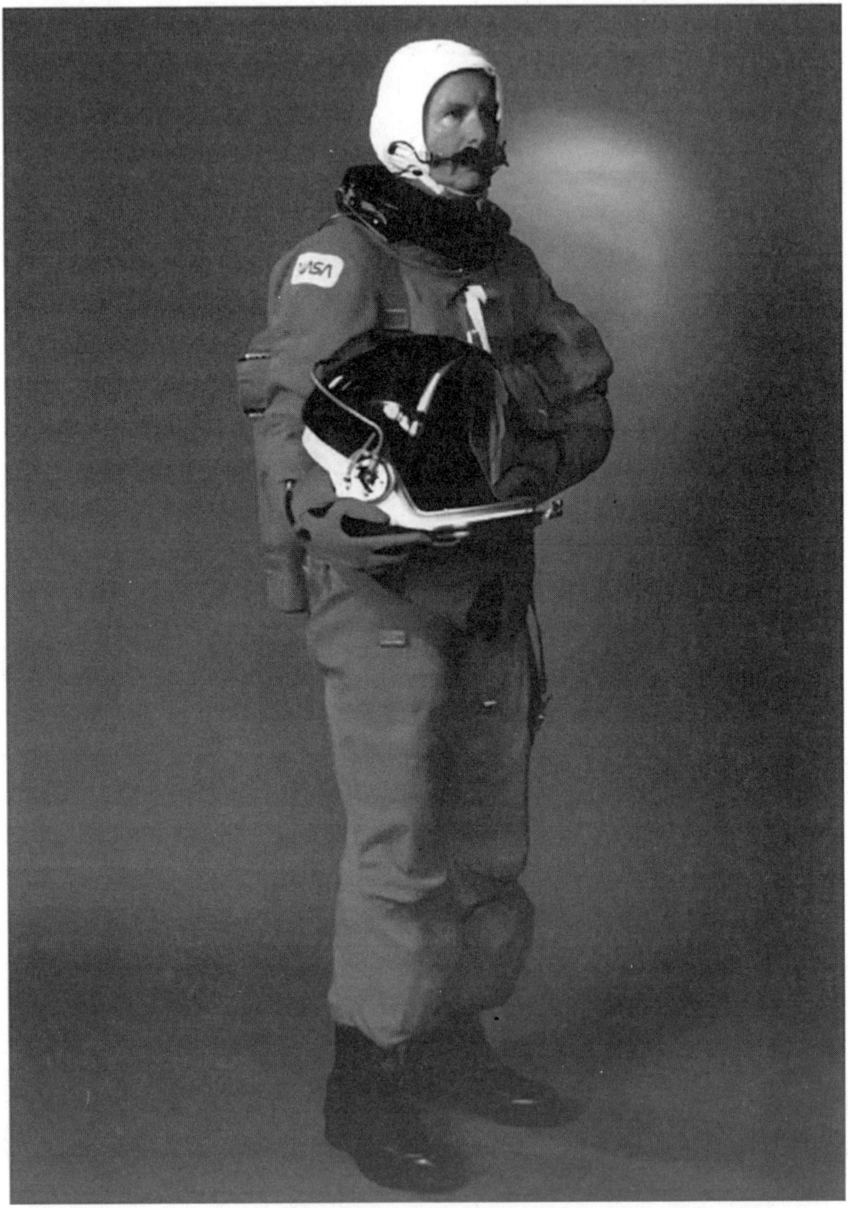

图 A－13　大卫·克拉克公司的航天飞机发射/返回舱内航天服系统
（大卫·克拉克公司提供）

航天飞机先进乘员逃生航天服系统（图 A-14）

简述：从 1994 年开始，先进乘员逃生航天服 S103S 型开始交付，作为乘员逃生系统的一部分。不同于发射和返回航天服，先进乘员逃生航天服是一种全压力系统，设计更为轻便舒适。与发射和返回航天服相同的是，先进乘员逃生航天服专门用于舱内活动，由大卫·克拉克公司（位于美国马萨诸塞州伍斯特）设计生产。该航天服系统包括降落伞和漂浮系统，以增强乘员的生存能力，此外在飞船减压的紧急情况下能保持大气压力环境。

研发和运行时间：研发开始于 1990 年，计划用于更换即将到期的现有系统，是美国空军 S1034 型压力服的改进型。先进乘员逃生航天服于 1994 年开始用于飞行服务，到 1995 年年底成为专用的航天飞机舱内航天服系统。

技术性能

功能：	舱内航天服
工作压力：	3.5 psi (24.1 kPa)
航天服质量：	大约 28 lb (12.7 kg)
降落伞和救生系统：	大约 64 lb (29 kg)
主生命保障系统：	航天器提供
备份生命保障系统：紧急供氧系统	10 分钟

生产数量：对于航天飞机计划，已经交付了 63 套先进乘员逃生航天服，还计划另外制造 7 套。

图 A-14　大卫·克拉克公司的先进乘员逃生舱内航天服系统
（大卫·克拉克公司提供）

航天飞机增强舱外活动装置舱外航天服系统（图 A－15）

简述：基线航天飞机舱外活动装置经改进，增强了配置，以满足国际空间站的特殊需求。这些改进项目包括不同的国际空间站和航天飞机模块（CEI）、帮助意外飘走的乘员自行返回的可选推进模块、航天服 CEI 的在轨更换能力、极冷环境下进行有效作业的加热和保暖系统，此外还改进了照明和摄像机系统。位于美国康涅狄格州温莎洛克斯的汉胜公司仍然是美国航空航天局的舱外活动装置生命保障系统 CEI 的系统整合商/主承包商和供应商。位于美国特拉华州弗雷德里卡的 ILC 公司仍然是汉胜公司航天服组件 CEI 的整合商和主要设计/制造商。美国航空航天局是舱外活动简易救援装置推进系统的供应商。

研发和运行时间：增强配置的研发工作始于 1990 年，当时决定不实施全新的空间站航天服系统。舱外活动装置的模块化让增强型 CEI 的研发与投入飞行服务得以并行。增强的 CEI 部件的首次飞行是在 1994 年，完全增强舱外活动装置于 1998 年首次登场。2002 年的 STS－110 之后，增强舱外活动装置是唯一的航天飞机 EVA 航天服系统。在国际空间站上，俄罗斯海鹰－M 航天服提供了备选的舱外活动能力。

技术性能

功能：	舱外活动
工作压力：	4.3 psi（29.6 kPa）
压力服组件质量：	122 lb（55.3 kg）（标称值，同时适用于航天飞机和国际空间站）
生命保障系统质量：	153 lb（69.4 kg）（航天飞机），187 lb（85 kg）（国际空间站）

	275 lb（124.7 kg）（航天飞机），
舱外活动装置/舱外活动简易救援装置重量：	309 lb（140 kg）（国际空间站） 374 lb（169.6kg）（国际空间站舱外活动装置/舱外活动简易救援装置）
最小舱门尺寸	22 英寸×30 英寸（559 mm×762 mm）
舱外主生命保障系统：便携式生命保障系统	8 小时（标称值），最长使用时间为 8.93 小时
舱外备用生命保障系统：备用氧气包	认证使用期为 30 分钟，从未用于飞行

生产数量：制造了 44 套航天服组件（基于硬式上躯干的数量）和 1 套额外的生命保障系统，以支持增强舱外活动装置时代的飞行。目前，有 24 套压力服/13 套生命保障系统用于支持飞行。

图 A-15 汉胜公司/ILC 公司的航天飞机增强 EMU 舱外航天服系统
（NASA 提供）

续表

计划和任务	美国EVA编号	EVA乘员人数	日期	EVA航天员	航天服配置	性别	EVA时间(小时　分钟)
Skylab 4	35	1	11/22/73	Pogue,W.	(10)	M	
		2		Gibson,E.	(10)	M	6　33
Skylab 4	36	1	12/25/73	Carr,G.	(10)	M	
		2		Pogue,W.	(10)	M	7　01
Skylab 4	37	1	12/29/73	Carr,G.	(10)	M	
		2		Gibson,E.	(10)	M	3　29
Skylab 4	38	1	2/3/74	Carr,G.	(10)	M	
		2		Gibson,E.	(10)	M	5　16
STS-6	39	1	4/7/83	Musgrave,S.	(11)	M	
		2		Perterson,D.	(11)	M	4　10
STS-41B	40	1	2/7/84	McCandless,B.	(11)	M	
		2		Stewart,R.	(11)	M	5　55
STS-41B	41	1	2/9/84	McCandless,B.	(11)	M	
		2		Stewart,R.	(11)	M	6　17
STS-41C	42	1	4/8/84	Nelson,G.	(11)	M	
		2		van Hoften,J.	(11)	M	2　38
STS-41C	43	1	4/11/84	Nelson,G.	(11)	M	
		2		van Hoften,J.	(11)	M	6　44
STS-41G	44	1	10/11/84	Leestma,D.	(11)	M	
		2		Sullivan,K.	(11)	F	3　29
STS-51A	45	1	11/12/84	Allen,J.	(11)	M	
		2		Gardner,D.	(11)	M	6　00
STS-51A	46	1	11/14/84	Allen,J.	(11)	M	
		2		Gardner,D.	(11)	M	5　42
STS-51D	47	1	4/16/85	Hoffman,J.	(11)	M	
		2		Griggs,D.	(11)	M	3　06
STS-51I	48	1	8/31/85	Fisher,W.	(11)	M	
		2		van Hoften,J.	(11)	M	7　20
STS-51I	49	1	9/1/85	Fisher,W.	(11)	M	
		2		van Hoften,J.	(11)	M	4　26

续表

计划和任务	美国EVA编号	EVA乘员人数	日期	EVA 航天员	航天服配置	性别	EVA 时间（小时　分钟）
STS - 61B	50	1	11/29/85	Ross, J.	(11)	M	
		2		Springer, S.	(11)	M	5　32
STS - 61B	51	1	12/1/85	Ross, J.	(11)	M	
		2		Springer, S.	(11)	M	6　41
STS - 37	52	1	4/7/91	Ross, J.	(11)	M	
		2		Apt, J.	(11)	M	4　26
STS - 37	53	1	4/8/91	Ross, J.	(11)	M	
		2		Apt, J.	(11)	M	5　47
STS - 49	54	1	5/10/92	Thuot, P.	(11)	M	
		2		Hieb, R.	(11)	M	3　43
STS - 49	55	1	5/11/92	Thuot, P.	(11)	M	
		2		Hieb, R.	(11)	M	5　30
STS - 49	56	1	5/13/92	Thuot, P.	(11)	M	
		2		Hieb, R.	(11)	M	
		3		Akers, T.	(11)	M	8　29
STS - 49	57	1	5/14/92	Thornton, K.	(11)	F	
		2		Akers, T.	(11)	M	7　44
STS - 54	58	1	1/17/93	Harbaugh, G.	(11)	M	
		2		Runco, M.	(11)	M	4　28
STS - 57	59	1	6/25/93	Low, G. D.	(11)	M	
		2		Wisoff, P.	(11)	M	5　50
STS - 51	60	1	9/16/93	Newman,	(11)	M	
		2		J. Walz, C.	(11)	M	7　05
STS - 61/HST - 1	61	1	12/4/93	Musgrave, S.	(11)	M	
		2		Hoffman, J.	(11)	M	7　54
STS - 61/HST - 1	62	1	12/5/93	Thornton, K.	(11)	F	
		2		Akers, T.	(11)	M	6　47
STS - 61/HST - 1	63	1	12/6/93	Musgrave, S.	(11)	M	
		2		Hoffman, J.	(11)	M	7　21
STS - 61/HST - 1	64	1	12/7/93	Thornton, K.	(11)	F	
		2		Akers, T.	(11)	M	6　36
STS - 61/HST - 1	65	1	12/8/93	Musgrave, S.	(11)	M	
		2		Hoffman, J.	(11)	M	6　50

续表

计划和任务	美国EVA编号	EVA乘员人数	日期	EVA航天员	航天服配置	性别	EVA时间（小时　分钟）
STS-64	66	1	9/16/94	Lee, M.	(11)	M	
		2		Meade, C.	(11)	M	6　51
STS-63	67	1	2/9/95	Foale, M. (U.K./U.S.)	(11)	M	
		2		Harris, B.	(11)	M	4　39
STS-69	68	1	9/16/95	Voss, J. (James)	(11)	M	
		2		Gernhardt, M.	(11)	M	6　46
STS-72	69	1	1/15/96	Chiao, L.	(11)	M	
		2		Barry, D.	(11)	M	6　09
STS-72	70	1	1/17/96	Chiao, L.	(11)	M	
		2		Scott, W.	(11)	M	6　54
STS-76	71	1	3/27/96	Clifford, M.	(11)	M	
		2		Godwin, L.	(11)	F	6　02
STS-82/HST-2	72	1	2/13/97	Lee, M.	(11)	M	
		2		Smith, S.	(11)	M	6　42
STS-82/HST-2	73	1	2/14/97	Harbaugh, G.	(11)	M	
		2		Tanner, J.	(11)	M	7　27
STS-82/HST-2	74	1	2/15/97	Lee, M.	(11)	M	
		2		Smith, S.	(11)	M	7　11
STS-82/HST-2	75	1	2/16/97	Harbaugh, G.	(11)	M	
		2		Tanner, J.	(11)	M	6　34
STS-82/HST-2	76	1	2/17/97	Lee, M.	(11)	M	
		2		Smith, S,	(11)	M	5　17
STS-86/Mir7	77	1	10/1/97	Parazynski, S.	(11)	M	
		2		Titov, V. (Russia)	(11)	M	5　01
STS-87	78	1	11/24/97	Scott, W.	(11)	M	
		2		Doi, T. (JAXA)	(11)	M	7　43
STS-87	79	1	12/2/97	Scott, W.	(11)	M	
		2		Doi, T. (JAXA)	(11)	M	4　59

续表

计划和任务	美国EVA编号	EVA乘员人数	日期	EVA航天员	航天服配置	性别	EVA时间（小时　分钟）
STS-88/ISS-2A	80	1	12/7/98	Ross,J.	(11)	M	
		2		Newman,J.	(12)	M	7　21
STS-88/ISS-2A	81	1	12/9/98	Ross,J.	(11)	M	
		2		Newman,J.	(12)	M	7　02
STS-88/ISS-2A	82	1	12/12/98	Ross,J.	(11)	M	
		2		Newman,J.	(12)	M	6　59
STS-96/ISS-2A. 1	83	1	5/29/99	Jernigan,T.	(11)	F	
		2		Barry. D.	(12)	M	7　55
STS-103/HST-3A	84	1	12/22/99	Smith,S.	(11)	M	
		2		Grunsfeld,J.	(12)	M	8　15
STS-103/HST-3A	85	1	12/23/99	Foale,M.	(12)	M	
		2		(U. K. /U. S.)			
				Nicollier,C. (F)	(12)	M	8　10
STS-103/HST-3A	86	1	12/24/99	Smith,S.	(11)	M	
		2		Grunsfeld,J.	(12)	M	8　08
STS-101 /ISS-2A. 2a	87	1	5/21/00	Voss,J. (James)	(12)	M	
		2		Williams,J.	(12)	M	6　44
STS-106/ISS-2 A. 2b	88	1	9/11/00	Lu,E.	(12)	M	
		2		Malenchenko, Y. (Rus.)	(12)	M	6　14
STS-92/ISS-3A	89	1	10/15/00	Chiao,L.	(11)	M	
		2		McArthur,W.	(12)	M	6　28
STS-92/ISS-3A	90	1	10/16/00	Wisoff,J.	(12)	M	
		2		Lopez-Alegria,M.	(11)	M	7　07
STS-92/ISS-3A	91	1	10/17/00	Chiao,L.	(11)	M	
		2		McArthur,W.	(12)	M	6　48
STS-92/ISS-3A	92	1	10/18/00	Wisoff,J.	(12)	M	
		2		Lopez-Alegria,M.	(11)	M	6　56
STS-97/ISS-4A	93	1	12/4/00	Tanner,J.	(12)	M	
		2		Noriega,C.	(12)	M	7　33

续表

计划和任务	美国 EVA 编号	EVA 乘员人数	日期	EVA 航天员	航天服配置	性别	EVA 时间（小时　分钟）
STS－97/ISS－4A	94	1	12/5/00	Tanner,J.	(12)	M	
		2		Noriega,C.	(12)	M	6　37
STS－97/ISS－4A	95	1	12/7/00	Tanner,J.	(12)	M	
		2		Noriega,C.	(12)	M	5　10
STS－98/ISS－5A	96	1	2/10/01	Curbeam,R.	(11)	M	
		2		Jones,T.	(12)	M	7　34
STS－98/ISS－5A	97	1	2/12/01	Curbeam,R.	(11)	M	
		2		Jones,T.	(12)	M	6　50
STS－98/ISS－5A	98	1	2/14/01	Curbeam,R.	(11)	M	
		2		Jones,T.	(12)	M	5　25
STS－102/ISS－5A. 1	99	1	3/11/01	Voss,J. (James)	(12)	M	
		2		Helms,S.	(12)	F	8　56
STS－102/ISS－5A. 1	100	1	3/13/01	Richards,P.	(12)	M	
		2		Thomas,A. (Austrakua)	(12)	M	6　30
STS－100/ISS－6A	101	1	4/22/01	Hadfield, C. (Canada)	(12)	M	
		2		Parazynski,S.	(11)	M	7　10
STS－100/ISS－6A	102	1	4/24/01	Hadfield,C. (Canada)	(12)	M	
		2		Parazynski,S.	(11)	M	7　40
STS－104/ISS－7A	103	1	7/14/01	Gernhardt,M.	(12)	M	
		2		Reilly,J.	(12)	M	5　59
STS－104/ISS－7A	104	1	7/17/01	Gernhardt,M.	(12)	M	
		2		Reilly,J.	(12)	M	6　29
STS－104/ISS－7A	105	1	7/20/01	Gernhardt,M.	(12)	M	
		2		Reilly,J.	(12)	M	4　02

续表

计划和任务	美国EVA编号	EVA乘员人数	日期	EVA 航天员	航天服配置	性别	EVA 时间（小时　分钟）
STS - 105/ISS - 7A. 1	106	1	8/16/01	Barry,D.	(12)	M	
		2		Forrester,P.	(12)	M	6　16
STS - 105/ISS - 7A. 1	107	1	8/18/01	Barry,D.	(12)	M	
		2		Forrester,P.	(12)	M	5　29
STS - 108/ISS - UF1	108	1	12/10/01	Godwin,L.	(12)	F	
		2		Tani,D.	(12)	M	4　12
Inc 4,ISS EVA #1	109	1	2/20/02	Walz,C.	(12)	M	
		2		Bursch,D.	(12)	M	5　49
STS - 109/HST - 3B	110	1	3/4/02	Grunsfeld,J.	(12)	M	
		2		Linnehan,R.	(12)	M	7　01
STS - 109/HST - 3B	111	1	3/5/02	Newman,J.	(12)	M	
		2		Massimino,M.	(12)	M	7　16
STS - 109/HST - 3B	112	1	3/6/02	Grunsfeld,J.	(12)	M	
		2		Linnehan,R.	(12)	M	6　48
STS - 109/HST - 3B	113	1	3/7/02	Newman,J.	(12)	M	
		2		Massimino,M.	(12)	M	7　30
STS - 109/HST - 3B	114	1	3/8/02	Grunsfeld,J.	(12)	M	7　20
		2		Linnehan,R.	(12)	M	
STS - 110/ISS - 8A	115	1	4/11/02	Smith,S.	(12)	M	
		2		Walheim,R.	(12)	M	7　48
STS - 110/ISS - 8A	116	1	4/13/02	Ross,J.	(11)	M	
		2		Morin,L.	(12)	M	7　30
STS - 110/ISS - 8A	117	1	4/14/02	Smith,S.	(12)	M	
		2		Walheim,R.	(12)	M	6　27
STS - 110/ISS - 8A	118	1	4/16/02	Ross,J.	(11)	M	
		2		Morin,L.	(12)	M	6　37
STS - 111/ISS - UF2	119	1	6/9/02	Chang - Diaz,F.	(12)	M	
		2		Perrin,P. (F)	(12)	M	7　14
STS - 111/ISS - UF2	120	1	6/11/02	Chang - Diaz,F.	(12)	M	
		2		Perrin,P. (F)	(12)	M	5　00
STS - 111/ISS - UF2	121	1	6/13/02	Chang - Diaz,F.	(12)	M	
		2		Perrin,P. (F)	(12)	M	7　17

续表

计划和任务	美国EVA编号	EVA乘员人数	日期	EVA航天员	航天服配置	性别	EVA时间（小时　分钟）
Inc 15，ISS EVA ＃9	152	1	7/23/07	Anderson，C.	(12)	M	
		2		Yurchikhan，F.	(12)	M	7　39
STS－118/ISS－13.1A	153	1	8/11/07	Mastracchio，R.	(12)	M	
		2		Williams，D.	(12)	M	6　17
STS－118/ISS－13.1A	154	1	8/13/07	Mastracchio，R.	(12)	M	
		2		Williams，D.	(12)	M	6　28
STS－118/ISS－13.1A	155	1	8/15/07	Mastracchio，R.	(12)	M	
		2		Anderson，C.	(12)	M	5　28
STS－118/ISS－13.1A	156	1	8/17/07	Mastracchio，R.	(12)	M	
		2		Anderson，C.	(12)	M	5　02
REDSTS－120/ISS－10A	157	1	10/23/07	Parazynski，S.	(12)	M	
		2		Wheelock，D.	(12)	M	6　14
STS－120/ISS－10A	158	1	10/26/07	Parazynski，S.	(12)	M	
		2		Tani，D.	(12)	M	6　33
STS－120/ISS－10A	159	1	10/28/07	Parazynski，S.	(12)	M	
		2		Wheelock，D.	(12)	M	7　08
STS－120/ISS－10A	160	1	11/1/07	Parazynski，S.	(12)	M	
		2		Wheelock，D.	(12)	M	7　19
Inc 16，ISS EVA ＃10	161	1	11/9/07	Whitson，P.	(12)	F	
		2		Malenchenko，Y.(Rus.)	(12)	M	6　56
Inc 16，ISS EVA ＃11	162	1	11/20/07	Whitson，P.	(12)	F	
		2		Tani，D.	(12)	M	6　40
Inc 16，ISS EVA ＃12	163	1	11/24/07	Whitson，P.	(12)	F	
		2		Tani，D.	(12)	M	7　04
Inc 16，ISS EVA ＃13	164	1	12/18/07	Whitson，P.	(12)	F	
		2		Tani，D.	(12)	M	6　56
Inc 16，ISS EVA ＃14	165	1	1/30/08	Whitson，P.	(12)	F	
		2		Tani，D.	(12)	M	7　10

续表

计划和任务	美国EVA编号	EVA乘员人数	日期	EVA航天员	航天服配置	性别	EVA时间（小时　分钟）
STS－122/ISS－1E	166	1	2/11/08	Walheim,R.	(12)	M	
		2		Love,S.	(12)	M	7　58
STS－122/ISS－1E	167	1	2/13/08	Walheim,R.	(12)	M	
		2		Schlegel,H. (Germany)	(12)	M	6　45
STS－122/ISS－1E	168	1	2/15/08	Walheim,R.	(12)	M	
		2		Love,S.	(12)	M	7　25
STS－123/ISS－1J/A	169	1	3/13/08	Linnehan,R.	(12)	M	
		2		Reisman,G.	(12)	M	7　01
STS－123/ISS－1J/A	170	1	3/15/08	Linnehan,R.	(12)	M	
		2		Foreman,M.	(12)	M	7　08
STS－123/ISS－1J/A	171	1	3/17/08	Linnehan,R.	(12)	M	
		2		Behnken,R.	(12)	M	6　53
STS－123/ISS－1J/A	172	1	3/20/08	Foreman,M.	(12)	M	
		2		Behnken,R.	(12)	M	6　24
STS－123/ISS－1J/A	173	1	3/22/08	Foreman,M.	(12)	M	
		2		Behnken,R.	(12)	M	6　02
STS－124/ISS－1J	174	1	6/3/08	Fossum,M.	(12)	M	
		2		Garan,R.	(12)	M	6　48
STS－124/ISS－1J	175	1	6/5/08	Fossum,M.	(12)	M	
		2		Garan,R.	(12)	M	7　11
STS－124/ISS－1J	176	1	6/8/08	Fossum,M.	(12)	M	
		2		Garan,R.	(12)	M	6　33
STS－126/ISS－ULF2	177	1	11/18/08	Stefanyshyn－Piper,H.	(12)	F	
		2		Bowen,S.	(12)	M	6　52
STS－126/ISS－ULF2	178	1	11/20/08	Stefanyshyn－Piper,H.	(12)	F	
		2		Kimbrough,S.	(12)	M	6　45
STS－126/ISS－ULF2	179	1	11/22/08	Stefanyshyn－Piper,H.	(12)	F	
		2		Bowen,S.	(12)	M	6　57
STS－126/ISS－ULF2	180	1	11/24/08	Bowen,S.	(12)	M	
		2		Kimbrough,S.	(12)	M	6　07

续表

计划和任务	美国EVA编号	EVA乘员人数	日期	EVA航天员	航天服配置	性别	EVA时间（小时　分钟）
STS-119/ISS-15A	181	1	3/19/09	Swanson,S.	(12)	M	
		2		Arnold,R.	(12)	M	6　07
STS-119/ISS-15A	182	1	3/21/09	Swanson,S.	(12)	M	
		2		Acaba,J.	(12)	M	6　30
STS-119/ISS-15A	183	1	3/23/09	Acaba,J.	(12)	M	
		2		Arnold,R.	(12)	M	6　27
STS-125/HST-4	184	1	5/14/09	Grunsfeld,J.	(12)	M	
		2		Feustel,A.	(12)	M	7　20
STS-125/HST-4	185	1	5/15/09	Massimino,M.	(12)	M	
		2		Good,M.	(12)	M	7　56
STS-125/HST-4	186	1	5/16/09	Grunsfeld,J.	(12)	M	
		2		Feustel,A.	(12)	M	6　36
STS-125/HST-4	187	1	5/17/09	Massimino,M.	(12)	M	
		2		Good,M.	(12)	M	8　02
STS-125/HST-4	188	1	5/18/09	Grunsfeld,J.	(12)	M	
		2		Feustel,A.	(12)	M	7　02
STS-127/ISS-2J/A	189	1	7/18/09	Wolf,D.	(12)	M	
		2		Kopra,T.	(12)	M	5　32
STS-127/ISS-2J/A	190	1	7/20/09	Wolf,D.	(12)	M	
		2		Marshburn,T.	(12)	M	6　53
STS-127/ISS-2J/A	191	1	7/22/09	Wolf,D.	(12)	M	
		2		Cassidy,C.	(12)	M	5　59
STS-127/ISS-2J/A	192	1	7/24/09	Marshburn,T.	(12)	M	
		2		Cassidy,C.	(12)	M	7　12
STS-127/ISS-2J/A	193	1	7/27/09	Marshburn,T.	(12)	M	
		2		Cassidy,C.	(12)	M	4　54
STS-128/ISS-17A	194	1	9/1/09	Olivas,J.	(12)	M	
		2		Stott,N.	(12)	F	6　35
STS-128/ISS-17A	195	1	9/3/09	Fugelsang,C.	(12)	M	
		2		Olivas,J.	(12)	M	6　39
STS-128/ISS-17A	196	1	9/5/09	Fugelsang,C.	(12)	M	
		2		Olivas,J.	(12)	M	7　00

续表

计划和任务	美国EVA编号	EVA乘员人数	日期	EVA航天员	航天服配置	性别	EVA时间（小时 分钟）
STS－129/ISS－ULF3	197	1	11/19/09	Foreman,M.	(12)	M	
		2		Satcher,R.	(12)	M	6 37
STS－129/ISS－ULF3	198	1	11/21/09	Foreman,M.	(12)	M	
		2		Bresnik,R.	(12)	M	6 08
STS－129/ISS－ULF3	199	1	11/23/09	Satcher,R.	(12)	M	
		2		Bresnik,R.	(12)	M	5 42
STS－130/ISS－20A	200	1	2/12/10	Behnken,R.	(12)	M	
		2		Patrick,N.	(12)	M	6 32
STS－130/ISS－20A	201	1	2/14/10	Behnken,R.	(12)	M	
		2		Patrick,N.	(12)	M	5 54
STS－130/ISS－20A	202	1	2/17/10	Behnken,R.	(12)	M	
		2		Patrick,N.	(12)	M	5 48
STS－131/ISS－19A	203	1	4/9/10	Mastracchio,R.	(12)	M	
		2		Anderson,C.	(12)	M	6 27
STS－131/ISS－19A	204	1	4/11/10	Mastracchio,R.	(12)	M	
		2		Anderson,C.	(12)	M	7 26
STS－131/ISS－19A	205	1	4/13/10	Mastracchio,R.	(12)	M	
		2		Anderson,C.	(12)	M	6 24
STS－132/ISS－ULF4	206	1	5/17/10	Reisman,G.	(12)	M	
		2		Bowen,S.	(12)	M	7 25
STS－132/ISS－ULF4	207	1	5/19/10	Bowen,S.	(12)	M	
		2		Good,M.	(12)	M	7 09
STS－132/ISS－ULF4	208	1	5/21/10	Good,M.	(12)	M	
		2		Reisman,G.	(12)	M	6 46
Inc 24,ISS EVA ＃15	209	1	8/7/10	Wheelock,D.	(12)	M	8 03
		2		Caldwell Dyson,T.	(12)	F	
Inc 24,ISS EVA ＃16	210	1	8/11/10	Wheelock,D.	(12)	M	7 26
		2		Caldwell Dyson,T.	(12)	F	
Inc 24,ISS EVA ＃17	211	1	8/16/10	Wheelock,D.	(12)	M	7 20
		2		Caldwell Dyson,T.	(12)	F	

航天服配置说明

（1）大卫·克拉克公司 GT4 配置的 G4C 压力服组件和美国航空航天局的通风控制模块脐带生命保障系统。

(2) 大卫·克拉克公司 G4C 压力服组件和 AiResearch 公司的脐带舱外生命保障系统。

(3) ILC 公司的 A7L 压力服组件和汉胜公司的－5 便携式生命保障系统。

(4) ILC 公司的 A7L 压力服组件和汉胜公司的压力控制阀，以及连接指令舱的脐带。

(5) ILC 公司的 A7L 压力服组件和汉胜公司的－6 便携式生命保障系统。

(6) ILC 公司的舱外（舱外活动/登月舱）A7LB 压力服组件以及连接登月舱的脐带。

(7) ILC 公司的 A7LB 压力服组件和汉胜公司的－7 便携式生命保障系统。

(8) ILC 公司的指令舱驾驶员（指令舱驾驶员配置）A7LB 和汉胜公司的压力控制阀/脐带。

(9) ILC 公司的天空实验室配置 A7LB 和连接飞船生命保障系统的脐带。

(10) ILC 公司的天空实验室配置 A7LB 和联合信号公司的航天员生命保障组件（脐带）。

(11) 汉胜公司/ILC 公司的基线配置舱外活动装置。

(12) 汉胜公司/ILC 公司的增强舱外活动装置配置（基于轨道更换设备）。

参考文献

[1] Abramov, I. P. and Ingemar Skoog, A. (2003) Russian Spacesuits. Springer/Praxis, Heidelberg, Germany/Chichester, U. K.

[2] Anon. (1961) Here's what they will be wearing on the Moon. Mechanics Illustrated (March issue, p70). Anon. (1961) Space pressure suit designed by Latex. Aviation Week & Space Technology (April 24, p33, International Latex/Garrett lunar suit article).

[3] Anon. (2002) A Brief History of Hyperbaric Medicine and Oxygen Therapy, II. ii. University of Saint Eustatius School of Medicine, Eustatian Tube Library at the Programs of Undersea and Hyperbaric Medicine, Hyperbaric Medicine and Decompression Sickness. Website: http: // www. eustatiantube. Org/hb0uses/II. ii. a. html.

[4] Anon. (2002) University of Maryland (UMD) Space Systems Laboratory (SSL) Efforts. Available at http: Hwww. ssl. umd. edu/

[5] Anon. (2003) Effect of Altitude. University of California, Santa Cruz. Available at http: H www. ic. ucsc. edu/~ cshennan/envsl30/ENVSl30 A005ltsld006. htm.

[6] Ayrey, W. : ILC Historian, mutual research sharing with K. Thomas.

[7] Balinskas, R. and Tepper, E. (1994) Extra - vehicular Mobility Unit (EMU) Requirements Evolution (Report No. SEMU - 66 - 017A, dated 6/13/94) . United Technologies, Hamilton Standard Division, Windsor Locks, CT.

[8] Barer, A. S. and Filipenkov, S. (1994) Decompression safety of EVA: USSR protocol. Acta Astronautica, 32 (1), 73 - 74.

[9] Barry, D. M. and Bassick, J. W. (1995) NASA Space Shuttle Advanced Crew Escape Suit Development (Technical Paper # 951545) . Society of Automotive Engineers. [Authors with David Clark Company

Incorporated.]

[10] Belew, L. (Ed.) (1977) Sky lab, Our First Space Station (NASA SP-400). NASA, Washington, D. C.

[11] Belew, L. and Stuhlinger, E. (updated 2004) Skylab: A Guidebook (NASA EP-107). NASA, Washington, D. C.

[12] Boucher, M., Hodgson, E., Murray, K., Braham, S., and Lee, P. (2002) Investigation of EVA Information Interface Technology in a Mars Analog Arctic Field Science Setting (SAE Paper 2002-01.2312). Society of Automotive Engineers, Troy, MI. [First three authors with Hamilton Sundstrand Space Systems International, remaining authors with Simon Fraser University and SETI Institute under contract to NASA Ames Research Center.]

[13] Bowen, J. D. (1966) Evaluation of Manned Orbiting Laboratory Design Definition Pressure Garments (USAF Report Number AMRL-TR-66.235). USAF, WPAFB, OH.

[14] Burton, D. R. and Collier, L. (1964) The Development of Water Conditioned Suits (Technical Note No. Eng. 400). Royal Aircraft Establishment, Ministry of Aviation, London.

[15] Clark, D. M. (1992) The Development of the Partial Pressure Suit. David Clark Co. /U. S. Air Force Armstrong Laboratory, Brooks Air Force Base, TX.

[16] Conklin, J., Edwards, B. F., Waligora, J. M., and Horrigan, D. J. Jr. (1987) Empirical Models for Use in Designing Decompression Procedures for Space Operations (NASA Technical Memorandum 100456, dated June 1987). NASA Johnson Space Center, Houston, TX.

[17] Correale, J. V. (1979) Evolution of the Shuttle extravehicular mobility unit. ASME paper presented at Ninth Intersociety Conference on Environmental Systems, San Francisco, CA, July 16-19, 1979.

[18] Cortwright, E. (Ed.) (1975) Apollo Expeditions to the Moon (NASA SP-350). Scientific and Technical Information Office, NASA, Washington, D. C.

[19] DiGiovanni, C. Jr. and Birkhead, N. C. (1964) Effect of minimal dehy-

dration on orthostatic tolerance following short - term bed rest. Aerospace Medicine, 35 (3), 225 - 227.

[20] Fink, D. E. (1963) Hamilton Standard starting manned testing of advanced Apollo suit design prototypes. Aviation Week & Space Technology, November 28, 1963.

[21] Flugel, C. W. , Kosmo, J. J. , and Rayfield, J. R. (1984) Development of a zero - prebreathe space suit. SAE Technical Paper (Series 840981) presented at the 14th Intersociety Conference on Environmental Systems, San Diego, CA, July 16 - 19, 1984. [Authors with Hamilton Standard Div. , NASA - Johnson Space Center, and ILC Dover, respectively.]

[22] Fullerton, R. K. (2001) Next Generation Space Suit Development. NASA, Washington, D. C. Available at http: llwwwJsc. nasa. gov/xa/advanced/Pitch. html curator Fullerton (last accessed December 14, 2001). Fullerton, R. (2002) NASA's advanced development website, curator. Available at http: // www. jsc. nasa. gov/xa/advanced/Pitch. html

[23] Gilliam, D. : Historian and collector, mutual research sharing with K. Thomas.

[24] Goldfarb, J. D. and Hodgson, E. W. (2001) Advanced, Lightweight, Space Suit Primary Life Support System for Mars Exploration (SAE Paper 2001 - 01. 2167) . Hamilton Sundstrand Space Systems International, Windsor Locks, CT.

[25] Griffin, B. N. (1990) A space suit for lunar construction and exploration. Paper presented at the AIAA Space Programs and Technologies Conference, September 25 - 28, 1990, Huntsville, AL (AIAA 90 - 3885).

[26] Hacker, B. and Grimwood, J. (1977) On The Shoulders of Titans: A History of Project Gemini (NASA SP - 4203) . NASA, Washington, D. C.

[27] Hashem, P. (2004) NASA selects Hamilton Sundstrand as prime contractor to manage spacesuit nission success (Hamilton Sundstrand Division of United Technologies communication dated September 16, 2004) . Available at http: //www. hamiltonsundstrand. com/hsc/news _ index/1, 3800, CLI1 _ DIV22 _ ETI2807 _ PID10371, 00. html.

[28] Harris, G. L. : Historian and author, mutual research sharing with

K. Thomas.

[29] Harris, G. L. (2001) The Origins and Technology of Advanced Extravehicular Space Suits. AAS History Series Volume 24. American Astronomical Society, Pasadena, CA.

[30] Horrigan, J. (1981) Prebreathe Elimination (NASA JSC, SD3/D Division Memorandum dated 8/27/81). NASA, Washington, D. C.

[31] Jenkins, D. and Landis, A. (2003) HYPERSONIC: The Story of the North American X' - 15. Specialty Press, North Branch, MN.

[32] Kerwin, P. (1979) Denitrogenation Curves (NASA - JSC CB/J Division Memorandum, dated 9/11/79). NASA, Washington, D. C.

[33] Knudsen, J., Tourbier, D., Webb, P., Jarvis, C., Tanaka, K., Limberg, R., and Hargens, A. (2002) Physiological Effects of Underpressure and Overpressure in a Study of Mechanical Counter Pressure Suits (SAE Report #2002 - 01. 2317). [Authors with Honeywell International Inc., Torrance, CA 90504, Yellow Springs, Ohio 45387, Clemson University, Pendleton, SC 29670, and University of California, San Diego, CA 92103, respectively.]

[34] Kosmo, J. and Barry, D. M.: Analysis of David Clark Company advanced Apollo prototype. [Authors with NASA - JSC and David Clark Company, respectively.]

[35] Kozloski, L. (1994, 2000) U. S. Space Gear: Outfitting the Astronaut. Smithsonian Institution Press, Washington, D. C.

[36] Lantry, D.: Historian, mutual research sharing with K. Thomas.

[37] Machell, R. (Ed.) (1967) Summary of Gemini Extravehicular Activity (NASA SP - 149). NASA, Washington, D. C.

[38] Mallan, Lloyd (1971) Suiting Up for Space: The Evolution of the Space Suit. John Day Co., New York.

[39] McMann, H. (1962, 1965, 1966, 1967, 1968, 1969, 1973, 1974) Personal logs, unpublished.

[40] McMann, H. J. (1967) Life Support Systems for Extravehicular Activity (Gemini Summary Conference Report, Chapter 7). Manned Spacecraft Center, Houston, TX.

[41] Mohler, S. R. and Johnson, R. H. (1971) Wiley Post, His Minnie Mae, and the World's First Pressure Suit (Smithsonian Annals of Flight, No. 8). Smithsonian Institution Press, Washington, D. C.

[42] Moller, P., Loewens, R., Abramov, I. P., and Albats, E. A. (1995) EVA suit 2000: A joint European/Russian space suit design. Acta Astronautica, 36 (1), 53 - 63.

[43] NASA - Johnson Space Center (1973) Space Shuttle EVA/IVA Support Equipment Requirements Study (Report No. SP 01T73, produced under contract NAS 9 - 12506). United Aircraft Corp., Hamilton Standard Division, Windsor Locks, CT.

[44] NASA - Johnson Space Center (1996) Specification Assembly Drawing Part II for the Crew Escape Equipment (Doc. # JSC 23003, Rev. C, dated 8 - 28 - 96). NASA, Washington, D. C.

[45] NASA - Johnson Space Center (2000) Extra - vehicular Mobility Unit (EMU) Life Support Subsystem (LSS) and Space Suit Assembly (SSA) Data Book (Rev. F, September 2000). Hamilton Standard, Windsor Locks, CT.

[46] NASA - Kennedy Space Center (2001) Orbiter flight crew escape systems. Available at http: // science. ksc. nasa. gov/shuttle/technology/sts - newsref/sts _ egress. html # sts _ egress Applicable Subsection: Orbiter Flight Crew Escape Systems from NSTS Shuttle Reference Manual (1988).

[47] NASA - Manned Spacecraft Center Report (1965) Briefing on Apollo Extra - Vehicular Mobility Unit to the Air Force Space Systems Division AFSC, AMD, and Aerospace Corporation (dated 3/9/65). Hamilton Standard, Windsor Locks, CT.

[48] NASA Public Affairs Office (2003) NASA History In Brief, Space Act of October 1, 1958. Available at http: //www. hq. nasa. gov/ofjficelpao/Historylbriefhtml

[49] Nelson, R. (Program Manager) (1974) Final Report: ALSA/SOMA Program, Volumes 1 and 2. AiResearch Manufacturing Co. of California, Division of the Garrett Corporation, Los Angeles, CA.

[50] Newkirk, R. and Ertel, I. (1977) Skylab: A Chronology (NASA SP - 4011). Published by NASA, Washington, D. C.

[51] Osborne, N. H. and Rock, L. C. (1966) Research and Development of Extravehicular Protective Assembly (USAF Report No, AMRL - TR - 66.143). U. S. Air Force, St. Louis, MO.

[52] Portree, D. (2003) Excerpts from Walking to Olympus: An EVA Chronology. Available at http://members. aol. comldsfportreelspacewalk. htm.

[53] Portree, D. S. F. and Trevino, R. (1997) Walking to Olympus: An EVA Chronology (Monographs in Aerospace History Series # 7). History Office, Office of Policy and Plans, NASA, Washington, D. C.. Schafer, L. E., Rajulu, S. L., and Klute, G. K. (1992) A Comparison of Two Shuttle Launch and Entry Suits: Reach Envelope, Isokinetic Strength, and Treadmill Tests (SAE Technical Paper # 92154). Society of Automotive Engineers, Troy, MI. [First two authors with Lockheed Engineering and third with NASA - JSC.]

[54] Shook, L. S. and Akin, D. L. (1999) Development and Testing of a Space Suit Simulator for Neutral Boyancy (ICES Paper 1999 - 01.1968). Society of Automotive Engineers, Troy, MI. [Authors with Space Systems Laboratory, University of Maryland.]

[55] Skoog, A. I. (1994) The EVA space suit development in Europe. Acta Astronautica, 32 (1), 25 - 38.

[56] Skoog, A. I. and Abramov, I. P. (1995) EVA 2000: A European/Russian space suit concept. Acta Astronautica, 36 (1).

[57] Thomas, K. (2001) Hamilton Sundstrand (HS) Space Suit Experience Supplement (HSSSI Space Hardware Heritage Team Report No. 4, Rev. F, release date 5/30/10). Hamilton Sundstrand, Windsor Locks, CT.

[58] Thomas, K.. (2003) Hamilton Sundstrand Space Systems International Portable Life Support & Space Suit Experience (HSSSI Space Hardware Heritage Team Report No. 2, Rev. G, release date 5/23/10). Hamilton Sundstrand, Windsor Locks, CT.

[59] Tourbier, D., Hargens, A., Webb, P., and Jarvis, C. (2001)

Physiological Effects of a Mechanical Counter Pressure Suit (SAE Report #2001-01.2165). Society of Automotive Engineers, Troy, MI. [Authors with Honeywell International Inc., Torrance, CA 90504; University of California, San Diego, CA; Yellow Springs, OH 45387; and Clemson University, Pendleton, SC, respectively.]

[60] U. S. Department of Transportation (2001) FAA-H-8083-3: Airplane Flying Handbook. Federal Aviation Administration, Washington, DC.

[61] Vykukal, H. C. and Webbon, B. W. (1979) High Pressure Protective Systems Technology (ASME Paper No. 79-ENAs-15, dated June 1979). American Society of Mechanical Engineers, New York

[62] Wade, M. (2002) Space suits. Encyclopedia Astronautica. Available at http://www.astronautix.com/craftfamlspasuits.htm

[63] Wade, M. (2002) Spacecraft launches, 1966, fourth quarter. Encyclopedia Astronautica. Available at http://www.astronautix.comlchronoll9664.htm

[64] Wade, M. (2002) USAF X-20 "Dyna-Soar" (program background article). Available at http://www.astronautix.com/craft/dynasoar.htm

[65] Waligora, J. M., Horrigan, D. J. Jr., Conklin, J., and Hadley, A. T. III (1984) Verification of Altitude Decompression Sickness Prevention Protocol for Shuttle Operations Utilizing a 10.2psi Pressure Stage (NASA Technical Memorandum 58259). NASA, Washington, DC.

[66] Webb, P. and Annis, J. (1967) The Principle of the Space Activity Suit (NASA Report No. CR-973, dated December 1967). NASA, Washington, D. C.

[67] Webb, P. and Annis, J. (1971) Development of a Space Activity Suit (NASA Report No. CR-1892, dated December 1971). NASA, Washington, D. C.

[68] Wilde, R. C. (1981) ECWS-PBE Extravehicular Crewman Work System Study Program—Prebreathe Elimination Study: Final Report (NASA contract NAS 9-15290). United Technologies Corp., Hamilton Standard Division, Windsor Locks, CT.

[69] Wilde, R. C. (1982) 4psi EMU for Shuttle: Brief historical overview. Presentation to NASA on October 12, 1982. [Author representing

United Technologies Corp. , Hamilton Standard Division.]

[70] Wilde, R. , Abramov, I. , and McBarron, J. II (1993) Extravehicular Individual Life Support: A Comparison of American and Russian Systems (Paper No. SAE 932223) . Society of Automotive Engineers, Troy, MI. [Authors with Hamilton Sundstrand, Zvezda, and NASA - JSC, respectively.]

[71] Wilde, R. C. , Baker, G. S. , and McBarron, J. W. (2000) Evolving EMU for Space Station: Status of Current Changes (Paper No. IAA - 00 - IAA. 10. 1. 03, dated October 2000) . International Aerospace Abstracts, Reston, VA. [First two authors with Hamilton Sundstrand, last with NASA - JSC.]